최신 기출 유형 **100%** 반영

콘크리트기사 필기
핵심 모의고사
1200제

KDS, KCS 적용 | SI 단위 적용

고행만 저

CBT 모의고사 15회 수록

핵심요약 + 모의고사

실무 및 강의 경험이 풍부한 최상급 저자

정확한 답과 명쾌한 해설

과목별 핵심 요약 수록

질의응답 카페 운영
cafe.daum.net/khm116
(토목, 건설재료, 콘크리트)

도서출판 건기원

PREFACE | 이 책의 머리말 |

　건설공사에서 콘크리트 구조물에 관련한 전문 기술인의 필요성이 대두되어 어느 때보다 콘크리트 지식과 실무 경험을 가진 기술인이 요구되고 있습니다.

　본 자격 직종은 토목 및 건축공사의 콘크리트 시공업체, 레미콘 2차 제품 등의 콘크리트 관련 제조업체, 설계업체, 감리업체, 구조물의 안전진단 및 유지관리기관 등에 종사하는 실무자들이 갖추어야 할 자격 직종입니다.

　본 수험서는 짧은 시간에 핵심 포인트 문제를 최종 점검할 수 있도록 과년도 출제문제를 수록하게 되었습니다.

수험자 여러분!
여러분의 정진하는 모습이 아름답습니다.
수험자 여러분께 도움이 되도록 나름대로 심혈을 기울였습니다.

끝으로 교정 작업 담당자의 노고에 감사드립니다.
아울러 건기원 사장님과 임직원 여러분께 감사드리며 출판사의 무한한 발전을 기원합니다.

수험자 여러분!
합격의 영광을 함께하고 싶습니다. 감사합니다.

저자 올림

CONTENTS | 이 책의 차례 |

핵심 요약

CHAPTER 1 콘크리트 재료 및 배합

- 01. 시멘트 ······ 10
- 02. 시멘트의 종류 ······ 10
- 03. 혼화재 ······ 12
- 04. 혼화제 ······ 13
- 05. 골재 ······ 14
- 06. 굵은골재 최대치수 ······ 15
- 07. 시멘트 시험 ······ 15
- 08. 골재 시험 ······ 16
- 09. 콘크리트의 배합 ······ 17

CHAPTER 2 콘크리트 제조 시험 및 품질관리

- 01. 레디믹스트 콘크리트의 제조 ······ 21
- 02. 콘크리트 시험 ······ 23
- 03. 콘크리트의 품질관리 ······ 26
- 04. 콘크리트 공사에서의 품질관리 및 검사 · 28
- 05. 콘크리트의 성질 ······ 29

CHAPTER 3 콘크리트의 시공

- 01. 콘크리트의 혼합 및 타설 ······ 33
- 02. 거푸집 및 동바리 ······ 36
- 03. 경량골재 콘크리트 ······ 37
- 04. 매스 콘크리트 ······ 38
- 05. 한중 콘크리트 ······ 39
- 06. 서중 콘크리트 ······ 40
- 07. 수밀 콘크리트 ······ 40
- 08. 유동화 콘크리트 ······ 40
- 09. 고강도 콘크리트 ······ 41
- 10. 수중 콘크리트 ······ 42
- 11. 프리플레이스트 콘크리트 ······ 43
- 12. 해양 콘크리트 ······ 44
- 13. 팽창 콘크리트 ······ 45
- 14. 숏크리트 ······ 46
- 15. 섬유보강 콘크리트 ······ 47
- 16. 방사선 차폐용 콘크리트 ······ 47
- 17. 프리스트레스트 콘크리트 ······ 48
- 18. 고유동 콘크리트 ······ 49
- 19. 순환골재 콘크리트 ······ 50
- 20. 폴리머 시멘트 콘크리트 ······ 50

CHAPTER 4 　 콘크리트 구조 및 유지관리

01. 프리캐스트 콘크리트 ················ 51
02. 철근 콘크리트 ························ 52
03. 열화조사 및 진단 ···················· 64
04. 열화 원인 ······························ 67
05. 열화 성능평가 ························ 69
06. 보수 · 보강공법 ······················ 70

모의고사 1200제

week ①
01회 CBT 모의고사 ·········· 72
02회 CBT 모의고사 ······· 101
03회 CBT 모의고사 ······· 130

week ②
01회 CBT 모의고사 ······· 160
02회 CBT 모의고사 ······· 190
03회 CBT 모의고사 ······· 219

week ③
01회 CBT 모의고사 ······· 250
02회 CBT 모의고사 ······· 277
03회 CBT 모의고사 ······· 304

week ④
01회 CBT 모의고사 ······· 334
02회 CBT 모의고사 ······· 360
03회 CBT 모의고사 ······· 387

week ⑤
01회 CBT 모의고사 ······· 418
02회 CBT 모의고사 ······· 444
03회 CBT 모의고사 ······· 471

7주 완성 학습플래너

다음의 플랜은 가장 이상적인 것이므로 참고하여 개인의 입장과 일정에 맞춰 준비하시기 바랍니다.

Step 1 핵심요약 1주 소요	• 1주 동안 핵심요약을 정독하면서 중요사항은 외우고, 이해할 건 이해하고 넘어 가세요. • 핵심요약과 관련된 기출문제가 나오면 핵심요약을 보면서 기출문제를 풀어 보세요.
Step 2 기출문제 5주 소요	• 1주에 3회, 총 15회의 기출문제가 수록되어 있습니다. • 실제 시험을 치르는 것처럼 기출문제를 풀어 보세요. • 틀린 문제는 꼭 체크한 후 나중에 다시 풀어보세요.
Step 3 정리 1주 소요	• 핵심요약을 전체적으로 복습합니다. • 기출문제에서 체크해 두었던 틀린 문제만 다시 풀어보세요.

CBT 필기시험 미리 보기

http://www.q-net.or.kr

처음 방문하셨나요?

큐넷 서비스를 미리 체험해보고
사이트를 쉽고 빠르게 이용할 수 있는
이용 안내, 큐넷 길라잡이를 제공

- 큐넷 체험하기
- CBT 체험하기
- 이용안내 바로가기
- 큐넷길라잡이 보기
- 동영상 실기시험 체험하기
- 전문자격시험체험학습관 바로가기

 이용 방법 큐넷에 **접속**한 후, 메인 화면 하단의 **〈CBT 체험하기〉 버튼**을 클릭한다.

효율적으로 정답을 선택합시다!
(정답을 모르는 문제는 이렇게 골라보면 어떨까요?)

1. 우선 본인이 공부를 하고 50% 정답을 맞힐 수 있는 능력을 갖도록 해야 합니다.
2. 과목별 과락은 넘고 평균 60점이 안 되는 분을 위해 적용하는 것입니다.
3. 확실히 아는 문제의 답만 답안지에 표시합니다.
4. 확실히 정답을 모르는 문제 중 정답이 아닌 지문 2개를 선택합니다.
   (예) ① ② ③̸ ④̸
5. 다시 모르는 문제의 지문 2개를 연구하여 선택합니다. 이때 확신이 없으면 정답으로 선택해서는 안 됩니다. (절대 추측은 금물입니다.)
6. 답안지에 확실히 정답을 표시한 문제 10개의 정답 분포를 나열합니다.
   (예) ① ② ③ ④
       3 0 2 5
7. 나머지 정답을 모르는 문제 10개를 나열해 봅니다.

1번	① ② ③̸ ④̸	14번	①̸ ②̸ ③ ④
5번	① ②̸ ③̸ ④	15번	① ② ③̸ ④̸
7번	①̸ ② ③ ④̸	17번	①̸ ② ③̸ ④
10번	①̸ ②̸ ③ ④	19번	① ②̸ ③̸ ④
12번	① ②̸ ③ ④̸	20번	①̸ ② ③̸ ④

8. 위와 같이 정답을 모르는 문제들 중에 2개 지문이 정답이 아닌 것을 사전에 알 정도로 공부가 되어 있어야 합니다.
9. 이제 정답을 모르는 문제의 답을 확실한 정답 분포와 비교하여 선택해 봅니다.
   1번 ②, 5번 ①, 7번 ②, 10번 ③, 12번 ③, 14번 ③, 15번 ②, 17번 ②, 19번 ①, 20번 ②
10. 공부를 하시고 이 방법으로 적용하여야 합니다.

효율적으로 공부하여 합격합시다!

1. 특정 과목을 선택하여 문제를 처음부터 끝까지 그 과목만 우선 마무리 진행합니다.

2. 해설의 풀이 과정을 이해하고 관련된 공식을 암기하도록 합니다. (토질 및 기초 과목의 경우는 연습장에 관련 공식을 10번 정도 반복하여 기재하면서 외웁니다. 그리고 기호와 숫자의 대입을 파악합니다.)

3. 해설이나 보충 내용은 아주 중요한 부분이므로 절대 소홀히 보시면 안 되겠습니다. (보충 내용은 시험에 많이 출제된 내용으로 편성되었습니다.)

4. 문제를 접하면서 어려운 부분이나 핵심이 되는 내용은 별도의 노트를 준비하여 요약을 간단히 합니다.

5. 또한, 다른 특정 과목을 선택하여 위 방법으로 진행하면서 앞에 공부했던 과목을 같이 병행해 나아가는데, 이때 어려운 부분이나 관련된 핵심의 공식을 점검합니다.

6. 위와 같은 방법으로 반복하여 3회 정도 하면 합격을 하실 수 있습니다.

7. 시험의 출제 경향을 살펴보면 문제가 과년도와 똑같거나 숫자만 약간 변경되어 나오고 있으므로 풀이 과정만 잘 이해하면 합격을 하실 수 있습니다.

8. 시험 보기 일주일 전에는 과목별로 노트에 요약된 내용을 총점검하면서 오전, 오후로 나누어 과목별 문제를 가볍고 빠르게 점검합니다.

핵심요약

콘크리트기사

- I 콘크리트 재료 및 배합
- II 콘크리트 제조, 시험 및 품질관리
- III 콘크리트의 시공
- IV 콘크리트 구조 및 유지관리

CHAPTER I 콘크리트 재료 및 배합

STUDY GUIDE

01 시멘트

1 시멘트 제조
석회석과 점토를 혼합하여 1400~1500℃ 정도 소성하여 클링커를 만든 후 응결 지연제인 석고를 2~3% 정도 넣고 클링커를 분쇄하여 만든다.

2 시멘트의 화학적 성분
① 주성분
  ㉠ 석회(CaO) : 63%
  ㉡ 실리카(SiO_2) : 23%
  ㉢ 알루미나(Al_2O_3) : 6%
② 부성분
  ㉠ 산화철(Fe_2O_3)
  ㉡ 무수황산(SO_3)
  ㉢ 산화마그네슘(MgO)

*응결
- 시멘트와 물이 혼합된 시멘트 풀이 시간이 지남에 따라 유동성과 점성을 잃고 굳어지는 현상
- 응결은 초결 1시간 이후, 종결은 10시간 이내로 규정되어 있다.
- 시멘트의 응결시험은 비카침 및 길모어침에 의해 시멘트의 응결시간을 측정한다.

02 시멘트의 종류

1 보통 포틀랜드 시멘트
① 일반적인 시멘트를 보통 포틀랜드 시멘트라 한다.
② 원료가 석회석과 점토로 재료 구입이 쉽고 제조 공정이 간단하여 그 성질이 우수하다.

2 중용열 포틀랜드 시멘트
① 수화열을 적게 하기 위해 알루민산 3석회(C_3A)의 양을 적게 하고 장기강도를 내기 위해 규산 이석회(C_2S)량을 많게 한 시멘트
② 수화열이 적다.

③ 조기강도는 작으나 장기강도는 크다.
④ 댐, 매스 콘크리트, 방사선 차폐용 등에 적합하다.
⑤ 건조수축은 포틀랜드 시멘트 중에서 가장 적다.

3 조강 포틀랜드 시멘트

① 보통 포틀랜드 시멘트의 28일 강도를 재령 7일 정도에서 나타난다.
② 수화속도가 빠르고 수화열이 커 한중공사, 긴급공사 등에 사용된다.
③ 수화열이 크므로 매스 콘크리트에서는 균열 발생의 원인이 되므로 주의해야 한다.
④ 수경률이 큰 시멘트이다.

4 고로 시멘트

① 수화열이 비교적 적다.
② 내화학약품성이 좋아 해수, 공장폐수, 하수 등에 접하는 콘크리트에 적당하다.
③ 댐공사에 사용된다.
④ 단기강도가 적고 장기강도가 크다.

5 실리카 시멘트(포졸란)

① 콘크리트 워커빌리티를 증가시킨다.
② 장기강도가 커진다.
③ 수밀성 및 해수에 대한 화학적 저항성이 크다.

6 플라이 애시 시멘트

① 콘크리트 워커빌리티를 증대시키며 단위수량을 감소시킬 수 있다.
② 수화열이 적고 건조수축도 적다.
③ 장기강도가 커진다.
④ 해수에 대한 내화학성이 크다.

7 알루미나 시멘트

① 1일 강도가 보통 포틀랜드 시멘트의 28일 강도와 같다.
② 발열량이 커 한중공사, 긴급공사에 적합하다.
③ 해수 및 기타 화학작용을 받는 곳에 저항성이 크다.
④ 내화용 콘크리트에 적합하다.

＊혼합 시멘트
고로 슬래그 시멘트, 플라이 애시 시멘트, 포졸란 시멘트 등

⑤ 보통포틀랜드 시멘트와 혼합하여 사용하면 순결성이 나타나므로 주의하여야 한다.

8 초속경 시멘트(jet cement)

① 2~3시간에 큰 강도를 얻을 수 있다.
② 응결시간이 짧고 경화시 발열이 크다.
③ 알루미나 시멘트와 같은 전이현상이 없다.
④ 보통시멘트와 혼합해서 사용하면 안 된다.
⑤ 강도발현이 매우 빨라 물을 가한 후 2~3시간에 압축강도가 약 10~20 MPa 달한다.
⑥ 재령 1일에 40MPa의 강도를 발현한다.

9 팽창시멘트

① 보통 포틀랜드 시멘트를 사용한 콘크리트는 경화 건조에 의해 수축, 균열이 발생하는데 이 수축성을 개선할 목적으로 사용한다.
② 초기에 팽창하여 그 후의 건조수축을 제거하고 균열을 방지하는 수축보상용과 크게 팽창을 일으켜 프리스트레스 콘크리트로 이용하는 화학적 프리스트레스 도입용이 있다.
③ 팽창성 콘크리트의 수축률은 보통 콘크리트에 비해 20~30% 작다.
④ 팽창성 콘크리트는 양생이 중요하며 믹싱시간이 길면 팽창률이 감소하므로 주의해야 한다.

*잠재 수경성 있는 혼화재
고로 슬래그 미분말

03 혼화재

사용량이 비교적 많아 그 자체의 부피가 콘크리트의 배합계산에 관계가 되며 시멘트 사용량의 5% 이상 사용한다.

1 포졸란

① 블리딩이 감소하고 워커빌리티가 좋아진다.
② 수밀성 및 화학 저항성이 크다.
③ 발열량이 적어지므로 강도의 증진이 늦고 장기강도가 크다.
④ 댐 등 단면이 큰 콘크리트에 사용된다.

2 플라이 애시

① 콘크리트의 워커빌리티를 좋게 하고 사용수량을 감소시켜 준다.
② 장기강도가 크다.
③ 수화열이 적어 단면이 큰 콘크리트 구조물에 적합하다.
④ 콘크리트의 수밀성을 크게 개선한다.
⑤ 플라이 애시의 품질 규정
  ㉠ 시료의 수량 및 채취 방법은 인도·인수 당사자 사이의 협의에 따른다.
  ㉡ 채취한 시료는 표준체 $850\mu m$로 체를 쳐서 이물질을 제거하고 통과분을 방습성의 기밀한 용기에 밀봉하여 보존한다.
  ㉢ 시험용 시료는 시험하기 전에 시험실 안에 넣어 실온과 같아지도록 한다.

3 고로 슬래그

① 내해수성, 내화학성이 향상된다.
② 수화열에 의한 온도상승의 대폭적인 억제가 가능하게 되어 매스 콘크리트에 적합하다.
③ 알칼리 골재반응의 억제에 대한 효과가 크다.

*실리카 퓸
① 밀도가 $2.1\sim2.2g/cm^3$ 정도이며 시멘트 질량의 5~15% 정도 치환하면 콘크리트가 치밀한 구조가 된다.
② 재료분리 저항성, 수밀성, 내화학약품성이 향상되며 알칼리 골재반응의 억제효과 및 강도 증진이 된다.

04 혼화제

1 공기연행제

① 콘크리트 내부에 독립된 미세한 기포를 발생시켜 이 연행공기가 시멘트, 골재입자 주위에서 볼 베어링 작용을 함으로 콘크리트의 워커빌리티를 개선한다.
② 블리딩을 감소시킨다.
③ 동결융해에 대한 내구성을 크게 증가시킨다.
④ 공기량이 1% 증가함에 따라 슬럼프가 1.5cm 증가하고 압축강도는 4~6% 감소한다.
⑤ 단위수량이 적게 된다.
⑥ 철근과 부착강도가 저하되는 단점이 있다.
⑦ 알칼리 골재반응이 적다.

2 유동화제

① 낮은 물-결합재비 콘크리트에 사용하여 반죽질기를 증가시켜 워커빌리티를 증진시킨다.
② 고강도 콘크리트를 얻을 수 있다.

3 경화 촉진제

① 시멘트의 수화작용을 촉진하는 혼화제로 시멘트 질량의 1~2% 정도 사용한다.
② 조기강도를 증가시켜 주나 2% 이상 사용하면 큰 효과가 없으며 오히려 순결, 강도저하를 준다.
③ 조기강도의 증대 및 동결온도의 저하에 따른 한중 콘크리트에 사용한다.
④ 경화 촉진제로 염화칼슘, 규산나트륨 등이 있다.

4 지연제

① 시멘트의 수화반응을 늦추어 응결시간을 길게 할 목적으로 사용한다.
② 서중 콘크리트 시공시 워커빌리티의 저하를 방지한다.
③ 레디믹스트 콘크리트의 운반거리가 멀어 운반시간이 장시간 소요되는 경우 유효하다.
④ 수조, 사일로 및 대형 구조물 등 연속 타설을 필요로 하는 콘크리트 구조에서 작업이음 발생 등의 방지에 유효하다.

*발포제
알루미늄 또는 아연 등의 분말을 혼합하여 모르타르 및 콘크리트 속에 미세한 기포를 발생하게 한다.

05 골재

1 골재의 입경에 따른 분류

① 굵은골재 : 5mm체에 거의 남는 골재
② 잔골재 : 10mm체를 전부 통과하고 5mm체를 거의 통과하며 0.08mm체에 다 남는 골재

2 골재의 필요 조건

① 깨끗하고 유해물이 함유하지 않을 것
② 물리, 화학적으로 안정하고 강도 및 내구성이 클 것

③ 입도 분포가 양호할 것
④ 모양은 구 또는 입방체에 가까울 것
⑤ 마모에 대한 저항성이 클 것

06 굵은골재 최대치수

① 골재의 체가름 시험을 하였을 때 통과질량 백분율이 90% 이상 통과한 체 중에서 최소치수의 눈금을 말한다.
② 구조물의 종류별 굵은골재 최대치수

구조물의 종류		굵은골재 최대치수	
무근 콘크리트		40mm 이하, 부재 최소치수의 1/4 이하	
철근 콘크리트	일반적인 경우	20mm 또는 25mm 이하	부재 최소치수의 1/5 이하, 피복두께 및 철근의 최소 수평, 수직 순간격의 3/4 이하
	단면이 큰 경우	40mm 이하	
댐 콘크리트		150mm 이하	
포장 콘크리트		40mm 이하	

※ 알칼리 골재반응
① 포틀랜드 시멘트 속의 알칼리 성분이 골재 속의 실리카질 광물과 화학반응을 일으키는 것이다.
② 알칼리 골재반응을 억제하기 위해 알칼리량을 0.6% 이하로 하는 것이 좋다.

07 시멘트 시험

1 시멘트 비중시험

① 르샤틀리에 병에 광유를 0~1ml 눈금사이 넣고 눈금을 읽는다.
② 병의 목 부분에 묻은 광유를 철사에 천을 감고 닦아낸다.
③ 시멘트 64g을 넣고 병을 가볍게 굴리거나 흔들어 내부 공기를 뺀 후 광유의 표면 눈금을 읽는다.
④ 시멘트 비중 = $\dfrac{\text{시멘트의 질량(g)}}{\text{비중병 눈금의 차(ml)}}$

2 시멘트 분말도 시험

블레인 공기 투과 장치를 이용한다.

3 시멘트 응결시험

비카 침, 길모어 침에 의해 응결시간을 측정한다.

✱시멘트 모르타르의 인장강도시험
모르타르는 시멘트와 표준모래를 섞어 질량비가 1 : 2.7의 질량비로 한다.

4 시멘트 팽창도 시험
오토클레이브를 이용한다.

5 시멘트의 강도시험(KSL ISO 679)
모르타르는 시멘트와 표준모래를 1 : 3의 질량비로 한다.(시멘트 450g, 표준사 1350g, 물 225g, W/C=0.5)

08 골재 시험

1 골재의 체가름 시험
① 체 진동기에 골재를 넣고 조립하여 1분동안 체가름하여 1% 이내의 통과가 될 때까지 체가름 한다.
② 조립률은 표준체(75mm, 40mm, 20mm, 10mm, 5mm, 2.5mm, 1.2mm, 0.6mm, 0.3mm, 0.15mm)의 각 체에 남는 양의 누계 백분율의 합을 100으로 나눈 값으로 말하며 골재의 입자가 크면 클수록 조립률이 크다.
③ 잔골재 조립률 : 2.3~3.1
④ 굵은골재 조립률 : 6~8
⑤ 체가름용 시료의 표준량

골 재	질량(g)
• 잔골재 1.2mm체를 95%(질량비) 이상 통과하는 것	100g
• 잔골재 1.2mm체를 5%(질량비) 이상 남는 것	500g
• 굵은골재 최대치수 20mm	4 kg
• 굵은골재 최대치수 25mm	5 kg
• 굵은골재 최대치수 40mm	8 kg

㉠ 굵은골재의 경우 사용하는 골재의 최대치수(mm)의 0.2배를 kg으로 표시한 양을 시료의 최소건조질량으로 한다.
㉡ 구조용 경량골재 시료의 최소건조질량은 일반골재 규정값의 1/2배로 한다.

✱잔골재 시험 허용치
• 밀도 : 0.01g/cm³ 이하
• 흡수율 : 0.05% 이하

2 잔골재 밀도 및 흡수율 시험
① 잔골재의 밀도는 보통 2.50~2.65g/cm³ 정도이다.
② 잔골재의 밀도는 표면 건조 포화 상태의 밀도를 말한다.

3 굵은골재의 밀도 및 흡수율 시험

① 골재의 밀도는 표면 건조 포화 상태의 밀도를 말한다.
② 굵은골재의 밀도는 2.55~2.70g/cm³ 정도이다.
③ 굵은골재의 흡수율은 보통 0.5~4% 정도이다.

4 골재의 단위 용적질량 시험

다짐대를 사용하는 방법, 충격을 이용하는 방법이 있다.

5 골재의 안정성 시험

① 골재의 내구성을 알기 위해 황산나트륨 용액으로 골재의 부서짐 작용에 대한 저항성을 시험하는 것이다.
② 기상 작용에 의한 골재의 균열 또는 파괴에 대한 저항성을 측정한다.

6 잔골재 유기불순물 시험

알코올, 타닌산, 수산화나트륨 용액을 사용하며 시험용액의 색깔이 표준색 용액보다 연할 때는 사용 가능하다.

7 굵은골재의 닳음시험(마모시험)

① 로스앤젤레스 시험기에 의한 굵은골재의 닳음 저항을 측정하는 것이다.
② 마모율 = $\dfrac{\text{시험전 시료의 질량} - \text{시험후 1.7mm체에 남는 시료의 질량}}{\text{시험전 시료의 질량}} \times 100$
③ 보통 콘크리트용 골재의 마모율은 40% 이하, 댐 콘크리트는 40% 이하, 포장 콘크리트의 경우는 35% 이하이다.

09 콘크리트의 배합

1 배합강도(f_{cr})

구조물에 사용된 콘크리트의 압축강도가 품질기준강도보다 작지 않도록 현장 콘크리트의 품질 변동을 고려하여 콘크리트의 배합강도(f_{cr})는 품질기준강도(f_{cq})보다 크게 정하여야 한다.
콘크리트 배합강도는 다음의 두 식에 의한 값 중 큰 값으로 정한다.

STUDY GUIDE

＊간극률(빈틈률)
= 100 − 실적률
= $\left(1 - \dfrac{\omega}{\rho}\right) \times 100$

여기서,
ρ : 골재의 밀도(절건밀도)
ω : 골재의 단위용적질량
※ 고강도 콘크리트용 굵은골재의 실적률은 59% 이상을 기준한다.

＊안정성 시험 골재의 손실 질량비
• 잔골재 : 10% 이하
• 굵은골재 : 12% 이하

① $f_{cq} \leq 35\text{MPa}$인 경우

$$f_{cr} = f_{cq} + 1.34s$$
$$f_{cr} = (f_{cq} - 3.5) + 2.33s$$

⎤ 큰 값

② $f_{cq} > 35\text{MPa}$인 경우

$$f_{cr} = f_{cq} + 1.34s$$
$$f_{cr} = 0.9f_{cq} + 2.33s$$

⎤ 큰 값

여기서, s = 압축강도의 표준편차(MPa)

③ 콘크리트 압축강도의 표준편차
  ㉠ 실제 사용한 콘크리트의 30회 이상의 시험실적으로부터 결정하는 것을 원칙으로 한다.
  ㉡ 압축강도의 시험횟수가 29회 이하이고 15회 이상인 경우는 계산한 표준편차에 보정계수를 곱한 값을 표준편차로 사용한다.

시험횟수가 29회 이하일 때 표준편차의 보정계수

시험횟수	표준편차의 보정계수
15	1.16
20	1.08
25	1.03
30 이상	1.00

④ 콘크리트 압축강도의 표준편차를 알지 못할 때 또는 압축강도의 시험횟수가 14회 이하인 경우 콘크리트 배합강도

호칭강도(MPa)	배합강도(MPa)
21 미만	$f_n + 7$
21 이상 35 이하	$f_n + 8.5$
35 초과	$1.1f_n + 5$

*품질기준강도(f_{cq})
설계기준 압축강도(f_{ck})와 내구성 기준 압축강도(f_{cd}) 중에서 큰 값

2 물-결합재비

① 소요의 강도, 내구성, 수밀성 및 균열 저항성 등을 고려하여 정한다.
② 제빙화학제가 사용되는 콘크리트의 물-결합재비는 45% 이하로 하여야 한다.
③ 콘크리트의 수밀성을 기준으로 물-결합재비를 정할 경우 50% 이하로 한다.
④ 콘크리트의 탄산화 저항성을 고려하여야 하는 경우 물-결합재비는 55% 이하로 한다.

3 단위수량

작업이 가능한 범위 내에서 될 수 있는 대로 적게 되도록 시험을 통해정한다.

4 굵은골재의 최대치수

① 부재 최소치수의 1/5, 슬래브 두께의 1/3, 철근피복 및 철근의 최소 순간격의 3/4을 초과해서는 안 된다.
② 굵은골재의 최대치수 표준

구조물의 종류	굵은골재의 최대치수(mm)
일반적인 경우	20 또는 25
단면이 큰 경우	40
무근 콘크리트	40 부재 최소치수의 1/4 이하

5 슬럼프의 표준값

종	류	슬럼프 값(mm)
철근 콘크리트	일반적인 경우	80~150
	단면이 큰 경우	60~120
무근 콘크리트	일반적인 경우	50~150
	단면이 큰 경우	50~100

*슬럼프
운반, 타설, 다지기 등의 작업에 알맞은 범위 내에서 될 수 있는 대로 작은 값으로 정한다.

6 잔골재율

① 소요의 워커빌리티를 얻을 수 있는 범위 내에서 단위수량이 최소가 되도록 시험에 의해 정한다.
② 콘크리트 배합을 정할 때 가정한 잔골재의 조립률에 비하여 조립률이 ±0.2 이상의 변화를 나타내었을 때는 배합을 변경하여야 한다. 공기연행 콘크리트를 사용할 경우에는 입도 변화의 허용값을 작게 규정하는 것이 좋다.
③ 고성능 공기연행 감수제를 사용한 콘크리트의 경우로서 물-결합재비 및 슬럼프가 같으면 일반적인 공기연행 감수제를 사용한 콘크리트와 비교하여 잔골재율을 1~2% 정도 크게 하는 것이 좋다.

7 시방배합

① 단위시멘트량 : $\dfrac{\text{단위수량}}{\text{물} - \text{시멘트비}}$

② 단위 골재량의 절대부피(m^3)

$$1 - \left(\dfrac{\text{단위수량}}{1000} + \dfrac{\text{단위시멘트량}}{\text{시멘트의 비중} \times 1000} + \dfrac{\text{단위혼화재량}}{\text{혼화재의 밀도} \times 1000} + \dfrac{\text{공기량}}{100} \right)$$

③ 단위 잔골재량의 절대부피(m^3)

단위 골재량의 절대부피 × 잔골재율

④ 단위 잔골재량(kg)

단위 잔골재량의 절대부피 × 잔골재의 밀도 × 1000

⑤ 단위 굵은골재량의 절대부피(m^3)

단위 골재량의 절대부피 − 단위 잔골재량의 절대부피

⑥ 단위 굵은골재량(kg)

단위 굵은골재량의 절대부피 × 굵은골재의 밀도 × 1000

8 현장배합

* 현장배합
현장 골재의 입도 및 함수 상태를 고려하여 보정한다.

① 골재의 입도에 대한 보정

㉠ $x = \dfrac{100S - b(S+G)}{100 - (a+b)}$

㉡ $y = \dfrac{100G - a(S+G)}{100 - (a+b)}$

여기서, x : 계량해야 할 현장의 잔골재량(kg)
y : 계량해야 할 현장의 굵은골재량(kg)
S : 시방배합의 잔골재량(kg)
G : 시방 배합의 굵은골재량(kg)
a : 잔골재 속의 5mm체에 남는 양(%)
b : 굵은골재 속의 5mm체를 통과하는 양(%)

② 골재의 표면 수량에 대한 보정

㉠ $S' = x\left(1 + \dfrac{c}{100}\right)$

㉡ $G' = y\left(1 + \dfrac{d}{100}\right)$

㉢ $W' = W - x \cdot \dfrac{c}{100} - y \cdot \dfrac{d}{100}$

여기서, S' : 계량해야 할 현장의 잔골재량(kg)
G' : 계량해야 할 현장의 굵은골재량(kg)
W' : 계량해야 할 현장의 물의 양(kg)
c : 현장의 잔골재의 표면수량(%)
d : 현장의 굵은골재의 표면수량(%)
W : 시방 배합의 물의 양(kg)

CHAPTER II 콘크리트 제조 시험 및 품질관리

01 레디믹스트 콘크리트의 제조

1 품질의 지정

① 레디믹스트 콘크리트의 종류는 보통 콘크리트, 경량골재 콘크리트, 포장 콘크리트, 고강도 콘크리트로 하고 구입자는 굵은골재의 최대치수, 슬럼프 및 호칭강도를 지정한다.
② 공기량은 보통 콘크리트의 경우 4.5%이며 경량골재 콘크리트의 경우 5.5%, 포장 콘크리트 4.5%, 고강도 콘크리트 3.5%로 하여 그 허용오차는 ±1.5%로 한다.
③ 슬럼프 및 슬럼프 플로

슬럼프(mm)	슬럼프 허용차(mm)
25	±10
50 및 65	±15
80 이상	±25

※ 여기서, 슬럼프 30mm 이상 80mm 미만인 경우 허용오차 ±15mm를 적용한다.

슬럼프 플로(mm)	슬럼프 플로의 허용차(mm)
500	±75
600	±100
700	±100

※ 여기서, 슬럼프 플로 700mm는 굵은골재의 최대치수가 15mm인 경우에 한하여 적용한다.

2 염화물 함유량

① 콘크리트 중에 함유된 염소이온의 총량으로 표시한다.
② 굳지 않은 콘크리트 중의 전 염소이온량은 원칙적으로 $0.3\,kg/m^3$ 이하로 한다.
③ 염소이온량이 적은 재료의 입수가 곤란한 경우는 책임기술자의 승인을 얻어 콘크리트 중의 전 염소이온량의 허용 상한값을 $0.6\,kg/m^3$로 할 수 있다.

STUDY GUIDE

*콘크리트 강도시험
① 1회의 시험결과는 호칭강도의 85% 이상
② 연속 3회 시험결과의 평균치는 호칭강도의 값 이상

여기서, 1회의 압축강도 시험결과는 임의의 1개 운반차로부터 채취한 시료로 3개의 공시체를 제작하여 시험한 평균값으로 한다.

STUDY GUIDE

*콘크리트 강도에 영향을 미치는 주된 요인
재료, 배합, 공기량, 시공방법, 양생방법, 시험방법 등

3 콘크리트 강도

① 표준양생을 실시한 콘크리트 공시체의 재령 28일의 시험값으로 한다.
② 콘크리트 구조물은 주로 콘크리트의 압축강도를 기준한다.
③ 콘크리트의 강도시험 횟수는 $450m^3$를 1로트로 하여 $150m^3$당 1회의 비율로 한다. 다만, 인수·인도 당사자간의 협정에 따라 검사 로트를 조정할 수 있다.

4 재료의 계량 오차

재료의 종류	1회 계량 오차
시멘트, 물	시멘트(-1%, +2%), 물(-2%, +1%)
혼화재	±2% 이내
골재, 혼화제	±3% 이내

5 품질관리

① 시멘트의 품질관리
  공사 시작전, 공사중 1회/월 이상 및 장기간 저장한 경우
② 혼합수의 품질관리
  ㉠ 상수도수 : 공사 시작 전
  ㉡ 상수도수 이외의 물 : 공사 시작 전, 공사중 1회/년 이상 및 수질이 변한 경우
  ㉢ 콘크리트 제조시의 혼합용수는 기름, 산, 염류, 유기물 등의 콘크리트 품질에 영향을 주는 품질의 유해량을 함유하지 않는 깨끗한 물이라야 한다.
  ㉣ 하천수는 상수돗물 이외의 물에 대한 품질규정에 적합하지 않으면 사용할 수 없다.
  ㉤ 상수돗물은 시험하지 않고 사용할 수 있으나 그 이외의 물은 시험을 하여야 한다.
  ㉥ 슬러지수는 시험을 해야 하며 슬러지 고형분율은 3% 이하이어야 한다.
  ㉦ 배합설계시 슬러지수에 포함된 슬러지 고형분은 물의 질량에는 포함되지 않는다.

③ 회수수의 품질

항 목	품 질
염소이온(Cl⁻)량	250mg/l 이하
시멘트 응결시간의 차	초결은 30분 이내, 종결은 60분 이내
모르타르의 압축강도비	재령 7일 및 28일에서 90% 이상

단, 고강도 콘크리트의 경우 회수수를 사용해서는 안 된다.

02 콘크리트 시험

1 슬럼프 시험(slump test)

① 목 적
굳지 않은 콘크리트의 반죽질기를 측정하는 것으로 워커빌리티를 판단한다.

② 시험기구
  ㉠ 슬럼프 콘 : 밑면의 안지름 200mm, 윗면의 안지름 100mm, 높이 300mm, 두께 1.5mm인 금속제
  ㉡ 다짐대 : 지름 16mm, 길이 500~600mm인 원형 강봉

③ 시험방법
  ㉠ 시료를 슬럼프 콘 부피의 약 1/3 되게 넣고 다짐대로 25번 다진다.
  ㉡ 시료를 슬럼프 콘 부피의 약 2/3까지 넣고 다짐대로 25번 다진다. 이때 다짐대는 그 앞층에 거의 도달할 정도의 깊이로 한다.
  ㉢ 마지막으로 슬럼프 콘에 넘칠 정도로 넣고 다짐대로 25번 다진다.
  ㉣ 콘크리트가 내려앉은 길이를 콘크리트의 중앙부에서 5mm 단위로 측정한다.

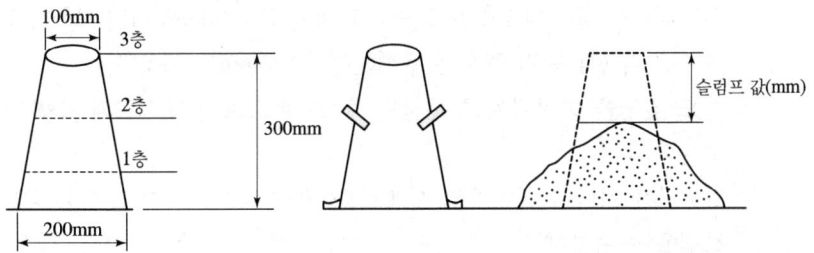

상수돗물 이외의 물의 품질

항 목	품 질
현탁 물질의 양	2g/l 이하
용해성 증발 잔류물의 양	1g/l 이하
염소 이온 (Cl⁻)량	250 mg/l 이하
시멘트 응결 시간의 차	초결은 30분 이내, 종결은 60분 이내
모르타르의 압축강도비	재령 7일 및 재령 28일에서 90% 이상

STUDY GUIDE

＊슬럼프 시험
두 번 이상 시험한 평균값

④ 결과
  ㉠ 슬럼프 콘에 시료를 채우고 벗길 때까지 전 작업시간은 3분 이내로 한다.
  ㉡ 슬럼프 콘을 들어올리는 시간은 높이 30cm에서 2~3초로 한다. (전 작업시간에 포함)

2 공기량 시험

① 대표적인 시료를 용기에 3층으로 나누어 넣고 각 층을 다짐대로 25번씩 다진다.
② 용기의 옆면을 고무망치로 가볍게 두들겨 빈틈을 없앤다.
③ 용기 윗부분의 콘크리트를 반듯하게 깎아내고 뚜껑을 얹어 공기가 생기지 않게 잠근다.
④ 공기실의 주밸브를 잠그고 배기구 밸브와 주수구 밸브를 열어 놓고 물을 넣어 배기구로 기포가 나오지 않을 때까지 넣고 배기구와 주수구를 잠근다.

＊공기량 측정기
공기실 압력법(워싱턴형)

⑤ 공기실 내의 압력을 초압력까지 올리고 약 5초 지난 뒤에 주밸브를 연다.
⑥ 지침이 정지되었을 때 압력계를 읽어 겉보기 공기량(A_1)을 구한다.
⑦ 결과 : $A = A_1 - G$

여기서, A : 콘크리트의 공기량 (%)
A_1 : 겉보기 공기량 (%)
G : 골재의 수정계수 (%)

3 콘크리트 압축강도 시험

① 공시체 제작 방법($\phi 150 \times 300$mm의 경우)
  ㉠ 공시체는 지름의 2배 높이인 원기둥형이며 지름은 굵은골재 최대 치수의 3배 이상, 100mm 이상으로 한다.
  ㉡ 콘크리트를 몰드에 2층 이상으로 채워 층당 1000mm²마다 1회 비율로 다진다. (각 층의 채우는 두께는 75~100mm로 채운다.)
  ㉢ 몰드 옆면을 고무망치로 두들긴 후 흙 손으로 콘크리트의 표면을 고른다.
  ㉣ 2~4시간 지나서 된반죽의 시멘트풀(W/C=27~30%)로 시험체의 표면을 캐핑한다.
② 공시체의 양생
  ㉠ 몰드를 제작한 후 16시간 이상 3일 이내에 해체한다.
  ㉡ 공시체를 20±2℃에서 습윤상태로 양생한다.

③ 압축강도 시험방법
  ㉠ 일정한 속도(매초 0.6 ± 0.4MPa)로 하중을 가한다.

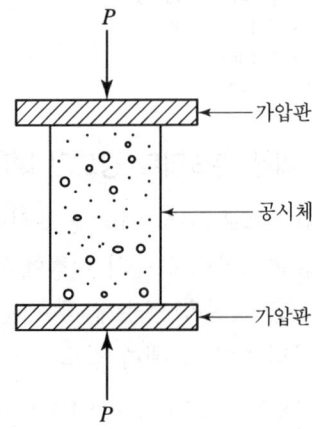

  ㉡ 압축강도(f_{cu}, MPa) = $\dfrac{\text{최대 하중(N)}}{\text{공시체의 단면적(mm}^2\text{)}}$

4 콘크리트 인장강도 시험

① 공시체 지름은 굵은골재 최대치수의 4배 이상이며 150mm 이상으로 한다.
② 공시체 길이는 그 지름 이상, 2배 이하로 한다.(일반적으로 지름 100mm의 경우 길이는 200mm가 적절하다.)
③ 매초 0.06 ± 0.04MPa의 일정한 비율로 증가시켜 하중을 준다.
④ 인장강도(f_{sp}, MPa) = $\dfrac{2P}{\pi dl}$

  여기서, P : 공시체가 파괴될 때 최대하중(N)
  d : 공시체의 지름(mm)
  l : 공시체의 길이(mm)

5 콘크리트 휨강도 시험

① 콘크리트를 몰드에 2층으로 나눠 채워 윗면적 1000mm²에 대하여 1회 비율로 다진다.
② 공시체 한 변의 길이는 굵은골재 최대치수의 4배 이상이며 100mm 이상으로 하고 공시체 길이는 단면 한 변 길이의 3배보다 80mm 이상 긴 것으로 한다.
③ 몰드를 제작한 후 16시간 이상 3일 이내에 해체한다.
④ 공시체를 20 ± 2℃에서 습윤상태로 양생한다.

*쪼갬 인장강도
콘크리트 압축강도용 시험체를 옆으로 뉘어 놓고 압력을 가해서 파괴

★ 휨강도 시험
4점 재하장치 이용

⑤ 휨강도(f_b, MPa) $= \dfrac{Pl}{bd^2}$

여기서, P : 시험기에 나타난 최대하중(N)
l : 지간의 길이
b : 평균 너비(mm)
d : 평균 두께(mm)

6 슈미트 해머에 의한 콘크리트 강도의 비파괴 시험

① 측정할 곳을 3cm 간격으로 20점 이상을 표시한다.
② 해머의 타격봉 끝을 콘크리트 표면의 측점에 대고 눌러 타격한다.
③ 멈춤 단추를 눌러 눈금 지침을 멈추게 하고 눈금을 읽는다.
④ 기준 반발도 R_o 로부터 테스트 해머 강도

$$F(\text{MPa}) = -18.0 + 1.27 R_o \ [-184 + 13 R_o (\text{kg/cm}^2)]$$

⑤ 슈미트 해머의 종류
　㉠ N형(보통 콘크리트용)
　㉡ M형(매스 콘크리트용)
　㉢ L형(경량 콘크리트용)
　㉣ P형(저강도 콘크리트용)
　※ 슈미트 해머는 사용 전에 테스트 앤빌($R = 80 \pm 1$)을 사용하여 검교정을 한다.

03 콘크리트의 품질관리

1 품질관리의 목적

① 설계 시방서에 표시된 규격을 만족시키면서 구조물을 가장 경제적으로 만들기 위해 통계적 기법을 응용하는 것이다.
② 품질 유지, 품질 향상, 품질 보증 등을 위해 실시한다.

2 품질관리 4단계 사이클

① 계획(plan)
② 실시(do)
③ 검토(check)
④ 조치(action)

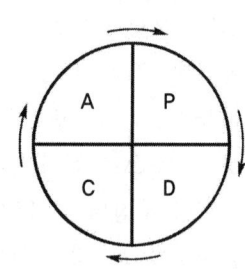

3 품질관리의 순서

① 품질 특성 결정　　② 품질 표준 결정
③ 작업 표준 결정　　④ 작업 실시
⑤ 관리 한계 설정　　⑥ 히스토그램 작성
⑦ 관리도 작성　　　⑧ 관리 한계 재설정

4 품질관리의 수법

① 파레토도 : 결과와 원인을 분석하고 주요 문제점을 발견하기 위한 그래프
② 특성 요인도 : 어떤 특성(결과)과 그 원인의 관계를 정리하기 위한 그래프
③ 히스토그램 : 데이터를 일정한 폭으로 구분하고, 막대그래프로 표현하여 중심, 편차, 모양의 문제점을 발견하기 위한 그래프
④ 그래프 : 데이터를 형식과 관계에서 문제점을 발견하기 위한 도구
⑤ 층별 : 데이터를 grouping하며 문제를 발견해 내기 위한 도구
⑥ 산포도 : 한 쌍의 데이터가 대응하는 상태에서 문제를 발견해 내기 위한 도구
⑦ 체크시트 : 계산치의 자료를 모아 그것에서 문제를 발견해 내기 위한 도구
⑧ 관리도 : 데이터의 편차에서 관리 상황과 문제점을 발견해 내기 위한 도구

*히스토그램
공사 또는 품질 상태가 만족한 상태에 있는지 여부를 판단하는 데 이용한다.

5 관리도의 종류

① $\bar{x}-R$ 관리도 : 시료의 길이, 질량, 강도 등과 같은 연속적으로 분포하는 계량값일 때 사용된다.
② $\tilde{x}$ 관리도(Median 관리도) : 평균치를 계산하는 시간과 노력을 줄이기 위해 사용된다.
③ x 관리도(1점 관리도) : 군으로 나누지 않고 한 개 한 개의 측정치를 사용하여 공정을 관리할 때 사용한다.
④ P 관리도(불량률 관리도) : 1개씩 취급하는 물품으로 1개마다 불량품이 어느 정도 비율로 나오는지를 판단한다.
⑤ P_n 관리도(불량개수 관리도) : 1개마다 양, 불량으로 구별할 경우 사용한다.

⑥ C 관리도(결점수 관리도) : 취급하는 물품의 크기가 일정한 경우 사용한다.
⑦ U 관리도(결점 발생률 관리도) : 1개의 물품 중에 흠이 몇 개인지를 알아내는 관리도로 단위당의 결점수 관리도라 한다.

6 관리도의 판독

① 공정의 관리상태인 경우(안전한 관리상태)
  ㉠ 관리한계선 밖에 분포하는 점이 없다.
  ㉡ 점의 배열상태에 어떤 특이한 경향이 없다.
  ㉢ 중심선의 상·하에 대체로 같은 수의 점이 분포한다.
  ㉣ 중심선 부근일수록 많은 수의 점이 분포한다.
  ㉤ 중심선에서 멀어질수록 점의 분포수가 감소하는 상태를 나타낸다.
② 공정의 관리상태가 아닌 경우(불안전한 관리상태)
  ㉠ 점이 중심선의 어느 한 측에 연속으로 배열되는 경우
  ㉡ 점의 배열이 상승 또는 하강하는 경향을 나타내는 경우
  ㉢ 점의 배열에 주기적인 경향이 나타나는 경우
  ㉣ 모든 점이 중심선 부근에 집중하는 경향을 나타내는 경우
  ㉤ 점의 관리한계선 가까이에 배열되는 경우
  ㉥ 관리한계선에 근접하는 점이 거의 없는 경우
  ㉦ 중심선의 어느 한 편에 많은 수의 점이 배열되는 경우

04 콘크리트 공사에서의 품질관리 및 검사

1 콘크리트의 품질관리 시험

*품질의 변동계수
$$\dfrac{표준편차}{측정값의 평균치} \times 100$$

① 슬럼프시험, 공기량시험, 강도시험, 염화물 함유량시험, 단위용적 질량시험, 콘크리트 온도 측정 등을 한다.
② 트럭 애지테이터에서 시료를 채취하는 경우에는 트럭 애지테이터를 30초간 고속으로 휘저은 후 최초로 배출되는 콘크리트 약 $50l$를 제외한 후 콘크리트의 전 횡단면에서 3회 이상 나누어 채취한 다음 전체를 다시 비비기하여 시료로 사용한다.
③ 검사는 강도, 슬럼프, 공기량 및 염화물 함유량에 대하여 시험한다.

2 콘크리트 받아들이기 품질검사

① 워커빌리티의 검사는 굵은골재 최대치수 및 슬럼프가 설정치를 만족하는지의 여부를 확인함과 동시에 재료 분리 저항성을 외관 관찰에 의해 확인하여야 한다.
② 강도검사는 콘크리트의 배합 검사를 실시하는 것을 표준으로 한다. 배합 검사를 하지 않은 경우에는 압축강도에 의한 품질검사를 실시한다. 이 검사에서 불합격된 경우에는 구조물에 대한 콘크리트의 강도 검사를 실시하여야 한다.
③ 내구성 검사는 공기량, 염소이온량을 측정하는 것으로 한다. 내구성으로부터 정한 물-결합재비는 배합 검사를 실시하거나 강도 시험에 의해 확인할 수 있다.
④ 검사 결과 불합격으로 판정된 콘크리트는 사용할 수 없다.

05 콘크리트의 성질

1 굳지 않은 콘크리트의 성질을 나타내는 용어

① 워커빌리티(workability) : 반죽질기 여하에 따른 작업의 난이도 및 재료분리에 저항하는 정도를 나타내는 성질
② 반죽질기(consistency) : 주로 물의 양이 많고 적음에 따라 반죽이 되고 진 정도를 나타내는 성질
③ 성형성(plasticity) : 거푸집을 쉽게 다져 넣을 수 있고 거푸집을 제거하면 천천히 형상이 변하기는 하지만 허물어지거나 재료분리하지 않는 성질
④ 피니셔빌리티(finshability) : 굵은골재의 최대치수, 잔골재율, 잔골재의 입도, 반죽질기 등에 따른 마무리하기 쉬운 정도를 나타내는 성질

2 콘크리트의 워커빌리티 측정방법

① 슬럼프 시험
② 흐름 시험(flow test)
③ Vee-Bee 시험(진동대식 시험)
④ 다짐계수 시험
⑤ 리몰딩 시험
⑥ 구 관입 시험

＊**단위수량의 영향**
수량이 많을수록 반죽질기가 크며 너무 많으면 재료분리의 원인이 된다.

3 콘크리트 재료의 분리 및 대책

① 콘크리트 작업중에 생기는 재료분리의 원인
  ㉠ 굵은골재의 최대치수가 지나치게 큰 경우
  ㉡ 입자가 거친 잔골재를 사용할 경우
  ㉢ 단위 골재량이 너무 많은 경우
  ㉣ 단위수량이 너무 많은 경우
  ㉤ 콘크리트 배합이 적절하지 않은 경우
  ㉥ 콘크리트 운반시 애지테이터의 회전이 정지되거나 속도가 맞지 않을 경우
  ㉦ 컨시스턴시가 적합하지 않아 과도한 진동다짐을 한 경우에는 굵은 골재의 침하, 블리딩이 생기기 쉽고 슈트를 사용한 경우 굵은골재의 분리가 심해진다.
② 콘크리트 작업 중에 생긴 재료분리 현상을 줄이기 위한 대책
  ㉠ 잔골재율을 크게 한다.
  ㉡ 잔골재 중의 0.15~0.3mm 정도의 세립분을 많게 한다.
  ㉢ 단위수량이 작고 물·시멘트비가 낮은 콘크리트가 분리에 대한 저항성이 크다.

4 초기 균열

① 침하수축 균열
  ㉠ 콘크리트 타설 후 콘크리트 표면 가까이 있는 철근, 매설물 또는 입자가 큰 골재 등이 콘크리트의 침하를 국부적으로 방해를 하기 때문에 철근의 상부 배근 방향으로 침하균열이 발생한다.
  ㉡ 침하나 블리딩이 큰 콘크리트일수록 초기균열이 발생하기 쉽고 균열의 크기는 커진다.
  ㉢ 응결시간이 빠른 시멘트, 장시간 비빈 콘크리트, 하절기에 시공된 콘크리트, 타설높이가 큰 콘크리트, 거푸집이 불안전하여 모르타르가 누출된 콘크리트, 거푸집의 조임이나 동바리가 불안전한 경우 등에 많이 발생한다.
② 초기 건조균열(플라스틱 수축균열)
  콘크리트 표면의 물의 증발속도가 블리딩 속도보다 빠른 경우와 같이 급속한 수분 증발이 일어나는 경우에 콘크리트 마무리면에 가늘고 얇은 균열이 생긴다.

＊침하수축 균열 방지
단위수량을 될 수 있는 한 적게 하며 타설 종료 후에는 충분한 다짐을 한다.

③ 수화발열에 의한 온도균열
  ㉠ 콘크리트의 응결, 경화과정에서 시멘트의 수화열이 축적되어 콘크리트 내부 온도가 상승하여 발생되는 균열이다.
  ㉡ 댐과 같이 단면이 큰 매스콘크리트 등의 구조물에 타설한 콘크리트에서는 큰 문제가 된다.

5 굳은 콘크리트의 성질

① 압축강도
  ㉠ 콘크리트의 강도는 보통 압축강도를 말한다.
  ㉡ 표준양생을 한 재령 28일의 압축강도를 기준으로 한다.
  ㉢ 댐 콘크리트에서는 재령 91일 압축강도를 기준으로 한다.
  ㉣ 포장용 콘크리트에서는 재령 28일의 휨강도를 기준으로 한다.

② 인장강도
  ㉠ 인장강도는 압축강도의 1/10~1/13 정도이다.
  ㉡ 인장강도는 콘크리트를 건조시키면 습윤한 콘크리트보다 저하된다. 이런 경향은 흡수율이 큰 인공경량골재 콘크리트에 있어서 더욱 현저하다.
  ㉢ 인장강도 시험방법은 할열시험이 일반적으로 사용된다.

③ 휨강도
  ㉠ 휨강도는 압축강도의 1/5~1/8 정도이다.
  ㉡ 휨강도는 도로, 공항 등의 콘크리트 포장의 설계기준강도, 콘크리트의 품질결정 및 관리 등에 사용된다.

*부착강도
이형철근의 부착강도가 원형철근의 2배 정도이다.

6 굳은 콘크리트의 변형

① 정탄성계수
  ㉠ 정적하중에 의하여 얻어진, 즉 일반적인 압축강도 시험에 의해 구해진 응력-변형률 곡선에서 구한 탄성계수(영계수)를 정탄성계수라 한다.
  ㉡ 콘크리트의 정탄성계수는 초기 탄성계수, 할선 탄성계수 및 접선 탄성계수로 구하나 일반적으로는 할선 탄성계수로 나타낸다.
  ㉢ 콘크리트의 탄성계수는 압축강도 및 밀도가 클수록 크다.
  ㉣ 압축강도가 동일할 경우 굵은골재량이 많을수록 탄성계수가 크다.
  ㉤ 재령이 길수록, 공기량이 작을수록 탄성계수가 크다.

＊동탄성계수
동결융해작용 등에 의한 콘크리트의 열화의 정도를 파악하는 척도로 사용된다.

ⓑ 콘크리트의 단위질량 m_c 의 값이 1,450~2,500 kg/m³인 콘크리트의 경우

$$E_c = 0.077 m_c^{1.5} \sqrt[3]{f_{cm}} \text{ (MPa)}$$

단, 보통 골재를 사용한 콘크리트(m_c = 2,300 kg/m³)의 경우

$$E_c = 8,500 \sqrt[3]{f_{cm}} \text{ (MPa)}$$

여기서, 재령 28일에서 콘크리트의 평균압축강도 $f_{cm} = f_{ck} + \Delta f$ (MPa)이다.
Δf는 f_{ck}가 40MPa 이하이면 4MPa, f_{ck}가 60MPa 이상이면 6MPa이다.

② 건조수축
  ㉠ 콘크리트는 습윤상태에서 팽창하고 건조하면 수축한다.
  ㉡ 건조수축은 분말도가 높은 시멘트일수록, 흡수율이 많은 골재일수록, 온도가 높을수록, 습도가 낮을수록, 단면치수가 작을수록 크다.

③ 크리프(creep)
  ㉠ 콘크리트의 일정한 하중이 지속적으로 작용하면 응력의 변화가 없어도 콘크리트의 변형은 시간의 경과와 함께 증가하는 성질을 말한다.
  ㉡ 크리프 계수 $\phi_t = \dfrac{\varepsilon_c}{\varepsilon_e}$

  - $E_c = \dfrac{f_c}{\varepsilon_e}$
  - $\varepsilon_e = \dfrac{f_c}{E_c}$
  - $\varepsilon_c = \phi_t \cdot \varepsilon_e = \phi_t \cdot \dfrac{f_c}{E_c}$

  여기서, ε_c : 크리프 변형률
  ϕ_t : 크리프 계수
  ε_e : 탄성변형률
  f_c : 콘크리트에 작용하는 응력
  E_c : 콘크리트 탄성계수

＊고강도 콘크리트
저강도 콘크리트보다 작은 크리프 변형률을 나타낸다.

- 대기중에 있는 실외의 경우 콘크리트의 크리프 계수는 2.0, 실내의 경우는 3.0, 경량골재 콘크리트는 1.5를 표준으로 한다.
- 인공경량골재 콘크리트의 크리프 변형률은 일반적으로 보통 콘크리트보다 크고 탄성 변형률도 크기 때문에 크리프 계수는 작다.

CHAPTER III 콘크리트의 시공

01 콘크리트의 혼합 및 타설

1 재료의 계량

① 재료는 현장배합에 의해 계량한다.
② 각 재료는 1배치씩 질량으로 계량한다. 단, 물과 혼화제 용액은 용적으로 계량해도 좋다.
③ 1배치량은 콘크리트의 종류, 비비기 설비의 성능, 운반방법, 공사의 종류, 콘크리트의 타설량 등을 고려하여 정한다.
④ 골재의 유효흡수율은 보통 15~30분간의 흡수율로 본다.
⑤ 혼화제를 녹이는 데 사용하는 물이나 혼화제를 묽게 하는 데 사용하는 물은 단위수량의 일부로 본다.
⑥ 재료의 계량시 허용오차

재료의 종류	허용 오차(%)
물	1
시멘트	1
골 재	3
혼화재	2
혼화제	3

여기서, 고로 슬래그 미분말의 계량오차의 최대치는 1%로 한다.

2 비비기 시간

① 비비기 시간은 시험에 의해 정하는 것을 원칙으로 한다.
② 비비기 시간에 대한 시험을 하지 않은 경우
   ㉠ 가경식 믹서 : 1분 30초 이상
   ㉡ 강제식 믹서 : 1분 이상
③ 비비기는 미리 정해 둔 비비기 시간의 3배 이상 계속해서는 안 된다.
④ 비비기 전에 믹서 내부에 모르타르를 부착시킨다.
⑤ 믹서 안의 콘크리트를 전부 꺼낸 후가 아니면 믹서 안에 다음 재료를 넣어서는 안 된다.
⑥ 믹서는 사용 전후에 청소를 잘 하여야 한다.

STUDY GUIDE

＊콘크리트 비비는 시간이 짧으면 압축강도가 작게 나올 수 있다.

3 콘크리트의 운반

① 콘크리트는 신속하게 운반하여 즉시 타설하고 충분히 다진다.
　㉠ 비비기로부터 타설이 끝날 때까지의 시간
　　• 외기온도가 25℃ 이상일 때 : 1.5시간 이내
　　• 외기온도가 25℃ 미만일 때 : 2시간 이내
② 운반할 때에는 콘크리트의 재료분리가 될 수 있는 대로 적게 일어나도록 한다.
③ 운반 중에 현저한 재료분리가 일어났음이 확인되었을 때에는 충분히 다시 비벼 균질한 상태로 콘크리트를 타설한다.

4 콘크리트 타설준비

① 철근, 거푸집 및 그 밖의 것이 설계에서 정해진 대로 배치되어 있는가, 운반 및 타설설비 등이 시공 계획서와 일치하였는지 확인한다.
② 운반장치, 타설설비 및 거푸집 안을 청소하여 콘크리트 속에 잡물이 혼입되는 것을 방지한다.
③ 콘크리트가 닿았을 때 흡수할 우려가 있는 곳은 미리 습하게 해야 하는데 이 때 물이 고이지 않게 한다.
④ 콘크리트를 직접 지면에 치는 경우에는 미리 콘크리트를 깔아두는 것이 좋다.
⑤ 터파기 안의 물은 타설 전에 제거한다.

✽허용 이어치기 시간간격의 표준

외 기온	허용 이어치기 시간간격
25℃ 초과	2.0 시간
25℃ 이하	2.5 시간

5 콘크리트 타설

① 원칙적으로 시공계획서에 따른다.
② 철근 및 매설물의 배치나 거푸집이 변형 및 손상되지 않도록 한다.
③ 타설한 콘크리트를 거푸집 안에서 횡방향으로 이동시켜서는 안 된다.
　㉠ 콘크리트는 취급할 때마다 재료분리가 일어나기 쉬우므로 거듭 다루기를 피하도록 목적하는 위치에 콘크리트를 내려서 치는 것이 좋다.
　㉡ 내부 진동기를 이용하여 콘크리트를 이동시켜서는 안 된다.
④ 한 구획 내의 콘크리트는 타설이 완료될 때까지 연속해서 타설해야 한다.
⑤ 콘크리트는 그 표면이 한 구획 내에서는 거의 수평이 되도록 타설하는 것을 원칙으로 한다.
⑥ 콘크리트 타설의 1층 높이는 다짐능력을 고려하여 결정한다.

6 콘크리트 다지기

① 내부 진동기를 하층 콘크리트 속으로 0.1m 정도 찔러 다진다.
② 연직으로 찔러 다지며 삽입 간격은 0.5m 이하로 한다.
③ 1개소당 진동시간은 5~15초로 한다.
④ 콘크리트 속에서 진동기를 천천히 빼 구멍이 생기지 않게 한다.
⑤ 콘크리트의 재료분리의 원인 때문에 내부 진동기는 콘크리트를 횡방향 이동에 사용해서는 안 된다.

7 콘크리트 양생

① 습윤양생
  ㉠ 콘크리트는 타설한 후 경화가 시작될 때까지 직사광선이나 바람에 의해 수분이 증발되지 않도록 보호한다.
  ㉡ 콘크리트 표면을 해치지 않고 작업될 수 있을 정도로 경화하면 콘크리트의 노출면은 양생용 매트, 모포 등을 적셔서 덮거나 또는 살수를 하여 습윤상태로 보호한다.
  ㉢ 습윤상태의 보호기간은 다음 표와 같다.

일평균기온	보통 포틀랜드 시멘트	고로 슬래그 시멘트 플라이 애시 시멘트 B종	조강 포틀랜드 시멘트
15℃ 이상	5일	7일	3일
10℃ 이상	7일	9일	4일
5℃ 이상	9일	12일	5일

*촉진양생 종류
증기양생, 급열양생 등

8 콘크리트 이음

① 시공이음
  ㉠ 될 수 있는 대로 전단력이 작은 위치에 시공이음을 한다.
  ㉡ 부재의 압축력이 작용하는 방향과 직각이 되게 한다.
  ㉢ 부득이 전단이 큰 위치에 시공이음을 할 경우 시공이음에 장부 또는 홈을 두거나 적절한 강재를 배치하여 보강한다.
  ㉣ 수밀을 요하는 콘크리트는 적절한 간격으로 시공이음부를 둔다.
② 수평 시공이음
  ㉠ 거푸집에 접하는 선은 될 수 있는 대로 수평한 직선이 되게 한다.
  ㉡ 콘크리트를 이어칠 경우 구 콘크리트 표면의 레이턴스, 품질이 나쁜 콘크리트, 꽉 달라붙지 않은 골재알 등을 제거하고 충분히 흡수시킨다.
  ㉢ 새 콘크리트를 타설할 때 구 콘크리트와 밀착되게 다짐을 한다.

STUDY GUIDE

＊균열 유발 줄눈(수축이음)
콘크리트의 수화열이나 외기 온도 등에 의해 온도변화, 건주수축, 외력 등 변형이 생겨 균열이 발생하는데 이 균열을 제어할 목적으로 설치한다.

③ 신축이음 : 신축이음은 온도변화, 건조수축, 기초의 부등침하 등에 의해 생기는 균열을 방지하기 위해 설치한다.
　㉠ 양쪽의 구조물 혹은 부재가 구속되지 않는 구조라야 한다.
　㉡ 필요에 따라 줄눈재, 지수판 등을 배치한다.

02 거푸집 및 동바리

1 거푸집의 구비조건

① 형상과 위치를 정확히 유지되어야 할 것
② 조립과 해체가 용이할 것
③ 거푸집널 또는 패널의 이음은 가능한 한 부재축에 직각 또는 평행으로 하고 모르타르가 새어나오지 않는 구조가 될 것
④ 콘크리트의 모서리는 모따기가 될 수 있는 구조일 것
⑤ 거푸집의 청소, 검사 및 콘크리트 타설에 편리하게 적당한 위치에 일시적인 개구부를 만든다.
⑥ 여러 번 반복 사용할 수 있을 것

2 동바리의 구비조건

① 하중을 완전하게 기초에 전달하도록 충분한 강도와 안전성을 가질 것
② 조립과 해체가 쉬운 구조일 것
③ 이음이나 접속부에서 하중을 확실하게 전달할 수 있는 것일 것
④ 콘크리트 타설 중은 물론 타설 완료 후에도 과도한 침하나 부등침하가 일어나지 않도록 한다.

3 거푸집 및 동바리의 구조계산

거푸집 및 동바리는 구조물의 종류, 규모, 중요도, 시공조건 및 환경조건 등을 고려하여 연직방향 하중, 수평방향 하중 및 콘크리트의 측압 등에 대해 설계하여야 하며 동바리의 설계는 강도뿐만 아니라 변형도 고려한다.
① 연직방향 하중
　㉠ 고정하중
　　• 철근콘크리트와 거푸집의 질량을 고려하여 합한 하중이다.
　　• 콘크리트 단위용적질량은 철근질량을 포함하여 보통 콘크리트

24kN/m³, 제1종 경량골재 콘크리트 20kN/m³, 제2종 경량골재 콘크리트 17kN/m³를 적용한다.
- 거푸집의 하중은 최소 0.4kN/m³ 이상을 적용한다.
- 특수 거푸집의 경우에는 그 실제의 질량을 적용한다.

ⓒ 활하중
- 작업원, 경량의 장비하중, 기타 콘크리트 타설시 필요한 자재 및 공구등의 시공하중, 충격하중을 포함한다.
- 구조물의 수평투영면적(연직방향으로 투영시킨 수평면적)당 최소 2.5 kN/m² 이상으로 설계한다.
- 전동식 카트 장비를 이용하여 콘크리트를 타설할 경우에는 3.75kN/m² 활하중을 고려한다.
- 콘크리트 분배기 등의 특수장비를 이용할 경우에는 실제 장비하중을 적용한다.

4 거푸집 및 동바리 해체

콘크리트의 압축강도 시험결과 다음 값에 도달했을 때는 해체할 수 있다.

부　　재		콘크리트 압축강도
확대기초, 보 옆, 기둥, 벽 등의 측벽		5 MPa
슬래브 및 보의 밑면, 아치 내면	단층 구조의 경우	설계기준 압축강도×2/3 다만, 14 MPa 이상
	다층 구조의 경우	설계기준 압축강도 이상 (필러 동바리 구조를 이용할 경우는 구조 계산에 의해 기간을 단축할 수 있음. 단, 이 경우라도 최소강도 14 MPa 이상으로 함)

03 경량골재 콘크리트

1 일반사항

① 경량골재 콘크리트는 공기연행 콘크리트로 하는 것을 원칙으로 한다.
② 소요의 강도, 단위용적질량, 내동해성 및 수밀성을 가지며 작업에 적합한 워커빌리티를 갖는 범위 내에서 단위수량 적게 한다.

2 물-결합재비

① 소정의 값보다 2~3% 정도 작은 값을 목표로 한다.

※거푸집의 존치기간이 짧은 순서
기둥, 푸팅 기초, 스팬이 짧은 보, 스팬이 긴 보, 콘크리트 포장 순이다.

② 콘크리트의 수밀성을 기준으로 정할 때는 50% 이하를 표준으로 한다.
③ 단위결합재량의 최소값은 300kg/m³로 한다.
④ 물-결합재비의 최대값은 60%로 한다.

3 다지기

경량골재 콘크리트를 내부진동기로 다질 때 그 유효범위는 보통골재콘크리트에 비해서 작고, 자중에 의해서 거푸집의 구석구석이나 철근의 둘레에 잘 돌지 않으므로 진동기를 찔러 넣는 간격을 작게 하거나 진동시간을 약간 길게 해 충분히 다져야 한다.

* **경량골재 콘크리트**
설계기준 압축강도가 15 MPa 이상으로 기건단위질량이 2,100kg/m³ 이하

04 매스 콘크리트

1 개요

① 구조물의 부재치수는 일반적인 표준으로서 넓이가 넓은 평판 구조에서는 두께 0.8m 이상, 하단이 구속된 벽체에서는 두께 0.5m 이상으로 한다.
② 부재 혹은 구조물의 치수가 커서 시멘트의 수화열에 의한 온도 상승을 고려하여 설계 시공해야 한다.

2 온도 균열 방지 및 제어

① 프리쿨링(pre-cooling)
 콘크리트 타설온도를 낮추는 방법으로 물, 골재 등의 재료를 미리 냉각시켜 온도균열을 제어한다.
② 파이프 쿨링(pipe-cooling)
 콘크리트 타설 후 미리 콘크리트 속에 묻은 파이프 내부에 냉수 또는 공기를 보내 콘크리드의 온도를 제어한다.
 ㉠ 파이프의 지름은 25mm 정도의 얇은 관을 사용한다.
 ㉡ 파이프 주변의 콘크리트 온도와 통수온도의 차이는 20℃ 이하이다.
③ 구조물에서의 표준적인 온도균열지수
 ㉠ 균열 발생을 방지하여야 할 경우 : 1.5 이상
 ㉡ 균열 발생을 제한할 경우 : 1.2~1.5
 ㉢ 유해한 균열 발생을 제한할 경우 : 0.7~1.2

3 배합

① 단위 시멘트량을 적게 하여 발열량을 감소시킨다.
② 저열 포틀랜드 시멘트, 중용열 포틀랜드 시멘트, 고로 슬래그 시멘트, 플라이 애시 시멘트 등을 사용하면 수화열을 저감할 수 있다.

05 한중 콘크리트

1 개요

① 하루 평균 기온이 4℃ 이하에서는 콘크리트가 동결할 염려가 있으므로 한중 콘크리트로 시공한다.
② 콘크리트가 동결하지 않더라도 5℃ 정도 이하의 저온에 노출되면 응결 및 경화반응이 상당히 지연되어 소정의 강도 발현이 이루어지지 않는다.

2 재료

① 시멘트는 보통 포틀랜드 시멘트를 사용하는 것을 표준한다.
② 긴급 공사용의 특수 시멘트는 초속경 시멘트, 알루미나 시멘트 등이 있다.
③ 골재가 동결되어 있거나 골재에 빙설이 혼입되어 있는 골재는 사용하지 않는다.
④ 시멘트는 어떠한 경우라도 직접 가열해서는 안 된다.

3 배합

① 공기연행 콘크리트를 사용하는 것을 원칙으로 한다.
② 단위수량은 초기 동해를 적게 하기 위하여 소요의 워커빌리티를 유지할 수 있는 범위 내에서 되도록 작게 정한다.
③ 물-결합재비는 60% 이하로 한다.

4 시공

① 타설할 때 콘크리트 온도는 5~20℃의 범위에서 한다.
② 기상조건이 가혹한 경우나 부재 두께가 얇을 경우에 칠 때의 콘크리트 최저 온도는 10℃ 정도로 한다.

＊온도균열지수
매스 콘크리트의 균열 발생 검토에 쓰이는 것으로, 콘크리트의 인장강도를 온도에 의한 인장응력으로 나눈 값

STUDY GUIDE

※ 서중 콘크리트
지연형 감수제를 사용하는 경우라도 1.5시간 이내에 타설하여야 한다.

06 서중 콘크리트

1 개요
하루 평균 기온이 25℃를 초과할 경우에 서중 콘크리트로 시공한다.

2 시공
① 비빈 후 되도록 빨리 타설한다. 지연형 감수제를 사용한 경우라도 1.5시간 이내에 타설한다.
② 콘크리트 타설시 콘크리트의 온도는 35℃ 이하여야 한다.

07 수밀 콘크리트

1 배합
① 공기연행제, 감수제, 공기연행 감수제, 포졸란 등을 사용한다.
② 블리딩이 적어지도록 일반적인 경우보다 잔골재율을 크게 하는 것이 좋다.
③ 물-결합재비는 50% 이하를 표준한다.

※ 콜드 조인트
먼저 타설된 콘크리트와 나중에 타설된 콘크리트 사이에 완전히 일체화가 되어있지 않은 이음

2 시공
① 적당한 간격으로 시공이음을 둔다.
② 콘크리트는 가능한 한 연속적으로 쳐서 균일하게 한다.
③ 연속타설시간 간격은 외부 기온이 25℃ 이하일 때는 2시간 이내로 한다.
④ 연직시공 이음판에는 지수판의 사용을 원칙으로 한다.

08 유동화 콘크리트

1 배합
슬럼프 증가량은 100mm 이하를 원칙으로 하며 50~80mm를 표준으로 한다.

2 콘크리트의 유동화 시공

① 유동화 콘크리트의 재유동화는 원칙적으로 하지 않는다.
② 레미콘의 경우 교반시간은 총 30회 전후의 회전수로 한다. 즉 고속으로 2~3분, 중속으로 3~5분 정도 혼합해 준다.
③ 유동화제는 원액으로 사용하고 미리 정한 소정의 양을 한꺼번에 첨가하여 계량오차는 1회에 3% 이내로 한다.

3 베이스 콘크리트를 유동화시키는 방법

① 현장 첨가 현장 유동화 방식
  ㉠ 유동화에 가장 효과적이다.
  ㉡ 베이스 콘크리트의 운반에 이용한 트럭 애지테이터를 그대로 사용하여 소정시간 고속회전시킨다.
② 공장(콘크리트 플랜트)첨가 공장 유동화 방식
  ㉠ 시공현장과 레미콘회사 간의 거리가 가까울 때 효과적이다.
  ㉡ 콘크리트 플랜트에서 베이스 콘크리트를 비빈 후 소정량의 유동화제를 첨가하고 출하시에 유동화시킨 후 운반한다.

09 고강도 콘크리트

1 개요

고강도 콘크리트의 설계기준 압축강도는 보통 또는 중량골재 콘크리트에서 40MPa 이상이며 고강도 경량골재 콘크리트는 27MPa 이상으로 한다.

2 재료

① 굵은골재 최대치수는 25mm 이하로 하며 철근 최소 수평 순간격의 3/4 이내의 것을 사용한다.
② 유동화 콘크리트로 할 경우 슬럼프 플로값을 설계기준 압축강도 40 MPa 이상 60MPa 이하는 500, 600 및 700mm로 구분하여 정한다.

3 시공

① 콘크리트 타설 낙하고는 1m 이하로 한다.
② 기둥 부재에 타설시 콘크리트 강도와 슬래브나 보에 타설하는 콘크

*고강도 콘크리트
기상의 변화가 심하지 않을 경우에는 AE제를 사용하지 않는 것을 원칙

리트 강도가 1.4배 이상 차이가 있는 경우에는 기둥에 사용한 콘크리트가 수평부재의 접합면에서 0.6m 정도 충분히 수평부재 쪽으로 안전한 내민 길이를 확보하면 타설한다.
③ 고강도 콘크리트는 낮은 물-결합재비로 수분이 적기 때문에 반드시 습윤양생을 한다. 부득이한 경우 현장 봉함양생을 할 수 있다.

10 수중 콘크리트

*수중 콘크리트
큰 유동성이 필요하며 재료분리를 적게 하기 위하여 단위시멘트량을 많게 하고 잔골재율을 크게 한 점성이 풍부한 콘크리트를 사용

1 수중분리 저항성

① 수중 콘크리트의 물-결합재비 및 단위 시멘트량

항목 \ 콘크리트 종류	일반 수중 콘크리트	현장타설 말뚝 및 지하연속벽에 사용하는 수중 콘크리트
물-결합재비	50% 이하	55% 이하
단위 시멘트량	370kg/m³ 이상	350kg/m³ 이상

② 수중 기중 강도비는 수중분리 저항성의 요구가 비교적 높은 경우 0.8 이상, 일반적인 경우에는 0.7 이상으로 한다.

2 유동성

① 슬럼프의 표준값(mm)

시공방법	일반 수중 콘크리트	현장타설 말뚝 및 지하연속벽에 사용하는 수중 콘크리트
트레미	130~180	180~210
콘크리트 펌프	130~180	-
밑열림상자, 밑열림포대	100~150	-

② 현장타설 말뚝 및 지하연속벽에 사용하는 수중 콘크리트에서 설계기준강도가 50MPa를 초과하는 경우 슬럼프 플로는 500~700mm 범위로 한다.

3 배합

① 수중 콘크리트의 배합은 설정된 소정의 강도, 수중분리저항성, 유동성 및 내구성 등의 성능을 만족하도록 시험에 의해 정하여야 한다.
② 일반 수중 콘크리트는 수중 시공시의 강도가 표준공시체 강도의 0.6~0.8 배가 되게 배합강도를 설정한다.

③ 수중낙하높이 0.5m 이하, 수중 유동거리 5m 이하에서 타설한 수중 불분리성 콘크리트 코어의 재령 28일 압축강도는 수중 제작 공시체의 압축강도를 기준으로 콘크리트 배합강도를 정한다.

> **＊수중 불분리성 콘크리트**
> 수중 불분리성 혼화제를 혼합함에 따라 재료 분리 저항성을 높인 수중 콘크리트

4 시공

① 일반 수중 콘크리트
  ㉠ 물막이를 설치하여 물을 정지시킨 정수중에 타설한다. 완전히 물막이 할 수 없는 경우에는 50mm/초 이하의 유속을 유지한다.
  ㉡ 콘크리트는 수중에 낙하시키지 않는다.
  ㉢ 콘크리트를 연속해서 타설한다.
  ㉣ 타설 도중에 가능한 콘크리트가 흐트러지지 않도록 물을 휘젓거나 펌프의 선단부분을 이동시켜서는 안 되며 콘크리트가 경화될 때까지 물의 유동을 방지해야 한다.
  ㉤ 한 구획의 콘크리트 타설을 완료한 후 레이턴스를 모두 제거하고 다시 타설하여야 한다.
  ㉥ 수중 콘크리트 시공시 시멘트가 물에 씻겨서 흘러나오지 않도록 트레미나 콘크리트 펌프를 사용해서 타설한다. 그러나 부득이한 경우 및 소규모 공사의 경우 밑열림 상자나 밑열림 포대를 사용할 수 있다.

② 수중 불분리성 콘크리트의 타설
  ㉠ 타설은 유속이 50mm/sec 정도 이하의 정수 중에서 수중 낙하 높이가 0.5m 이하여야 한다.
  ㉡ 펌프로 압송할 경우 압송 압력은 보통 콘크리트의 2~3배, 타설 속도는 1/2~1/3 정도로 한다.
  ㉢ 일반 수중콘크리트보다 트레미 1개 및 콘크리트 펌프 배관 1개당 콘크리트 타설 면적을 크게 하여도 좋다.
  ㉣ 수중 유동거리는 5m 이하로 한다.

11 프리플레이스트 콘크리트

1 개요

① 특정한 입도를 가진 굵은골재를 거푸집에 채워놓고 그 공극 속에 특수한 모르타르를 적당한 압력으로 주입하여 만든 콘크리트이다.

② 대규모 프리플레이스트 콘크리트란 시공속도가 40~80m³/hr 이상 또는 한 구획의 시공면적이 50~250m² 이상의 경우로 정의한다.
③ 고강도 프리플레이스트 콘크리트는 고성능 감수제에 의해 모르타르의 물-결합재비를 40% 이하로 낮춤에 따라 재령 91일에서 40MPa 이상의 압축강도를 얻을 수 있다.

2 재료

① 혼화제에 포함되어 있는 발포제는 알루미늄 분말을 사용한다. 온도가 10~20℃의 경우 결합재에 대한 알루미늄 분말의 질량비로서 0.01~0.015%정도 사용할 수 있다.
② 잔골재의 조립률은 1.4~2.2 범위가 좋다.
③ 굵은골재의 최소치수는 15mm 이상, 굵은골재의 최대치수는 부재단면 최소치수의 1/4 이하, 철근 콘크리트의 경우 철근 순간격의 2/3 이하로 한다.
④ 굵은골재의 최대치수는 최소치수의 2~4배 정도가 좋다.

*해양 콘크리트
내구적인 콘크리트를 만들기 위해 일반 콘크리트에 비해 작은 물-시멘트비를 사용

12 해양 콘크리트

1 개요

① 직접 해수의 작용을 받는 구조물에 사용되는 콘크리트뿐만 아니라 육상 혹은 해면 상에 건설되어 파랑이나 해수 조풍의 작용을 받는 구조물에 사용되는 콘크리트
② 방파제, 계선안, 호안, 해상교량, 둑, 해저터널, 해상 공항, 해상발전소, 해상도시 등의 해양 콘크리트 구조물이 있다.

2 배합

① 내구성으로 정해지는 물-결합재비의 최대값

환경 구분 \ 시공 조건	일반 현장 시공의 경우	공장제품 또는 재료의 선정 및 시공에서 공장제품과 동등 이상의 품질이 보증될 때
해중	50	50
해상대기중	45	50
물보라 지역, 간만대 지역	40	45

② 내구성으로 정해지는 최소 단위결합재량(kg/m³)

환경 구분 \ 굵은골재 최대치수(mm)	20	25	40
물보라 지역, 간만대 및 해상 대기중	340	330	300
해 중	310	300	280

③ 콘크리트 공기량의 표준값(%)

환경 조건		굵은골재의 최대치수(mm)		
		20	25	40
동결융해 작용을 받을 염려가 있는 경우	물보라, 간만대 지역	6	6	5.5
	해상대기중	5	4.5	4.5
동결융해 작용을 받을 염려가 없는 경우		4	4	4

13 팽창 콘크리트

1 개요

① 팽창재를 시멘트, 물, 잔골재, 굵은골재 및 기타의 혼화재료와 같이 비빈 것으로 경화 후에도 체적 팽창을 일으키는 모든 콘크리트를 가리킨다.
② 수축보상용 콘크리트, 화학적 프리스트레스용 콘크리트 및 충전용 모르타르와 콘크리트로 크게 나눌 수 있다.

2 팽창률

① 재령 7일에 대한 시험치를 기준한다.
② 수축보상용 콘크리트는 150×10^{-6} 이상, 250×10^{-6} 이하로 한다.
③ 화학적 프리스트레스용 콘크리트는 200×10^{-6} 이상, 700×10^{-6} 이하로 한다.
④ 프리캐스트 콘크리트에 사용하는 화학적 프리스트레스용 콘크리트는 200×10^{-6} 이상, $1,000 \times 10^{-6}$ 이하로 한다.

3 시공

① 팽창재는 다른 재료와 별도로 질량으로 계량하며 그 오차는 1회 계량 분량의 1% 이내로 한다.
② 포대 팽창재를 사용하는 경우는 포대수로 계산해도 된다. 1포대 미만의 경우 반드시 질량으로 계량한다.

*팽창 콘크리트
내·외부 온도차에 의한 온도균열의 우려가 있어 급격하게 살수할 수 없다.

③ 믹서에 투입된 팽창재가 호퍼 등에 부착되지 않게 하고 부착시 굳기 전에 털어낸다.
④ 팽창재는 다른 재료와 동시에 믹서에 투입한다.

14 숏크리트

1 개요

① 터널이나 큰 공동구조물의 라이닝, 비탈면, 법면 또는 벽면의 풍화나 박리, 박락의 방지, 터널, 댐 및 교량의 보수·보강 공사에 적용한다.
② NATM(숏크리트와 록볼트 및 강재 지보공에 의한 원지반을 보호하는 산악터널공법)에 의한 산악터널에서 사용되는 숏크리트를 대상한다.

> ✱ 숏크리트(shotcrete)
> 컴프레셔 혹은 펌프를 이용하여 노즐 위치까지 호스 속으로 운반한 콘크리트를 압축공기에 의해 시공면에 뿜어서 만든 콘크리트

2 뿜어 붙이기 성능 및 강도

① 분진 농도의 표준값

갱내 환기, 측정방법, 측정위치	분진농도(mg/m^3)
갱내 환기를 정지한 환경, 뿜어 붙이기 작업 개시 5분 후로부터 원칙적으로 2회 측정, 뿜어 붙이기 작업 개소로부터 5m 지점	5 이하

② 숏크리트 초기강도의 표준값

재 령	숏크리트의 초기강도(MPa)
24시간	5.0~10.0
3시간	1.0~3.0

3 시공

① 노즐은 항상 뿜어 붙일 면에 직각을 유지한다.
② 건식 숏크리트는 배치 후 45분 이내, 습식 숏크리트는 배치 후 60분 이내에 뿜어 붙인다.
③ 숏크리트 타설장소의 대기온도가 32℃ 이상이 되면 건식 및 습식 숏크리트의 뿜어 붙이기는 할 수 없다.
④ 숏크리트는 대기온도가 10℃ 이상일 때 뿜어 붙이기를 실시한다.
⑤ 숏크리트 작업시 리바운드된 재료는 혼합되지 않게 한다.
⑥ 숏크리트 1회 타설 두께는 100mm 이내가 되게 타설한다.
⑦ 숏크리트 작업환경은 $3mg/m^3$ 이하이다.

15 섬유보강 콘크리트

1 개요
불연속의 단섬유를 콘크리트 중에 균일하게 분산시킴에 따라 인장강도, 휨강도, 균열에 대한 저항성, 인성, 전단강도 및 내충격성 등의 개선을 도모한 복합재료를 말한다.

2 재료
① 강섬유는 길이가 25~60mm, 지름이 0.3~0.9mm로서 형상비(l/d)가 30~100 정도의 것을 사용한다.(강섬유의 평균인장강도 : 700MPa 이상)
② 섬유보강 콘크리트용 섬유로서 갖추어야 할 조건
  ㉠ 섬유와 시멘트 결합재 사이의 부착성이 좋을 것
  ㉡ 섬유의 인장강도가 충분히 클 것
  ㉢ 섬유의 탄성계수는 시멘트 결합재 탄성계수의 1/5 이상일 것
  ㉣ 형상비가 50 이상일 것
  ㉤ 내구성, 내열성 및 내후성이 우수할 것
  ㉥ 시공성에 문제가 없을 것
  ㉦ 가격이 저렴할 것

3 배합
① 섬유보강 콘크리트의 배합은 소요의 품질을 만족하는 범위 내에서 단위수량을 될 수 있는 대로 적게 되도록 정하여야 한다.
② 섬유의 형상, 치수 및 혼입률은 섬유보강 콘크리트의 압축강도, 휨강도 및 인성 등의 요구성능을 고려하여 정하는 것을 원칙으로 한다.

> **STUDY GUIDE**
> *섬유 혼입률
> 섬유보강 콘크리트 1m³ 중에 포함된 섬유의 용적백분율(%)

16 방사선 차폐용 콘크리트

1 개요
① 생물체의 방호를 위하여 X선, γ선 및 중성자선 등의 방사선을 차폐할 목적으로 사용되는 콘크리트를 말한다.
② 소규모의 방사선 의료용, 방사선 연구용 시설, 원자력 발전소 시설, 핵연료 재처리, 저장시설 등에 필요하다.

2 배합

① 중정석, 갈철광, 자철광, 적철광 등의 중량 골재를 사용한다.
② 감수제, 고성능 공기연행 감수제, 플라이 애시의 혼화재를 사용하며 이외 철분 등을 혼화재로 첨가한다.
③ 콘크리트의 슬럼프는 150mm 이하로 한다.
④ 물-결합재비는 50% 이하를 원칙으로 하며 실제로 사용되고 있는 차폐용 콘크리트의 물-결합재비는 대개 30~50% 범위이다.

* 프리스트레스트 콘크리트
균열이 발생하더라도 복원성이 우수하여 균열이 최소화된다.

17 프리스트레스트 콘크리트

1 개요

외력에 의하여 일어나는 응력을 소정의 한도까지 상쇄할 수 있도록 미리 인공적으로 그 응력의 분포와 크기를 정하여 내력을 준 콘크리트

2 재료

① 굵은 골재 최대 치수는 보통의 경우 25mm를 표준으로 한다. 그러나 부재치수, 철근간격, 펌프압송 등의 사정에 따라 20mm를 사용할 수 있다.
② 그라우트에 사용하는 혼화제는 블리딩 발생이 없는 타입을 표준으로 한다.
③ 그라우트의 덕트 내 충전성은 그라우트의 유동성, 블리딩률, 체적변화율로 판단한다.
  ㉠ 유동성은 유하시간 또는 플로를 측정하고 기준값과 비교하여 적절성을 판단하도록 한다.
  ㉡ 블리딩률은 강연선이 배치된 수직관 또는 경사관 시험을 통해 측정하고 기준값과 비교하여 적절성을 판단하도록 한다. 기준값은 3시간 경과 시 0.3% 이하로 한다.
  ㉢ 체적변화율은 수직관 시험을 통해 측정하고 기준값과 비교하여 적절성을 판단하도록 한다. 기준값은 24시간 경과 시 (-1~5)%의 범위이다.
④ 그라우트의 물-결합재비는 45% 이하로 한다.
⑤ 부착강도는 재령 7일 또는 28일의 압축강도로 대신하여 설정할 수 있다. 압축강도는 7일 재령에서 27MPa 이상 또는 28일 재령에서 30MPa 이상이어야 한다.

18 고유동 콘크리트

1 개요
굳지 않은 상태에서 재료분리 없이 높은 유동성을 가지면서 다짐작업 없이 자기 충전성이 가능한 콘크리트를 말한다.

2 적용
① 보통 콘크리트로 충전이 곤란한 구조체
② 균질하고 정밀도가 높은 구조체
③ 타설시간 단축의 효과를 얻기 위할 경우
④ 다짐시 소음, 진동을 억제할 경우

3 유동성
① 굳지 않은 콘크리트의 유동성은 슬럼프 플로 600mm 이상으로 한다.
② 슬럼프 플로 시험 후 콘크리트 중앙부에 굵은골재가 모여 있지 않고 주변부에는 페이스트가 분리되지 않아야 한다.
③ 재료분리 저항성은 슬럼프 플로 500mm, 도달시간 3~20초 범위이어야 한다.
④ 유동성은 슬럼프 플로 시험을 관리한다.
⑤ 재료분리 저항성은 500mm 플로 도달시간 또는 깔때기 유하시간으로 관리한다.
⑥ 자기 충전성은 충전장치를 사용한 간극 통과성 시험으로 관리한다.
⑦ 자기충전 등급
　㉠ 1등급은 최소 철근 순간격이 35~60mm 정도의 단면에서 50m^3당 1회 이상 실시하며 충전높이가 300mm 이상이어야 한다.
　㉡ 2등급은 최소 철근 순간격이 60~200mm 정도의 단면에서 50m^3당 1회 이상 실시하며 충전높이가 300mm 이상이어야 한다.
　㉢ 3등급은 최소 철근 순간격이 200mm 정도 이상의 단면 또는 무근 콘크리트 구조물에서 충전성을 갖는다.
　㉣ 철근 콘크리트 구조물은 자기 충전 등급을 2등급으로 표준한다.

STUDY GUIDE

*고유동 콘크리트
혼화재료로 플라이 애시, 고로 슬래그 미분말, 실리카 퓸 등을 사용

※ 순환골재 절대건조 밀도(g/cm³)
- 순환 굵은골재 : 2.5 이상
- 순환 잔골재 : 2.3 이상

19 순환골재 콘크리트

1 개요
건설 폐기물인 콘크리트를 크러셔로 분쇄하여 인공적으로 만든 순환골재를 사용하여 콘크리트를 개조한 것을 말한다.

2 품질관리
① 순환골재를 사용할 경우에는 천연골재와 혼합하여 사용하는 것을 원칙으로 한다.
② 순환골재 최대치수는 25mm 이하로 하며 가능한 20mm 이하의 것을 사용한다.
③ 순환골재의 1회 계량분 오차는 ±4%로 한다.
④ 콘크리트 설계기준 압축강도는 27MPa 이하로 한다.
⑤ 콘크리트 설계기준 압축강도가 27MPa 이하의 경우 순환 굵은골재의 최대 치환량은 총 굵은골재 용적의 30%로 한다.
⑥ 콘크리트 설계기준 압축강도가 27MPa 이하의 경우 순환골재의 최대 치환량은 총 골재용적의 30%로 한다.
⑦ 공기량은 보통 골재를 사용한 콘크리트보다 1% 크게 한다.

※ 폴리머 시멘트 모르타르
결합재로 시멘트와 시멘트 혼화용 폴리머(또는 폴리머 혼화재)를 사용한 모르타르

20 폴리머 시멘트 콘크리트

1 개요
결합재로 시멘트와 시멘트 혼화용 폴리머(또는 폴리머 혼화제)를 사용한 콘크리트를 말한다. 결합재로 열경화성 또는 열가소성 수지 등을 사용하여 골재를 결합한다.

2 배합
① 물-결합재비는 플로 값 또는 슬럼프 값으로 정한다.
② 물-결합재비는 30~60% 범위에서 가능한 적게 한다.
③ 폴리머-시멘트비는 5~30% 범위로 한다.
④ 비비기는 기계비빔을 원칙으로 한다.
⑤ 비비기 시간은 시험에 의해서 정한다.

CHAPTER IV 콘크리트 구조 및 유지관리

01 프리캐스트 콘크리트

1 배합

① 프리캐스트 콘크리트에 사용하는 콘크리트의 배합은 성형 및 양생 방법을 고려하여 프리캐스트 콘크리트가 소요의 강도, 내구성, 수밀성 및 적정한 표면의 마무리 등을 갖도록 정하여야 한다.
② 슬럼프가 20mm 이상인 콘크리트의 배합은 슬럼프 시험을 원칙으로 하며, 슬럼프 20mm 미만인 콘크리트의 배합은 제조 방법에 적합한 시험 방법에 의한다.

2 콘크리트 강도

① 프리캐스트 콘크리트에 사용하는 콘크리트는 소요의 강도, 내구성, 수밀성, 강재를 보호하는 성능 등을 가져야 하며, 품질의 변동이 작은 것이어야 한다.
  ㉠ 일반적인 프리캐스트 콘크리트는 재령 14일에서의 압축강도 시험값
  ㉡ 오토클레이브 양생 등의 특수한 촉진 양생을 하는 프리캐스트 콘크리트는 14일 이전의 적절한 재령에서 압축강도 시험값
  ㉢ 촉진 양생을 하지 않은 프리캐스트 콘크리트나 비교적 부재 두께가 큰 프리캐스트 콘크리트는 재령 28일에서의 압축강도 시험값
② 프리캐스트 콘크리트의 탈형, 긴장력 도입, 출하할 때의 콘크리트 압축강도는 단계별 소요강도를 만족시켜야 한다.

3 시공

① 성형은 콘크리트를 거푸집에 채워 넣은 후 소요 품질의 프리캐스트 콘크리트가 얻어지도록 적절한 기계 다지기에 의해 실시하여야 한다.
② 거푸집 탈형을 즉시 하더라도 해로운 영향을 받지 않는 프리캐스트 콘크리트는 경화되기 전에 거푸집의 일부 또는 전부를 탈형할 수 있다.
③ 최종 제품의 경우 단부에서 강선의 단면이 외부에 노출되지 않아야 하며 부득이한 경우 방청처리를 하여야 한다.

STUDY GUIDE

＊프리캐스트 콘크리트
관리된 공장에서 계속적으로 제조되는 프리캐스트(PC) 및 프리스트레스트(PSC) 콘크리트 제품

02 철근 콘크리트

1 강도설계법

① 설계의 기본 가정

㉠ 압축측 연단의 최대 변형률은 0.0033으로 가정한다. ($f_{ck} \leq 40\text{MPa}$)

㉡ 철근의 항복 변형률은 f_y/E_s로 본다.

㉢ 철근 및 콘크리트의 변형률은 중립축으로부터의 거리에 비례한다.

㉣ 항복강도 f_y 이하에서의 철근의 응력은 그 변형률의 E_s배로 한다. ($f_y \leq 600\text{MPa}$)

㉤ 휨응력 계산에서 콘크리트의 인장강도는 무시한다.

㉥ 콘크리트의 압축응력 크기는 $0.85f_{ck}$로 균등하고 이 응력은 압축 연단에서 $a = \beta_1 c$까지의 부분에 등분포한다. 여기서, 계수 β_1은 $f_{ck} \leq 40\text{MPa}$에서 0.8이며 40MPa 초과할 경우 10MPa씩 증가할 때마다 0.0001씩 감소시킨다.

㉦ 콘크리트의 압축응력은 등가 직사각형 분포를 나타낸다.

*철근 콘크리트 역학적 해석
철근의 변형률은 철근을 둘러싸고 있는 콘크리트 변형률과 같다.

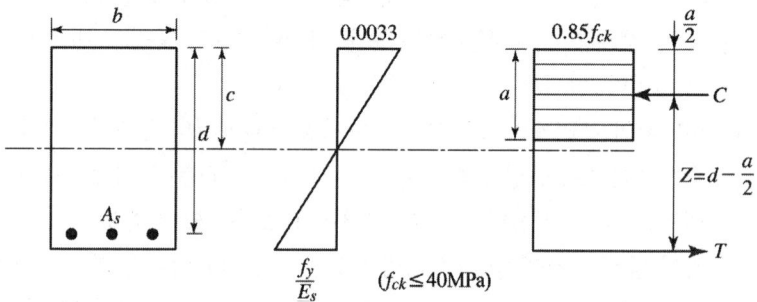

2 단철근 직사각형 보

① 균형단면

㉠ 보가 외력을 받아 파괴에 이를 때 인장측 철근과 압축측 콘크리트가 동시에 항복

㉡ 인장철근이 항복강도(f_y)에 상응하는 변형률(ε_y)의 도달함과 동시에 압축측 콘크리트가 극한 변형률 0.0033에 도달하는 상태

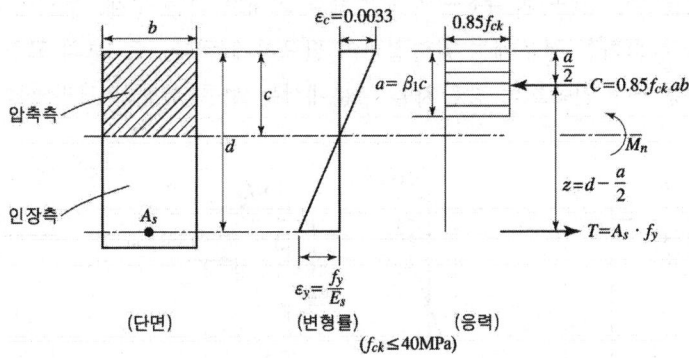

② 균형단면보의 중립축 위치(c)

$c : \varepsilon_{cu} = (d-c) : \varepsilon_y$

$c : 0.0033 = (d-c) : \dfrac{f_y}{E_s}$ 에서

$\therefore c = \dfrac{0.0033}{0.0033 + \dfrac{f_y}{E_s}} \cdot d = \dfrac{660}{660 + f_y} \cdot d$ 또는 $c = \dfrac{\varepsilon_{cu}}{\varepsilon_{cu} + \varepsilon_y} \cdot d$

③ 균형철근비(ρ_b)

$C = T$

$0.85 f_{ck} \cdot a \cdot b = A_s \cdot f_y$

$a = \beta_1 \cdot c$, $\rho_b = \dfrac{A_s}{bd}$를 대입하면

$0.85 f_{ck} \cdot \beta_1 \cdot c \cdot b = b \cdot d \cdot \rho_b \cdot f_y$

$\therefore \rho_b = \dfrac{0.85 f_{ck} \cdot \beta_1}{f_y} \cdot \dfrac{660}{660 + f_y}$

여기서, $\beta_1 = 0.8 (f_{ck} \leq 40\text{MPa}$인 경우 $\beta_1 = 0.8)$

④ 등가사각형 깊이(a)

$C = T$

$0.85 f_{ck} \cdot a \cdot b = A_s \cdot f_y$

$\therefore a = \dfrac{A_s \cdot f_y}{0.85 f_{ck} \cdot b}$

3 복철근 직사각형 보

① 개념 : 복철근 보는 인장철근 이외에 보의 압축측에도 철근을 넣어서 압축응력의 일부를 이 철근이 부담하는 구조로 복철근 단면을 사용하는 것은 일반적으로 비경제적이지만 구조상 보의 높이에 제한을

＊스터럽과 굽힘철근 배근 목적
보에 작용하는 사인장 응력에 의한 균열을 방지

받을 때, 정(+)과 부(−)의 모멘트를 교대로 받는 부재, 부재의 처짐을 극소화할 경우에는 압축철근이 필요하게 된다. 또, 보의 고정지점 부분이나 연속보의 중간지점 부분에서는 보통 복철근 보라 한다.

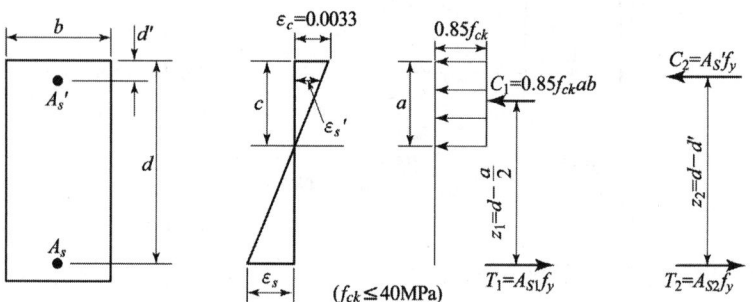

② 압축철근이 항복하는 경우
  ㉠ 등가 사각형 깊이(a)
  $C = T$
  $0.85 f_{ck} ab + A_s' f_y = A_s f_y$
  $\therefore a = \dfrac{(A_s - A_s') f_y}{0.85 f_{ck} b}$

  ㉡ 설계 휨강도($M_d = \phi M_n$)
  $M_d = \phi M_n = \phi \left[(A_s - A_s') f_y \left(d - \dfrac{a}{2} \right) + A_s' f_y (d - d') \right]$

4 T형 단면보

① 개념 : 교량이나 건물에서 보와 슬래브가 일체가 된 형태로 이 두 부분이 철근으로 연결된 T형 단면을 T형보라 한다.

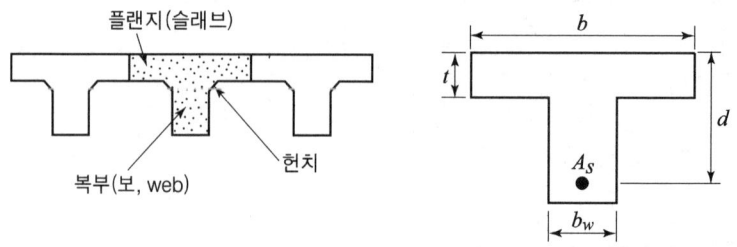

② 플랜지 유효 폭 : T형보 단면보 플랜지 폭이 너무 크면 응력 분포 계산의 복잡으로 적당한 크기의 폭에 균등한 응력이 작용하는 것으로 대치시켜 설계한다.

*헌치
플랜지와 복부의 접합부에 응력의 집중을 막기 위해 설치

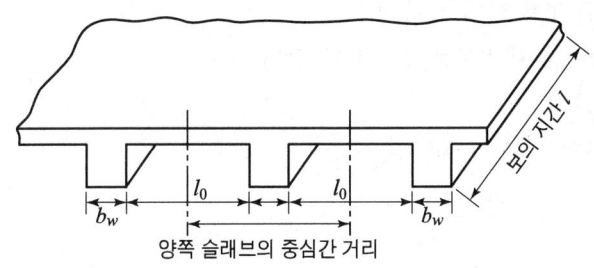

㉠ T형보
- $16t + b_w$
- 양쪽 슬래브의 중심간 거리
- 보 경간의 $\dfrac{1}{4}$

위 세 가지 중에서 가장 작은 값

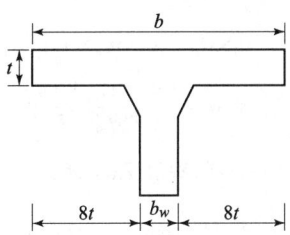

㉡ 반 T형보
- $6t + b_\omega$
- 보 경간의 $\dfrac{1}{12} + b_\omega$
- 인접보와 내측거리의 $\dfrac{1}{2} + b_\omega$

위 세 가지 중에서 가장 작은 값

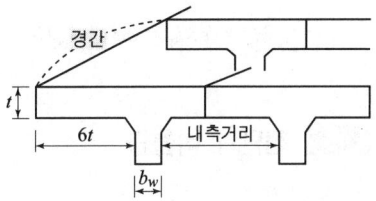

③ T형 보의 판별
  ㉠ 폭 b인 직사각형 단면 보를 보고 등가 사각형 깊이 a를 계산한 다음 판별한다.

$$a = \dfrac{A_s \cdot f_y}{0.85 f_{ck} \cdot b}$$

  ㉡ $a \leq t$이면 폭이 b인 단철근 직사각형 단면 보로 보고 해석한다.
  ㉢ $a > t$이면 단철근 T형 단면 보로 해석한다.

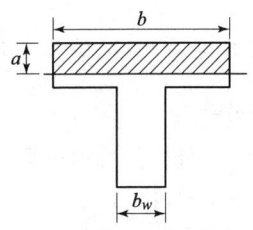

🔼 폭이 b인 직사각형 보

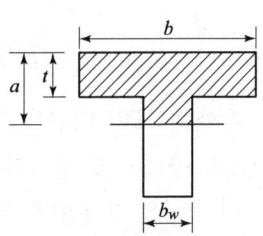

🔼 T형 보

✱설계의 기본 가정
인장을 받고 있는 중립축 이하의 콘크리트의 강도는 무시된다.

④ 단철근 T형 단면보 해석
  ㉠ 플랜지 내민부분 인장철근 단면적(A_{sf})
  $$C_f = T_f$$
  $$0.85f_{ck} \cdot (b-b_w)t = A_{sf} \cdot f_y$$
  $$\therefore A_{sf} = \frac{0.85f_{ck}(b-b_w) \cdot t}{f_y}$$

  ㉡ 복부 부분 등가 직사각형의 깊이(a)
  $$C_w = T_w$$
  $$0.85f_{ck} \cdot a \cdot b_w = (A_s - A_{sf}) \cdot f_y$$
  $$\therefore a = \frac{(A_s - A_{sf}) \cdot f_y}{0.85f_{ck} \cdot b_w}$$

  ㉢ 설계 휨강도(ϕM_n)
  - $M_u = \phi M_n = 0.85\left\{A_{sf} \cdot f_y\left(d-\frac{t}{2}\right) + (A_s - A_{sf}) \cdot f_y\left(d-\frac{a}{2}\right)\right\}$
  - $M_u = \phi M_n = 0.85\left\{A_{ck}(b-b_w)t \cdot \left(d-\frac{t}{2}\right) + 0.85f_{ck}\left(d-\frac{a}{2}\right)\right\}$

5 전단과 비틀림

① 전단강도
  ㉠ 콘크리트의 전단강도
  $$V_c = \frac{1}{6}\lambda\sqrt{f_{ck}}\,b_w \cdot d$$

  ㉡ 전단철근에 의한 전단강도
  - 부재축에 직각인 전단철근
  $$V_s = \frac{A_v f_{yt} d}{s}$$

  - 경사 스터럽을 전단철근으로 사용하는 경우
  $$V_s = \frac{A_v f_{yt}(\sin\alpha + \cos\alpha)d}{s}$$

  - 전단강도 $V_s = \frac{2}{3}\sqrt{f_{ck}}\,b_w \cdot d$ 이하로 하여야 한다. 만일 초과할 경우에는 보의 단면을 크게 늘려야 한다.

  - 종방향 철근을 절곡하여 전단철근으로 사용할 때에는 그 경사길이의 중앙 3/4만이 전단철근으로 유효하다.

  - 전단철근이 1개의 굽힘철근 또는 받침부에서 모두 같은 거리에서 구부린 평행한 1조의 철근으로 구성될 경우 전단강도
  $V_s = A_v f_{yt}\sin\alpha$ (단, $V_s = 0.25\sqrt{f_{ck}}\,b_w d$를 초과할 수 없다.)

*전단보강철근
받침부에서 d만큼 떨어진 보의 안쪽에서 사인장 파괴에 대한 보강

② 전단철근의 설계
  ㉠ 전단을 휨 부재의 소요전단강도(V_u)
    - $V_u \leq \phi V_n$
    - $V_n = V_c + V_s$
      여기서, V_n : 공칭 전단강도
      V_c : 콘크리트가 부담하는 전단강도
      V_s : 전단철근이 부담하는 전단강도

  ㉡ 전단철근의 배치
    - $V_u \leq \dfrac{1}{2}\phi V_c$의 경우
    - 전단철근이 필요하지 않다.

  ㉢ $\dfrac{1}{2}\phi V_c < V_u \leq \phi V_c$의 경우
    - 최소전단철근을 배근한다.
    - $A_{v\min} = 0.0625\sqrt{f_{ck}}\,\dfrac{b_w \cdot s}{f_{yt}}$

    단, 최소전단철근량은 $0.35\dfrac{b_w \cdot s}{f_{yt}}$보다 작지 않아야 한다.

    여기서 b_w와 s의 단위는 mm이다.

  ㉣ $V_u > \phi V_c$
    - 전단철근을 배치한다.
    - $V_u = \phi(V_c + V_s)$
    - $\therefore V_s = \dfrac{A_v \cdot f_{yt} \cdot d}{s}$

③ 비틀림 철근의 상세
  ㉠ 종방향 비틀림 철근은 양단에 정착되어야 한다.
  ㉡ 비틀림 모멘트를 받는 철근의 중심선에서 단면 내벽까지의 거리가 $0.5\dfrac{A_{oh}}{P_h}$ 이상이 되어야 한다.
  ㉢ 횡방향 비틀림 철근의 간격은 $\dfrac{P_h}{8}$ 보다 작아야 하고 또한 300mm 보다 작아야 한다.
  ㉣ 비틀림에 요구되는 종방향 철근은 폐쇄 스터럽의 둘레를 따라 300mm 이하의 간격으로 분포시켜야 한다.
  ㉤ 종방향 철근이나 긴장재는 스터럽의 내부에 배치시켜야 한다.
  ㉥ 종방향 철근의 직경은 스터럽 간격의 1/24 이상이어야 하며 D10 이상의 철근이어야 한다.

---

*비틀림 철근 사용 가능
① 부재축에 수직인 폐쇄스터럽
② 부재축에 수직인 횡방향 강선으로 구성된 폐쇄용접철망
③ 프리스트레싱되지 않은 부재에서 나선철근

STUDY GUIDE

＊전단철근
철근 콘크리트 보에 전단철근 양은 많을수록 거동에 불리하다.

ⓐ 비틀림 철근은 계산상으로 필요한 위치에서 (b_t+d) 이상의 거리까지 연장시켜 배치한다.
ⓑ 경사 균열폭을 제어하기 위해 비틀림 철근의 설계기준 항복강도는 500MPa를 초과해서는 안 된다.

6 철근의 정착

① 인장 이형철근 및 이형철선의 정착
　㉠ 정착길이 l_d=300mm 이상이어야 한다.
　㉡ 기본 정착길이 $l_{db}=\dfrac{0.6\,d_b \cdot f_y}{\lambda\sqrt{f_{ck}}}$
　㉢ 필요한 정착길이 $l_d=l_{db}\times$보정계수$(\alpha,\ \beta,\ \lambda)$

② 압축 이형철근의 정착
　㉠ 정착길이 l_d=200mm 이상이어야 한다.
　㉡ 기본 정착길이 $l_{db}=\dfrac{0.25\,d_b \cdot f_y}{\lambda\sqrt{f_{ck}}} \geq 0.043\,d_b \cdot f_y$
　㉢ 필요한 정착길이 $l_d=l_{db}\times$보정계수

③ 표준 갈고리를 갖는 인장 이형철근의 정착
　㉠ 정착길이 l_{dh}=기본 정착길이$(l_{hd})\times$보정계수
　㉡ 정착길이 l_{dh}는 $8d_b$ 이상, 150mm 이상일 것
　㉢ 기본 정착길이 $l_{hb}=\dfrac{0.24\beta d_b f_y}{\lambda\sqrt{f_{ck}}}$
　㉣ 표준갈고리를 갖는 인장 이형철근의 기본 정착길이 l_{hb}에 대한 보정계수
　　• D35 이하 철근에서 갈고리 평면에 수직방향인 측면 피복 두께가 70mm 이상이며 90° 갈고리에 대해서는 갈고리를 넘어선 부분의 철근 피복 두께가 50mm 이상인 경우 ·············· 0.7
　　• D35 이하 90°, 180° 갈고리 철근에서 정착길이 l_{dh} 구간을 $3d_b$ 이하 간격으로 띠철근 또는 스터럽이 정착되는 철근을 수직으로 둘러싼 경우 또는 갈고리 끝 연장부와 구부림부의 전 구간을 $3d_b$ 이하 간격으로 띠철근 또는 스터럽이 정착되는 철근을 평행하게 둘러싼 경우 ·············· 0.8

7 철근의 이음

① 겹침이음
- ㉠ D35를 초과하는 철근은 겹침이음을 하지 않고 용접에 의한 맞댐이음을 한다.
- ㉡ 다발철근의 겹침이음은 다발 내의 개개 철근에 대한 겹침이음길이를 기본으로 결정한다. 한 다발 내에서 각 철근의 이음은 한 군데에서 중복하지 않아야 한다. 또한 두 다발 철근을 개개 철근처럼 겹침이음을 하지 않아야 한다.
- ㉢ 휨 부재에서 서로 직접 접촉되지 않게 겹침이음된 철근은 횡 방향으로 소요 겹침이음길이의 1/5 또는 150mm 중 작은 값 이상 떨어지지 않아야 한다.

② 용접이음과 기계적 연결
- ㉠ 용접이음은 f_y의 125% 이상 발휘할 수 있게 용접한다.
- ㉡ 기계적 연결은 f_y의 125% 이상 발휘할 수 있게 기계적 연결을 한다.

③ 인장 이형 철근 및 이형 철선의 이음
- ㉠ 겹침이음길이는 300mm 이상이어야 한다.
  - A급 이음 : $1.0l_d$
  - B급 이음 : $1.3l_d$

  여기서, l_d : 인장이형철근의 정착길이로 보정계수를 적용하지 않는다.

- ㉡ 이음부에 배치된 철근량이 해석 결과 요구되는 소요 철근량의 2배 미만인 경우에 용접이음 또는 기계적 연결은 요구조건에 만족해야 한다.
- ㉢ 겹침이음의 분류
  - A급 이음 : 배치된 철근량이 이음부 전체 구간에서 해석 결과 요구되는 소요 철근량의 2배 이상이고 소요 겹침이음길이내 겹침이음된 철근량이 전체 철근량의 1/2 이하인 경우
  - B급 이음 : A급 이음에 해당되지 않는 경우
- ㉣ 인장 부재의 철근 이음은 완전 용접이나 기계적 연결로 이루어져야 한다. 이때, 인접 철근의 이음은 750mm 이상 떨어져서 서로 엇갈려야 한다.

④ 압축 이형 철근의 이음
- ㉠ 겹침이음길이는 f_y가 400MPa 이하인 경우는 $0.072f_yd_b$ 이상, f_y가 400MPa를 초과할 경우는 $(0.13f_y-24)d_b$ 이상이어야 한다.

STUDY GUIDE

*철근 콘크리트 보의
주철근 이음 위치
휨 응력이 가장 작은 곳

＊이형철근 정착길이
300mm 이상

  ⓛ 겹침이음길이는 300mm 이상이어야 한다.
  ⓒ 콘크리트의 설계기준강도가 21MPa 미만인 경우는 겹침이음길이를 1/3 증가시켜야 한다.
  ⓔ 서로 다른 크기의 철근을 압축부에서 겹침이음하는 경우 이음길이는 크기가 큰 철근의 정착길이와 크기가 작은 철근의 겹침이음길이 중 큰 값 이상으로 한다. 이때 D41과 D51철근은 D35 이하 철근과의 겹침 이음이 허용된다.
  ⓜ 단부 지압 이음은 폐쇄 띠철근, 폐쇄 스터럽 또는 나선 철근을 배치한 압축부재에서만 사용한다.
  ⓑ 철근이 압축력만을 받을 경우는 철근과 직각으로 절단된 철근의 양 끝을 적절한 장치에 의해 중심이 잘 맞도록 접촉시킨다. 이때 철근의 양 단부는 철근 축의 직각면에 1.5° 이내의 오차를 갖는 평탄한 면이 되어야 하고 조립 후 지압면의 오차는 3° 이내여야 한다.

8 휨과 압축을 받는 부재의 해석

① 압축부재의 설계단면치수
  ㉠ 띠철근 압축부재 단면의 최소치수는 200mm이고 그 단면적은 60,000mm² 이상이어야 한다.
  ㉡ 나선철근 압축부재 단면의 심부 지름은 200mm이고 콘크리트의 설계기준강도는 21MPa 이상이어야 한다.
  ㉢ 콘크리트 벽체나 교각구조와 일체로 시공되는 나선철근 또는 띠철근 압축부재의 유효 단면의 한계는 나선철근이나 띠철근 외측에서 40mm보다 크지 않게 취한다.
  ㉣ 둘 이상의 맞물린 나선철근을 가진 독립 압축부재의 유효 단면의 한계는 나선철근의 최외측에서 요구되는 콘크리트 최소 피복 두께에 해당하는 거리를 더하여 취한다.
  ㉤ 정사각형, 8각형 또는 다른 형상의 단면을 가진 압축부재 설계에서 전체 단면적을 사용하는 대신에 실제 형상의 최소 치수에 해당하는 지름을 가진 원형단면을 사용할 수 있다.
  ㉥ 하중에 의해 요구되는 단면보다 큰 단면을 가진 압축부재의 경우 감소된 유효 단면적(A_g)을 사용하여 최소 철근량과 설계강도를 결정하여도 좋다. 이때, 감소된 유효 단면적은 전체 단면적의 1/2 이상이어야 한다.

② 압축부재의 철근량 제한
  ㉠ 비합성 압축부재의 축방향 주철근 단면적은 전체 단면적(A_g)의

0.01배 이상 0.08배 이하로 한다. 축방향 주철근이 겹침이음되는 경우의 철근비는 0.04를 초과하지 않아야 한다.
ⓛ 압축부재의 축방향 주철근의 최소 개수는 직사각형이나 원형 띠철근 내부의 철근의 경우 4개, 삼각형 띠철근 내부의 철근의 경우 3개, 나선 철근으로 둘러싸인 철근의 경우 6개로 한다.
ⓒ 나선철근비(ρ_s)는 다음 값 이상으로 한다.

※ 나선철근을 가진 압축 부재의 나선 철근비는 체적비이다.

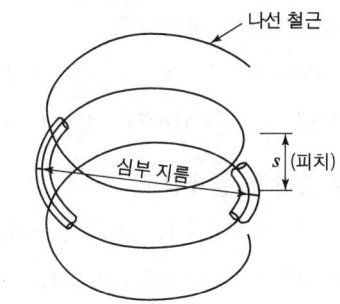

$$\rho_s = \frac{\text{나선철근의 체적}}{\text{심부 체적}} = 0.45\left(\frac{A_g}{A_{ch}} - 1\right)\frac{f_{ck}}{f_{yt}}$$

여기서, f_{yt} : 나선철근의 설계기준 항복강도이고 700MPa 이하
A_g : 기둥의 총 단면적(mm²)
A_{ch} : 심부의 단면적

③ 압축부재에 사용되는 띠철근의 규정
  ㉠ D32 이하의 종방향 철근은 D10 이상의 띠철근으로, D35 이상의 종방향 철근과 다발철근은 D13 이상의 띠철근으로 둘러싸야 하며 띠철근 대신 등가 단면적의 이형철선 또는 용접 철망을 사용할 수 있다.
  ㉡ 띠철근의 수직 간격은 종방향 철근 지름의 16배 이하, 띠철근이나 철선 지름의 48배 이하, 또한 기둥단면의 최소치수 이하로 한다.
  ㉢ 띠철근은 모든 모서리에 있는 종방향 철근과 하나 건너 있는 종방향 철근이 135° 이하로 구부린 띠철근의 모서리에 의해 횡지지되도록 배치되어야 하며 어떤 종방향 철근도 띠철근을 따라 횡지지된 종방향 철근의 양쪽으로 순간격이 150mm 이상 떨어지지 않아야 한다. 또한 종방향 철근이 원형으로 배치된 경우에는 원형 띠철근을 사용할 수 있다.
  ㉣ 확대 기초판 또는 기초 슬래브의 윗면에 배치되는 첫번째 띠철근 간격은 다른 띠철근 간격의 1/2 이하로 한다.
  ㉤ 슬래브나 지판에 배치된 최하단 수평철근 아래에 배치되는 첫번째 띠철근도 다른 띠철근 간격의 1/2 이하로 한다.

ⓑ 보 또는 브래킷이 기둥의 4면에 연결되어 있는 경우에 가장 낮은 보 또는 브래킷의 최하단 수평철근 아래에서 75mm 이내에서 띠철근을 끝낼 수 있다.

9 기둥의 설계

① 단주

㉠ 나선철근 기둥의 축방향 설계강도

$$P_u = \phi P_n = 0.7 \times 0.85 \{0.85 f_{ck}(A_g - A_{st}) + f_y \cdot A_{st}\}$$

여기서, 공칭 압축강도 $P_n = 0.85\{0.85 f_{ck}(A_g - A_{st}) + f_y \cdot A_{st}\}$

㉡ 띠철근 기둥의 축방향 설계강도

$$P_u = \phi P_n = 0.65 \times 0.8 \{0.85 f_{ck}(A_g - A_{st}) + f_y \cdot A_{st}\}$$

여기서, 공칭 압축강도 $P_n = 0.8\{0.85 f_{ck}(A_g - A_{st}) + f_y \cdot A_{st}\}$

② 장주

㉠ 좌굴 하중

$$P_c = \frac{\pi^2 \cdot E \cdot I}{(k \cdot l)^2} = \frac{n \cdot \pi^2 \cdot E \cdot I}{l^2} = \frac{\pi^2 \cdot E \cdot A}{\lambda^2}$$

㉡ 좌굴 응력

$$f_{cr} = \frac{P_c}{A} = \frac{\pi^2 \cdot E \cdot I}{A(k \cdot l)^2} = \frac{\pi^2 \cdot E}{\left(\frac{k \cdot l}{r}\right)^2} = \frac{\pi^2 \cdot E}{\lambda^2}$$

*나선철근 배치 이유
축방향 철근의 위치를 확고히 하기 위해서

10 슬래브, 확대기초

① 슬래브의 종류

㉠ 1방향 슬래브
- 마주보는 두 변에만 지지되는 슬래브로 주철근이 1방향에 배근
- $\dfrac{L}{S} \geq 2.0$

여기서, L: 장변의 길이
S: 단변의 길이

㉡ 2방향 슬래브
- 네 변으로 지지되는 슬래브로 서로 직교하는 그 방향으로 주철근을 배치
- $1 \leq \dfrac{L}{S} < 2$, $0.5 < \dfrac{S}{L} \leq 1$

② 1방향 슬래브
  ㉠ 휨모멘트
    • 활하중에 의한 경간 중앙의 부휨모멘트는 산정된 값의 1/2만 취한다.
    • 경간 중앙의 정휨모멘트는 양단 고정으로 보고 계산한 값 이상으로 취한다.
    • 순경간이 3.0m를 초과할 때 순경간 내면의 휨모멘트를 사용할 수 있다. 그러나 이 값들이 순경간을 경간으로 하여 계산한 고정단 휨모멘트 이상으로 하여야 한다.
  ㉡ 구조 상세
    • 1방향 슬래브의 두께는 최소 100mm 이상이어야 한다.
    • 슬래브의 정철근 및 부철근의 중심간격은 최대 휨모멘트가 일어나는 단면에서는 슬래브 두께의 2배 이하, 또는 300mm 이하로 한다. 기타 단면은 슬래브 두께의 3배 이하, 또한 450mm 이하로 한다.
    • 1방향 슬래브에서는 정철근 및 부철근에 직각방향으로 수축·온도 철근을 배치한다.

③ 2방향 슬래브
  ㉠ 구조 상세
    • 2방향 슬래브 시스템의 각 방향 철근 단면적은 위험 단면의 휨모멘트에 의해 결정되지만 수축·온도 철근에서 요구되는 최소 철근량 이상이어야 한다.
    • 수축·온도 철근으로 배치되는 이형철근의 철근비
      – 어떤 경우에도 0.0014 이상
      – 설계기준항복강도가 400MPa 이하인 이형철근을 사용한 슬래브는 0.002 이상
      – 0.0035의 항복변형률에서 측정한 철근의 설계기준항복강도가 400MPa를 초과한 슬래브는 $0.002 \times \dfrac{400}{f_y}$ 이상

④ 기초판(확대기초)의 저면적(A_f)

$$A_f = \dfrac{P}{q_a}$$

여기서, P : 하중
q_a : 지반의 허용 지지력

※1방향 슬래브
정모멘트 철근 및 부모멘트 철근에 직각방향으로 수축·온도 철근을 배치한다.

⑤ 압축하중과 휨모멘트가 작용시 확대기초의 최대 지반반력
$$f = \frac{P}{A} \pm \frac{M}{I} \cdot y$$

⑥ 위험 단면에서의 휨모멘트
$$M = 응력 \times 단면적 \times 도심까지의\ 거리$$
$$= q \cdot \left\{\frac{(L-t)}{2} \times S\right\} \times \left\{\frac{(L-t)}{2} \times \frac{1}{2}\right\} = \frac{1}{8}q \cdot S(L-t)^2$$

11 옹벽

① 옹벽의 안정
  ㉠ 전도에 대한 안정
   • $F = \dfrac{저항모멘트}{활동모멘트} = \dfrac{M_r}{M_o} \geq 2.0$
   • 모든 외력의 합력이 $x \geq d/3$에 있어야 한다.
  ㉡ 활동에 대한 안정
   • $F = \dfrac{수평저항력}{수평력} = \dfrac{\sum V}{\sum H} \geq 1.5$
   • $\sum V = f \cdot W$
     여기서, f : 콘크리트 저판과 지반과의 마찰계수
  ㉢ 침하에 대한 안정(지반 지지력에 대한 안정)
   • $q_{max} < q_a$
   • 안전율은 1.0이다.
     여기서, q_a : 지반의 허용 지지력
            q_{max} : 최대 지지반력

★옹벽의 구조해석
부벽식 옹벽의 추가철근은 3변 지지된 2방향 슬래브로 설계할 수 있다.

② 옹벽의 설계
  ㉠ 뒷부벽은 T형보로 설계하여야 한다.
  ㉡ 앞부벽은 직사각형보로 설계하여야 한다.

03 열화조사 및 진단

1 일반사항

시설물의 상태평가를 위한 점검과 진단 및 그 결과에 기초한 보수·보강 및 안정화조치 여부나 그 작업 등을 포함하며 이에 대한 자료정리 및 축적, 기록 등도 포함한다.

2 유지관리 계획 수립

① 시설물의 성격, 규모 및 중요도에 따라 준공시의 설계도서, 유지관리 이력, 시설물 관리대장, 관계 자료를 이용한다.
② 작업량의 적절한 배분 및 시기 등을 고려하며 작업이 특정 시기에 집중되지 않도록 한다.
   ㉠ 작업시기는 작업의 특수성, 교통 상황, 사용기간 등을 고려하여 최적의 시기를 결정한다.
   ㉡ 작업 인원, 자재, 사용장비 등을 적절하게 배치한다.
   ㉢ 점검이나 진단, 보수·보강이나 안정화를 위한 공사 등은 시설물의 종류에 따라 기온, 강우, 강설 등의 기상 조건을 고려한다.
   ㉣ 교통 통제, 소음, 진동 등은 작업의 난이도를 고려하여 공법, 시기, 작업시간대를 선정한다.
   ㉤ 작업에 따른 여러 가지 제한사항은 최소화하여 계획을 수립한다.
   ㉥ 다른 공사와의 조정을 도모한다.
   ㉦ 작업 공정이 변경되는 경우에는 이에 따른 수정 계획을 신속히 한다.

3 안전점검

① 안전점검이란 경험과 기술을 갖춘 자가 육안 또는 점검기구 등에 의하여 검사를 실시하여 시설물에 내재되어 있는 위험요인을 조사하는 것이다.
② 안전점검에는 초기점검, 정기점검, 정밀점검, 긴급점검 등이 있다.
③ 안전점검 항목은 균열, 박락, 보수, 누수, 처짐, 층분리, 침하, 기울기, 해체, 박리 등으로 한다.
④ 안전점검 방법에는 점검내용에 따라 외관 또는 적절한 점검 장비를 사용하며 필요시 근접 장비를 이용하여 근접점검을 실시한다.
⑤ 안전점검 항목은 시설물이나 부재의 중요도, 제삼자 영향도, 예정 사용기간, 환경조건, 유지관리의 난이도 등을 반영한 유지관리 구분과 열화 예측에 맞추어 선정한다.

*정기점검
외관조사 수준의 점검으로 시설물의 기능적 상태를 판단하고 현재의 사용요건을 계속 만족시키고 있는지 확인 점검

4 외관 조사

① 콘크리트 균열 조사
   ㉠ 균열 폭
      • 균열 폭을 측정할 때는 스케일, 게이지, 현미경을 사용한다.

*외관조사 항목
① 균열의 발생 위치와 규모
② 철근 노출조사
③ 구조물 전체의 침하 등의 변형

STUDY GUIDE

- 균열 변동 측정은 전기적인 측정방법, 클립 게이지를 사용하는 방법, 전기식 다이얼 게이지를 사용하는 방법 등이 있다. 또 표점간을 콘택트 게이지를 사용해서 측정해도 된다.
- 보수·보강 여부의 판정 자료로 사용할 경우에는 최대 균열폭에 중점을 둔다.
- 균열폭의 변동을 장기적으로 측정하는 경우에는 그 측정시의 온도 및 습도 조건은 되도록 같도록 한다.
- 측정시각은 되도록 일정하게 하며 오전 10시 전후에 하는 것이 좋다.
- 토목 구조물이나 건축물의 외벽 및 지붕 슬래브 등의 부재는 강우 후 적어도 3일 이상 경과하고 측정한다.

ⓒ 균열 길이
- 균열 폭이 0.05mm 정도 이상 되는 구간의 길이를 측정한다.
- 자를 사용하여 측정하며 균열의 굴곡까지 고려하여 엄밀하게 측정할 필요는 없다. 적당히 선정된 구간의 직선거리를 더하여 균열길이를 구한다.
- 균열 길이가 문제가 되는 것은 주로 보수·보강시 규모를 파악하여 공사비를 산출할 때이다.

ⓒ 균열의 관통 유무
- 물이나 공기가 통과되는가의 여부에 따라 판정한다.
- 콘크리트 양면을 관찰할 수 있는 경우는 표면과 안쪽면의 균열 패턴이 일치하는가에 따라 확인한다.

ⓔ 균열부분의 상황
- 균열부분의 상태로부터 이물질의 충진 유무, 백화 현상의 유무, 철근의 발청 유무 등을 관찰한다.

5 강도 평가

① 간접법
ⓐ 반발경도법
ⓑ 초음파 속도법
ⓒ 조합법
ⓓ 인발법

② 직접법
ⓐ 코어 채취에 의한 압축강도 시험

---

*균열 조사
- 균열 길이
  - 스케일
  - 화상처리
- 균열 깊이
  - 초음파법
  - 코어채취

*반발경도 시험
시험할 부재는 두께가 100mm 이상이어야 한다.

04 열화 원인

1 알카리 골재반응

① 알칼리 골재반응 형태
  ㉠ 알칼리 실리카 반응(ASR : alkali silica reaction)
  ㉡ 알칼리 탄산염 반응
  ㉢ 알칼리 · 실리케이트 반응

② 알칼리 골재반응의 손상
  ㉠ 골재 주면이 팽창하여 망상 형태의 균열 발생
  ㉡ 콘크리트 부재의 뒤틀림, 단차, 국부 파괴
  ㉢ 균열부에서 백화현상
  ㉣ 피복이 두꺼울수록 알칼리성 반응에 의한 균열은 커진다.
  ㉤ 구조물 내구성 저하, 미관 손상

③ 알칼리 골재반응 방지 대책
  ㉠ 반응성 골재(석영, 화산유리, 트리다마이트) 사용 금지
  ㉡ 고로 시멘트, 플라이 애시 시멘트, 고로 슬래그를 사용한다.
  ㉢ 방수제, 방청재료 콘크리트 표면 마감
  ㉣ 콘크리트 중의 수분은 알칼리 골재반응을 촉진하므로 구조물의 수밀성을 높인다.
  ㉤ 콘크리트가 다습하거나 습윤상태에 있을 때 알칼리 반응이 증가하므로 항상 건조상태를 유지한다.
  ㉥ 단위 시멘트량이 너무 많은 배합은 알칼리 골재반응에 약하므로 단위시멘트량을 최소로 한다.
  ㉦ 저알칼리형의 시멘트(Na_2O당량 0.6% 이하)를 사용한다.
  ㉧ 콘크리트 $1m^3$당 알칼리 총량을 3kg 이하로 한다.

**알칼리 실리카 반응
불규칙한 균열 발생

2 중성화(탄산화)

① 개요
  콘크리트중의 수산화칼슘이 공기중의 탄산가스와 접촉하여 서서히 탄산칼슘으로 변화하여 콘크리트가 알칼리성을 상실하는 것을 말한다.

② 중성화 속도
  ㉠ 중성화가 콘크리트 내부로 진행해가는 속도

**중성화 직접적인 영향
철근 부식의 원인

○ 중성화 진행속도는 중성화 깊이와 경과한 시간의 함수로 나타낸다.

$$X = A\sqrt{t}$$

여기서, X : 기준이 되는 콘크리트 중성화 깊이(mm)
t : 경과년수(년)
A : 중성화 속도계수로서 시멘트, 골재의 종류, 환경조건, 혼화재료, 표면 마감재 등의 정도를 나타내는 상수(mm/$\sqrt{년}$)

© 중성화 속도는 실내가 실외보다 빠르다.

③ 중성화 속도에 영향을 미치는 요인
 ⊙ 혼합시멘트 혹은 실리카질의 혼화제를 사용하면 빠르다.
 ○ 조강 포틀랜드 시멘트가 보통 시멘트보다 늦고 더욱 좋은 효과가 있다.
 © 경량골재 콘크리트가 보통 콘크리트보다 빠르다.
 ② 중성화 속도는 골재의 밀도가 작을수록 빨라진다.

④ 중성화의 방지대책
 ⊙ 조강, 보통 포틀랜드 시멘트 및 밀도가 큰 골재를 사용한다.
 ○ 물-결합재비, 공기량 등이 낮게 되도록 한다.
 © 충분한 초기 양생을 한다.
 ② 콘크리트의 피복 두께를 크게 한다.

⑤ 중성화 판별방법
 공시체의 파단면에 1% 페놀프탈레인-알코올용액을 분무하여 변색여부를 관찰하는 방법이 가장 일반적이다. 무색으로 변화하면 중성화된 것으로 판단한다.

3 동해

① 개요
 콘크리트 중의 수분이 외부 온도의 저하에 의해 동결과 융해의 반복 작용으로 균열이 발생하거나 표면부가 박리하여 콘크리트 표면층에 가까운 부분부터 파괴되는 현상을 말한다.

*팝 아웃(pop out)
동결융해에 의해 콘크리트 표면이 떨어져 나가는 현상

② 동결 융해의 저항성 판정
 ⊙ 내구성 지수(DF : Durability Factor)

$$DF = \frac{PN}{M}$$

여기서, P : 동결융해 N 사이클에서의 상대 동탄성계수(%)
N : P값이 시험을 단속시킬 수 있는 소정의 최소값이 된 순간의 사이클 수
M : 사전에 결정된 동결 융해에의 노출이 끝날 때의 사이클 수(300)

ⓒ 내구성 지수가 클수록 내구성이 좋다.
- DF < 40 : 내구성이 낮다.
- DF > 60 : 내구성이 좋다.

4 내화성

① 화재로 1,000℃ 정도의 고온에 노출되는 경우 이에 저항하는 성질을 내화성이라 하며 콘크리트가 고온을 받으면 강도 및 탄성계수가 저하하며 철근과 콘크리트와의 부착력이 저하된다.
② 시멘트 수화물은 가열에 의하여 결정수를 방출하며 500℃ 전후에서 수산화칼슘[$Ca(OH)_2$]가 분해하여 석회(CaO)가 된다.
③ 750℃ 전후에서 탄산칼슘(석회석)[$CaCO_3$]의 분해가 시작되면서 수산화칼슘의 분해에 의하여 콘크리트 강도는 급격하게 감소한다.

*화재에 의한 열화 특징
열응력에 의해 균열 발생, 슬래브나 보의 처짐 증가

05 열화 성능평가

1 초음파법에 의한 내부결함 위치측정
① 투과법
② 반사법
③ $T_c - T_o$법
④ T법
⑤ BS-4408에 규정한 방법
⑥ 레슬리법(Leslie)
⑦ 위상 변화를 이용하는 방법
⑧ SH파를 이용하는 방법

2 철근 배근상태 조사
① 전자유도법
② 전자 레이더법
③ 철근조사(철근탐사법)

3 철근의 부식상태 조사
① 자연전위 측정법
② 표면 전위차 측정법

*자연전위법
대기중에 있는 콘크리트 구조물의 철근 등 강재가 부식환경에 있는지의 여부 진단

③ 분극 저항법
④ AC 임피던스법 (전기 저항법)

06 보수 · 보강공법

1 보수공법

① 표면처리 공법
② 주입공법
③ 충전공법
④ 전기 방식에 의한 공법
⑤ 단면 복구 공법
⑥ 표층 취약부의 보수공법

2 보강공법

① 콘크리트 단면 증설공법
② 강판 보강(접착) 공법
③ 연속 섬유 시트 접착공법
④ 외부 케이블에 의한 프리스트레싱 공법

3 보수 · 보강공법에 사용되는 재료

① 폴리머 시멘트
  내마모성, 내충격성은 양호하나 내화, 내열성은 불량하고 슬럼프는 50mm 이내이다.
② 에폭시 수지
  ㉠ 내수성, 내약품성, 가소성, 내마모성이 우수하다.
  ㉡ 경화에 있어 반응수축이 매우 작고 또한 휘발물질이 발생하지 않으며 기계적 성질, 전기전열성이 매우 우수하다.
  ㉢ 콘크리트와의 접착성과 시멘트에 대한 내알칼리성 등이 우수하다.

---

* 보수방법을 선택할 때 고려할 사항
• 보수 목적
• 손상 원인
• 재발 가능성 등

* 표면처리공법
0.2mm 이하의 미세한 결함 보수

* 강판접착공법 순서
표면 조정, 앵커 장착, 강판 부착, 실링, 주입, 마감

* 유리섬유
높은 온도에 견디며 불에 타지 않는다.

week 1

CBT 모의고사

콘크리트기사

- I. 콘크리트 재료 및 배합
- II. 콘크리트 제조, 시험 및 품질관리
- III. 콘크리트의 시공
- IV. 콘크리트 구조 및 유지관리

알려드립니다

한국산업인력공단의 저작권법 저축에 대한 언급(2013년 2회 시험)이 있어 과거에 출제된 동일한 문제나 그 유형의 문제로 재구성하였습니다.

01회 CBT 모의고사

1과목 콘크리트 재료 및 배합

01 콘크리트용 플라이 애시로 사용할 수 없는 것은?
① 이산화규소의 함유량이 48%인 경우
② 강열감량이 6%인 경우
③ 비중이 2.2인 경우
④ 압축강도비가 65%인 경우

> **해설** 플라이 애시의 강열감량은 5% 이하를 표준으로 한다.

02 섬유보강 콘크리트에 사용되는 강섬유에 관한 사항으로 옳지 않은 것은?
① 강섬유 혼입률은 일반적으로 콘크리트 용적에 대한 백분율로 나타낸다.
② 강섬유의 혼입률은 일반적으로 0.5~2.0% 정도이다.
③ 섬유보강 콘크리트의 압축강도는 강섬유의 혼입률에 따라 크게 좌우된다.
④ 강섬유의 길이는 굵은골재 최대치수의 1.5배 이상으로 할 필요가 있다.

> **해설** 섬유보강 콘크리트는 금속이나 합성수지를 원료로 하는 불연속 단섬유를 콘크리트 중에 균일하게 분산시키므로 인장강도, 휨강도 균열에 대한 저항성, 인성, 전단강도 및 내충격성을 대폭 개선시킬 목적으로 사용된다.

03 레디믹스트 콘크리트에 사용할 혼합수에 관한 사항 중 옳지 않은 것은?
① 상수돗물이나 지하수는 시험을 하지 않아도 사용할 수 있다.
② 슬러지수는 시험을 해야 하며, 슬러지 고형분율은 3% 이하이어야 한다.
③ 배합설계시 슬러지수에 포함된 슬러지 고형분은 물의 질량에는 포함되지 않는다.
④ 배치플랜트에서 물의 계량오차는 −2%, +1% 이내이어야 한다.

답안 표기란				
01	①	②	③	④
02	①	②	③	④
03	①	②	③	④

해설
- 상수도수 이외의 물은 시험을 하여야 한다.
- 슬러지수에서 슬러지 고형분을 침강 또는 기타 방법으로 제거한 물을 상징수라고 한다.

04 KS 규정의 시멘트 시험에 대한 설명으로 부적절한 것은?

① 분말도는 시멘트의 입자 크기를 비표면적으로 나타내는 것으로서 블레인 공기투과장치에 의해 측정할 수 있다.
② 강열감량은 일반적으로 시멘트를 약 1,450℃로 가열했을 때의 감소되는 질량을 측정하여 백분율로 나타낸다.
③ 시멘트의 강도 시험용 모르타르의 배합은 시멘트 : 표준사=1 : 3, 물/시멘트비는 0.5이다.
④ 길모어 침에 의한 응결시간은 사용한 물의 양이나 온도 또는 반죽의 반죽 정도뿐만 아니라 공기의 온도 및 습도에도 영향을 받으므로 측정한 시멘트의 응결시간은 근사값이다.

해설
- 강열감량은 일반적으로 시멘트를 약 1000℃로 가열했을 때의 감소되는 질량을 측정하여 백분율로 나타낸다.
- 강열감량은 시멘트의 풍화된 정도를 판정하는 데 많이 사용된다.

05 설계기준 압축강도(f_{ck})가 42MPa이고, 내구성 기준 압축강도(f_{cd})가 35MPa이다. 30회 이상의 시험실적으로부터 구한 압축강도의 표준편차가 5MPa일 때 콘크리트의 배합강도는?

① 47 MPa
② 48.7 MPa
③ 49.5 MPa
④ 50.2 MPa

해설
- f_{ck}와 f_{cd} 중 큰 값인 42MPa가 품질기준강도(f_{cq})이다.
- $f_{cr} = f_{cq} + 1.34s = 42 + 1.34 \times 5 = 48.7$MPa
- $f_{cr} = 0.9 f_{cq} + 2.33s = 0.9 \times 42 + 2.33 \times 5 = 49.5$MPa
- ∴ 큰 값인 49.5MPa이다.

06 내동해성을 기준으로 하여 물-결합재비를 정하는 경우 다음 노출상태에 해당하는 보통골재 콘크리트의 최대 물-결합재비는 얼마인가?

[노출상태]
• 물에 노출되었을 때 낮은 투수성이 요구되는 콘크리트

① 0.40
② 0.45
③ 0.50
④ 0.55

정답 01. ② 02. ③ 03. ① 04. ② 05. ③ 06. ③

📝**해설**
- 습한 상태에서 동결융해 또는 제빙화학제에 노출된 콘크리트의 경우 : 0.45
- 제빙화학제, 염, 소금물, 바닷물에 노출되거나 이런 종류들이 살포된 콘크리트의 철근 부식 방지를 위한 경우 : 0.4

07 굵은골재의 체가름 시험 결과가 아래의 표와 같을 때 굵은골재 최대치수(G_{max})와 조립률(FM)을 바르게 구한 것은?

체의 크기(mm)	30	25	20	15	10	5	2.5
각 체 잔량누계(%)	2	10	35	53	78	98	100

① 25mm, 7.11 ② 25mm, 7.76
③ 20mm, 7.11 ④ 20mm, 7.76

📝**해설**
- 굵은골재 최대치수란
  질량으로 90% 이상 통과시키는 체 중에서 최소치수의 체눈을 공칭치수로 나타내므로 통과율 90%에 해당하는 25mm이다.
- 조립률
  $$FM = \frac{35+78+98+100+400}{100} = 7.11$$

08 콘크리트용 혼화재에 대한 설명으로 틀린 것은?

① 플라이 애시를 사용한 콘크리트는 초기강도는 작으나 포졸란 반응에 의해 장기강도 발현성이 좋다.
② 실리카 퓸은 시멘트 경화체의 공극충전효과와 포졸란 반응으로 강도 증진에 효과가 크다.
③ 고로 슬래그 미분말은 결합재의 일부로 혼합하는 양이 증가할수록 굳지 않은 콘크리트의 응결이 빨라진다.
④ 팽창재는 에트린가이트 및 수산화칼슘 등을 생성하여 콘크리트를 팽창시킨다.

📝**해설**
- 고로 슬래그 미분말은 결합재의 일부로 혼합하는 양이 증가할수록 굳지 않은 콘크리트의 응결이 늦어진다.
- 고로 슬래그 미분말을 사용한 콘크리트의 초기강도는 포틀랜드 시멘트 콘크리트보다 작다.

09 시방배합 결과 단위수량 165 kg/m³, 잔골재 표면수 3%, 굵은골재 표면수 1%인 현장골재를 사용하여 현장배합한 결과 단위잔골재량 175 kg/m³, 단위굵은골재량 1230 kg/m³을 얻었다. 현장배합에 필요한 단위수량은?

① 138.2 kg/m³
② 139.7 kg/m³
③ 147.7 kg/m³
④ 150.2 kg/m³

해설
- 시방배합의 단위잔골재량 : 175/1.03 = 170 kg/m³
- 시방배합의 단위굵은골재량 : 1230/1.01 = 1218kg/m³
- 현장 단위수량 : 165 − (170 × 0.03 + 1218 × 0.01) = 147.7kg/m³

10 시멘트의 강도시험(KS L ISO 679)에 대한 설명으로 틀린 것은?

① 치수 40 mm × 40 mm × 160 mm인 각주형 공시체로 압축강도 및 휨강도 시험을 실시한다.
② 공시체는 질량으로 시멘트 1에 대해서 물/시멘트 비 0.5 및 잔골재 3의 비율로 모르타르를 성형한다.
③ 틀에 다진 공시체는 24시간 습윤 양생하며, 그 후 탈형하여 강도 측정 시험을 할 때까지 수중 양생한다.
④ 측정 재령에 이르렀을 때 시험체를 수중 양생조로부터 꺼내어 압축강도를 측정한 후 깨어진 시편으로 휨강도 시험을 한다.

해설
- 시험체를 수중 양생조로부터 꺼내어 휨강도를 측정한 후 깨어진 시편으로 압축강도 시험을 한다.
- 압축강도시험은 휨강도시험에 의해 파단된 시험체의 측면 40mm × 40mm의 면적을 이용한다.
- 수동재하방법으로 압축강도시험을 할 경우 시험체에 하중을 가할 때는 파괴하중 부근에서 재하속도가 감소되지 않게 조절한다.
- 압축강도시험의 결과를 구할 때 6개의 측정값 중에서 1개의 결과가 6개의 평균값보다 ±10% 이상 벗어나는 경우에는 이 결과를 버리고 나머지 5개의 평균으로 계산한다.
- 휨 강도 시험에서 시험체에 가하는 하중은 시험체가 파괴에 이를 때까지 50N/s±10N/s의 비율로 부드럽게 재하한다.

11 콘크리트용 화학혼화제 시험(KS F 2560)에서 화학혼화제의 품질규정 항목에 속하지 않는 것은?

① 응결시간의 차
② 투수계수
③ 압축강도비
④ 경시 변화량

해설 감수율, 블리딩량의 비, 길이 변화비, 동결융해에 대한 저항성 등이 항목에 속한다.

[정답] 07.① 08.③ 09.③ 10.④ 11.②

12 제빙화학제에 노출된 콘크리트에 있어서 플라이 애시, 고로 슬래그 미분말 또는 실리카 퓸을 시멘트 재료의 일부로 치환하여 사용하는 경우 이들 혼화재 사용량(시멘트와 혼화재 전체에 대한 혼화재의 질량백분율, %)을 나타낸 것으로 틀린 것은?

① 플라이 애시 : 25%
② 고로슬래그 미분말 : 50%
③ 실리카 퓸 : 10%
④ 플라이 애시와 실리카 퓸의 합 : 50%

해설 플라이 애시와 실리카 퓸의 합 : 35%

13 굵은골재의 밀도 및 흡수율 시험 방법에 대한 설명으로 옳지 않은 것은?

① 표면건조 포화상태의 질량은 골재를 수중에서 꺼내 물기를 제거한 후 시료를 흡수천 위에 굴리고, 눈에 보이는 수막을 제거한 상태에서 측정한다.
② 시료를 절대건조상태까지 건조시킬 때는 105±5℃에서 일정질량이 될 때까지 건조시키고 실온에서 냉각한다.
③ 표면건조 포화상태의 밀도, 절대건조상태의 밀도 및 흡수율은 각각 소수점 이하 둘째자리까지 구한다.
④ 호칭치수 5mm의 체에 남는 시료를 철망에 넣고 20±5℃의 물속에 48시간 담근 후 수중 질량을 측정한다.

해설 호칭치수 5mm의 체에 남는 시료를 철망에 넣고 20±5℃의 물속에 24시간 담근 후 수중 질량을 측정한다.

14 콘크리트 시방배합 설계에서 단위골재의 절대용적이 678ℓ이고, 잔골재율이 40%, 굵은골재의 표건밀도가 0.0026g/mm³인 경우 단위 굵은골재량은?

① 705.12kg
② 806.8kg
③ 1057.68kg
④ 1762.8kg

해설 단위 굵은골재량 : 0.678×0.6×2.6×1000=1057.68kg
여기서, 단위골재의 절대용적 0.678m³, 굵은골재의 표건밀도 2.6g/cm³ 이다.

15 시멘트의 저장에 대한 설명으로 옳지 않은 것은?

① 포대에 들어있는 시멘트를 장기간 저장할 경우에 15포대 이상 쌓으면 안 된다.
② 포대 시멘트는 지상 0.3m 이상 되는 마루 위에 적재하여야 한다.
③ 시멘트의 온도가 너무 높으면 그 온도를 낮춘 다음에 사용하는 것이 좋으며 일반적으로 시멘트의 온도는 50℃정도 이하의 것을 사용하는 것이 좋다.
④ 시멘트는 방습적인 구조로 된 사일로 또는 창고에 품종별로 구분하여 저장하여야 한다.

해설
- 포대에 들어있는 시멘트는 13포대 이상 쌓으면 안 되며 장기간 저장할 경우에는 7포대 이상 쌓으면 안 된다.
- 시멘트는 입하 순서대로 사용해야 한다.
- 3개월 이상 저장한 시멘트 또는 습기를 받았다고 생각되는 시멘트는 반드시 사용 전에 재시험을 하여야 한다.

16 시멘트 비중시험에 대한 내용으로 잘못된 것은?

① 르샤틀리에 비중병의 눈금 1과 0의 위아래에 0.1mL 눈금이 2줄씩 여분으로 새겨져 있다.
② 일정량의 시멘트(포틀랜드 시멘트는 약 64g)를 1g의 정밀도로 달아 칭량한다.
③ 동일 시험자가 동일 재료에 대하여 2회 측정한 결과가 ±0.03 이내이어야 한다.
④ 광유의 온도가 1℃ 변화하면 용적이 약 0.2cc 변화되어 비중은 약 0.02의 차가 생기므로 시멘트를 넣기 전후의 광유의 온도차는 0.2℃를 넘어서는 안 된다.

해설
- 일정량의 시멘트를 0.05g까지 달아 칭량한다.
- 온도 23±2℃에서 비중 약 0.73 이상인 완전히 탈수된 등유나 나프타를 사용한다.
- 비중시험값으로 시멘트의 종류를 추정할 수 있다.
- 특별히 규정이 없다면 실제 접수된 시료의 상태로 시멘트 비중시험을 한다.

정답 12. ④ 13. ④ 14. ③ 15. ① 16. ②

17 포틀랜드 시멘트의 물리적 특성에 대한 설명으로 옳지 않은 것은?

① 보통 포틀랜드 시멘트의 분말도는 $2800cm^2/g$ 이상이어야 한다.
② 분말도가 적을수록 수화작용이 빠르고 조기강도 발현이 커진다.
③ 풍화된 시멘트를 사용하면 응결 및 경화속도가 늦어진다.
④ MgO, SO_3 성분이 과도한 경우 팽창이 발생하기 쉽다.

> **해설**
> - 분말도가 클수록 수화작용이 빠르고 조기강도 발현이 커진다.
> - 풍화된 시멘트는 비중이 감소하며 강열감량이 증가한다.
> - 분말도가 큰 시멘트는 풍화되기 쉽다.
> - 저열 포틀랜드 시멘트에서는 수화열을 억제하기 위하여 최저 C_2S량을 규정하고 있다.

18 콘크리트의 배합에서 단위수량에 대한 설명으로 틀린 것은?

① 작업이 가능한 범위 내에서 될 수 있는 대로 적게 되도록 시험을 통해 정한다.
② 단위수량은 굵은골재의 최대치수, 골재의 입도와 입형, 혼화재료의 종류, 콘크리트의 공기량 등에 따라 다르므로 실제의 시공에 사용되는 재료를 사용하여 시험을 실시한 다음 정하여야 한다.
③ 공기연행제, 감수제, 공기연행 감수제나 고성능 공기연행 감수제를 적당히 사용하면 단위수량을 상당히 감소시킬 수 있다.
④ 부순돌을 사용할 경우 단위수량은 입형에 따라 다르지만 자갈을 사용했을 경우에 비하여 약 10% 감소한다.

> **해설** 부순돌이나 고로 슬래그 굵은 골재를 사용할 경우 단위수량은 입형에 따라 다르지만 자갈을 사용했을 경우에 비하여 약 10% 증가한다.

19 콘크리트용 혼화재료로 사용되는 고로슬래그 미분말의 활성도 지수에 대한 다음 설명 중 적당하지 않은 것은?

① 기준 모르타르의 압축강도에 대한 시험 모르타르의 압축강도비를 백분율로 표시한 것을 활성도 지수라 한다.
② 활성도 지수는 재령 7일, 28일 및 91일에 측정한다.
③ 시험 모르타르 제작 시 시멘트와 고로슬래그 미분말의 혼합비는 1:1이다.
④ 고로슬래그 미분말 3종에 대한 재령 28일의 활성도 지수는 50% 이상이다.

해설 고로슬래그 미분말 3종에 대한 재령 28일의 활성도 지수는 75% 이상이며 1종은 105% 이상, 2종은 95% 이상이다.

20 다음 철근 중 특수내진용으로 사용되는 것은?
① SD400
② SD400W
③ SD500W
④ SD400S

해설
- 일반용의 종류 : SD300, SD400, SD500, SD600
- 용접용의 종류 : SD400W, SD500W
- 특수내진용의 종류 : SD400S, SD500S, SD600S

2과목 콘크리트 제조, 시험 및 품질관리

21 레디믹스트 콘크리트의 품질에 관한 설명 중 옳지 않은 것은?
① 슬럼프가 80mm 이상인 경우 슬럼프 허용차는 ±20mm이다.
② 보통콘크리트의 경우 공기량은 4.5%로 하며, 그 허용오차는 ±1.5%로 한다.
③ 1회의 강도시험결과는 호칭강도의 85% 이상이고 3회의 시험결과의 평균치는 호칭강도의 값 이상이어야 한다.
④ 염화물 함유량의 한도는 일반적으로 배출지점에서 염화물이온량으로 0.30 kg/m³ 이하로 하여야 한다.

해설
- 슬럼프가 80mm 이상인 경우 슬럼프의 허용차는 ±25mm이다.
- 경량골재 콘크리트의 경우 공기량은 5.5%로 하며 그 허용오차는 ±1.5%로 한다.

22 콘크리트의 비비기에 대한 설명 중 옳지 않은 것은?
① 비비기는 미리 정해둔 비비기 시간의 3배 이상 계속 해서는 안 된다.
② 연속믹서를 사용하면 비비기 시작 후 최초에 배출되는 콘크리트를 사용할 수 있다.
③ 비비기 시간은 시험에 의해 정하는 것을 원칙으로 한다.
④ 재료를 믹서에 투입하는 순서는 믹서의 형식, 비비기 시간 등에 따라 다르기 때문에 시험의 결과 또는 실적을 참고로 정한다.

해설
- 연속믹서를 사용하면 비비기 시작 후 최초에 배출되는 콘크리트는 사용해서는 안 된다.
- 믹서 안의 콘크리트를 전부 꺼낸 후가 아니면 믹서 안에 다음 재료를 넣어서는 안 된다.
- 비비기를 시작하기 전에 미리 믹서 내부를 모르타르로 부착시켜야 한다.
- 재료를 믹서에 투입할 때 일반적으로 물은 다른 재료보다 먼저 넣기 시작하여 넣는 속도를 일정하게 하고 다른 재료의 투입이 끝난 후 조금 지난 뒤에 물을 넣는다.

23 콘크리트의 내구성을 확인하기 위한 시험방법으로 적합하지 않은 것은?

① 콘크리트 중의 염화물 함유량 – 이온 색층분석법
② 콘크리트의 탄산화 – 1% 페놀프탈레인 용액 변색법
③ 콘크리트 중의 알칼리 골재반응 – 전위측정법
④ 콘크리트 중의 철근 부식 – 전기저항법

해설 콘크리트 중의 알칼리 골재반응은 화학법, 모르타르바법으로 측정한다.

24 콘크리트의 강도를 평가하기 위한 비파괴시험으로 적당하지 않은 것은?

① 인발법(pull-out test)
② 반발경도법
③ 초음파속도법
④ X-ray 회절 분석법

해설 인발법, 반발경도법, 초음파속도법, core 채취에 의한 방법, 공진법(공명법) 등이 콘크리트 비파괴 강도 시험에 해당된다.

25 굳지 않은 콘크리트의 공기량에 대한 일반적인 설명으로 틀린 것은?

① 공기연행제의 혼입량이 증가하면 공기량도 증가한다.
② 콘크리트의 온도가 높으면 공기량이 감소한다.
③ 잔골재량이 많을수록 공기량이 증가한다.
④ 시멘트 분말도가 높으면 공기량이 증가한다.

해설
- 시멘트 분말도가 높으면 공기량이 작아진다.
- 슬럼프가 작을수록 공기량이 커진다.

26 다음은 콘크리트 블리딩 시험 결과이다. 블리딩량을 구하면?

- 콘크리트 윗면의 지름 : 25cm
- 블리딩 물의 양 : 1,000cm³
- 콘크리트 1m³의 단위질량 : 2,300kg/m³
- 콘크리트 1m³에 사용된 물의 총 질량 : 170kg
- 시료의 질량 : 30kg

① 2.0 cm³/cm² ② 2.5 cm³/cm²
③ 3.0 cm³/cm² ④ 3.5 cm³/cm²

해설
- $A = \dfrac{\pi D^2}{4} = \dfrac{3.14 \times 25^2}{4} = 491 \text{cm}^2$
- 블리딩량 $= \dfrac{V}{A} = \dfrac{1000}{491} = 2.0 \text{cm}^3/\text{cm}^2$
- 블리딩률 $= \dfrac{B}{C} \times 100 = \dfrac{1(\text{kg})}{2.22(\text{kg})} \times 100 = 45\%$

  여기서, $C = \dfrac{\omega}{W} \times S = \dfrac{170}{2300} \times 30 = 2.22 \text{kg}$

27 콘크리트의 재료분리를 감소시키기 위한 대책으로서 틀린 것은?

① 잔골재율을 증가시킨다.
② 물-시멘트비를 작게 한다.
③ 잔골재 중의 0.6mm 이상 조립분을 증가시킨다.
④ 공기연행제(AE제), 플라이 애시 등 혼화재료를 적절히 사용한다.

해설
- 잔골재 중의 0.15~0.3mm 정도의 세립분을 증가시킨다.
- 1회 타설높이를 작게 한다.

28 콘크리트 재료의 1회 계량분에 대한 계량의 허용오차로 옳지 않은 것은?

① 물 : ±1% 이하
② 시멘트 : ±2% 이하
③ 골재 : ±3% 이하
④ 혼화제 : ±3% 이하

해설 시멘트 : ±1% 이하(레디믹스트 콘크리트의 경우 : −1%, +2%)

[정답] 23.③ 24.④ 25.④ 26.① 27.③ 28.②

29 콘크리트의 받아들이기 품질검사에 관한 내용으로 틀린 것은?

① 검사결과 불합격 판정을 받은 콘크리트를 사용해서는 안 된다.
② 워커빌리티 검사는 슬럼프가 설정치를 만족하는지의 여부만 확인하는 것이다.
③ 강도검사는 콘크리트의 배합검사를 실시하는 것을 표준으로 한다.
④ 내구성 검사는 공기량 및 염소 이온량을 측정하는 것으로 한다.

해설 워커빌리티 검사는 굵은골재 최대치수 및 슬럼프가 설정치를 만족하는지의 여부를 확인함과 동시에 재료분리 저항성을 외관 관찰에 의해 확인하여야 한다.

30 관입 저항침에 의한 콘크리트의 응결시간 시험방법에 관한 설명으로 틀린 것은?

① 콘크리트에서 4.75mm체를 사용하여 습윤 체가름 방법으로 모르타르 시료를 채취한다.
② 침의 관입길이가 20mm가 될 때까지 소요된 힘을 침의 지지면으로 나누어 관입저항을 계산한다.
③ 6회 이상 시험하며, 관입저항 측정값이 적어도 28 MPa 이상이 될 때까지 시험을 계속한다.
④ 초결시간은 모르타르의 관입저항이 3.5 MPa이 될 때까지의 소요시간이다.

해설 침의 관입길이가 25mm가 될 때까지 소요된 힘을 침의 지지면으로 나누어 관입저항을 계산한다.

31 급속 동결융해에 대한 콘크리트의 저항 시험에 관한 설명으로 틀린 것은?

① 동결 융해 1사이클은 공시체 중심부의 온도를 원칙으로 하며 원칙적으로 4℃에서 −18℃로 떨어지고, 다음에 −18℃에서 4℃로 상승되는 것으로 한다.
② 동결 융해 1사이클의 소요 시간은 2시간 이상, 4시간 이하로 한다.
③ 공시체의 중심과 표면의 온도차는 항상 20℃를 초과해서는 안 된다.

④ 일반적으로 동결융해에서 상태가 바뀌는 순간의 시간이 10분을 초과해서는 안 된다.

해설
- 공시체의 중심과 표면의 온도차는 항상 28℃를 초과해서는 안 된다.
- 특별히 다른 재령으로 규정되어 있지 않는한, 공시체는 14일간 양생한 후 동결 융해시험을 시작한다.

32 다음 중 길이, 질량, 강도 등의 데이터를 관리하기에 가장 이상적인 관리도는?

① p 관리도
② p_n 관리도
③ c 관리도
④ $\bar{x} - R$ 관리도

해설
- 계량값 관리도 : $\bar{x} - R$ 관리도
- 계수값 관리도 : p 관리도, p_n 관리도, c 관리도

33 콘크리트 비파괴시험 방법의 일종인 초음파법에 의하여 측정하거나 추정할 수 없는 것은?

① 압축강도
② 균열깊이
③ 건조수축량
④ 전파속도

해설 초음파법에 의해 강도 추정, 균열깊이, 내부결함, 두께 등을 검사한다.

34 압력법에 의한 굳지 않은 콘크리트의 공기량시험(KS F 2421)에 대한 설명으로 옳지 않은 것은?

① 콘크리트 공기량은 콘크리트의 겉보기 공기량에서 골재수정계수를 뺀 값으로 구한다.
② 시험의 원리는 보일의 법칙을 기초로 한 것이다.
③ 물을 붓고 시험하는 경우(주수법) 공기량 측정기의 용적은 적어도 7L 이상으로 한다.
④ 골재수정계수 측정에 사용되는 시료는 공기량을 측정한 콘크리트에서 150μm의 체를 사용하여 시멘트 분을 씻어 내고 골재의 시료를 채취하여도 된다.

해설
- 공기량 측정기의 용적은 물을 붓고 시험하는 경우(주수법) 적어도 5L로 하고, 물을 붓지 않고 시험하는 경우(무주수법)는 7L 정도 이상으로 한다.
- 시료를 용기에 채우고 다지는 방법으로 다짐봉 또는 진동기를 사용하는 방법이 있으며 슬럼프가 80mm 이상의 경우에는 진동기를 사용하지 않는다.
- 이 시험은 최대치수 40mm 이하의 보통 골재를 사용한 콘크리트에 대하여 적용한다.

답안 표기란				
32	①	②	③	④
33	①	②	③	④
34	①	②	③	④

[정답] 29.② 30.② 31.③ 32.④ 33.③ 34.③

35 믹싱 플랜트에서 완전히 반죽된 콘크리트를 에지테이터 트럭 혹은 트럭믹서로 교반하면서 목적지까지 운반하는 방법은 어느 것인가?
① 샌트럴 믹스트 콘크리트 ② 트랜싯 믹스트 콘크리트
③ 쉬링크 믹스트 콘크리트 ④ 드라이 믹스트 콘크리트

해설 트랜싯 믹스트 콘크리트의 경우는 계량된 각 재료를 직접 트럭믹서 안에 투입하고 운반 도중에 소정의 물을 첨가하여 혼합하면서 공사현장에 도착하면 완전한 콘크리트로 공급하는 방법이다.

36 재료의 역학적 성질 중 탄성계수를 E, 전단탄성계수를 G, 푸아송수를 m이라 할 때 각 성질의 상호관계식으로 옳은 것은?

① $G = \dfrac{m}{2E(m+1)}$ ② $G = \dfrac{mE}{2(m+1)}$

③ $G = \dfrac{m}{2(m+1)}$ ④ $G = \dfrac{E}{2(m+1)}$

해설 $G = \dfrac{E}{2(1+v)} = \dfrac{E}{2\left(1+\dfrac{1}{m}\right)} = \dfrac{mE}{2(m+1)}$

37 콘크리트의 강도에 대한 일반적인 설명으로 틀린 것은?
① 콘크리트의 인장강도는 압축강도의 약 15~20% 정도이고, 고강도로 갈수록 그 비가 증가한다.
② 기둥 확대기초, 교량의 교각 및 교대 등의 받침부 등에서는 부재면의 일부분에서만 큰 압축응력이 작용한다. 이와 같이 국부하중을 받는 경우의 콘크리트 압축강도를 콘크리트의 지압강도라고 한다.
③ 충격강도는 말뚝의 항타, 충격하중을 받는 기계기초, 프리캐스트 부재 취급 중의 충돌, 폭발하중을 받는 방호구조 등과 같은 경우에 매우 중요하다.
④ 도로 및 철도교량, 포장구조 등과 같은 구조는 반복하중을 받는 경우가 많고, 이런 반복하중을 받게 되면 부재가 정적 강도보다 낮은 응력하에서도 파괴된다. 이런 현상을 피로파괴라고 한다.

해설 콘크리트의 인장강도는 압축강도의 약 10~13% 정도이다.

38 아래 표에서 설명하고 있는 콘크리트 초기균열의 종류는?

> 묽은 비빔 콘크리트에서는 블리딩이 크고 이것에 상당하는 침하가 발생한다. 콘크리트의 침하가 철근 및 기타 매설물에 의해 국부적인 방해를 받으면 인장력 또는 전단력이 발생하게 되어 방해물의 상면 콘크리트에 균열이 발생한다.

① 건조수축균열 ② 소성수축균열
③ 초기 건조균열 ④ 침하균열

해설
- 침하균열을 방지하기 위해 단위수량을 가능한 한 작게하여 슬럼프가 작은 콘크리트로 시공하며 콘크리트 타설 속도를 늦추고 1회의 타설 높이를 낮춘다.
- 콘크리트가 굳기 전에 침하균열이 발생할 경우 즉시 다짐이나 재진동을 실시한다.

39 콘크리트 압축강도의 데이터가 아래 표와 같을 때 범위(R)를 구하면?

> 32, 35, 28, 30, 34 (단위 : MPa)

① 3.8 MPa ② 7 MPa
③ 31.8 MPa ④ 32 MPa

해설 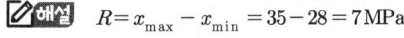 $R = x_{\max} - x_{\min} = 35 - 28 = 7\,\text{MPa}$

40 일반 콘크리트용 잔골재의 절대건조상태의 밀도는 최소 얼마 이상이어야 하는가? (단, 천연잔골재의 경우)

① $2.45\,\text{g/cm}^3$ ② $2.50\,\text{g/cm}^3$
③ $2.55\,\text{g/cm}^3$ ④ $2.60\,\text{g/cm}^3$

해설 잔골재의 절대건조상태의 밀도는 $2.50\,\text{g/cm}^3$ 이상이며 흡수율은 3% 이하를 표준으로 한다.

정답 35. ① 36. ②
37. ① 38. ④
39. ② 40. ②

3과목 콘크리트의 시공

41 고강도 콘크리트의 배합으로서 적절하지 않은 것은?

① 고강도 콘크리트의 물–결합재비는 소요의 강도와 내구성을 고려하여 정한다.
② 잔골재율은 소요의 워커빌리티를 얻도록 시험에 의하여 결정하며 가능한 한 크게 하도록 한다.
③ 동결융해에 대한 대책이 필요한 경우를 제외하고는 공기연행제를 사용하지 않는 것을 원칙으로 한다.
④ 단위 시멘트량은 소요의 워커빌리티와 강도를 얻을 수 있는 범위 내에서 가능한 적게 되도록 한다.

해설 잔골재율은 소요의 워커빌리티를 얻도록 시험에 의하여 결정하며 가능한 작게 한다.

42 경량골재 콘크리트의 제조 및 시공에 대한 다음의 설명 중 틀린 것은?

① 경량골재 콘크리트는 경량골재 콘크리트, 경량기포 콘크리트, 무잔골재 콘크리트 등으로 분류된다.
② 경량골재의 경량성을 보다 효과적으로 발휘시키기 위해서는 잔골재와 굵은골재 모두 경량골재로 하는 것이 좋다.
③ 경량골재 콘크리트의 공기량은 보통콘크리트에 비해 크게 하는 것을 원칙으로 한다.
④ 경량골재 콘크리트를 내부진동기로 다질 때 보통골재 콘크리트에 비해 진동기를 찔러 넣는 간격을 크게 하거나 진동시간을 짧게 해야 한다.

해설 경량골재 콘크리트는 다짐효과가 떨어지는 경향이 있기 때문에 보통골재 콘크리트의 경우보다 진동을 많이 주는 것이 좋은 결과를 얻을 수 있다.

43 일반적인 섬유보강 콘크리트에서 콘크리트에 대한 강섬유의 혼합비율은 용적백분율(%)로 대략 얼마 정도인가?

① 0.1~0.5
② 0.5~2.0
③ 2.0~4.0
④ 4.0~7.0

해설
- 콘크리트에 대한 강섬유의 혼합비율은 용적 백분율로 0.5~2.0%(약 40~160 kg/m³)이다.
- 강섬유 혼입률이 증대할수록 인장강도, 휨강도, 피로강도가 개선된다.

44 매스 콘크리트에 대한 설명으로 틀린 것은?

① 매스 콘크리트로 다루어야 하는 구조물의 부재치수는 일반적인 표준으로서 넓이가 넓은 평판구조에서는 두께 0.8m 이상으로 한다.
② 매스 콘크리트의 온도상승 저감을 위해서는 단위시멘트량을 줄이는 것보다 단위수량을 줄이는 편이 바람직하다.
③ 온도균열 방지 및 제어방법으로 선행냉각(pre-cooling) 및 관로식 냉각(pipe-cooling) 방법 등이 이용되고 있다.
④ 수축이음을 설치할 때 계획된 위치에서 균열 발생을 확실히 유도하기 위해서 수축이음의 단면 감소율을 35% 이상으로 하여야 한다.

해설 매스 콘크리트의 온도상승 저감을 위해서는 단위수량을 줄이는 것보다 단위시멘트량을 줄이는 편이 바람직하다.

45 해양 콘크리트에 대한 설명으로 틀린 것은?

① 콘크리트가 충분히 경화되기 전에 직접 해수에 닿지 않도록 보호하여야 하며, 이 기간은 보통 포틀랜드 시멘트를 사용할 경우 대개 3일간이다.
② 시멘트는 고로 슬래그 시멘트, 플라이 애시 시멘트 등 혼합시멘트계 및 중용열 포틀랜드 시멘트를 사용하여야 한다.
③ 해양 구조물은 특히 만조위로부터 위로 0.6m, 간조위로부터 아래로 0.6m 사이의 감조부분에는 시공이음이 생기지 않도록 시공계획을 세워야 한다.
④ 강재와 거푸집판과의 간격은 소정의 피복을 확보하도록 하여야 하며, 간격재의 개수는 기초, 기둥, 벽 및 난간 등에는 2개/m² 이상을 표준으로 한다.

해설 보통 포틀랜드 시멘트를 사용할 경우 대개 5일간이며 고로 슬래그 시멘트 등 혼합시멘트를 사용할 경우에는 이 기간을 설계기준 압축강도의 75% 이상의 강도가 확보될 때까지 연장하여야 한다.

정답 41. ② 42. ④ 43. ② 44. ② 45. ①

46. 서중 콘크리트 제조 및 시공에 대한 설명으로 잘못된 것은?

① 일반적으로 기온 10℃의 상승에 대하여 단위수량은 2~5% 증가한다.
② 콘크리트를 타설할 때의 콘크리트 온도는 25℃를 넘지 않도록 하여야 한다.
③ KS F 2560의 지연형 감수제를 사용하는 등의 일반적인 대책을 강구한 경우에도 1.5시간 이내에 타설하여야 한다.
④ 콘크리트 타설 후 콘크리트의 경화가 진행되어 있지 않은 시점에서 갑작스러운 건조에 의해 균열이 발생하였을 경우 즉시 재진동 다짐이나 다짐을 실시하여 이것을 없애야 한다.

해설
- 콘크리트를 타설할 때의 콘크리트 온도는 35℃ 이하여야 한다.
- 타설 후 적어도 24시간은 노출면이 건조하는 일이 없도록 습윤상태로 유지하며 양생은 적어도 5일 이상 실시한다.

47. 콘크리트 타설시 내부진동기의 사용방법에 대한 설명으로 틀린 것은?

① 진동다지기를 할 때에는 내부진동기를 하층의 콘크리트 속으로 0.1m 정도 찔러 넣는다.
② 내부진동기는 연직으로 찔러 넣으며, 삽입간격은 일반적으로 0.5m 이하로 하는 것이 좋다.
③ 1개소당 진동시간 30~40초로 한다.
④ 내부진동기는 콘크리트로부터 천천히 빼내어 구멍이 남지 않도록 한다.

해설
- 1개소당 진동시간은 5~15초로 한다.
- 1개소당 진동시간은 다짐할 때 시멘트 페이스트가 표면 상부로 약간 부상하기까지 한다.
- 내부진동기는 콘크리트를 횡방향으로 이동시킬 목적으로 사용하지 않아야 한다.

48. 일반 콘크리트의 타설에 대한 설명으로 틀린 것은?

① 한 구획 내의 콘크리트는 타설이 완료될 때까지 연속해서 타설해야 한다.

② 콘크리트를 2층 이상으로 나누어 타설할 경우, 상층 콘크리트는 하층 콘크리트가 완전히 굳은 뒤에 타설하여야 한다.
③ 슈트, 펌프배관, 버킷, 호퍼 등의 배출구와 타설면의 높이는 1.5m 이하를 원칙으로 한다.
④ 벽 또는 기둥과 같이 높이가 높은 콘크리트를 연속해서 타설할 경우 콘크리트를 쳐올라가는 속도는 일반적으로 30분에 1~1.5m 정도로 하는 것이 좋다.

해설
- 콘크리트를 2층 이상으로 나누어 타설할 경우 상층의 콘크리트 타설은 원칙적으로 하층의 콘크리트가 굳기 시작하기 전에 타설하여야 한다.
- 콘크리트는 그 표면이 한 구획 내에서는 거의 수평이 되도록 타설하는 것을 원칙으로 한다.

49 일반 콘크리트를 2층 이상으로 나누어 타설할 경우, 외기온이 25℃를 초과할 때 이어치기 허용시간 간격의 표준으로 옳은 것은?
① 1시간
② 1시간 30분
③ 2시간
④ 2시간 30분

해설 외기온이 25℃ 이하일 때 이어치기 허용시간 간격의 표준은 2시간 30분이다.

50 프리캐스트 콘크리트에 대한 일반적인 설명으로 틀린 것은?
① 프리캐스트 콘크리트에 사용되는 섬유보강재는 주로 강섬유와 합성수지계 섬유를 사용하며, 일부의 경우 카본섬유나 아라미드 등의 고성능 섬유를 사용하기도 한다.
② 프리스트레스트 콘크리트의 프리캐스트 콘크리트는 순환골재를 사용할 수 없다.
③ 촉진양생을 하는 일반적인 프리캐스트 콘크리트의 강도는 재령 28일에서 압축강도 시험값을 기준으로 한다.
④ 일반적으로 프리캐스트 콘크리트에서는 물-결합재비가 적은 된반죽의 콘크리트가 사용되므로 이와 같은 콘크리트를 비빌 때에는 강제식 믹서가 적합하다.

해설 촉진양생을 하는 일반적인 프리캐스트 콘크리트의 강도는 재령 14일에서 압축강도 시험값을 기준으로 한다.

정답 46. ② 47. ③ 48. ② 49. ③ 50. ③

01회 CBT 모의고사

51 내구성으로부터 정해진 수중 불분리성 콘크리트의 최대 물-결합재비(%)를 나타내는 아래 표에 들어갈 숫자로 옳은 것은?

환경 \ 콘크리트의 종류	무근 콘크리트	철근 콘크리트
담수 중	(1)	(2)
해수 중	(3)	(4)

① (1) 65, (2) 55, (3) 60, (4) 50
② (1) 60, (2) 55, (3) 65, (4) 50
③ (1) 65, (2) 50, (3) 60, (4) 55
④ (1) 60, (2) 50, (3) 65, (4) 55

해설
- 일반 수중 콘크리트의 물-결합재비 : 50% 이하
- 현장타설 말뚝 및 지하연속벽에 사용하는 수중 콘크리트의 물-결합재비 : 55% 이하

52 포장 콘크리트의 배합기준에서 설계기준 휨강도(f_{28})는 몇 MPa 이상이어야 하는가?

① 2.5 MPa
② 4 MPa
③ 4.5 MPa
④ 6 MPa

해설 포장용 콘크리트의 배합기준

항 목	기 준
설계기준 휨강도(f_{28})	4.5 MPa 이상
단위수량	150 kg/m³
굵은골재의 최대치수	40mm 이하
슬럼프	40mm 이하
공기연행 콘크리트의 공기량 범위	4~6%

53 숏크리트 시공의 일반적인 설명으로 틀린 것은?

① 건식 숏크리트는 배치 후 45분 이내에 뿜어붙이기를 실시하여야 한다.
② 습식 숏크리트는 배치 후 60분 이내에 뿜어붙이기를 실시하여야 한다.
③ 숏크리트는 타설되는 장소의 대기온도가 32℃ 이상이 되면 건

식 및 습식 숏크리트 모두 뿜어붙이기를 할 수 없다.
④ 숏크리트는 대기 온도가 4℃ 이상일 때 뿜어붙이기를 실시한다.

해설 숏크리트는 대기 온도가 10℃ 이상일 때 뿜어붙이기를 실시한다.

54 댐 콘크리트에 대한 설명으로 틀린 것은?

① 롤러다짐 콘크리트의 시공을 할 때 타설이음면을 고압살수청소, 진공흡입청소 등을 실시하는 것을 그린컷(green cut)이라고 한다.
② 콘크리트는 작업에 알맞은 범위에서 될 수 있는 대로 된반죽이어야 한다.
③ 콘크리트의 반죽질기를 슬럼프로 측정하는 경우, 타설장소에서 측정한 슬럼프는 체가름을 하여 40mm 이상의 굵은골재를 제거하고 측정한 값으로 20~50mm를 표준으로 한다.
④ 롤러다짐 콘크리트의 반죽질기는 VC시험으로 50±10초를 표준으로 한다.

해설
• 롤러다짐 콘크리트의 반죽질기는 VC시험으로 20±10초를 표준으로 한다.
• 댐 콘크리트 배합에서는 빈배합으로 하며 수화열 등을 고려한 중용열 포틀랜드 시멘트를 사용한다.

55 프리플레이스트 콘크리트에 대한 일반적인 설명으로 틀린 것은?

① 잔골재의 표면수율 변화는 주입 모르타르의 유동성이나 압축강도에 주는 영향이 크기 때문에 주의를 요한다.
② 대규모 프리플레이스트 콘크리트에 사용하는 주입 모르타르는 시공 중에 재료분리를 적게 하기 위해 빈배합으로 하여야 한다.
③ 소정의 유동성을 얻을 수 있는 범위에서 단위결합제량의 증가를 적극 줄일 목적으로 잔골재는 조립률이 1.4~2.2인 것이 바람직하다.
④ 대규모 프리플레이스트 콘크리트를 대상으로 할 경우, 굵은골재의 최소치수를 크게 하는 것이 효과적이다.

해설
• 시공능률을 중시하는 대규모 프리플레이스트 콘크리트에서는 굵은골재의 최소치수를 크게 하고 또 주입 모르타르를 부배합으로 하여 재료분리 저항성을 증대시켜 주입관의 간격을 크게 하는 방법이 사용되고 있다.
• 고강도 프리플레이스트 콘크리트라 함은 고성능 감수제에 의하여 주입 모르타르의 물-결합재비를 40% 이하로 낮추어 재령 91일에서 압축강도 40MPa 이상이 얻어지는 프리플레이스트 콘크리트를 말한다.

정답 51. ① 52. ③ 53. ④ 54. ④ 55. ②

56 프리캐스트 콘크리트를 생산하기 위한 콘크리트 거푸집에 대한 설명으로 틀린 것은?

① 거푸집을 사용할 때에는 취급, 청소, 박리제 도포, 보수 관리 등에 충분한 주의가 필요하다.
② 일반적으로 거푸집 치수의 허용차는 그 제품 치수의 허용차보다 크게 하여야 한다.
③ 프리캐스트 콘크리트의 거푸집에는 강재 거푸집을 사용하는 것이 보통이지만, 제품의 생산개수가 적은 경우는 목재 거푸집을 사용하는 경우도 있다.
④ 거푸집은 견고해야 함과 동시에 조립과 탈형이 간단한 구조로서 장기간의 사용에서도 형상이나 치수의 변화가 적은 것이라야 한다.

해설
- 일반적으로 거푸집 치수의 허용차는 그 제품 치수의 허용차보다 작게 하여야 한다.
- 거푸집은 콘크리트를 타설할 때 진동 및 가열양생 등에 변형이 발생하지 않는 견고한 구조이어야 한다.

57 콘크리트를 한 차례 다지기한 후 적절한 시기에 다시 진동을 가하는 것을 재진동이라고 한다. 이러한 재진동에 대한 일반적인 설명으로 틀린 것은?

① 콘크리트가 다시 유동화되어 콘크리트 중에 형성된 공극, 수극이 줄어든다.
② 콘크리트 강도 및 철근과의 부착강도가 증가된다.
③ 침하균열의 방지에 효과가 있다.
④ 재진동을 실시할 적절한 시기는 콘크리트가 유동할 수 있는 범위에서 될 수 있는대로 늦은 시기가 좋으며 일반적으로 초결이 일어난 직후에 실시하는 것이 좋다.

해설
- 재진동을 실시할 적절한 시기는 콘크리트가 유동할 수 있는 범위에서 될 수 있는대로 늦은 시기가 좋으며 일반적으로 초결이 일어나기 전에 실시하는 것이 좋다.
- 재진동은 콘크리트를 한 차례 다지기 한 후 적절한 시기에 다시 진동을 가하는 것으로 너무 늦은 시기에 재진동하면 콘크리트 중에 균열이 남는 등의 문제가 생길 염려가 있다.

58 고강도 콘크리트의 타설에 대한 아래 표의 설명에서 (   ) 안에 알맞은 것은?

> 수직부재에 타설하는 콘크리트의 강도와 수평부재에 타설하는 콘크리트 강도의 차가 (   )배 이상일 경우에는 수직부재에 타설한 고강도 콘크리트는 수직-수평 부재의 접합면으로부터 수평 부재 쪽으로 안전한 내민 길이를 확보하도록 하여야 한다.

① 2.4
② 1.9
③ 1.7
④ 1.4

해설
- 수직부재에 타설하는 콘크리트의 강도와 수평부재에 타설하는 콘크리트 강도의 차가 1.4배 이상일 경우에는 수직부재에 타설한 고강도 콘크리트는 수직-수평 부재의 접합면으로부터 수평 부재 쪽으로 안전한 내민 길이를 확보하도록 하여야 한다.
- 기둥부재에 타설하는 콘크리트 강도와 슬래브나 보에 타설하는 콘크리트의 강도가 1.4배 이상 차이가 생길 경우에는 기둥에 사용한 콘크리트가 수평 부재의 접합면에서 0.6m 정도 충분히 수평 부재 쪽으로 안전한 내민 길이를 확보하면서 콘크리트를 타설하여야 한다.

59 포장 콘크리트의 습윤양생 기간에 대한 일반적인 설명으로 틀린 것은? (단, 콘크리트 표준시방서의 규정에 따른다.)

① 습윤양생 기간은 시험에 의해서 정해야 하며, 현장양생을 시킨 공시체의 휨강도가 배합강도의 50%에 도달할 때까지의 기간으로 한다.
② 보통 포틀랜드 시멘트를 사용한 경우 습윤양생 기간은 14일간을 표준으로 한다.
③ 조강 포틀랜드 시멘트를 사용한 경우 습윤양생 기간은 7일간을 표준으로 한다.
④ 중용열 포틀랜드 시멘트를 사용한 경우 습윤양생 기간은 21일간을 표준으로 한다.

해설 습윤양생 기간은 시험에 의해서 정해야 하며, 현장양생을 시킨 공시체의 휨강도가 배합강도의 70%에 도달할 때까지의 기간으로 한다. 이때 양생용 덮개로 사용하는 가마니, 마대 및 마포는 항상 습윤상태로 유지하여야 한다.

60 오토클레이브 양생의 특징으로 틀린 것은?

① 오토클레이브 양생을 한 콘크리트의 외관은 보통 양생한 포틀랜드 시멘트 콘크리트 색의 특징과 다르며 흰색을 띈다.
② 내구성이 좋고 황산염 반응에 대한 저항성이 크다.
③ 용해성의 유리 석회가 없기 때문에 백태현상을 감소시킨다.
④ 보통 양생한 콘크리트에 비해 철근의 부착강도가 약 2배 정도가 된다.

[정답] 56. ② 57. ④ 58. ④ 59. ① 60. ④

해설
- 보통 양생한 콘크리트에 비해 철근의 부착강도가 약 1/2배 정도가 되므로 철근콘크리트 부재에 고압증기양생(오토클레이브 양생)을 적용하는 것은 바람직하지 못하다.
- 고압증기양생한 콘크리트는 어느 정도의 취성도 있다.

4과목 콘크리트 구조 및 유지관리

61 발생된 손상이 안전성에 심각한 영향을 주지 않는다고 판단하면 보수 조치를 시행하는데, 다음의 조치 중 보수에 해당하는 것은?

① 보강섬유 접착공법
② 강판접착 공법
③ 주입공법
④ 외부케이블 공법

해설
- **보수공법**: 표면처리공법, 주입공법, 충전공법, 전기방식공법, 콘크리트 구체 손상부 보수공법, 표층 취약부 보수공법
- **보강공법**: 콘크리트 단면증설공법, 강판접착공법, 보강섬유접착공법, 외부케이블 공법

62 알칼리 골재반응이 원인으로 추정되는 부재의 향후 팽창량을 예측하기 위하여 필요한 시험은?

① SEM시험
② 코어의 잔존팽창량시험
③ 압축강도시험
④ 배합비 추정시험

해설
- **SEM시험**: 철 및 비철금속 성분을 조사하는 주사전자 현미경
- **압축강도시험**: 콘크리트의 강도를 알기 위해 실시하는 실험
- **배합비 추정시험**: 재료 배합상태에 따라 강도를 추정하는 시험

63 콘크리트에 함유된 염화물 이온량 측정용 지시약으로 적절하지 않은 것은?

① 질산은
② 크롬산 칼륨
③ 티오시안산 제2수은
④ 페놀프탈레인

해설 페놀프탈레인 용액은 중성화 판별시 이용된다.

64 열화된 콘크리트의 단면보수공법 재료로서 사용되는 폴리머 시멘트 모르타르의 부착강도 기준으로 옳은 것은? (단, 표준조건임.)

① 0.3MPa 이상   ② 0.5MPa 이상
③ 1.0MPa 이상   ④ 1.5MPa 이상

해설 부착강도
① 표준조건 : 1MPa 이상
② 습윤시 : 0.8MPa 이상
③ 저온시 : 0.5MPa 이상

65 다음과 같이 단면이 400mm×400mm이고, 축방향 철근량이 4,000mm²인 띠철근 압축부재에서 f_{ck}=24MPa, f_y=280MPa라면 이 기둥의 공칭축강도(P_n)는 얼마인가?

① 2,410 kN
② 2,827 kN
③ 3,442 kN
④ 4,357 kN

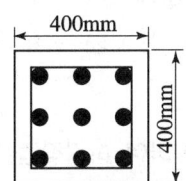

해설
$P_n = 0.8\{0.85f_{ck}(A_g - A_{st}) + f_y A_{st}\}$
$= 0.8\{0.85 \times 24 \times (160000 - 4000) + 280 \times 4000\}$
$= 3441920\text{N} = 3442\text{kN}$
여기서, $A_g = 400 \times 400 = 160,000\text{mm}^2$

66 콘크리트 압축강도 추정을 위한 반발경도 시험(KS F 2730)에 대한 설명으로 틀린 것은?

① 시험할 콘크리트 부재는 두께가 100mm 이상이어야 하며, 하나의 구조체에 고정되어야 한다.
② 시험할 때 타격위치는 가장자리로부터 100mm 이상 떨어져야 하고, 서로 30mm 이내로 근접해서는 안 된다.
③ 탄산화가 진행된 콘크리트의 경우 정상보다 낮은 반발경도를 나타낸다.
④ 콘크리트 내부의 온도가 0℃ 이하인 경우 정상보다 높은 반발경도를 나타낸다.

해설
• 탄산화가 진행된 콘크리트의 경우 정상보다 높은 반발경도를 나타낸다.
• 시험영역의 지름은 150mm 이상이 되어야 한다.
• 수평타격 시험값이 가장 안정된 값을 나타내기 때문에 수평타격을 원칙으로 한다.

67 복철근 콘크리트 단면에 압축철근비 $\rho'=0.015$가 배근된 경우 순간 처짐이 30mm일 때 1년이 지난 후의 전체 처짐량은? (단, 작용하중은 지속하중이며, 시간 경과계수 $\xi=1.4$임.)

① 24mm ② 30mm
③ 42mm ④ 54mm

해설
- 장기 처짐 = 순간 처짐(탄성 처짐) × 장기 처짐계수(λ_Δ)
- 장기 처짐계수 $\lambda_\Delta = \dfrac{\xi}{1+50\rho'} = \dfrac{1.4}{1+50\times 0.015} = 0.8$
- 장기 처짐 $= 30 \times 0.8 = 24$mm
- 총 처짐량 = 순간 처짐(탄성 처짐) + 장기 처짐 $= 30 + 24 = 54$mm

68 콘크리트를 타설하고 다짐하여 마감작업을 한 이후에도 콘크리트는 계속하여 압밀되는 경향을 보인다. 이러한 현상으로 발생하는 굳지 않은 콘크리트의 균열을 침하균열이라 한다. 이러한 침하균열에 영향을 미치는 요소에 대한 설명으로 틀린 것은?

① 콘크리트 피복두께가 클수록 침하균열은 증가한다.
② 슬럼프가 클수록 침하균열은 증가한다.
③ 배근한 철근의 직경이 클수록 침하균열은 증가한다.
④ 누수되는 거푸집을 사용한 경우 침하균열은 증가한다.

해설 콘크리트 피복두께가 클수록 침하균열은 감소한다.

69 그림은 복철근 단면이 압축부에 3-D22($A_s'=1,161$mm²)의 철근과 인장부에 6-D32($A_s=4,765$mm²)의 철근을 갖고 있을 때 공칭 휨강도(M_n)를 구하면? (단, 파괴시 압축부의 철근이 항복한다고 가정하고, $f_{ck}=28$MPa, $f_y=350$MPa이다.)

① 702.1 kN·m
② 747.6 kN·m
③ 785.7 kN·m
④ 824.3 kN·m

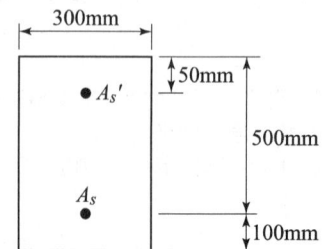

해설
- $a = \dfrac{(A_s - A_s')f_y}{0.85 f_{ck} b} = \dfrac{(4,765 - 1,161) \times 350}{0.85 \times 28 \times 300} = 176.6\text{mm}$
- $M_n = (A_s - A_s')f_y\left(d - \dfrac{a}{2}\right) + A_s' f_y (d - d')$
  $= (4,765 - 1,161) \times 350 \times \left(500 - \dfrac{176.6}{2}\right) + 1,161 \times 350 \times (500 - 50)$
  $= 702,175,880\text{kN} \cdot \text{m} = 702.1\text{kN} \cdot \text{m}$

70 단면 복구재로서 폴리머 시멘트계 재료가 일반 콘크리트 재료보다 우수하지 않은 것은?

① 염분 차단성 ② 내화·내열성
③ 부착성   ④ 방수성

해설 폴리머 시멘트계 재료는 내화·내열성에 약하다.

71 철근 콘크리트 구조물에서 균열 폭을 줄일 수 있는 방법에 대한 설명으로 틀린 것은?

① 같은 철근량을 사용할 경우 굵은 철근을 사용하기보다는 가는 철근을 많이 사용한다.
② 철근에 발생하는 응력이 커지지 않도록 충분하게 배근한다.
③ 철근이 배근되는 곳에서 피복두께를 크게 한다.
④ 콘크리트의 인장구역에 철근을 골고루 배치한다.

해설 철근의 피복두께는 철근의 부식 방지, 부착강도의 증진 및 내화성 증진의 역할을 한다.

72 콘크리트 구조물의 점검(진단)방법 중 음향방출(Acoustic Emission)법에 대한 설명으로 틀린 것은?

① 재료의 동적인 변화를 파악하는 것이 가능하다.
② 구조물의 사용을 중단하지 않고도 검사가 가능하다.
③ Kaiser 효과로 인해 검사횟수에 제한적이다.
④ 기존 구조물에 하중을 가하지 않은 상태에서도 검사가 용이하다.

해설
- 재하에 따른 콘크리트의 균열발생음을 계측한다.
- 이미 존재하고 있는 성장이 멈춰진 결함은 검출할 수 없다.
- 측정부위는 콘크리트의 표층부위뿐만 아니라 내부도 측정이 가능하다.
- 콘크리트에 대한 과거의 재하이력을 추정할 수 있다.

정답 67.④ 68.①
69.① 70.②
71.③ 72.④

73
f_{ck} = 21MPa, f_y = 300MPa로 설계된 지간이 4m인 단순지지보가 있다. 처짐을 계산하지 않는 경우의 보의 최소 두께는?

① 200mm
② 215mm
③ 225mm
④ 250mm

해설
- f_y가 f_y=400MPa인 경우를 기준으로 보가 단순지지형태의 부재인 경우 최소 두께 $\dfrac{l}{16}$
- 그 외의 경우는 $\left(0.43 + \dfrac{f_y}{700}\right)$를 곱하여 구한다.
- 보의 최소 두께
$$\therefore \dfrac{l}{16} \times \left(0.43 + \dfrac{f_y}{700}\right) = \dfrac{4,000}{16} \times \left(0.43 + \dfrac{300}{700}\right) = 215\text{mm}$$

74
철근이 배치된 일반적인 매스 콘크리트 구조물에서 균열 발생을 방지하여야 할 경우 표준적인 온도 균열지수는?

① 1.5 미만
② 1.5 이상
③ 0.7~1.2
④ 1.2~1.5

해설
- 균열 발생을 제한할 경우 : 1.2~1.5
- 유해한 균열 발생을 제한할 경우 : 0.7~1.2

75
콘크리트의 설계기준압축강도(f_{ck})가 40MPa, 철근의 항복강도(f_y)가 400MPa, 폭이 300mm, 유효깊이가 500mm인 단철근 직사각형 보의 최소 철근량은?

① 525mm²
② 546mm²
③ 571mm²
④ 593mm²

해설 최소 철근량
① $\dfrac{1.4}{f_y} bd = \dfrac{1.4}{400} \times 300 \times 500 = 525\text{mm}^2$
② $\dfrac{0.25\sqrt{f_{ck}}}{f_y} bd = \dfrac{0.25 \times \sqrt{40}}{400} \times 300 \times 500 = 593\text{mm}^2$
최소 철근량은 두 값 중 큰 값을 사용하므로 593mm²이다.

76 철근콘크리트보에서 스터럽과 굽힘철근을 배근하는 주된 목적은?

① 압축측의 좌굴을 방지하기 위하여
② 콘크리트의 휨에 의한 인장강도가 부족하기 때문에
③ 보에 작용하는 사인장응력에 의한 균열을 막기 위하여
④ 균열 후 그 균열에 대한 증대를 방지하기 위하여

해설
- 응력을 분포시켜 균열 폭을 최소화하기 위함이다.
- 주철근 간격을 유지시킨다.

77 다음 그림과 같은 단철근 직사각형보의 균형철근량을 계산하면?
(단, f_{ck}=21MPa, f_y=300MPa)

① 5090mm^2
② 5173mm^2
③ 4415mm^2
④ 5055mm^2

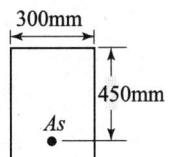

해설
$$\rho_b = 0.85\beta_1 \frac{f_{ck}}{f_y} \frac{660}{660+f_y} = 0.85 \times 0.8 \times \frac{21}{300} \times \frac{660}{660+300} = 0.0327$$
$$\rho_b = \frac{As}{bd}$$
$$\therefore As = \rho_b \times b \times d = 0.0327 \times 300 \times 450 ≒ 4415mm^2$$

78 탄산화 방지 대책으로 적절한 것이 아닌 것은?

① 물-시멘트비(W/C)를 적게
② 밀실한 콘크리트로 타설
③ 철근의 피복두께 확보
④ 콘크리트에 수축줄눈 고려

해설
- 콘크리트를 충분히 다짐하여 타설하고 결함을 발생시키지 않는다.
- 충분한 초기 양생을 실시하며 표면 마감재 또는 도장처리 등을 한다.

79 두께 150mm인 1방향 철근콘크리트 슬래브의 수축·온도 철근의 간격은 최대 얼마 이하로 하여야 하는가?

① 500mm
② 450mm
③ 400mm
④ 350mm

해설
- 1방향 슬래브의 두께는 100mm 이상이어야 하며 수축·온도 철근의 간격은 슬래브 두께의 5배 이하, 450mm 이하로 하여야 한다.
- 1방향 슬래브에서는 정모멘트 철근 및 부모멘트 철근에 직각방향으로 수축·온도 철근을 배치하여야 한다.

[정답] 73. ② 74. ② 75. ④ 76. ③ 77. ③ 78. ④ 79. ②

80 계수하중에 의한 전단력 V_u =550kN이고, b_w =300mm, d =500mm인 직사각형 단면 보의 전단보강에 관한 설명으로 옳은 것은? (단, f_{ck} =24MPa, f_y =400MPa이다.)

① 전단보강이 필요 없다.
② 최소 전단철근을 배치한다.
③ 인장철근을 2단으로 배치한다.
④ 철근콘크리트 보의 단면을 증가시켜야 한다.

해설
- 전단보강 검토

$$\phi V_c = \phi \frac{1}{6}\sqrt{f_{ck}}\, b_w d = 0.75 \times \frac{1}{6} \times \sqrt{24} \times 300 \times 500 = 91856\text{N} = 91.856\text{kN}$$

$V_u = 550\text{kN} > \phi V_c = 91.856\text{kN}$ 이므로 전단보강이 필요하다.

- V_s 계산

$$V_u = \phi(V_c + V_s) = \phi V_c + \phi V_s$$

$$\therefore V_s = \frac{V_u - \phi V_c}{\phi} = \frac{550 - 91.856}{0.75} = 611\text{kN}$$

- $V_s > \frac{2}{3}\sqrt{f_{ck}}\, b_w d$ 여부 검토

$$\frac{2}{3}\sqrt{f_{ck}}\, b_w d = \frac{2}{3} \times \sqrt{24} \times 300 \times 500 = 489878\text{N} = 49\text{kN}$$

$V_s = 611\text{kN} > \frac{2}{3}\sqrt{f_{ck}}\, b_w d = 49\text{kN}$ 이므로 콘크리트 보의 단면을 증가시켜야 한다.

정답 80. ④

02회 CBT 모의고사

1과목 콘크리트 재료 및 배합

01 콘크리트의 물성을 개선하기 위하여 사용되는 공기연행제에 대한 설명 중 틀린 것은?

① 미세한 공기포를 다량으로 연행함으로써 콘크리트의 내동해성을 증가시킨다.
② 미세한 공기포를 다량으로 연행함으로써 콘크리트의 워커빌리티를 개선시킨다.
③ 공기연행제에 의해 생성된 연행공기의 영향으로 단위수량을 줄이는 효과가 있다.
④ 공기연행제에 의해 생성된 연행공기의 영향으로 물-결합재비가 같은 일반적인 콘크리트보다 강도를 향상시키는 효과가 있다.

> **해설** 공기연행제에 의해 생성된 연행
> 공기량이 1% 증가함에 따라 슬러프가 2.5cm 증가하고 압축강도는 4~6% 감소한다.

02 골재의 저장 방법에 대한 설명으로 틀린 것은?

① 잔골재와 굵은골재는 분류하여 저장한다.
② 적당한 배수시설을 설치하고 지붕을 만들어 보관한다.
③ 빙설의 혼입 및 동결이 되지 않도록 하고 햇볕이 드는 곳에 보관한다.
④ 골재의 받아들이기, 저장 및 취급에 있어서 대소 알이 분리되지 않도록 한다.

> **해설** 빙설의 혼입 및 동결이 되지 않도록 하고 일광의 직사를 피할 수 있는 적당한 시설에 저장한다.

정답 01. ④ 02. ③

03 콘크리트의 배합강도에 대한 설명으로 틀린 것은?

① 콘크리트의 배합강도는 품질기준강도보다 크게 정하여야 한다.
② 콘크리트 압축강도의 표준편차는 실제 사용한 콘크리트의 25회 이상의 시험실적으로부터 결정하는 것을 원칙으로 한다.
③ 콘크리트 압축강도의 표준편차를 알지 못할 때에는 호칭강도 값에 규정에 의한 값을 더하여 배합강도를 정할 수 있다.
④ 압축강도의 표준편차를 구하기 위해 압축강도의 시험횟수가 모자랄 경우 보정계수를 이용하여 구할 수 있다.

해설
- 콘크리트 압축강도의 표준편차는 실제 사용한 콘크리트의 30회 이상의 시험실적으로부터 결정하는 것을 원칙으로 한다.
- 압축강도 표준편차를 알지 못할 경우, 호칭강도가 21MPa 미만인 경우에는 설계기준 강도에 7MPa를 더하여 배합강도를 정한다.

04 플라이 애시의 품질시험에서 시험 모르타르 제조시 보통 포틀랜드 시멘트와 플라이 애시의 질량비는 얼마인가? (단, 보통 포틀랜드 시멘트 : 플라이 애시)

① 3 : 1
② 2 : 1
③ 1 : 1
④ 1 : 2

해설
- 시험 모르타르
  플라이 애시의 품질시험에서 보통 포틀랜드 시멘트와 시험의 대상으로 하는 플라이 애시를 질량으로 3 : 1의 비율로 사용하여 만든 모르타르
- 기준 모르타르
  플라이 애시의 품질시험에서 보통 포틀랜드 시멘트를 사용하여 만든 기준으로 하는 모르타르

05 다음 중 콘크리트용으로 사용하는 굵은골재로 적합하지 않은 것은?

① 절대건조상태의 밀도가 2.65g/cm^3인 굵은골재
② 안정성이 14%인 굵은골재
③ 흡수율이 2.7%인 굵은골재
④ 마모율이 37%인 굵은골재

해설 골재의 물리적 성질

구 분	규정값	
	굵은골재	잔골재
밀도(절건밀도)(g/cm³)	2.50 이상	2.50 이상
흡수율(%)	3.0 이하	3.0 이하
안정성(%)	12 이하	10 이하
마모율(%)	40 이하	-

06 KS F 2560(콘크리트용 화학혼화제)의 규정에 따라 AE 감수제의 성능 시험항목이 아닌 것은?

① 감수율
② 길이 변화비
③ 슬럼프 경시변화량
④ 동결 융해에 대한 저항성

해설 감수율(%), 블리딩량의 비(%), 응결시간의 차(mm), 압축강도의 비(%), 길이 변화비(%), 동결 융해에 대한 저항성(상대동탄성계수 %)

07 콘크리트용으로 사용되는 잔골재의 유기 불순물 시험(KS F 2510)에 대한 설명 중 틀린 것은?

① 잔골재의 사용 여부를 결정함에 있어 미리 유기 불순물의 양을 알아 판단한다.
② 시험 실시 후 시험 용액의 색도가 표준색 용액보다 연한 때에는 그 잔골재는 사용할 수 있다.
③ 잔골재에 포함되어 있는 유기 불순물은 콘크리트 내구성의 저하를 초래한다.
④ 콘크리트 배합에 있어 단위수량을 조절하기 위해 유기 불순물 시험을 실시한다.

해설
• 잔골재 유기 불순물 시험에서는 알코올, 탄닌산, 수산화나트륨 용액을 사용하여 식별용 표준색 용액을 만든다.
• 유기불순물은 보통 모래에 부식된 형태로 들어 있으며 육안으로 분별하기가 곤란하다.
• 잔골재 중에 함유되어 있는 유기불순물의 양을 알아 그 모래의 사용 적부를 개략적으로 판단하는데 필요하다.

08 포졸란 반응의 효과에 대한 설명 중 옳지 않은 것은?

① 발열량이 적으므로 단면이 큰 콘크리트에 적합하다.
② 초기강도가 증가한다.
③ 블리딩 및 재료분리가 적어진다.
④ 단위수량의 증가로 건조수축이 크다.

답안 표기란

06	①	②	③	④
07	①	②	③	④
08	①	②	③	④

[정답] 03. ② 04. ①
05. ② 06. ③
07. ④ 08. ②

해설
- 초기강도가 작으나 장기강도, 수밀성 및 화학 저항성이 크다.
- 워커빌리티가 좋아진다.

09 시방배합을 현장배합으로 고칠 경우에 고려하여야 하는 사항에 대한 설명으로 거리가 먼 것은?

① 혼화제를 희석시킨 희석수량을 고려하여야 한다.
② 골재의 함수상태를 고려하여야 한다.
③ 5mm체에 남는 굵은골재량 등 골재의 입도를 고려하여야 한다.
④ 운반중 공기량의 경시변화를 고려하여야 한다.

해설 시방배합을 현장상태에 적합하게 골재의 입도, 표면수를 고려하여 잔골재, 굵은골재, 수량을 보정한다.

10 다음 표는 잔골재의 밀도 시험 결과 중의 일부이다. 이 잔골재의 표면건조 포화상태의 밀도는? (단, 시험온도에서의 물의 밀도는 1g/cm³이다.)

잔골재의 밀도 시험		
측정 번호	1	2
빈 플라스크의 질량(g)	213.0	213.0
(플라스크+물)의 질량(g)	711.4	712.2
표건 시료의 질량(g)	500.5	500.0
(플라스크+물+시료)의 질량(g)	1020.2	1020.8

① 2.61 g/cm^3 ② 2.63 g/cm^3
③ 2.65 g/cm^3 ④ 2.67 g/cm^3

해설
- 1회 표건밀도

$$\frac{m}{B+m-C} \times \rho_w = \frac{500.5}{711.4+500.5-1020.2} \times 1 = 2.611 \text{g/cm}^3$$

- 2회 표건밀도

$$\frac{m}{B+m-C} \times \rho_w = \frac{500}{712.2+500-1020.8} \times 1 = 2.612 \text{g/cm}^3$$

∴ 평균 표건밀도 $= \frac{2.611+2.612}{2} = 2.61 \text{g/cm}^3$

답안 표기란
09 ① ② ③ ④
10 ① ② ③ ④

11 다음에 주어진 잔골재(전체 500g)의 체가름 시험결과표를 이용하여 골재의 조립률을 구하면?

체(mm)	10	5	2.5	1.2	0.6	0.3	0.15	pan
남는 질량(g)	0	20	40	80	210	100	40	10

① 2.90 ② 3.02
③ 3.15 ④ 3.20

해설

체(mm)	10	5	2.5	1.2	0.6	0.3	0.15	pan
잔류율(%)	0	4	8	16	42	20	8	2
가적 잔류율(%)	0	4	12	28	70	90	98	100

$$F \cdot M = \frac{4+12+28+70+90+98}{100} = 3.02$$

12 레디믹스트 콘크리트의 굵은골재 계량값이 아래 표와 같을 때 계량오차와 허용치 만족 여부를 순서대로 옳게 나열한 것은?

- 굵은골재 목표 1회 분량=2,000kg
- 굵은골재 저울에 의한 계측치=2,040kg

① 계량오차 : 1%, 허용치 만족 여부 : 합격
② 계량오차 : 2%, 허용치 만족 여부 : 합격
③ 계량오차 : 1%, 허용치 만족 여부 : 불합격
④ 계량오차 : 2%, 허용치 만족 여부 : 불합격

해설
- 계량오차 $= \frac{2040-2000}{2000} \times 100 = 2\%$
- 골재의 계량오차는 3% 허용오차 이내이므로 만족하여 합격이다.

13 콘크리트의 배합설계에 관하여 옳지 않은 것은?

① 작업에 적합한 워커빌리티를 갖는 범위 내에서 단위수량은 가능한 한 작게 하여야 한다.
② 물-결합재비는 소요의 강도, 내구성, 수밀성 및 균열저항성 등을 고려하여 정한다.
③ 콘크리트의 슬럼프는 운반, 타설, 다지기 등의 작업에 알맞은 범위 내에서 가능한 한 작게 하여야 한다.
④ 잔골재율은 소요의 작업성을 얻을 수 있는 범위 내에서 단위수량이 최대가 되도록 시험에 의하여 정한다.

정답 09. ④ 10. ① 11. ② 12. ② 13. ④

- 잔골재율은 소요의 작업성을 얻을 수 있는 범위 내에서 단위수량이 최소가 되도록 시험에 의하여 정한다.
- 잔골재율은 되도록 작게 한다.
- 공기량은 4.5±1.5% 범위가 적절하다.
- 재료분리의 발생을 방지하기 위하여 굵은골재와 잔골재가 혼합된 골재의 입도는 연속입도라야 한다.
- 공사중에 잔골재의 입도가 변하여 조립률이 ±0.20 이상 차이가 있을 경우에는 워커빌리티가 변화하므로 배합을 수정할 필요가 있다.

14 콘크리트용 화학 혼화제에 대한 일반적 성질의 설명으로 틀린 것은?
① 부배합인 경우가 빈배합인 경우보다 AE제에 의한 워커빌리티 개선효과가 크게 나타난다.
② 감수제는 콘크리트 제조시 단위수량을 감소시키는 효과를 나타내어 압축강도를 증가시킨다.
③ AE제에 의한 연행 공기량은 4~7% 정도가 표준이다.
④ 응결촉진제로서 염화칼슘 또는 염화칼슘을 포함한 감수제가 사용된다.

- 빈배합인 경우가 부배합인 경우보다 AE제에 의한 워커빌리티 개선효과가 크게 나타난다.
- 공기연행제(AE제)는 미세한 기포를 다수 연행하여 콘크리트의 워커빌리티를 개선하는 효과가 있다.
- 공기연행 감수제(AE 감수제)는 시멘트 분산작용 이외에 공기연행 작용을 함께 가지고 있어 콘크리트의 동결융해 저항성을 높여주는 효과가 있다.

15 풍화한 시멘트의 특징을 나타낸 것 중 잘못된 것은?
① 강열감량 감소
② 비중 저하
③ 응결 지연
④ 강도 발현 저하

풍화된 시멘트는 강열감량이 증가된다.

16 어떤 배합설계에서 결합재로 시멘트와 고로슬래그가 사용되었다. 결합재 전체 질량이 550kg/m³이라고 할 때, 제빙화학제에 대한 내구성 확보를 위해 필요한 고로슬래그의 최대 혼입량은 얼마인가?
① $68.7\,kg/m^3$
② $137.5\,kg/m^3$
③ $192.5\,kg/m^3$
④ $275\,kg/m^3$

해설
- 고로슬래그 미분말을 사용할 경우 : 50%
  즉, 550 kg/m³ × 0.5 = 275kg/m³
- 플라이 애시를 사용할 경우 : 25%
- 실리카 품을 사용할 경우 : 10%
- 플라이 애시와 실리카 품을 합하여 사용할 경우 : 35%

17 현장에서 콘크리트 압축강도를 22회 측정한 결과 표준편차는 5MPa이었다. 설계기준 압축강도(f_{ck})가 35MPa이며 내구성 기준 압축강도(f_{cd})가 30MPa일 때 배합강도(f_{cr})는? (단, 시험횟수 20회, 25회일 경우 표준편차의 보정계수는 각각 1.08, 1.03이다.)

① 38.5 MPa
② 42.1 MPa
③ 43.9 MPa
④ 45.2 MPa

해설
- f_{ck}와 f_{cd} 중 큰 값인 35MPa가 품질기준강도(f_{cq})이다.
- 배합강도
  $f_{cq} \leq 35$MPa이므로
  ① $f_{cr} = f_{cq} + 1.34S = 35 + 1.34 \times (5 \times 1.06) = 42.1$ MPa
  ② $f_{cr} = (f_{cq} - 3.5) + 2.33S = (35 - 3.5) + 2.33 \times (5 \times 1.06) = 43.9$ MPa
  ∴ 두 식에서 큰 값인 43.9 MPa이다.
- 표준편차의 보정계수
  시험횟수가 20회 경우 1.08, 25회 경우 1.03이므로
  $\frac{1.08 - 1.03}{5} = 0.01$씩 직선 보간한다. 즉, 20회 1.08, 21회 1.07, 22회 1.06, 23회 1.05, 24회 1.04, 25회 1.03이 된다.

18 시멘트의 안정도 시험에 대한 설명으로 틀린 것은?
① 오토클레이브 팽창도 시험을 통해 시멘트의 안정성을 파악한다.
② 시험하는 동안 오토클레이브는 항상 건조상태를 유지하는 것이 중요하다.
③ 시멘트가 굳어가는 도중에 부피가 팽창하거나 수축하는 정도를 측정하며, 이를 근거로 시멘트의 안정도를 판단한다.
④ 포틀랜드 시멘트의 안정도는 0.8% 이하로 규정하고 있다.

해설 시험하는 동안 오토클레이브는 언제나 포화 수증기로 차 있도록 물을 충분히 넣어 놓는다. 보통, 오토클레이브 용적의 7~10%의 물을 넣어야 한다.

19 KS L 5405 플라이 애시의 품질규정에 제시된 규정치에 대한 설명으로 틀린 것은?

① 이산화규소(SiO_2) 성분을 45% 이상 함유하고 있어야 한다.
② 플라이 애시 2종의 경우 강열감량이 5% 이하로 되어야 한다.
③ 브레인 방법에 의한 분말도는 20000cm²/g 이상이 되어야 한다.
④ 밀도는 1.95g/cm³ 이상이 되어야 한다.

해설
- 브레인 방법에 의한 분말도는 1종 4500cm²/g 이상, 2종 3000cm²/g 이상이 되어야 한다.
- 플라이 애시 1종의 경우 강열감량이 3% 이하로 되어야 한다.
- 수분은 1% 이하로 되어야 한다.

20 콘크리트 구조물에 사용된 시멘트 종류별 특성에 대한 다음 설명 중 옳지 않은 것은?

① 중용열 포틀랜드 시멘트는 수화열이 작게 발생하므로 댐 콘크리트 구조물에 사용하였다.
② 조강 포틀랜드 시멘트는 해수 저항성이 큰 C_3A 성분이 많이 함유되어 있으므로 해안가 근처의 콘크리트 구조물에 사용하였다.
③ 알루미나 시멘트는 강도발현이 매우 빠르므로 겨울철 긴급공사에 사용하였다.
④ 고로 시멘트는 내화학약품성이 좋으므로 공장폐수에 접하는 콘크리트 구조물에 사용하였다.

해설 조강 포틀랜드 시멘트는 수화속도가 빠르고 수화열이 커서 저온시에도 강도발현이 크므로 한중 콘크리트에 유리하며 주로 긴급공사, 시멘트 2차 제품, 프리스트레스트 콘크리트 등에 사용된다.

2과목 콘크리트 제조, 시험 및 품질관리

21 콘크리트의 받아들이기 품질관리에서 염화물 이온량은 원칙적으로 얼마 이하로 규제하는가?

① 0.15kg/m³ ② 0.20kg/m³
③ 0.30kg/m³ ④ 0.60kg/m³

해설 원칙적으로 0.3kg/m³ 제한하고 사용자 승인시 0.6kg/m³ 이하로 할 수 있다.

22 콘크리트의 중성화 시험을 판정하기 위해 사용하는 용액은?

① 질산은 용액
② 수은
③ 페놀프탈레인 용액
④ 황산

해설 중성화 시험시 1% 페놀프탈레인 용액을 사용한다.

23 알칼리-골재반응에 대한 설명으로 틀린 것은?

① 알칼리-실리카반응을 일으키기 쉬운 광물은 오팔, 트리디마이트, 옥수 등이다.
② 반응성 골재를 사용할 경우 전 알칼리량 0.6% 이하인 저알칼리형 시멘트를 사용한다.
③ 플라이 애시, 고로 슬래그 미분말 등은 실리카질이 많기 때문에 알칼리 골재반응을 촉진한다.
④ 골재의 알칼리 잠재반응 시험은 모르타르 봉 방법으로 평가한다.

해설 플라이 애시, 고로 슬래그 미분말, 실리카 퓸 등의 포졸란을 사용하면 알칼리 골재반응은 억제된다.

24 레디믹스트 콘크리트의 제조설비에 대한 설명으로 틀린 것은?

① 골재 저장 설비는 콘크리트 최대 출하량의 1일분 이상에 상당하는 골재량을 저장할 수 있는 크기로 한다.
② 계량기는 서로 배합이 다른 콘크리트의 각 재료를 연속적으로 계량할 수 있어야 한다.
③ 믹서는 이동식 믹서로 하여야 하며, 각 재료를 충분히 혼합시켜 균일한 상태로 배출할 수 있어야 한다.
④ 콘크리트 운반차는 트럭믹서나 트럭 애지테이터를 사용한다.

해설
• 믹서는 공장에 설치된 고정믹서에 의해 혼합한다.
• 인공 경량골재 저장설비에는 골재에 살수하는 설비를 갖추어야 한다.
• 골재의 저장 설비는 종류, 품종별로 서로 혼합되지 않도록 한다.

정답 19. ③ 20. ②
21. ③ 22. ③
23. ③ 24. ③

25. 콘크리트의 초기 균열에 관한 설명으로 옳지 않은 것은?

① 침하에 의한 균열은 콘크리트 치기 후 1~3시간 정도에서 보의 상단부 또는 슬래브면 등에서 철근의 위치에 따라 발생한다.
② 침하균열은 슬럼프가 클수록, 콘크리트 치기속도가 빠를수록 증가한다.
③ 플라스틱 균열은 콘크리트 타설시 또는 직후에 표면에 급속한 수분증발로 인하여 콘크리트 표면에 생기는 미세한 균열이다.
④ 굳지 않은 콘크리트의 건조수축은 일반적으로 고온다습한 외기에 노출될 때 발생이 증가되며, 양생이 시작된 직후에 나타난다.

해설 건조수축 균열은 건조한 바람이나 고온 저습한 외기에 노출될 경우 일어나는 급격한 수분의 손실에 기인하며 양생이 시작되기 전이나 마감 직전에 주로 일어난다.

26. 콘크리트의 품질관리 중 받아들이기 품질검사에 대한 설명으로 틀린 것은?

① 콘크리트의 받아들이기 품질관리는 콘크리트를 타설하기 전에 실시하여야 한다.
② 강도검사는 콘크리트의 배합검사를 실시하는 것을 표준으로 한다.
③ 내구성 검사는 공기량, 염소이온량을 측정하는 것으로 한다.
④ 워커빌리티의 검사는 잔골재율의 설정치를 만족하는지의 여부를 확인하고, 재료분리 저항성을 실험에 의하여 확인하여야 한다.

해설 워커빌리티의 검사는 굵은골재 최대치수 및 슬럼프가 설정치를 만족하는지의 여부를 확인함과 동시에 재료분리 저항성을 외관 관찰에 의해 확인하여야 한다.

27. 다음에서 콘크리트의 비비기에 사용되는 믹서 중 강제식 믹서가 아닌 것은?

① 드럼 믹서(drum mixer)
② 팬형 믹서(pan type mixer)
③ 1축 믹서(one shaft mixer)
④ 2축 믹서(twin shaft mixer)

해설 드럼 믹서는 가경식 믹서에 해당한다.

28 일반 콘크리트에 사용할 수 있는 부순 굵은골재의 물리적 성질에 대한 규정값을 표기한 것 중 틀린 것은?

① 절대 건조 밀도 - $2.50g/cm^3$
② 흡수율 - 3.0% 이하
③ 마모율 - 30% 이하
④ 안정성 - 12% 이하

해설 마모율 - 40% 이하

29 레디믹스트 콘크리트의 제조 및 운반방법에 해당하지 않는 것은?

① 프리 믹스트 콘크리트(pre mixed concrete)
② 쉬링크 믹스트 콘크리트(shrink mixed concrete)
③ 트랜싯 믹스트 콘크리트(transit mixed concrete)
④ 센트럴 믹스트 콘크리트(central mixed concrete)

해설 일반적으로 플랜트에 고정믹서가 설치되어 있어 재료를 계량하고 완전히 혼합을 마친 콘크리트를 현장에 운반, 공급하는 센트럴 믹스트 콘크리트 방식이 많이 사용되고 있다.

30 콘크리트의 슬럼프 시험방법을 설명한 것으로 틀린 것은?

① 시료를 거의 같은 양으로 3층으로 나누어 채우고 각 층은 다짐봉으로 고르게 25회 똑같이 다진다.
② 다짐봉의 다짐깊이는 앞 층에 거의 도달할 정도로 다진다.
③ 재료분리가 발생할 염려가 있는 경우에는 다짐수를 줄일 수 있다.
④ 슬럼프 콘을 들어 올리는 시간은 높이 300mm에서 4~5초로 한다.

해설 슬럼프 콘을 들어 올리는 시간은 높이 300mm에서 2~3초로 한다.

31 콘크리트의 압축강도 시험을 실시한 결과가 아래의 표와 같다. 불편분산(V)는 얼마인가?

28, 26, 30, 27 (MPa)

① 2.91 MPa   ② 1.90 MPa
③ 2.14 MPa   ④ 2.32 MPa

정답 25.④ 26.④ 27.① 28.③ 29.① 30.④ 31.①

해설
- 평균값($\bar{x}$) = $\dfrac{28+26+30+27}{4} = 27.75$
- 편차 제곱의 합(S)
  $(28-27.75)^2 + (26-27.75)^2 + (30-27.75)^2 + (27-27.75)^2 = 8.75$
- 불편분산(V)
  $V = \dfrac{S}{n-1} = \dfrac{8.75}{4-1} = 2.91$

32 콘크리트의 반죽질기(워커빌리티) 측정 방법을 설명한 것으로 틀린 것은?

① 다짐계수 시험은 워커빌리티의 역수에 부합된다.
② 리몰딩 시험과 VB시험은 워커빌리티에 비례한다.
③ 리몰딩 시험은 낙하충격에 의해 측정한다.
④ 다짐계수 시험은 실험실에서 주로 실시되며, 현장에서의 사용은 부적합하다.

해설 다짐계수 시험은 주로 현장에서 실시하며 슬럼프가 매우 작고 진동다짐을 실시하는 콘크리트에 유효한 시험방법이다.

33 콘크리트를 제조하고자 할 때 재료계량의 허용오차가 가장 큰 재료는?

① 혼화재   ② 물
③ 혼화제   ④ 시멘트

해설
- 물, 시멘트 : ±1%
- 혼화재 : ±2%
- 혼화제 : ±3%

34 콘크리트의 블리딩시험(KS F 2414)에 대한 설명으로 틀린 것은?

① 사용하는 용기의 치수는 안지름 250mm, 안높이 285mm로 한다.
② 시험 중에는 실온 (20±3)℃로 한다.
③ 콘크리트를 용기에 채울 때 콘크리트의 표면이 용기의 가장자리에서 (30±3)mm 낮아지도록 고른다.
④ 최초로 기록한 시각에서부터 60분 동안 5분마다 콘크리트 표면에서 스며 나온 물을 빨아낸다.

답안 표기란
32 ① ② ③ ④
33 ① ② ③ ④
34 ① ② ③ ④

해설
- 최초로 기록한 시각에서부터 60분 동안 10분마다 콘크리트 표면에서 스며 나온 물을 빨아낸다. 그 후는 블리딩이 정지할 때까지 30분마다 물을 빨아낸다.
- 잔골재의 조립률이 클수록 블리딩이 커진다.
- 콘크리트의 블리딩 시험방법은 굵은골재의 최대치수가 40mm 이하인 콘크리트에 대하여 규정한다.

35 콘크리트의 길이 변화 시험방법(KS F 2424)에서 규정하고 있는 시험방법의 종류가 아닌 것은?

① 버어니어 캘리퍼스 방법
② 콤퍼레이터 방법
③ 콘택트 게이지 방법
④ 다이얼 게이지 방법

해설
- 공시체 측면 길이 변화 측정
  ① 현미경을 부착한 콤퍼레이터를 이용하는 방법
  ② 콘택트 스트레인 게이지를 이용하는 방법
- 공시체 중심축의 길이 변화 측정
  다이얼 게이지를 부착한 측정기를 이용하는 방법

36 콘크리트의 성질 및 배합에 관한 설명으로 틀린 것은?

① 콘크리트의 슬럼프는 작업에 적합한 범위라면 가급적 크게 결정한다.
② 물-시멘트비가 작아지면 콘크리트는 강도가 커질 뿐만 아니라 내구성도 향상된다.
③ 시방배합을 현장배합으로 고쳐도 완성된 콘크리트의 품질은 시방배합과 동일하게 된다.
④ 콘크리트의 배합강도는 현장 콘크리트 품질의 불균일을 고려해서 설계기준강도보다 충분히 크게 한다.

해설
- 콘크리트의 슬럼프는 작업에 적합한 범위에서 가급적 작게 결정한다.
- 일반 콘크리트의 단위수량은 작업이 가능한 범위 내에서 될 수 있는 대로 적게 되도록 시험을 통해 정한다.
- 일반적으로 쇄석을 사용하면 보통 콘크리트와 동일한 슬럼프를 얻기 위한 단위수량이 많이 요구되므로 공기연행제, 감수제 등을 사용하는 것이 바람직하다.

정답 32.④ 33.③ 34.④ 35.① 36.①

37 관입저항침에 의한 콘크리트의 응결시간 시험(KS F 2436)에 사용하는 재하장치에 대한 설명으로 옳은 것은?

① 정확도 20N으로 관입력(penetration force)을 잴 수 있고 최소 용량 600N을 가진 것
② 정확도 10N으로 관입력(penetration force)을 잴 수 있고 최소 용량 600N을 가진 것
③ 정확도 10N으로 관입력(penetration force)을 잴 수 있고 최소 용량 60N을 가진 것
④ 정확도 1N으로 관입력(penetration force)을 잴 수 있고 최소 용량 60N을 가진 것

해설
- 재하장치
  침의 관입을 일으킬 수 있을 만큼의 힘을 일으킬 수 있어야 하며, 정확도 10N으로 관입력(penetration force)을 잴 수 있고 최소 용량 600N을 가져야 한다.
- 시료의 보관
  실험실 조건에서 시험할 때에는 시험편을 (20~25)℃ 범위 또는 시험자가 별도로 정한 온도에서 보관한다.

38 AE 콘크리트의 공기량에 대한 일반적인 설명으로 틀린 것은?

① 공기량을 1% 정도 증가시키면 잔골재율을 3~5% 작게 할 수 있다.
② 단위 잔골재량이 많을수록 공기량은 증가한다.
③ 콘크리트의 온도가 낮을수록 공기량은 증가한다.
④ 공기량 1%를 증가시키면 동일 슬럼프의 콘크리트를 만드는데 필요한 단위수량을 약 3% 작게 할 수 있다.

해설
- 공기량을 1% 정도 증가시키면 잔골재율을 0.5~1% 작게 할 수 있다.
- 플라이 애시를 사용한 콘크리트는 플라이 애시를 사용하지 않은 콘크리트에 비해 동일 공기량을 얻기 위해서는 많은 양의 공기연행제가 필요하다.
- 골재의 입형이 좋지 않거나 0.15mm 이하의 미립분이 증가하는 경우 연행공기량은 감소한다.

39 콘크리트의 쪼갬인장강도 시험에 대한 설명으로 틀린 것은? (단, ϕ150×300mm인 원주형 공시체를 사용하고, 파괴하중이 160kN이었다.)

① 공시체를 제작할 때 다짐봉에 의한 다짐횟수는 각 층당 18회 정도로 한다.
② 공시체를 제작할 때 몰드를 떼는 시기는 콘크리트 채우기가 끝나고 나서 16시간 이상 3일 이내로 한다.
③ 공시체에 하중을 가하는 속도는 인장 응력도의 증가율이 매초 (0.6±0.4)MPa이 되도록 한다.
④ 이 콘크리트의 인장강도는 2.26MPa이다.

해설
- 공시체에 하중을 가하는 속도
  인장 응력도의 증가율이 매초 (0.06±0.04)MPa이 되도록 한다.
- 공시체 제작
  각 층은 적어도 다짐봉에 의한 다짐회수는 1000mm^2 1회 비율로 다짐을 한다.
  즉, $\dfrac{\pi D^2/4}{1000} = \dfrac{3.14 \times 150^2/4}{1000} \fallingdotseq 18$회
- 인장강도
  $\dfrac{2P}{\pi Dl} = \dfrac{2 \times 160000}{3.14 \times 150 \times 300} = 2.26 \, \text{MPa}$

40 콘크리트의 압축강도 시험에서 공시체 및 공시체의 검사에 대한 설명으로 틀린 것은?

① 지름은 공시체 높이의 중앙에서 서로 직교하는 2방향에 대하여 측정한다.
② 지름 및 높이는 1mm까지 측정한다.
③ 질량을 측정할 때 공시체 표면의 물을 모두 닦아낸 후에 측정한다.
④ 공시체는 소정의 양생이 끝난 직후의 상태에서 시험을 할 수 있도록 한다.

해설 공시체 측정 : 지름을 0.1mm, 높이를 1mm까지 측정한다.

정답 37.② 38.① 39.③ 40.②

3과목 콘크리트의 시공

41 서중콘크리트의 양생방법으로 옳은 것은?

① 콘크리트 타설 후 콘크리트 표면이 건조하지 않도록 한다.
② 보온양생을 실시하여 국부적인 냉각을 방지한다.
③ 거푸집을 떼어낸 후의 양생기간 동안은 노출면을 습윤상태로 유지시키지 않아도 된다.
④ 콘크리트의 표면온도를 급격히 저하시킨다.

해설
- 타설 후 적어도 24시간은 노출면이 건조하는 일이 없도록 습윤상태로 유지한다.
- 양생은 적어도 5일 이상 실시한다.
- 거푸집을 떼어낸 후에도 양생기간 동안은 노출면을 습윤상태로 유지한다.

42 해양콘크리트 구조물에 사용하기 위한 시멘트로서 특히 각종 해수의 작용에 대하여 내구성을 확보할 수 있는 것으로 적당하지 않은 것은?

① 조강시멘트
② 고로 슬래그 시멘트
③ 중용열 포틀랜드 시멘트
④ 플라이 애시 시멘트

해설 해수의 작용에 대하여 내구성을 확보할 수 있는 것은 고로 슬래그 시멘트, 플라이 애시 시멘트, 중용열 포틀랜드 시멘트가 포함된다.

43 수중 불분리성 콘크리트를 타설할 때 수중 유동거리는 몇 m 이하로 하여야 하는가?

① 5m 이하
② 7m 이하
③ 8m 이하
④ 10m 이하

해설 수중 불분리성 콘크리트의 타설은 유속이 50mm/sec 정도 이하의 정수 중에서 수중낙하거리가 0.5m 이하여야 하며 수중 유동거리는 5m 이하로 한다.

44 콘크리트가 경화될 때까지 습윤상태의 보호기간은 보통포틀랜드 시멘트와 조강포틀랜드 시멘트를 사용한 경우 각각 몇 일 이상을 표준으로 하는가? (단, 일평균기온은 15℃ 이상일 경우)

① 보통포틀랜드 시멘트 : 3일 이상, 조강포틀랜드 시멘트 : 5일 이상
② 보통포틀랜드 시멘트 : 5일 이상, 조강포틀랜드 시멘트 : 7일 이상
③ 보통포틀랜드 시멘트 : 5일 이상, 조강포틀랜드 시멘트 : 3일 이상
④ 보통포틀랜드 시멘트 : 7일 이상, 조강포틀랜드 시멘트 : 5일 이상

해설 일평균기온이 10℃ 이상인 경우에는 보통 포틀랜드 시멘트 : 7일, 조강 포틀랜드 시멘트 : 4일 이상 양생한다.

45 다음 중 프리플레이스트 콘크리트의 설명으로 옳지 않은 것은?

① 고강도 프리플레이스트 콘크리트에 사용되는 주입 모르타르의 유하시간은 25~50초를 표준으로 한다.
② 프리플레이스트 콘크리트에 사용되는 주입 모르타르의 블리딩률 설정값은 시험 시작 후 3시간에서의 값이 3% 이하가 되는 것으로 한다.
③ 모르타르가 굵은골재의 공극에 주입될 때 재료분리가 적고, 주입되어 경화되는 사이에 블리딩이 적어야 한다.
④ 프리플레이스트 콘크리트의 강도는 원칙적으로 재령 7일 또는 재령 28일의 압축강도를 기준으로 한다.

해설 프리플레이스트 콘크리트의 강도는 원칙적으로 재령 28일 또는 재령 91일의 압축강도를 기준으로 한다.

46 콘크리트의 측압은 콘크리트 타설 전에 검토해야 할 매우 중요한 시공 요인이다. 다음 중 콘크리트 측압에 영향을 미치는 요인에 대한 설명으로 틀린 것은?

① 콘크리트의 타설속도가 빠르면 측압은 커지게 된다.
② 콘크리트의 슬럼프가 커질수록 측압은 커지게 된다.
③ 콘크리트의 온도가 높을수록 측압은 커지게 된다.
④ 콘크리트의 타설높이가 높으면 측압은 커지게 된다.

해설
• 콘크리트의 온도가 높을수록 측압은 작아지게 된다.
• 부재의 수평단면이 작을수록 측압은 작다.

[정답] 41. ① 42. ① 43. ① 44. ③ 45. ④ 46. ③

47 포장 콘크리트의 이음에 대한 설명으로 옳지 않은 것은?

① 가로팽창이음의 이음판은 일직선으로 곧게 슬래브면과 연직의 깊이방향으로 설치하여야 하며, 슬래브 전폭에 걸쳐서 양쪽 슬래브가 분리되도록 설치하여야 한다.
② 연속철근 콘크리트 포장의 경우라도 가로수축이음을 반드시 설치하여야 한다.
③ 가로수축이음은 이음이 설치될 위치를 한 칸씩 건너면서 절단을 한 후 나머지를 절단하는 방법으로 1차 절단하여야 한다.
④ 세로이음은 홈이음 및 맞댐이음으로 하며, 슬래브면과 연직으로 정해진 깊이의 홈을 만들고 주입이음재로 홈을 채워야 한다.

해설 연속철근 콘크리트 포장의 경우에는 가로수축이음이 필요 없다.

48 한중 콘크리트에 대한 설명으로 틀린 것은?

① 한중 콘크리트의 배합시 물-결합재비는 원칙적으로 60% 이하로 하여야 한다.
② 초기양생에서 소요 압축강도가 얻어질 때까지 콘크리트의 온도를 5℃ 이상으로 유지하여야 하며, 또한 소요 압축강도에 도달한 후 2일간은 구조물의 어느 부분이라도 0℃ 이상이 되도록 유지하여야 한다.
③ 적산온도방식을 적용할 경우 5℃에서 28일간 양생한 콘크리트는 10℃에서 14일간 양생한 콘크리트와 강도가 거의 동일하다.
④ 보통의 노출상태에 있는 콘크리트의 초기양생은 콘크리트 강도가 5MPa 될 때까지 실시한다.

해설 적산온도 방식을 적용할 경우 5℃에서 28일간 양생한 콘크리트는 10℃에서 14일간 양생한 콘크리트와 강도가 다르다.

49 프리캐스트 콘크리트 강도를 나타내는 방법에 대한 설명으로 옳은 것은?

① 일반적인 프리캐스트 콘크리트는 재령 28일에서의 압축강도 시험값
② 특수한 촉진양생을 하는 프리캐스트 콘크리트에서는 7일 이전의 적절한 재령에서의 압축강도 시험값

③ 촉진양생을 하지 않은 프리캐스트 콘크리트나 비교적 부재 두께가 큰 프리캐스트 콘크리트에서는 재령 28일에서의 압축강도 시험값
④ 재령에 관계없이 소정의 재령 이내에 출하할 경우 재령 7일의 압축강도 시험값

해설
- 일반적인 프리캐스트 콘크리트는 재령 14일에서의 압축강도 시험값
- 오토클레이브 양생 등의 특수한 촉진 양생을 하는 프리캐스트 콘크리트는 14일 이전의 적절한 재령에서 압축강도 시험값
- 프리캐스트 콘크리트의 탈형, 긴장력 도입, 출하할 때의 콘크리트 압축강도는 단계별 소요강도를 만족시켜야 한다.

50 매스 콘크리트의 수축이음에 대한 설명으로 틀린 것은?

① 벽체 구조물의 경우 길이방향에 일정 간격으로 단면감소 부분을 만든다.
② 수축이음의 단면 감소율은 35% 이상으로 하여야 한다.
③ 수축이음의 간격은 1~2m를 기준으로 한다.
④ 수축이음의 위치는 구조물의 내력에 영향을 미치지 않는 곳에 설치한다.

해설 수축이음의 간격은 구조물의 치수, 철근량, 타설온도, 타설 방법 등에 의해 큰 영향을 받으므로 이들을 고려하여 정한다.

51 다음 중 촉진 양생의 종류가 아닌 것은?

① 증기 양생
② 습윤 양생
③ 오토클레이브 양생
④ 온수 양생

해설
- **습윤 양생**: 콘크리트 타설 후 경화가 될 때까지 양생기간 동안 직사광선이나 바람에 의해 수분이 증발하지 않도록 살수, 습포 등으로 습윤상태로 보호한다.
- **촉진 양생**: 증기 양생, 오토클레이브 양생, 온수 양생, 전기 양생, 적외선 양생, 고주파 양생 등

52 포장용 콘크리트의 배합기준에 대한 설명으로 옳은 것은?

① 설계기준 휨강도(f_{28})는 3.5MPa 이상이어야 한다.
② 단위수량은 170kg/m³ 이하이어야 한다.
③ 굵은골재의 최대치수는 25mm 이하이어야 한다.
④ 슬럼프는 40mm 이하이어야 한다.

[정답] 47. ② 48. ③ 49. ③ 50. ③ 51. ② 52. ④

해설 포장용 콘크리트의 배합기준
- 설계기준 휨강도(f_{28}) : 4.5MPa 이상
- 단위수량 : 150kg/m³ 이하
- 굵은골재 최대치수 : 40mm 이하
- 슬럼프 : 40mm 이하
- 공기연행 콘크리트의 공기량 범위 : 4~6%

53 팽창 콘크리트에 대한 설명으로 틀린 것은?
① 콘크리트의 팽창률은 일반적으로 재령 7일에 대한 시험값을 기준으로 한다.
② 한중 콘크리트의 경우 타설할 때의 콘크리트 온도는 10℃ 이상 20℃ 미만으로 하여야 한다.
③ 콘크리트를 비비고 나서 타설을 끝낼 때까지의 시간은 기온·습도 등의 기상 조건과 시공에 관한 등급에 따라 1~2시간 이내로 하여야 한다.
④ 팽창재는 다른 재료와 별도로 용적으로 계량하며, 그 오차는 1회 계량분량의 3% 이내로 하여야 한다.

해설
- 팽창재는 다른 재료와 별도로 질량으로 계량하며, 그 오차는 1회 계량분량의 1% 이내로 하여야 한다.
- 서중 콘크리트의 경우 비비기 직후 콘크리트 온도는 30℃ 이하, 타설할 때는 35℃ 이하로 하여야 한다.
- 콘크리트 타설 후에는 적당한 양생을 실시하며 콘크리트 온도는 2℃ 이상을 5일간 이상 유지시켜야 한다.

54 고강도 콘크리트의 특성에 대한 설명으로 틀린 것은?
① 보통강도를 갖는 콘크리트에 비해 재령에 따른 강도발현이 빠르게 나타나면서 늦게까지 강도증진이 이루어진다.
② 고강도 콘크리트는 부배합이므로 시멘트 대체 재료인 플라이애시, 고로 슬래그 분말 등을 같이 사용하는 경우가 많다.
③ 고강도 콘크리트의 설계기준 압축강도는 일반적으로 40 MPa 이상으로 하며, 고강도 경량골재 콘크리트는 27 MPa 이상으로 한다.
④ 고강도 콘크리트는 설계기준 압축강도가 높은 반면에 내구성은 낮으므로 해양 콘크리트 구조물에는 부적절하다.

> **해설** 고강도 콘크리트는 설계기준 압축강도와 내구성이 커 해양 콘크리트 구조물에는 적절하다.

55 숏크리트 시공의 일반적인 설명으로 틀린 것은?
① 건식 숏크리트는 배치 후 45분 이내에 뿜어붙이기를 실시하여야 한다.
② 습식 숏크리트는 배치 후 60분 이내에 뿜어붙이기를 실시하여야 한다.
③ 숏크리트는 타설되는 장소의 대기온도가 32℃ 이상이 되면 건식 및 습식 숏크리트 모두 뿜어붙이기를 할 수 없다.
④ 숏크리트는 대기 온도가 4℃ 이상일 때 뿜어붙이기를 실시한다.

> **해설** 숏크리트는 대기 온도가 10℃ 이상일 때 뿜어붙이기를 실시한다.

56 한중 콘크리트에 대한 일반적인 설명으로 틀린 것은?
① 하루의 평균기온이 4℃ 이하가 예상되는 조건일 때는 한중 콘크리트로 시공하여야 한다.
② 한중 콘크리트에서 공기연행(AE) 콘크리트를 사용하는 것을 원칙으로 한다.
③ 물-결합재비는 원칙적으로 50% 이하로 하여야 한다.
④ 재료를 가열할 경우, 물 또는 골재를 가열하는 것으로 하며, 시멘트는 어떠한 경우라도 직접 가열할 수 없다.

> **해설**
> • 물-결합재비는 원칙적으로 60% 이하로 하여야 한다.
> • 가열한 재료를 믹서에 투입하는 순서는 시멘트가 급결하지 않도록 정하여야 한다.
> • 가열한 배합재료의 투입 순서는 가열한 물과 굵은골재를 넣은 후 시멘트를 넣는다.
> • 응결 경화의 초기에 동결되지 않게 주의하며 양생 종료 후 동결융해에 저항성이 있어야 한다.

57 콘크리트 시공이음의 설치위치 및 방법으로 적합하지 않은 것은?
① 시공이음은 될 수 있는 대로 전단력이 적은 위치에 설치하고, 부재의 압축력이 작용하는 방향과 직각이 되도록 하는 것이 원칙이다.
② 바닥틀과 일체로 된 기둥의 시공이음은 기둥의 중앙부분에 수평으로 설치하는 것이 원칙이다.
③ 아치의 시공이음은 아치축에 직각방향이 되도록 설치하여야 한다.
④ 수밀을 요하는 콘크리트에 있어서는 소요의 수밀성이 얻어지도록 적절한 간격으로 시공이음부를 두어야 한다.

정답 53.④ 54.④ 55.④ 56.③ 57.②

해설
- 바닥틀의 시공이음은 슬래브 또는 보의 경간 중앙부 부근에 두어야 한다.
- 신축이음은 양쪽의 구조물 혹은 부재가 구속되지 않는 구조이어야 한다.
- 바닥틀과 일체로 된 기둥 또는 벽의 시공이음은 바닥틀과의 경계 부근에 설치하는 것이 좋다.

58 외기온도가 30℃이고 콘크리트를 2층으로 나누어 타설할 경우, 하층 콘크리트를 타설 완료한 후 정치시간을 포함하여 상층 콘크리트가 타설되기까지의 허용 이어치기 시간간격의 표준으로 옳은 것은?

① 1시간   ② 1.5시간
③ 2시간   ④ 2.5시간

해설

외기온도	허용 이어치기 시간간격
25℃ 초과	2.0시간
25℃ 이하	2.5시간

59 숏크리트 작업시 분진 및 반발량에 대한 대책으로서 틀린 것은?

① 액체급결제, 분진저감제 등 분진발생을 적게 하는 재료를 선택하고 관리한다.
② 분진발생을 적게 하는 건식 숏크리트 방식을 채용한다.
③ 환기에 의해 분진 확산을 희석시킨다.
④ 집진장치를 설치하고 숏크리트 작업시 발생하는 리바운드된 재료를 경화 전에 제거한다.

해설
- 분진발생을 적게 하는 습식 숏크리트 방식을 채용한다.
- 숏크리트의 건식법은 시공 도중에 분진 발생이 많고 골재가 튀어나오는 등의 단점이 있다.
- 건식법은 습식법에 비하여 작업원의 능력과 숙련도에 따라 품질이 크게 좌우된다.

60 콘크리트의 배합과 압송성과의 관계에 대한 다음의 설명 중 틀린 것은?

① 잔골재, 굵은골재의 입도 분포가 불연속인 경우 또는 잔골재 중의 미립분이 부족한 경우에 관이 막히는 경우가 있다.
② 압송을 용이하게 하기 위해 콘크리트의 단위수량을 가능한 한 크게 하고, 잔골재율을 작게 한다.

③ 단위 시멘트량이 적어지면 압송성도 저하한다.
④ 콘크리트 펌프의 압송부하는 콘크리트의 슬럼프가 커지면 작아진다.

해설 압송을 용이하게 하기 위해 콘크리트의 단위수량을 가능한 한 크게 하고, 잔골재율을 크게 한다.

4과목 콘크리트 구조 및 유지관리

61 콘크리트를 진단할 때 물리적 성질을 알아보기 위해 시행하는 시험이 아닌 것은?
① 코아추출시험
② 알칼리 골재반응시험
③ 반발경도시험
④ 투수성시험

해설 화학적 성질로서는 콘크리트의 부식(산, 알칼리 골재반응 등) 및 철근의 부식(중성화, 염화물 등)을 알 수 있다.

62 콘크리트 구조물의 중성화를 방지하기 위한 신축시의 조치로서 잘못된 것은?
① 충분한 습윤양생을 실시한다.
② 다공질의 골재를 사용한다.
③ 콘크리트를 충분히 다짐하여 타설하고 결함을 발생시키지 않는다.
④ 투기성, 투수성이 작은 마감재를 사용한다.

해설 중성화 속도는 골재의 밀도가 작을수록 빨라지는 경향이 있으므로 밀도가 큰 양질의 골재를 사용한다.

63 콘크리트 구조설계기준에서 처짐 계산을 하지 않아도 되는 경우의 보 또는 1방향 슬래브의 최소 두께 규정은 설계기준항복강도 400MPa의 철근에 대한 값에 대해 규정한다. 설계기준항복강도가 400MPa이 아닌 경우에 최소두께 산정에 사용하는 계수의 식으로 옳은 것은?

① $0.43 + \dfrac{f_y}{700}$
② $\dfrac{600}{600 + f_y}$
③ 0.85
④ $0.85\beta_1 \dfrac{f_{ck}}{f_y}$

해설 f_y가 400MPa 이외의 경우는 계산된 최소두께 h값에 $0.43 + \dfrac{f_y}{700}$를 곱한다.

64 보강공법 중에서 연속 섬유 시트 접착공법의 특징에 대한 설명 중 옳지 않은 것은?

① 단면강성의 증가가 크다.
② 보강효과로서 균열의 구속효과와 내하성능의 향상효과가 기대된다.
③ 내식성이 우수하고, 염해지역의 콘크리트 구조물 보강에 적용할 수 있다.
④ 섬유시트는 현장성형이 용이하기 때문에 작업공간이 한정된 장소에서는 작업이 편리하다.

해설 단면강성의 증가가 크지 않다.

65 콘크리트 결함 평가 방법으로 결함 부위에서 방출되는 에너지 중 청각적인 효과를 평가하여 콘크리트 내부결함을 측정하는 방법은?

① 전자파법
② 충격탄성파법
③ 방사선법
④ 어코스틱 에미션법

해설 AE법(Acoustic Emission) : 균열의 성장 또는 소성 변형이 일어나는 동안 발생되는 급격한 에너지 발산으로 음파가 발생하는데 이 음파를 대상 구조물의 표면에 설치된 센서를 통하여 포착함으로써 구조물의 거동을 감시하는 방법으로 재하시험시 병용에 좋다.

66 동해를 입은 콘크리트에 대한 보수 방침으로 가장 거리가 먼 것은?

① 열화한 콘크리트의 제거
② 철근의 부식을 방지하기 위한 전위 제거
③ 보수 후의 수분침입 억제
④ 콘크리트의 동결융해 저항성의 향상

해설 콘크리트의 동해로 인한 열화 발생시 단면 복구, 균열 주입, 표면 보호 등을 실시하여 보수한다.

67 철근 콘크리트가 성립되는 이유로 옳지 않은 것은?

① 철근과 콘크리트의 부착강도가 커서 콘크리트 속의 철근은 이동하지 않는다.

② 콘크리트 속의 철근은 부식하지 않는다.
③ 철근과 콘크리트 두 재료의 탄성계수가 같다.
④ 철근과 콘크리트의 열팽창계수가 거의 같아 내화성이 우수하다.

해설 일반적으로 철근의 탄성계수가 콘크리트의 탄성계수보다 크다.

68 초음파속도법에 대한 설명 중 가장 적절치 않은 것은?

① 측정법은 표면법, 대칭법, 사각법이 있다.
② 콘크리트의 균질성, 내구성 등의 판정에 이용된다.
③ 콘크리트의 종류, 측정대상물의 형상·크기 등에 대한 적용상의 제약이 비교적 적다.
④ 음속만으로 콘크리트 압축강도를 정확하게 알 수 있다.

해설 강도 추정은 미리 구한 음속과 압축강도와 상관관계 도표 및 식을 이용하여 구하는데 정밀도는 그다지 높지 않다.

69 보의 폭(b_w)이 350mm인 직사각형 단면 보가 계수 전단력(V_u) 75kN을 전단 보강 철근 없이 지지하고자 한다. 필요한 최소 유효깊이(d)는? (단, f_{ck} = 21MPa, f_y = 400MPa, λ = 1.0)

① 749mm
② 702mm
③ 357mm
④ 254mm

해설 전단 보강 철근이 필요하지 않는 경우

$V_u \leq \dfrac{1}{2} \phi V_c$

$V_u = \dfrac{1}{2} \phi \dfrac{1}{6} \lambda \sqrt{f_{ck}} \, b_w d$

$75000 = \dfrac{1}{2} \times 0.75 \times \dfrac{1}{6} \times 1.0 \times \sqrt{21} \times 350 \times d$

∴ $d \fallingdotseq 749\text{mm}$

70 다음 그림과 같은 T형 보에서 공칭모멘트 강도(M_n)는? (단, f_{ck} = 28MPa, f_y = 400MPa, A_s = 2,926mm²)

① 187 kN·m
② 199 kN·m
③ 236 kN·m
④ 254 kN·m

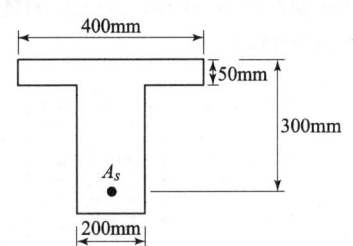

정답 64. ① 65. ④ 66. ② 67. ③ 68. ④ 69. ① 70. ④

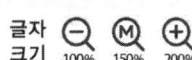

- $a = \dfrac{A_s f_y}{0.85 f_{ck} b} = \dfrac{2926 \times 400}{0.85 \times 28 \times 400} = 123\text{mm}$
- $a > t$ 이므로 T형 보
- $C_f = T_f$
  $0.85 f_{ck}(b - b_w) t_f = A_{sf} f_y$
  $\therefore A_{sf} = \dfrac{0.85 f_{ck}(b - b_w) t_f}{f_y} = \dfrac{0.85 \times 28 \times (400 - 200) \times 50}{400} = 595\text{mm}^2$
- $C_w = T_w$
  $0.85 f_{ck} a b_w = (A_s - A_{sf}) f_y$
  $\therefore a = \dfrac{(A_s - A_{sf}) f_y}{0.85 f_{ck} b_w} = \dfrac{(2926 - 595) \times 400}{0.85 \times 28 \times 200} = 196\text{mm}$
- $M_n = \left\{ A_{sf} f_y \left(d - \dfrac{t}{2}\right) + (A_s A_{sf}) f_y \left(d - \dfrac{a}{2}\right) \right\}$
  $= \left\{ 595 \times 400 \times \left(300 - \dfrac{50}{2}\right) + (2926 - 595) \times 400 \times \left(300 - \dfrac{196}{2}\right) \right\}$
  $= 253,794,800\text{N} \cdot \text{mm} = 254\text{kN} \cdot \text{m}$

71 준공 후 25년 경과한 콘크리트 구조물의 탄산화 깊이가 25mm라 할 때 준공 후 100년 된 시점의 탄산화 깊이는? (단, $\sqrt{t}$ 법칙을 이용한다.)

① 40mm
② 50mm
③ 75mm
④ 100mm

- 중성화(탄산화) 깊이 $x = A\sqrt{t}$ 관계식에서 중성화 깊이 x와 경과년수 $\sqrt{t}$와 비례관계이다.
  - $25\text{mm} : \sqrt{25}\text{년} = x : \sqrt{100}\text{년}$
    $\therefore x = 50\text{mm}$

72 그림의 띠철근 기둥에서 띠철근으로 D13(공칭지름 12.7mm) 및 축방향 철근으로 D35(공칭지름 34.9mm)의 철근을 사용할 때, 띠철근의 최대 수직간격은 얼마인가?

① 200mm
② 300mm
③ 560mm
④ 610mm

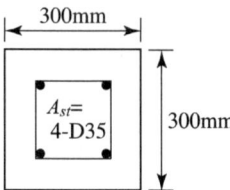

답안 표기란

71 ① ② ③ ④
72 ① ② ③ ④

해설
- 종방향 철근 지름 × 16
  35×16 = 560mm
- 띠철근이나 철선지름 × 48
  13×48 = 624mm
- 기둥 단면의 최소치수 300mm
∴ 위의 값 이하로 하여야 하므로 띠철근의 최대 수직간격은 300mm이다.

73 옹벽의 구조해석에 대한 사항 중 틀린 것은?

① 부벽식 옹벽의 저판은 정밀한 해석이 사용되지 않는 한, 부벽의 높이를 경간으로 가정한 고정보 또는 연속보로 설계할 수 있다.
② 캔틸레버식 옹벽의 추가철근은 저판에 지지된 캔틸레버로 설계할 수 있다.
③ 부벽식 옹벽의 추가철근은 3변 지지된 2방향 슬래브로 설계할 수 있다.
④ 뒷부벽은 T형보로 설계하여야 하며, 앞부벽은 직사각형보로 설계하여야 한다.

해설
- 뒷부벽식 옹벽의 저판은 정확한 방법이 사용되지 않는 한, 뒷부벽 간의 거리를 경간으로 가정하여 고정보 또는 연속보로 설계할 수 있다.
- 저판의 뒷굽판은 정확한 방법이 사용되지 않는 한, 뒷굽판 상부에 재하되는 모든 하중을 지지하도록 설계되어야 한다.

74 다음 중 콘크리트 구조물 보수공법의 종류로 거리가 먼 것은?

① 표면처리공법 ② 외부 케이블공법
③ 주입공법   ④ 충전공법

해설 보강공법
외부 케이블공법, 강판접착공법, 세로보 증설공법, 탄소섬유 접착공법 등이 있다.

75 압축철근 D13(공칭직경 12.7mm) 철근의 겹침 이음길이(l_s)는? (단, 보통 중량 콘크리트를 사용하였으며, f_{ck} = 28MPa, f_y = 400MPa 이다.)

① 300mm ② 366mm
③ 577mm ④ 684mm

해설 압축철근의 겹침 이음길이
f_y가 400MPa 이하인 경우는 $0.072 f_y d_b$ 이상, 300mm 이상이어야 한다.
∴ $l_s = 0.072 f_y d = 0.072 \times 400 \times 12.7 = 366mm$

답안 표기란
73 ① ② ③ ④
74 ① ② ③ ④
75 ① ② ③ ④

정답 71.② 72.②
73.① 74.②
75.②

02회 CBT 모의고사

76 아래 표의 조건과 같은 경우 단철근 직사각형보의 설계휨강도(ϕM_n)를 구하기 위한 강도감소계수(ϕ)는? (단, 최외단 철근의 순인장 변형률(ε_t)은 소수점 이하 넷째자리까지 구한다.)

- 인장철근은 1열로 배치
- 유효깊이(d) : 400mm
- 압축연단에서 중립축까지 거리(c) : 169.2mm

① 0.804　　② 0.817
③ 0.823　　④ 0.842

해설
- 순인장 변형률(ε_t)
$$\varepsilon_t = 0.0033\left(\frac{d-c}{c}\right) = 0.0033\left(\frac{400-169.2}{169.2}\right) = 0.0045$$
$0.002 < \varepsilon_t < 0.005$이므로 변화구간 단면이다.
- 강도감소계수(ϕ)
$$\phi = 0.65 + (\varepsilon_t - 0.002)\frac{200}{3} = 0.65 + (0.0045 - 0.002)\frac{200}{3} = 0.817$$

77 철근의 정착과 이음에 대한 설명으로 적합하지 않은 것은?

① 갈고리는 압축철근의 정착에 유효하지 않은 것으로 보아야 한다.
② 인장을 받는 이형철근의 겹침이음길이는 300mm 이상이어야 한다.
③ 인장 이형철근의 기본 정착길이에 곱해주는 보정계수는 둘 이상 적용될 경우 큰값 하나만 적용하여야 한다.
④ 인장철근은 구부려서 복부를 지나 정착하거나 부재의 반대측에 있는 철근쪽으로 연속하여 정착시켜야 한다.

해설 인장 이형철근의 기본 정착길이에 곱해주는 보정계수는 둘 이상 적용될 경우 둘 이상의 값을 적용하여야 한다.

78 단경간이 2m, 장경간이 4m인 슬래브에 집중하중 180kN이 슬래브의 중앙에 작용한다. 이 경우 단경간과 장경간이 부담하는 하중은 각각 얼마인가?

① 단경간 부담하중=160kN, 장경간 부담하중=20kN
② 단경간 부담하중=20kN, 장경간 부담하중=160kN

③ 단경간 부담하중=169 kN, 장경간 부담하중=11 kN
④ 단경간 부담하중=11 kN, 장경간 부담하중=169 kN

해설
- 단경간 부담하중
$$P_S = \frac{L^3}{L^3+S^3} \cdot P = \frac{4^3}{4^3+2^3} \times 180 = 160\,\text{kN}$$
- 장경간 부담하중
$$P_L = \frac{S^3}{L^3+S^3} \cdot P = \frac{2^3}{4^3+2^3} \times 180 = 20\,\text{kN}$$

79 내하력이 의심스러운 기준 콘크리트 구조물의 안전성 평가 내용 중 틀린 것은?

① 구조물 또는 부재의 안전이 의심스러운 경우, 해당 구조물 및 부재에 대하여 충분한 조사와 시험이 실시되어야 한다.
② 구조물이나 부재의 안전도에 대한 우려가 있으면, 재하시험에 의해 모든 응답이 허용규정을 만족해도 구조물을 사용해서는 안 된다.
③ 내하력 부족의 요인을 알 수 있거나 해석에서 요구되는 부재치수 및 재료 특성을 측정할 수 있는 경우, 이러한 측정값을 근거로 내하력 해석에 의한 평가를 실시할 수 있다.
④ 내하력 부족의 원인을 알 수 없거나 해석에서 요구되는 부재치수 및 재료 특성을 측정할 수 없는 경우, 사용하중 상태에서 구조물이 유지될 수 있는지를 판단하기 위하여 재하시험을 실시하여야 한다.

해설 구조물이나 부재의 안전도에 대한 우려가 있으면, 재하시험에 의해 모든 응답이 허용규정을 만족하면 구조물을 사용해도 된다.

80 콘크리트의 동결융해에 의한 열화를 증가시키는 원인이 아닌 것은?

① 공기 연행량 증대
② 겨울에 큰 기온차
③ 높은 수분 포화성
④ 작은 모세관 구조와 흡수성이 큰 골재

해설 공기 연행량을 증대하면 콘크리트의 동결융해에 의한 열화를 감소시킬 수 있다.

정답 76. ② 77. ③ 78. ① 79. ② 80. ①

03회 CBT 모의고사

1과목 콘크리트 재료 및 배합

01 콘크리트용 잔골재에는 점토를 비롯한 유해물질이 함유될 수 있다. 유해물질로 인한 콘크리트 품질의 저하를 방지하기 위하여 잔골재의 유해물 함유량을 규제하는데 다음 중 항목별 유해물 허용한도(질량백분율)가 틀린 것은?

① 점토 덩어리 −2.0
② 0.08mm체 통과량(콘크리트의 표면이 마모작용을 받는 경우) −3.0
③ 석탄, 갈탄 등으로 밀도 2.0g/cm³의 액체에 뜨는 것(콘크리트의 외관이 중요한 경우) −0.5
④ 염화물이온량 −0.02

해설 점토 덩어리 함유율 : 1.0%

02 잔골재량이 770kg/m³, 굵은골재량이 950kg/m³인 시방배합을, 잔골재 중의 5mm체 잔류율이 3%, 굵은골재 중의 5mm체 통과율이 5%인 현장에서 현장배합으로 고칠 경우 입도보정에 의한 잔골재량은 약 얼마인가?

① 707kg/m³
② 743kg/m³
③ 795kg/m³
④ 826kg/m³

해설 $X = \dfrac{100S - b(S+G)}{100 - (a+b)} = \dfrac{100 \times 770 - 5(770+950)}{100 - (3+5)} = 743 \text{kg/m}^3$

03 시멘트에 관한 다음의 설명 중 옳은 것은?

① 시멘트의 풍화는 대기중의 탄산가스와의 직접적인 반응에 의해 일어난다.
② 비표면적이 큰 시멘트일수록 수화반응이 늦어진다.
③ C_3A 성분이 많은 포틀랜드 시멘트일수록 화학저항성이 크다.
④ 조강성(早强性) 포틀랜드 시멘트는 일반적으로 C_3S의 양이 많고 C_2S의 양이 적다.

해설
- 시멘트의 풍화는 대기중의 수분을 흡수하여 수화작용을 일으켜 굳어지는 현상이다.
- 비표면적이 큰 시멘트일수록 수화반응이 빠르다.
- C_3A(알루민산 3석회) 성분은 수화작용이 가장 빠르며 수화열이 매우 높아 중용열 시멘트에서는 8% 이하로 제한하고 있다.

04 시멘트의 비중시험을 통해 알 수 있는 것은?
① 풍화의 정도
② 화학저항성
③ 동결융해저항성
④ 주요 성분의 구성

해설 시멘트 비중이 작아지는 이유
- 클링커의 소성이 불충분할 때
- 혼합물이 섞여 있을 때
- 시멘트가 풍화되었을 때
- 저장기간이 길었을 때

05 콘크리트의 설계기준압축강도(f_{ck})가 40MPa이고, 내구성 기준 압축강도(f_{cd})가 35MPa이다. 30회 이상의 압축강도 시험실적으로부터 구한 표준편차가 5MPa인 경우 배합강도를 구하면?
① 45 MPa
② 46.7 MPa
③ 47.7 MPa
④ 48.2 MPa

해설
- f_{ck}와 f_{cd} 중 큰 값인 40MPa가 품질기준강도(f_{cq})이다.
- $f_{cq} > 35$MPa이므로
$f_{cr} = f_{cq} + 1.34S = 40 + 1.34 \times 5 = 46.7$MPa
$f_{cr} = 0.9f_{cq} + 2.33S = 0.9 \times 40 + 2.33 \times 5 = 47.7$MPa
∴ 큰 값인 47.7MPa이다.

06 시멘트 성분 중에 Na_2O가 0.5%, K_2O가 0.4% 있었다면 이 시멘트에서 도입되는 전알칼리의 양은?
① 0.52%
② 0.76%
③ 0.91%
④ 1.05%

해설 전 알칼리량
$Na_2O + 0.658 K_2O = 0.5 + 0.658 \times 0.4 = 0.7632\%$

정답 01.① 02.② 03.④ 04.① 05.③ 06.②

07 전체 1,000g의 잔골재로 체가름 시험을 실시하여 아래 표의 결과를 얻었다. 이 잔골재의 조립률은?

체의 크기(mm)	10	5	2.5	1.2	0.6	0.3	0.15	pan
남은 양(g)	0	0	110	260	290	210	100	30

① 2.8   ② 3.0
③ 3.2   ④ 3.4

해설

체의 크기(mm)	2.5	1.2	0.6	0.3	0.15
잔유율(%)	11	26	29	21	10
가적 잔유율(%)	11	37	66	87	97

$$FM = \frac{11+37+66+87+97}{100} = 3.0$$

08 콘크리트 배합에서 굵은골재의 최대치수에 관한 규정으로 틀린 것은?

① 일반적인 구조물의 경우 굵은골재의 최대치수는 20mm 또는 25mm로 한다.
② 굵은골재의 최대치수는 거푸집 양 측면 사이의 최소거리의 1/5을 초과해서는 안 된다.
③ 굵은골재의 최대치수는 개별 철근, 다발철근, 긴장재 또는 덕트 사이 최소 순간격의 3/4을 초과해서는 안 된다.
④ 굵은골재의 최대치수는 슬래브 두께의 2/3을 초과해서는 안 된다.

해설 굵은골재의 최대치수는 슬래브 두께의 1/3을 초과해서는 안 된다.

구조물의 종류		굵은골재 최대치수	
무근 콘크리트		40mm 이하, 부재 최소치수의 1/4 이하	
철근 콘크리트	일반적인 경우	20mm 또는 25mm 이하	부재 최소치수의 1/5 이하, 피복두께 및 철근의 최소 수평, 수직 순간격의 3/4 이하
	단면이 큰 경우	40mm 이하	

09 고로 슬래그 미분말을 사용한 콘크리트에 대한 설명이다. 옳지 않은 것은?

① 고로 슬래그 미분말을 사용한 콘크리트는 중성화 속도를 저하시키는 효과가 있다.
② 고로 슬래그 미분말을 사용한 콘크리트는 철근 보호성능이 향상된다.
③ 고로 슬래그 미분말을 사용한 콘크리트는 수밀성이 크게 향상된다.
④ 고로 슬래그 미분말을 사용한 콘크리트의 초기강도는 포틀랜드 시멘트 콘크리트보다 작다.

해설 고로 슬래그 미분말을 사용한 콘크리트는 알칼리 골재 반응 억제에 대한 효과가 있다.

10 다음 중 콘크리트용 모래에 포함되어 있는 유기 불순물 시험에서 사용하지 않는 약품은?

① 수산화나트륨
② 탄닌산
③ 페놀프탈레인
④ 메틸알코올

해설 콘크리트의 중성화 판단에 1% 페놀프탈레인 용액이 사용된다.

11 일반 콘크리트에서 물-결합재비에 대한 설명으로 틀린 것은?

① 압축강도와 물-결합재비와의 관계는 시험에 의해 정하는 것을 원칙으로 한다. 이 때 공시체는 재령 28일을 표준으로 한다.
② 제빙화학제가 사용되는 콘크리트의 물-결합재비는 45% 이하로 한다.
③ 콘크리트의 수밀성을 기준으로 물-결합재비를 정할 경우 그 값은 40% 이하로 한다.
④ 콘크리트의 탄산화 저항성을 고려하여 물-결합재비를 정할 경우 55% 이하로 한다.

해설
• 콘크리트의 수밀성을 기준으로 물-결합재비를 정할 경우 그 값은 50% 이하로 한다.
• 황산염 노출 정도가 보통인 경우 최대 물-결합재비는 50%로 한다.

12 다음의 시멘트 중 수경률이 가장 큰 것은?

① 조강 포틀랜드 시멘트
② 중용열 포틀랜드 시멘트
③ 보통 포틀랜드 시멘트
④ 백색 포틀랜드 시멘트

해설 수경률이 높을수록 수화반응 속도가 향상되고 수화열이 증가된다.

[정답] 07.② 08.④ 09.① 10.③ 11.③ 12.①

13 시멘트 비중시험에 대한 내용으로 잘못된 것은?

① 르샤틀리에 비중병의 눈금 1과 0의 위아래에 0.1mL 눈금이 2줄씩 여분으로 새겨져 있다.
② 일정량의 시멘트(포틀랜드 시멘트는 약 64g)를 1g의 정밀도로 달아 칭량한다.
③ 동일 시험자가 동일 재료에 대하여 2회 측정한 결과가 ±0.03 이내이어야 한다.
④ 광유의 온도가 1℃ 변화하면 용적이 약 0.2cc 변화되어 비중은 약 0.02의 차가 생기므로 시멘트를 넣기 전후의 광유의 온도차는 0.2℃를 넘어서는 안 된다.

해설
- 일정량의 시멘트를 0.05g까지 달아 칭량한다.
- 온도 23±2℃에서 비중 약 0.73 이상인 완전히 탈수된 등유나 나프타를 사용한다.
- 비중시험값으로 시멘트의 종류를 추정할 수 있다.
- 특별히 규정이 없다면 실제 접수된 시료의 상태로 시멘트 비중시험을 한다.

14 콘크리트용 혼화재료로서 플라이 애시의 품질을 시험하기 위한 시료의 채취 및 조제에 대한 내용으로 잘못된 것은?

① 시료의 수량 및 채취방법은 인도·인수 당사자 사이의 협정에 따른다.
② 시험용 시료는 시험하기 전에 시험실 안에 넣어 실온과 같아지도록 한다.
③ 채취한 시료는 850μm 표준망체로 이물질을 제거한다.
④ 조제된 시료는 시험 시까지 시험실과 비슷한 습도가 되도록 시험실의 대기 중에서 보관한다.

해설 제조된 시료는 시험실 대기 중에 보관해서는 안 된다.

15 포틀랜드 시멘트의 주원료로서 양이 많은 것부터 차례로 나열된 것은?

① 석회석 > 점토 > 규석
② 석회석 > 석고 > 점토
③ 석고 > 점토 > 석회석
④ 규석 > 석회석 > 점토

해설 석회석과 점토를 주원료로 혼합한다.

16 물-시멘트비 50%, 잔골재율 43.0%, 공기량 5.0% 및 단위수량 170 kg의 조건으로한 콘크리트의 시방배합 결과에 대한 설명으로 틀린 것은? (단, 시멘트 밀도 0.00315g/mm³, 잔골재 표면건조 포화상태 밀도 0.00257g/mm³, 굵은골재 표면건조포화상태 밀도 0.00265g/mm³)

① 단위 굵은골재량은 1,027 kg이다.
② 단위 잔골재량은 743 kg이다.
③ 골재의 절대용적은 672*l* 이다.
④ 단위 시멘트량은 340 kg이다.

해설
- 단위시멘트량
$$\frac{W}{C} = 0.5$$
$$\therefore C = \frac{170}{0.5} = 340 \text{kg/m}^3$$
- 골재의 절대용적
$$V = 1 - \left(\frac{170}{1000} + \frac{340}{3.15 \times 1000} + \frac{5}{100}\right) = 0.672\text{m}^3 = 672l$$
- 단위 잔골재량
$0.672 \times 0.43 \times 2.57 \times 1000 = 743\text{kg/m}^3$
- 단위 굵은골재량
$0.672 \times 0.57 \times 2.65 \times 1000 = 1015\text{kg}$

17 다음 중 콘크리트의 배합설계에서 잔골재율 보정에 대한 설명으로 옳은 것은?

① 잔골재의 조립률이 0.1만큼 작을 때마다 잔골재율은 0.5만큼 크게 한다.
② 공기량이 1%만큼 클 때마다 잔골재율은 0.5~1.0만큼 크게 한다.
③ 물-결합재비가 0.05만큼 작을 때마다 잔골재율은 1만큼 작게 한다.
④ 자갈을 사용할 경우 잔골재율은 2~3만큼 크게 한다.

해설
- 잔골재의 조립률이 0.1만큼 작을 때마다 잔골재율은 0.5만큼 작게 한다.
- 공기량이 1%만큼 클 때마다 잔골재율은 0.5~1.0만큼 작게 한다.
- 자갈을 사용할 경우 잔골재율은 3~5만큼 작게 한다.

정답 13. ② 14. ④ 15. ① 16. ① 17. ③

18 기존 콘크리트 구조물의 철거로 인해 발생되는 폐콘크리트 등과 같이 이미 경화된 콘크리트를 파쇄하여 가공한 골재를 무엇이라 하는가?

① 순환골재
② 부순골재
③ 페로니켈슬래그 골재
④ 용융슬래그 골재

해설 콘크리트에 사용되는 순환 굵은골재의 품질기준
- 절대건조밀도는 2.5g/cm³ 이상이어야 한다.
- 0.08mm체 통과량 시험에서 손실된 양은 1.0% 이하이어야 한다.
- 점토 덩어리양은 0.2% 이하이어야 한다.

19 콘크리트용 강섬유의 인장강도 시험(KS F 2565)에 대한 설명으로 틀린 것은?

① 시료의 장착은 눈금 거리를 10mm로 하고, 시험 중 빠지지 않도록 고정하여야 한다.
② 평균 재하속도는 5MPa/s~10MPa/s의 속도로 한다.
③ 시료의 수는 10개 이상으로 한다.
④ 강섬유의 인장강도(f_t)를 구하는 식은 $f_t = \dfrac{파단하중(N)}{단면적(mm^2)}$이다.

해설 평균 재하속도는 10MPa/s~30MPa/s의 속도로 한다.

20 콘크리트에 사용되는 골재의 실적률에 대한 설명으로 옳지 않은 것은?

① 골재는 입형과 입도가 좋을수록 실적률이 큰 값을 갖는다.
② 실적률이 큰 골재는 시멘트 페이스트의 양이 적어 경제적인 콘크리트 제조가 가능하다.
③ 실적률이 큰 골재는 콘크리트의 마모저항 및 내구성, 투수성, 흡수성의 증대를 기대할 수 있다.
④ 실적률이 큰 골재는 공극률이 작다.

해설 실적률이 큰 골재는 콘크리트의 마모저항 및 내구성 크고 투수성, 흡수성을 감소시킬 수 있다.

2과목 콘크리트 제조, 시험 및 품질관리

21 최근 고유동 콘크리트의 컨시스턴시를 평가하기 위한 시험법 중 가장 적당하지 않은 것은?

① 유하시험
② 비비시험
③ L형 플로시험
④ 슬럼프 플로시험

해설 Vee-Bee 시험(진동대식 시험)은 포장 콘크리트와 같은 된반죽 콘크리트의 반죽질기를 측정하는 데 적합하다.

22 콘크리트의 블리딩 및 블리딩 시험방법에 대한 설명으로 옳은 것은?

① 시험하는 동안 시료 콘크리트 및 실험실의 온도는 23±2°C로 유지해야 한다.
② 처음 60분 동안은 10분 간격으로 콘크리트 표면에 스며나온 물을 빨아낸다.
③ 블리딩은 대체로 5~7시간 정도에 끝난다.
④ 블리딩은 시멘트의 분말도가 낮을수록 적다.

해설
• 시험중 실온은 20±3°C로 한다.
• 블리딩은 대체로 2~4시간에 거의 끝난다.
• 블리딩은 시멘트의 분말도가 낮을수록 크다.

23 콘크리트의 슬럼프 시험방법에 대하여 적당하지 않은 것은?

① 슬럼프 콘은 상부 안지름 100mm, 하부 안지름 200mm, 높이 300mm의 강제 콘을 사용한다.
② 시료는 슬럼프 콘 용적의 1/3씩 3층으로 나누어 채운다.
③ 슬럼프 콘에 콘크리트를 채우기 시작하고 나서 슬럼프 콘의 들어올리기를 종료할 때까지의 시간은 1분 30초 이내로 한다.
④ 슬럼프 콘을 연직으로 들어 올리고 콘크리트의 중앙부에서 공시체 높이와의 차를 5mm 단위로 측정하여 이것을 슬럼프 값으로 한다.

해설 슬럼프 콘에 콘크리트를 채우기 시작하고 나서 슬럼프 콘의 들어올리기를 종료할 때까지의 시간은 3분 이내로 한다.

정답 18.① 19.② 20.③ 21.② 22.② 23.③

24 1일 콘크리트 사용량이 약 200m³인 경우 필요한 믹서의 용량은? (단, 1일 작업시간은 8시간, 1회 비벼내기 시간 2분, 작업효율 $E=0.80$이다.)

① 0.55m³ ② 1.05m³
③ 1.55m³ ④ 2.05m³

해설
$q \times \dfrac{480}{2} \times 0.8 = 200$

∴ $q = 1.05\text{m}^3$

25 콘크리트의 압축강도 시험용 공시체 제작에 대한 설명으로 틀린 것은?

① 공시체는 지름의 2배의 높이를 가진 원기둥형으로 하며, 그 지름은 굵은골재의 최대치수의 3배 이상, 100mm 이상으로 한다.
② 콘크리트를 몰드에 채울 때 2층 이상으로 거의 동일한 두께로 나눠서 채우며, 각 층의 두께는 160mm를 초과해서는 안 된다.
③ 다짐봉을 사용하여 콘크리트를 다져 넣을 때 각 층은 적어도 700mm²에 1회의 비율로 다지도록 하고 다짐봉이 바로 아래층에 20mm 정도 들어가도록 다진다.
④ 캐핑용 재료를 사용하여 공시체의 캐핑을 할 때 캐핑층의 두께는 공시체 지름의 2%를 넘어서는 안 된다.

해설 다짐봉을 사용하여 콘크리트를 다져 넣을 때 각 층은 적어도 1,000mm²에 1회의 비율로 다지도록 하고 바로 아래층까지 다짐봉이 닿도록 한다.

26 지름 150mm, 높이 300mm의 원주형 공시체를 사용하여 쪼갬인장강도 시험을 한 결과 최대하중이 250kN이라면 이 콘크리트의 쪼갬인장강도는?

① 2.12 MPa ② 2.53 MPa
③ 3.22 MPa ④ 3.54 MPa

해설 쪼갬 인장강도 $= \dfrac{2P}{\pi dl} = \dfrac{2 \times 250,000}{3.14 \times 150 \times 300} = 3.54\text{MPa}$

27 콘크리트의 품질관리 중 받아들이기 품질검사에 대한 설명으로 틀린 것은?

① 콘크리트의 받아들이기 품질관리는 콘크리트를 타설하기 전에 실시하여야 한다.
② 강도검사는 콘크리트의 배합검사를 실시하는 것을 표준으로 한다.
③ 내구성 검사는 공기량, 염소이온량을 측정하는 것으로 한다.
④ 워커빌리티의 검사는 잔골재율의 설정치를 만족하는지의 여부를 확인하고, 재료분리 저항성을 실험에 의하여 확인하여야 한다.

해설 워커빌리티의 검사는 굵은골재 최대치수 및 슬럼프가 설정치를 만족하는지의 여부를 확인함과 동시에 재료분리 저항성을 외관 관찰에 의해 확인하여야 한다.

28 구속되어 있는 무근 콘크리트 부재의 건조수축률이 100×10^{-6}일 때 콘크리트에 작용하는 응력의 종류와 크기는? (단, 콘크리트의 탄성계수는 30GPa이다.)

① 인장응력 3.0 MPa
② 압축응력 3.0 MPa
③ 인장응력 30 MPa
④ 압축응력 30 MPa

해설 $E_c = \dfrac{f}{\varepsilon}$
∴ $f = E_c \times \varepsilon = 30000 \times 100 \times 10^{-6} = 3\text{MPa}$

29 콘크리트의 크리프에 대한 다음 설명 중 틀린 것은?

① 부재치수가 작을수록 크다.
② 조강 시멘트는 보통 시멘트보다 크다.
③ 물-시멘트비가 클수록 크다.
④ 재하시 재령이 짧을수록 크다.

해설
- 조강 시멘트는 보통 시멘트보다 크리프가 작다.
- 재하기간 중의 대기의 습도가 낮을수록 크리프가 크다.
- 시멘트량이 많을수록 크리프가 크다.

정답 24. ② 25. ③ 26. ④ 27. ④ 28. ① 29. ②

30. 콘크리트 압축강도 시험에서 하중을 가하는 속도로 가장 적합한 것은?

① 압축 응력도의 증가율이 매초 0.6±0.4 MPa이 되도록 한다.
② 압축 응력도의 증가율이 매초 1.2±0.6 MPa이 되도록 한다.
③ 압축 응력도의 증가율이 매초 4±2 MPa이 되도록 한다.
④ 압축 응력도의 증가율이 매초 6±4 MPa이 되도록 한다.

해설 콘크리트 인장강도 및 휨강도 시험에서 하중을 가하는 속도는 매초 0.06±0.04 MPa이 되도록 한다.

31. 콘크리트의 받아들이기 품질검사에서 염소이온량의 검사 횟수로서 옳은 것은? (단, 바다 잔골재를 사용할 경우)

① 2회/일
② 1회/일
③ 2회/주
④ 1회/주

해설 바다 잔골재를 사용할 경우 2회/일, 그 밖의 경우 1회/주이며 판정 기준은 원칙적으로 0.3 kg/m³ 이하이다.

32. 레디믹스트 콘크리트의 품질 중 공기량에 대한 규정인 아래 표의 내용 중 틀린 것은?

[단위 : %]

콘크리트의 종류	공기량	공기량의 허용오차
보통 콘크리트	㉠ 4.5	±1.5
경량골재 콘크리트	㉡ 5.5	
포장 콘크리트	㉢ 4.0	
고강도 콘크리트	㉣ 3.5	

① ㉠
② ㉡
③ ㉢
④ ㉣

해설 포장 콘크리트의 경우 4.5%이다.

33 콘크리트 제조에 대한 내용으로 틀린 것은?
① 콘크리트의 품질은 균질하여야 한다.
② 시공시 작업에 적합한 워커빌리티를 유지해야 한다.
③ 시공 일수를 단축하기 위해 응결시간은 짧을수록 용이하다.
④ 콘크리트는 소요의 강도, 내구성, 수밀성을 갖도록 해야 한다.

해설 응결시간이 짧을 경우 시공이 어렵다.

34 콘크리트의 블리딩에 관한 설명으로 틀린 것은?
① 일종의 재료분리 현상이다.
② 잔골재의 조립률이 클수록 블리딩이 작아진다.
③ 단위수량이 큰 배합일수록 블리딩이 많아진다.
④ 공기연행제를 사용하면 단위수량을 감소시켜서 블리딩을 줄일 수 있다.

해설
- 잔골재의 조립률이 클수록 블리딩이 커진다.
- 조립률이 크면 골재는 거칠며 굵은모래로 구성되어 있다.
- 시멘트의 분말도가 클수록 블리딩은 작아진다.
- 시멘트 응결시간이 길수록 블리딩은 증가한다.
- 골재의 최대치수가 클수록 블리딩이 적게 된다.

35 콘크리트의 비비기에 대한 설명으로 틀린 것은?
① 시험을 실시하지 않은 경우 강제식 믹서의 비비기 시간은 1분 이상을 표준으로 한다.
② 시험을 실시하지 않은 경우 가경식 믹서의 비비기 시간은 1분 30초 이상을 표준으로 한다.
③ 비비기는 미리 정해둔 비비기 시간의 2배 이상 계속하지 않아야 한다.
④ 연속믹서를 사용할 경우, 비비기 시작 후 최초에 배출되는 콘크리트는 사용하지 않아야 한다.

해설
- 비비기는 미리 정해둔 비비기 시간의 3배 이상 계속하지 않아야 한다.
- 콘크리트를 너무 오래 비비면 굵은골재가 파쇄되는 등의 이유로 오히려 콘크리트에 나쁜 영향을 주게 된다.
- 강제혼합식 믹서 중 바닥의 배출구를 완전히 폐쇄시킬 수 없는 경우에는 물을 다른 재료보다 조금 늦게 넣는 것이 좋다.

[정답] 30.① 31.① 32.③ 33.③ 34.② 35.③

36 시멘트의 저장에 대한 설명으로 옳지 않은 것은?

① 포대에 들어있는 시멘트를 장기간 저장할 경우에 15포대 이상 쌓으면 안 된다.
② 포대 시멘트는 지상 0.3m 이상 되는 마루 위에 적재하여야 한다.
③ 시멘트의 온도가 너무 높으면 그 온도를 낮춘 다음에 사용하는 것이 좋으며 일반적으로 시멘트의 온도는 50℃ 정도 이하의 것을 사용하는 것이 좋다.
④ 시멘트는 방습적인 구조로 된 사일로 또는 창고에 품종별로 구분하여 저장하여야 한다.

해설
- 포대에 들어있는 시멘트는 13포대 이상 쌓으면 안 되며 장기간 저장할 경우에는 7포대 이상 쌓으면 안 된다.
- 시멘트는 입하 순서대로 사용해야 한다.
- 3개월 이상 저장한 시멘트 또는 습기를 받았다고 생각되는 시멘트는 반드시 사용 전에 재시험을 하여야 한다.
- 저장 중에 약간이라도 굳은 시멘트는 공사에 사용하지 않아야 한다.

37 레디믹스트 콘크리트의 제조설비에 대한 설명으로 틀린 것은?

① 믹서는 고정 믹서로 한다.
② 골재 저장 설비는 콘크리트 최대 출하량의 1주일분 이상에 상당하는 골재량을 저장할 수 있는 크기로 한다.
③ 플랜트는 원칙적으로 각 재료를 위한 별도의 저장빈을 구비한다.
④ 시멘트의 저장 설비는 종류에 따라 구분하고 시멘트의 풍화를 방지할 수 있어야 한다.

해설
- 골재 저장 설비는 콘크리트 최대 출하량의 1일분 이상에 상당하는 골재량을 저장할 수 있는 크기로 한다.
- 계량기는 서로 배합이 다른 콘크리트의 각 재료를 연속적으로 계량할 수 있어야 한다.
- 콘크리트 운반차는 트럭믹서나 트럭 애지테이터를 사용한다.
- 덤프 트럭은 포장 콘크리트 중 슬럼프 25mm의 콘크리트를 운반하는 경우에 한하여 사용할 수 있다.

38 다음 중 품질관리 Cycle의 4단계에 속하지 않는 것은?

① Plan ② Do
③ Caution ④ Action

해설 품질관리의 기본 4단계 순차
계획(plan) → 실시(do) → 검토(check) → 조치(action)

39 콘크리트를 거푸집에 타설한 후부터 응결이 종료할 때까지 발생하는 균열을 초기균열이라고 한다. 아래의 표에서 설명하는 초기균열은?

> 콘크리트 노출면의 수분 증발속도가 블리딩 속도보다 빠른 경우, 바닥판에서 거푸집으로부터의 누수가 심하고 블리딩이 전혀 없으며 초기에 콘크리트 표면에 수분이 부족한 경우 발생하기 쉬운 균열

① 초기 건조 균열
② 거푸집 변형에 의한 균열
③ 진동 및 경미한 재하에 따른 균열
④ 침하 균열

해설
- 초기 건조 균열
  콘크리트를 타설한 후 그 표면으로부터 물의 증발량이 블리딩 양보다 많게 되면 콘크리트 표면이 건조되어 표면에 인장응력이 작용하는데 이 인장응력이 콘크리트의 인장보다 크면 균열이 발생한다.
- 침하 균열
  철근이나 골재 등과 같은 침하를 방해하는 물질이 있으면 콘크리트의 표면에 전단력이 작용하여 균열이 발생한다.

40 4점 재하법에 의한 콘크리트의 휨 강도시험(KS F 2408)에 대한 설명으로 틀린 것은?

① 지간은 공시체 높이의 3배로 한다.
② 공시체에 하중을 가할 때는 공시체에 충격을 가하지 않도록 일정한 속도로 하중을 가하여야 한다.
③ 공시체가 인장쪽 표면 지간 방향 중심선의 4점 사이에서 파괴된 경우는 그 시험 결과를 무효로 한다.
④ 재하장치의 설치면과 공시체면과의 사이에 틈새가 생기는 경우는 접촉부의 공시체 표면을 평평하게 갈아서 잘 접촉할 수 있도록 한다.

해설 공시체가 인장쪽 표면 지간 방향 중심선의 4점 바깥쪽에서 파괴된 경우는 그 시험 결과를 무효로 한다.

정답 36.① 37.② 38.③ 39.① 40.③

3과목 콘크리트의 시공

41 속이 빈 중공형 콘크리트 말뚝과 같이 원통형 제품을 만드는 데 주로 이용되는 다짐방법은?

① 진동다짐
② 원심력 다짐
③ 가압성형 다짐
④ 봉다짐

해설
- 주로 원심력 다짐을 이용하여 속 빈 중공형 콘크리트 말뚝과 같이 원통형 제품을 만든다.
- 원심력 다짐은 말뚝, 전주, 흄관 등을 생산하는 데 능률적이다.

42 포장 콘크리트에 대한 설명으로 틀린 것은?

① 공기연행 콘크리트는 미끄럼저항이 적기 때문에 포장용 콘크리트에는 이용할 수 없다.
② 포장 콘크리트의 강도는 재령 28일에서 휨강도를 기준으로 한다.
③ 습윤양생 기간은 시험에 의해서 정해야 하며, 현장양생을 시킨 공시체의 휨강도가 배합강도의 70%에 도달할 때까지의 기간으로 한다.
④ 포장 콘크리트에 사용하는 굵은골재는 미끄럼저항이 큰 최대치수 40mm 이하의 양질의 골재로 한다.

해설 공기연행 콘크리트는 일반적으로 빈배합의 콘크리트일수록 공기연행에 의한 워커빌리티의 개선의 효과가 크고 콘크리트의 블리딩이 감소되며 수밀성이 증대되어 포장 콘크리트에 이용한다.

43 매스 콘크리트에 대한 설명으로 틀린 것은?

① 매스 콘크리트로 다루어야 하는 구조물의 부재치수는 일반적인 표준으로서 넓이가 넓은 평판구조에서는 두께 0.8m 이상으로 한다.
② 매스 콘크리트의 온도상승 저감을 위해서는 단위시멘트량을 줄이는 것보다 단위수량을 줄이는 편이 바람직하다.
③ 온도균열 방지 및 제어방법으로 선행냉각(pre-cooling) 및 관로식 냉각(pipe-cooling) 방법 등이 이용되고 있다.

④ 수축이음을 설치할 때 계획된 위치에서 균열 발생을 확실히 유도하기 위해서 수축이음의 단면 감소율을 35% 이상으로 하여야 한다.

> **해설**
> - 매스 콘크리트의 온도상승 저감을 위해서는 단위수량을 줄이는 것보다 단위시멘트량을 줄이는 편이 바람직하다.
> - 하단이 구속된 벽조는 두께 0.5m 이상일 경우 매스 콘크리트로 다루어야 한다.
> - 굵은골재의 최대치수는 작업성이나 건조수축 등을 고려하여 되도록 큰 값을 사용하여야 한다.

44 해양 콘크리트에 대한 설명으로 틀린 것은?

① 콘크리트가 충분히 경화되기 전에 직접 해수에 닿지 않도록 보호하여야 하며, 이 기간은 보통 포틀랜드 시멘트를 사용할 경우 대개 3일간이다.
② 시멘트는 고로 슬래그 시멘트, 플라이 애시 시멘트 등 혼합시멘트계 및 중용열 포틀랜드 시멘트를 사용하여야 한다.
③ 해양 구조물은 특히 만조위로부터 위로 0.6m, 간조위로부터 아래로 0.6m 사이의 감조부분에는 시공이음이 생기지 않도록 시공계획을 세워야 한다.
④ 강재와 거푸집판과의 간격은 소정의 피복을 확보하도록 하여야 하며, 간격재의 개수는 기초, 기둥, 벽 및 난간 등에는 2개/m^2 이상을 표준으로 한다.

> **해설**
> - 보통 포틀랜드 시멘트를 사용할 경우 대개 5일간이며 고로 슬래그 시멘트 등 혼합시멘트를 사용할 경우에는 이 기간을 설계기준 압축강도의 75% 이상의 강도가 확보될 때까지 연장하여야 한다.
> - 해양 콘크리트 구조물에 쓰이는 콘크리트의 설계기준강도는 30MPa 이상으로 한다.
> - 일반 콘크리트보다 적은 값의 물-결합재비를 사용하는 것이 바람직하다.

45 서중 콘크리트 제조 및 시공에 대한 설명으로 잘못된 것은?

① 일반적으로 기온 10℃의 상승에 대하여 단위수량은 2~5% 증가한다.
② 콘크리트를 타설할 때의 콘크리트 온도는 25℃를 넘지 않도록 하여야 한다.
③ KS F 2560의 지연형 감수제를 사용하는 등의 일반적인 대책을 강구한 경우에도 1.5시간 이내에 타설하여야 한다.
④ 콘크리트 타설 후 콘크리트의 경화가 진행되어 있지 않은 시점에서 갑작스러운 건조에 의해 균열이 발생하였을 경우 즉시 재진동 다짐이나 다짐을 실시하여 이것을 없애야 한다.

[정답] 41. ② 42. ①
43. ② 44. ①
45. ②

해설
- 콘크리트를 타설할 때의 콘크리트 온도는 35℃ 이하여야 한다.
- 타설 후 적어도 24시간은 노출면이 건조하는 일이 없도록 습윤상태로 유지하며 양생은 적어도 5일 이상 실시한다.

46 콘크리트 이음에 대한 설명으로 틀린 것은?

① 바닥틀의 시공이음은 슬래브 또는 보의 경간 중앙부 부근은 피해서 배치하여야 한다.
② 바닥틀과 일체로 된 기둥 또는 벽의 시공이음은 바닥틀과의 경계 부근에 설치하는 것이 좋다.
③ 아치의 시공이음은 아치축에 직각방향이 되도록 설치하여야 한다.
④ 신축이음은 양쪽의 구조물 혹은 부재가 구속되지 않는 구조이어야 한다.

해설
- 바닥틀의 시공이음은 슬래브 또는 보의 경간 중앙부 부근에 두어야 한다.
- 헌치는 바닥틀과 연속해서 콘크리트를 타설하여야 한다.
- 시공이음은 부재의 압축력이 작용하는 방향과 직각이 되도록 하는 것이 원칙이다.

47 프리캐스트 콘크리트의 재료, 배합, 시공에 대한 설명으로 틀린 것은?

① 슬럼프가 20mm 이상인 콘크리트의 배합은 슬럼프 시험을 원칙으로 한다.
② 프리스트레스 긴장재는 스터럽이나 온도철근 등 다른 철근과 용접할 수 없다.
③ 탈형을 즉시 하더라도 해로운 영향을 받지 않는 프리캐스트 콘크리트는 콘크리트가 경화되기 전에 거푸집의 일부 또는 전부를 탈형할 수 있다.
④ 프리스트레스트 콘크리트의 프리캐스트 콘크리트는 순환골재를 사용하는 것을 원칙으로 한다.

해설 프리스트레스트 콘크리트의 프리캐스트 콘크리트는 순환골재를 사용해서는 안 된다.

48 프리캐스트 콘크리트의 장점에 해당되지 않는 것은?

① 조립구조에 주로 사용되므로 공사기간이 단축된다.
② 현장에서 거푸집이나 동바리 등의 준비가 필요 없다.
③ 규격품을 제조하므로 숙련공이 필요로 하지 않는다.
④ 기후 상황에 좌우되지 않고 시공을 할 수 있다.

해설 규격품을 제조하므로 숙련공이 필요하다.

49 콘크리트를 타설하고 난 후 연직시공 이음부의 거푸집 제거시기로 옳은 것은?

① 여름에는 4~5시간 정도, 겨울에는 8~10시간 정도
② 여름에는 4~5시간 정도, 겨울에는 10~15시간 정도
③ 여름에는 6~8시간 정도, 겨울에는 10~15시간 정도
④ 여름에는 6~8시간 정도, 겨울에는 15~20시간 정도

해설 시공 이음면의 거푸집 철거는 콘크리트가 굳은 후 되도록 빠른 시기에 한다.

50 이미 경화한 매시브한 콘크리트 위에 슬래브를 타설할 때 부재평균 최고온도와 외기온도와의 균형시의 온도차가 12.8°C 발생하였을 때 아래의 표를 이용하여 온도균열 발생확률을 구하면? (단, 간이법 적용)

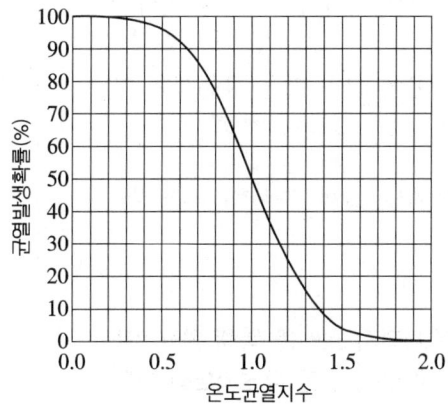

① 약 5%   ② 약 15%
③ 약 30%   ④ 약 50%

[정답] 46.① 47.④ 48.③ 49.② 50.②

해설 • 암반이나 매시브한 콘크리트 위에 타설된 평판구조 등과 같이 외부 구속 응력이 큰 경우 온도균열지수 = $\dfrac{10}{R \cdot \Delta T_o}$

여기서, ΔT_o : 부재 평균 최고온도와 외기온도와의 균형시의 온도차(℃)
 R : 외부 구속의 정도를 표시하는 계수로서
 ㉠ 비교적 연한 암반 위에 콘크리트를 타설할 때 : 0.5
 ㉡ 중간 정도의 단단한 암반 위에 콘크리트를 타설할 때 : 0.65
 ㉢ 경암 위에 콘크리트를 타설할 때 : 0.8
 ㉣ 이미 경화된 콘크리트 위에 타설할 때 : 0.6

• 온도균열지수 = $\dfrac{10}{R \cdot \Delta T_o} = \dfrac{10}{0.6 \times 12.8} = 1.3$

그림에서 온도균열지수가 1.3일 때 해당하는 균열 발생 확률은 약 15% 이다.

51 프리플레이스트 콘크리트의 주입 모르타르에 대한 설명 중 옳지 않는 것은?

① 조립률은 지나치게 크면 주입이 어려워 1.4~2.2 정도의 범위가 좋다.
② 유하시간의 설정값은 16~20초를 표준한다.
③ 블리딩률 설정값은 시험 시작 후 5시간에서의 값이 3% 이하가 되는 것으로 한다.
④ 물-결합재비가 일정한 경우 조립률이 크면 같은 유동성을 얻기 위해 단위수량은 감소한다.

해설 블리딩률 설정값은 시험 시작 후 3시간에서의 값이 3% 이하가 되는 것으로 한다.

52 컴프레서 혹은 펌프를 이용해 노즐 위치까지 호스를 통해 콘크리트를 운반하여 압축공기에 의해 시공면에 뿜어 만든 콘크리트를 무엇이라 하는가?

① 숏크리트 ② 프리플레이스트 콘크리트
③ 프리스트레스트 콘크리트 ④ 유동화 콘크리트

해설 • 숏크리트는 타설되는 장소의 대기 온도가 38℃ 이상이 되면 건식 및 습식 숏크리트 모두 뿜어붙이기를 할 수 없다.
• 건식은 배치 후 45분, 습식은 배치 후 60분 이내에 뿜어붙이기를 실시해야 한다.

53 섬유보강 콘크리트의 배합 및 비비기에 대한 일반적인 설명으로 옳은 것은?

① 믹서는 가경식 믹서를 사용하는 것을 원칙으로 한다.
② 강섬유보강 콘크리트의 경우, 소요 단위수량은 강섬유의 혼입률에 거의 비례하여 증가한다.
③ 강섬유보강 콘크리트에서 강섬유 혼입률 및 강섬유의 형상비가 증가될 경우 잔골재율은 작게 하여야 한다.
④ 일반 콘크리트의 압축강도는 물-결합재비로 결정되나, 섬유보강 콘크리트는 섬유혼입률에 의해 결정된다.

해설
- 믹서는 강제식 믹서를 사용하는 것을 원칙으로 한다.
- 강섬유보강 콘크리트에서 강섬유 혼입률 및 강섬유의 형상비가 증가될 경우 잔골재율을 크게 하여야 한다.
- 섬유보강 콘크리트의 압축강도는 일반 콘크리트와 같이 주로 물-결합재비로 정해지고 섬유 혼입률로는 결정이 되지 않는다.

54 콘크리트 펌프 운반에 대한 설명으로 틀린 것은?

① 콘크리트 펌프 운반시 슬럼프 값이 클수록, 수송관 직경이 클수록 수송관내 압력손실은 작아진다.
② 펌퍼빌리티가 좋은 굳지 않은 콘크리트란 직선관 속을 활동하는 유동성, 곡관이나 테이퍼관을 통과할 때의 변형성, 관내 압력의 시간적 변동에 대한 분리저항성의 3가지 성질을 균형 있게 유지하는 것이다.
③ 일반적으로 수평관 1m당 관내압력손실에 수평환산거리를 곱한 값이 콘크리트 펌프의 최대 이론토출압력의 80% 이하가 되도록 한다.
④ 펌퍼빌리티는 슬럼프와 공기량 시험에 의하여 판정할 수 있다.

해설 펌퍼빌리티는 가압 블리딩 시험과 변형성 시험에 의하여 판정할 수 있다.

55 숏크리트의 강도에 대한 설명으로 틀린 것은?

① 일반적인 경우 재령 3시간에서 숏크리트의 초기강도는 1.0~3.0MPa를 표준으로 한다.
② 일반적인 경우 재령 24시간에서 숏크리트의 초기강도는 5.0~10.0MPa를 표준으로 한다.
③ 일반 숏크리트의 장기 설계기준압축강도는 28일로 설정하며 그 값은 21MPa 이상으로 한다.
④ 영구 지보재로 숏크리트를 적용할 경우 재령 28일의 부착강도는 4.0MPa 이상이 되도록 관리하여야 한다.

[정답] 51.③ 52.①
53.② 54.④
55.④

📝**해설**
- 영구 지보재로 숏크리트를 적용할 경우 재령 28일의 부착강도는 1.0MPa 이상이 되도록 관리하여야 한다.
- 영구 지보재 개념으로 숏크리트를 타설할 경우 설계기준 압축강도는 35MPa 이상으로 한다.
- 영구 지보재로 숏크리트를 적용할 경우 절리와 균열의 거동에 저항하기 위하여 휨인성 및 전단강도가 우수하여야 한다.

56 일반 콘크리트에 사용된 시멘트 종류 및 일평균기온에 따른 습윤양생기간의 표준을 설명한 것으로 틀린 것은?

① 조강 포틀랜드 시멘트를 사용하고 일평균기온이 15℃인 경우 습윤양생기간은 2일을 표준으로 한다.
② 보통 포틀랜드 시멘트를 사용하고 일평균기온이 10℃인 경우 습윤양생기간은 7일을 표준으로 한다.
③ 보통 포틀랜드 시멘트를 사용하고 일평균기온이 5℃인 경우 습윤양생기간은 9일을 표준으로 한다.
④ 고로 슬래그 시멘트를 사용하고 일평균기온이 10℃인 경우 습윤양생기간은 9일을 표준으로 한다.

📝**해설** 습윤양생기간의 표준

일평균기온	보통 포틀랜드 시멘트	고로 슬래그 시멘트 플라이 애시 시멘트 B종	조강 포틀랜드 시멘트
15℃ 이상	5일	7일	3일
10℃ 이상	7일	9일	4일
5℃ 이상	9일	12일	5일

57 다음 중 롤러다짐용 콘크리트의 반죽질기를 평가할 때 적용하는 값은?

① 슬럼프값
② 흐름값
③ VC값
④ 다짐계수값

📝**해설**
- 굳지않은 콘크리트의 반죽질기를 평가하는 데는 일반적으로 슬럼프 시험을 실시한다.
- 롤러다짐용 콘크리트의 반죽질기를 평가할 때는 진동대식 반죽질기 시험방법에 의해 얻어지는 시험값을 초로 나타내는 VC(Vibrating Consistency) 값을 적용한다.

58 시공이음에서 철근으로 보강하는 경우 정착길이에 대한 설명으로 옳은 것은?

① 철근지름의 10배 이상으로 하고 원형철근의 경우에는 갈고리를 붙여야 한다.
② 철근지름의 10배 이상으로 하고 이형철근의 경우에는 갈고리를 붙여야 한다.
③ 철근지름의 20배 이상으로 하고 원형철근의 경우에는 갈고리를 붙여야 한다.
④ 철근지름의 20배 이상으로 하고 이형철근의 경우에는 갈고리를 붙여야 한다.

해설 부득이 전단이 큰 위치에 시공이음을 할 경우 시공이음에 장부 또는 홈을 두거나 적절한 강재를 배치하여 보강한다. 철근으로 보강하는 경우에 정착길이는 직경의 20배 이상으로 하고 원형철근의 경우에는 갈고리를 붙여야 한다.

59 유동화 콘크리트 제조에 관한 설명으로 틀린 것은?

① 배치 플랜트에서 운반한 콘크리트에 공사현장에서 트럭 교반기에 유동화제를 첨가하여 균일하게 될 때까지 교반하여 유동화시킨다.
② 배치 플랜트에서 트럭 교반기 내의 콘크리트에 유동화제를 첨가하여 즉시 고속으로 교반하여 유동화시킨다.
③ 배치 플랜트에서 트럭 교반기 내의 유동화제를 첨가하여 저속으로 교반하면서 운반하고 공사현장 도착 후 고속으로 교반하여 유동화시킨다.
④ 유동화제는 원액으로 사용하고 미리 정한 소정량을 콘크리트 플랜트와 공사현장 도착 후 각각 나누어 첨가한다.

해설
• 유동화제는 원액으로 사용하고 미리 정한 소정의 양을 한꺼번에 첨가하며 계량은 질량 또는 용적으로 계량하고 그 계량오차는 1회에 3% 이내로 한다.
• 유동화 콘크리트의 재유동화는 원칙적으로 할 수 없다.
• 품질관리에서 베이스 콘크리트 및 유동화 콘크리트의 슬럼프 및 공기량 시험은 $50m^3$마다 1회씩 실시하는 것을 표준으로 한다.

정답 56.① 57.③ 58.③ 59.④

60 수중불분리성 콘크리트에 사용하는 굵은골재의 최대치수에 대한 설명으로 틀린 것은?

① 20 또는 25mm 이하를 표준으로 한다.
② 부재 최소치수의 1/5를 초과해서는 안 된다.
③ 철근의 최소 순간격의 2/3을 초과해서는 안 된다.
④ 현장 타설말뚝 및 지하연속벽에 사용하는 콘크리트의 경우는 25mm 이하를 표준으로 한다.

해설 철근의 최소 순간격의 1/2를 초과해서는 안 된다.

4과목 콘크리트 구조 및 유지관리

61 외부적 요인에 의해 옥내(실내) 구조물의 중성화 속도가 옥외(실외) 구조물보다 빠르게 진행되었다면 이의 주된 이유는?

① 높은 탄산가스 농도
② 마감재료의 사용
③ 피복두께의 부족
④ 과다한 크리프 발생

해설
• 공기중의 탄산가스의 농도가 높을수록 중성화 속도가 빠르다.
• 중성화 반응으로 시멘트의 알칼리성이 상실되어 철근을 부식시킨다.

62 열화 원인에 따른 보수방법의 선정으로 적절하지 않은 것은?

① 중성화 : 단면복구공, 표면보호공
② 염해 : 단면복구공, 표면보호공
③ 알칼리 골재반응 : 단면복구공
④ 동해 : 균열주입공

해설
• 알칼리 골재반응 : 균열주입공, 표면보호공
• 동해 : 단면복구공, 균열주입공, 표면보호공

63 인장철근 D25(공칭지름 25.4mm)를 정착시키는 데 필요한 기본 정착길이(l_{db})는? (단, f_{ck}=26MPa, f_y=400MPa, λ=1.0)

① 982mm
② 1,196mm
③ 1,486mm
④ 1,875mm

해설
- 기본 정착길이

$$l_{db} = \frac{0.6 d_b f_y}{\lambda \sqrt{f_{ck}}} = \frac{0.6 \times 25.4 \times 400}{1.0 \times \sqrt{26}} = 1196\text{mm}$$

- 인장철근의 정착길이는 300mm 이상이어야 한다.

64 복철근 직사각형 보의 $A_s' = 1,927\text{mm}^2$, $A_s = 4,765\text{mm}^2$이다. 등가 직사각형 블록의 응력 깊이(a)는?
(단, $f_{ck} = 28\text{MPa}$, $f_y = 350\text{MPa}$)

① 139mm
② 147mm
③ 158mm
④ 167mm

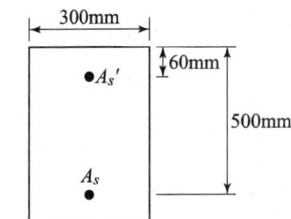

해설
$$a = \frac{(A_s - A_s')f_y}{0.85 f_{ck} b} = \frac{(4765 - 1927)350}{0.85 \times 28 \times 300} = 139\text{mm}$$

65 콘크리트의 동결융해에 관한 내구성 지수(DF)를 구하는 식은 DF = $\frac{PN}{M}$과 같이 나타낸다. 여기서 분모의 M이 의미하는 것은?

① 동결융해에의 노출이 끝날 때의 사이클 수
② 동결융해 N사이클에서의 상대 동탄성계수(%)
③ P값이 시험을 단속시킬 수 있는 소정의 최소값이 된 순간의 사이클 수
④ 동결융해계수

해설
- P : 동결융해 N사이클에서의 상대 동탄성계수
- N : P값이 시험을 단속시킬 수 있는 소정의 최소값이 된 순간의 사이클 수

66 $b_w = 300\text{mm}$, $d = 600\text{mm}$인 단철근 직사각형 보에서, 인장지배단면으로 $f_{ck} = 27\text{MPa}$, $f_y = 300\text{MPa}$이고, $A_s = 3,700\text{mm}^2$가 1열로 배치되어 있다면, 설계휨강도(ϕM_n)는?

① 390 kN·m
② 490 kN·m
③ 590 kN·m
④ 690 kN·m

해설
- $a = \dfrac{A_s f_y}{0.85 f_{ck} b} = \dfrac{3700 \times 300}{0.85 \times 27 \times 300} = 161\text{mm}$

- $\phi M_n = \phi A_s f_y \left(d - \dfrac{a}{2}\right) = 0.85 \times 3700 \times 300 \left(600 - \dfrac{161}{2}\right)$
  $= 490,148,250\text{N·mm} = 490\text{kN·m}$

정답
60. ③ 61. ①
62. ③ 63. ②
64. ① 65. ①
66. ②

67 콘크리트의 설계기준압축강도(f_{ck})가 40MPa, 철근의 항복강도(f_y)가 400MPa, 폭이 300mm, 유효깊이가 500mm인 단철근 직사각형 보의 최소 철근량은?

① 525mm²　　　② 546mm²
③ 571mm²　　　④ 593mm²

해설 최소 철근량

① $\dfrac{1.4}{f_y}bd = \dfrac{1.4}{400} \times 300 \times 500 = 525\text{mm}^2$

② $\dfrac{0.25\sqrt{f_{ck}}}{f_y}bd = \dfrac{0.25 \times \sqrt{40}}{400} \times 300 \times 500 = 593\text{mm}^2$

최소 철근량은 두 값 중 큰 값을 사용하므로 593mm²이다.

68 단철근 직사각형보에 하중이 작용함에 따라 탄성침하가 5mm 발생하였다. 지속적으로 5년 이상 작용할 때 장기처짐량은?

① 5mm　　　② 10mm
③ 20mm　　　④ 30mm

해설 장기처짐 = 탄성처짐 × $\dfrac{\xi}{1+50\rho'}$ = $5 \times \dfrac{2}{1+50\times 0}$ = 10mm

69 보의 설계에서 과소철근으로 하는 이유로 타당하는 것은?

① 파괴되지 않게 하기 위하여
② 취성파괴를 방지하기 위하여
③ 균형파괴를 유도하기 위하여
④ 연성파괴를 방지하기 위하여

해설 과소철근부는 연성파괴가 된다.

70 교량이 PSC 주거더 외관검사에서 평가항목에 해당되지 않는 것은?

① 포장의 요철　　　② 박리
③ 균열　　　④ 진동처짐

해설 박리 및 파손상태, 균열 및 강재의 노출상태, 진동처짐 등을 평가한다.

71 철근 부식으로 인한 콘크리트의 균열을 방지하기 위한 방법으로 적당하지 않은 것은?

① 철근을 방청처리한다.
② 콘크리트 표면을 코팅처리한다.
③ 콘크리트 중성화가 일어나지 않도록 조치한다.
④ 경량골재를 사용한다.

해설 철근 부식에 의한 균열을 막는 방법
- 흡수성이 낮은 콘크리트 사용
- 콘크리트 표면을 추가로 덧씌우는 방법
- 철근을 코팅하여 사용
- 부식을 막는 혼화제를 사용

72 단면의 폭 300mm, 유효깊이 500mm인 단철근 직사각형 보가 있다. 이 보에 계수 전단력 V_u = 400kN이 작용할 때 수직스터럽의 간격은? [단, 스터럽은 D13(공칭 단면적 126.7mm²) 철근을 U형 수직스터럽으로 사용하며 f_{ck} = 21MPa, f_y = 400MPa]

① 125mm
② 150mm
③ 300mm
④ 600mm

해설
- $\phi V_c = \phi(\frac{1}{6}\lambda\sqrt{f_{ck}}b_w d) = 0.75 \times (\frac{1}{6} \times 1.0 \times \sqrt{21} \times 300 \times 500) = 85.9\text{kN}$
- $\phi V_s = V_u - \phi V_c = 400 - 85.9 = 314.1\text{kN}$
- $\phi(\frac{1}{3}\lambda\sqrt{f_{ck}}b_w d) = 0.75 \times (\frac{1}{3} \times 1.0 \times \sqrt{21} \times 300 \times 500) = 171.8\text{kN}$
- $\phi V_s > \phi(\frac{1}{3}\lambda\sqrt{f_{ck}}b_w d)$이므로 수직스터럽의 간격은 $d/4$ 또는 300mm 이하이어야 한다.

$$\therefore \frac{d}{4} = \frac{500}{4} = 125\text{mm}$$

73 콘크리트를 각종 섬유로 보강하여 보수공사를 진행할 경우 섬유가 갖추어야 할 조건으로 거리가 먼 것은?

① 섬유의 압축 및 인장강도가 충분해야 한다.
② 섬유와 시멘트 결합재와의 부착이 우수해야 한다.
③ 시공이 어렵지 않고 가격이 저렴해야 한다.
④ 내구성, 내열성, 내후성 등이 우수해야 한다.

해설 섬유의 인장강도가 충분해야 한다.

정답 67. ④ 68. ② 69. ② 70. ① 71. ④ 72. ① 73. ①

74 구조물의 보강공법 중 강판보강공법의 특징에 대한 설명으로 틀린 것은?

① 강판을 사용하므로 모든 방향의 인장력에 대응할 수 있다.
② 접착제의 내구성, 내피로성의 확인이 쉬우며, 기존에 타설된 콘크리트의 열화가 진행중인 상황에도 보수 없이 시공할 수 있다.
③ 현장 타설 콘크리트, 프리캐스트 부재 모두에 적용할 수 있으므로 응용범위가 넓다.
④ 시공이 간단하고, 강판의 제작, 조립도 쉬워서 현장작업에는 복잡하지 않다.

해설
- 강판보강공법은 현행의 응력상태의 개선에는 기여하지 못하기 때문에 보강 전에 발생되고 있는 응력이 이미 허용응력을 크게 초과할 경우에는 그 적용에 대하여 검토할 필요가 있다.
- 강판보강공법은 활하중 또는 증가고정하중 등 보강 후에 작용하는 하중에만 유효하게 작용한다.

75 1방향 슬래브에 대한 설명으로 틀린 것은?

① 슬래브의 정모멘트 철근 및 부모멘트 철근의 중심간격은 위험단면에서는 슬래브 두께의 3배 이하이어야 하고, 또한 450mm 이하로 하여야 한다.
② 1방향 슬래브의 두께는 최소 100mm 이상으로 하여야 한다.
③ 1방향 슬래브에서는 정모멘트 철근 및 부모멘트 철근에 직각방향으로 수축·온도 철근을 배치하여야 한다.
④ 4변에 의해 지지되는 2방향 슬래브 중에서 단변에 대한 장변의 비가 2배를 넘으면 1방향 슬래브로서 해석한다.

해설 1방향 슬래브의 정모멘트 철근 및 부모멘드 칠근의 중심간격은 위험단면에서는 슬래브 두께의 2배 이하이어야 하고 또한 300mm 이하로 하여야 한다. 기타의 단면에서는 슬래브 두께의 3배 이하이어야 하고 또한 450mm 이하로 하여야 한다.

76 옹벽의 구조해석에 대한 설명으로 잘못된 것은?

① 부벽식 옹벽 저판은 정밀한 해석이 사용되지 않는 한, 부벽 간의 거리를 경간으로 가정한 고정보 또는 연속보로 설계할 수 있다.

② 저판의 뒷굽판은 정확한 방법이 사용되지 않는 한, 뒷굽판 상부에 재하되는 모든 하중을 지지하도록 설계하여야 한다.
③ 캔틸레버식 옹벽의 추가철근은 저판에 지지된 캔틸레버로 설계할 수 있다.
④ 뒷부벽식 옹벽의 뒷부벽은 직사각형보로 설계하여야 한다.

해설
- 뒷부벽식 옹벽의 뒷부벽은 T형보로 보고 설계한다.
- 앞부벽식 옹벽은 부벽을 직사각형 보로 보고 설계한다.
- 뒷부벽식 옹벽 및 앞부벽식 옹벽의 전면벽은 3변 지지된 2방향 슬래브로 설계하여야 한다.

77 연속보 또는 1방향 슬래브의 철근 콘크리트 구조해석시 근사해법 조건으로 틀린 것은?

① 등분포 하중이 작용하는 경우
② 활하중이 고정하중의 3배를 초과하지 않는 경우
③ 인접 2경간 차이가 짧은 경간의 30% 이하인 경우
④ 부재의 단면 크기가 일정한 경우

해설
- 인접 2경간 차이가 짧은 경간의 20% 이하인 경우
- 2경간 이상인 경우

78 콘크리트 구조물의 피로에 대한 안전성을 검토할 경우에 대한 설명으로 틀린 것은?

① 보 및 슬래브의 피로는 휨 및 전단에 대하여 검토해야 한다.
② 일반적으로 기둥의 피로는 검토하지 않아도 좋다.
③ 피로 검토가 필요한 구조부재는 높은 응력을 받는 부분에서 철근을 구부리지 않도록 한다.
④ 이형철근 SD300을 사용한 경우 철근의 응력범위가 150MPa이면 피로를 검토할 필요가 없다.

해설 피로를 고려하지 않아도 되는 철근과 긴장재의 응력범위

강재의 종류	설계기준항복강도 혹은 위치	철근 또는 긴장재의 응력범위(MPa)
이형철근	300MPa	130
	350MPa	140
	400MPa 이상	150
긴장재	연결부 또는 정착부	140
	기타 부위	160

[정답] 74.② 75.① 76.④ 77.③ 78.④

79 다음 중 콘크리트 구조물의 열화(劣化)의 결과가 아닌 것은?
① 균열
② 백화
③ 수화열
④ 중성화

해설 수화열은 굳지 않는 콘크리트 시공시 시멘트의 응결, 경화 과정에 발생한다.

80 다음 중 콘크리트 내의 철근부식 유무를 평가하기 위해 실시하는 비파괴 시험이 아닌 것은?
① 자연전위법
② 전기저항법
③ 분극저항법
④ 열적외선법

해설
• 콘크리트 열화조사에 열적외선법이 사용된다.
• 철근의 부식 상태 조사에는 자연전위법, 전기저항법, 분극저항법, AC임피던스법 등으로 한다.

정답 79. ③ 80. ④

week 2

CBT 모의고사

콘크리트기사

- I   콘크리트 재료 및 배합
- II 콘크리트 제조, 시험 및 품질관리
- III 콘크리트의 시공
- IV 콘크리트 구조 및 유지관리

알려드립니다

한국산업인력공단의 저작권법 저축에 대한 언급(2013년 2회 시험)이 있어 과거에 출제된 동일한 문제나 그 유형의 문제로 재구성하였습니다.

01회 CBT 모의고사

• 수험번호:
• 수험자명:
• 제한 시간:
• 남은 시간:

글자 크기 100% 150% 200% | 화면 배치 | • 전체 문제 수:
• 안 푼 문제 수:

답안 표기란
01 ① ② ③ ④
02 ① ② ③ ④

1과목 콘크리트 재료 및 배합

01 콘크리트에 이용되는 혼화재에 대한 설명으로 틀린 것은?

① 실리카 퓸을 사용한 콘크리트는 마이크로 필러효과와 포졸란 반응에 의해 콘크리트의 강도가 증가한다.
② 팽창재는 에트린가이트 및 수산화칼슘 등의 생성에 의해 콘크리트를 팽창시킨다.
③ 고로 슬래그 미분말을 사용한 콘크리트의 초기강도는 포틀랜드 시멘트 콘크리트보다 작고 이러한 경향은 슬래그 치환율이 클수록 현저하게 나타난다.
④ 플라이 애시는 유리질 입자의 잠재수경성에 의해 콘크리트의 초기강도를 증가시킨다.

해설
• 플라이 애시는 유리질입자의 잠재수경에 의해 장기강도가 증가한다.
• 플라이 애시는 워커빌리티 증가 수량 감소, 장기강도 증가의 효과가 있다.

02 콘크리트의 압축강도 시험을 실시한 결과가 아래의 표와 같다. 불편분산에 의한 표준편차는 얼마인가?

28, 26, 30, 27(MPa)

① 1.71 MPa   ② 1.90 MPa
③ 2.14 MPa   ④ 2.32 MPa

해설
• 평균값($\bar{x}$) = $\frac{28+26+30+27}{4}$ = 27.75
• 편차 제곱의 합(S)
  $(28-27.75)^2 + (26-27.75)^2 + (30-27.75)^2 + (27-27.75)^2 = 8.75$
• 불편분산(V)
  $V = \frac{S}{n-1} = \frac{8.75}{4-1} = 2.91$
• 표준편차(σ)
  $\sigma = \sqrt{V} = \sqrt{2.91} = 1.71$

03 골재의 절대부피가 0.65m³인 콘크리트에서 잔골재율이 42%이고 잔골재의 밀도가 2.60g/cm³이면 단위 잔골재량은?

① 709.8 kg ② 712.6 kg
③ 711.4 kg ④ 707.6 kg

해설 $S = 2.6 \times (0.65 \times 0.42) \times 1000 = 709.8$kg

04 다음은 골재 15,000g에 대하여 체가름 시험을 수행한 결과이다. 이 골재의 조립률은?

골재의 체가름 시험	
체의 호칭치수(mm)	남는 양(g)
75	0
40	450
20	7,200
10	3,600
5	3,300
2.5	450
1.2	0

① 3.12 ② 4.12
③ 6.26 ④ 7.26

해설

체의 호칭치수(mm)	잔류율(%)	가적잔유율(%)
75	0	0
40	$\frac{450}{15,000} \times 100 = 3$	3
20	$\frac{7,200}{15,000} \times 100 = 48$	51
10	$\frac{3,600}{15,000} \times 100 = 24$	75
5	$\frac{3,300}{15,000} \times 100 = 22$	97
2.5	$\frac{450}{15,000} \times 100 = 3$	100
1.2	0	100
0.6	0	100
0.3	0	100
0.15	0	100

$$FM = \frac{3 + 51 + 75 + 97 + 100 + 100 + 100 + 100}{100} = 7.26$$

정답 01. ④ 02. ① 03. ① 04. ④

05 일반 콘크리트에서 물-결합재비에 대한 설명으로 틀린 것은?

① 압축강도와 물-결합재비와의 관계는 시험에 의해 정하는 것을 원칙으로 한다. 이때 공시체는 재령 28일을 표준으로 한다.
② 제빙화학제가 사용되는 콘크리트의 물-결합재비는 45% 이하로 한다.
③ 콘크리트의 수밀성을 기준으로 물-결합재비를 정할 경우 그 값은 40% 이하로 한다.
④ 콘크리트의 탄산화 저항성을 고려하여 물-결합재비를 정할 경우 55% 이하로 한다.

해설
- 콘크리트의 수밀성을 기준으로 물-결합재비를 정할 경우 그 값은 50% 이하로 한다.
- 황산염 노출 정도가 보통인 경우 최대 물-결합재비는 50%로 한다.

06 콘크리트용 화학 혼화제 시험 방법으로 옳지 않은 것은?

① 감수제를 사용한 콘크리트의 공기량은 3~6%를 벗어나서는 안 된다.
② 기준 콘크리트의 공기량은 2% 이하로 한다.
③ 기준 콘크리트의 잔골재율은 40~50% 범위에서 양호한 작업성이 얻어지는 값으로 한다.
④ 콘크리트를 제조할 때 화학 혼화제는 미리 혼합수에 혼입하여 믹서에 투입한다.

해설
- 감수제를 사용한 콘크리트의 공기량은 기준 콘크리트의 공기량에 1%를 더한 것을 넘어서는 안 된다.
- 단위 시멘트량은 슬럼프가 80mm인 콘크리트에서 300kg/m^{3}로 한다.

07 시멘트 클링커 광물들에 대한 상대비교 설명으로 올바른 것은?

① 알라이트(C_3S)는 육각판상에 가까운 구조로서 수화반응 속도가 빠르다.
② 벨라이트(C_2S)는 시멘트 클링커의 대부분을 차지하며 수화반응 속도가 느리다.
③ 알루미네이트는 C_3A가 주성분으로 장기강도가 크다.
④ 페라이트(C_4AF)는 고온에서 클링커 중에 생성된 액상으로부터 냉각되어 생성되는 것으로 수화에 의한 발열량이 가장 크다.

해설
- 벨라이트(C_2S)는 시멘트 클링커의 미소한 양을 차지하며 수화 반응 속도가 느리다.
- 알루미네이트는 C_3A가 주성분으로 조기강도가 크다.
- 페라이트(C_4AF)는 수화작용이 늦고 수화열도 적어 도로용, 댐용 시멘트에 사용된다.

08 시멘트 비중시험에 대한 내용으로 잘못된 것은?
① 르샤틀리에 비중병의 눈금 1과 0의 위아래에 0.1mL 눈금이 2줄씩 여분으로 새겨져 있다.
② 일정량의 시멘트(포틀랜드 시멘트는 약 64g)를 1g의 정밀도로 달아 칭량한다.
③ 동일 시험자가 동일 재료에 대하여 2회 측정한 결과가 ±0.03 이내이어야 한다.
④ 광유의 온도가 1℃ 변화하면 용적이 약 0.2cc 변화되어 비중은 약 0.02의 차가 생기므로 시멘트를 넣기 전후의 광유의 온도차는 0.2℃를 넘어서는 안 된다.

해설
- 일정량의 시멘트를 0.05g까지 달아 칭량한다.
- 온도 23±2℃에서 비중 약 0.73 이상인 완전히 탈수된 등유나 나프타를 사용한다.
- 비중시험값으로 시멘트의 종류를 추정할 수 있다.
- 특별히 규정이 없다면 실제 접수된 시료의 상태로 시멘트 비중시험을 한다.

09 골재의 체가름 시험(KS F 2502)에 사용되는 시료에 대한 설명으로 틀린 것은?
① 굵은골재의 경우 사용하는 골재의 최대치수(mm)의 0.2배를 kg으로 표시한 양을 시료의 최소 건조질량으로 한다.
② 1.2mm체를 질량비로 95% 이상 통과하는 잔골재는 시료의 최소 건조질량을 100g으로 한다.
③ 1.2mm체에 질량비로 5% 이상 남는 잔골재는 시료의 최소 건조질량을 500g으로 한다.
④ 구조용 경량 골재 시료의 최소 건조질량은 일반골재 규정 값의 2배로 한다.

정답 05. ③ 06. ① 07. ① 08. ② 09. ④

해설
- 구조용 경량 골재에서는 일반골재의 최소 건조질량의 1/2로 한다.
- 굵은골재의 경우 사용하는 골재의 최대치수(mm)의 0.2배를 kg으로 표시한 양을 시료의 최소 건조질량으로 한다. 즉 굵은골재의 최대치수가 25mm 정도인 시료의 최소 건조질량은 5kg으로 한다.
- 구조용 경량골재 시료의 최소 건조질량은 일반골재의 최소 건조질량의 1/2로 한다.
- 모래나 자갈을 4분법 또는 시료분취기를 통해 대표 시료를 채취한다.
- 채취한 시료는 105±5℃에서 시료의 무게 변화가 없을 때까지 건조시킨다.

10 콘크리트용 화학혼화제의 작용과 효과에 관한 다음 설명 중 틀린 것은?

① 공기연행제(AE제)는 미세한 기포를 다수 연행하여 콘크리트의 워커빌리티를 개선하는 효과가 있다.
② 감수제는 시멘트 입자를 정전기적인 반발작용으로 분산시켜 콘크리트의 단위수량을 감소시키는 효과가 있다.
③ 공기연행 감수제(AE 감수제)는 시멘트 분산작용 이외에 공기연행 작용을 함께 가지고 있어 콘크리트의 동결융해 저항성을 높여주는 효과가 있다.
④ 고성능 공기연행 감수제(AE 감수제)는 시멘트의 분산작용을 분명하게 하여 콘크리트의 응결을 빠르게 하는 효과가 있다.

해설
- 고성능 공기연행 감수제(AE 감수제)는 무염화, 무알칼리성이다.
- 유동화제는 콘크리트 타설 직전에 현장에서 작업성을 향상시키기 위해 첨가한다.

11 콘크리트 배합설계에서 굵은골재의 최대치수에 대한 설명으로 틀린 것은?

① 거푸집 양 측면 사이의 최소 거리의 1/5을 초과하지 않아야 한다.
② 슬래브 두께의 1/3을 초과하지 않아야 한다.
③ 개별 철근, 다발철근, 긴장재 또는 덕트 사이 최소 순간격의 1/2을 초과하지 않아야 한다.
④ 일반적인 단면을 가지는 철근콘크리트의 굵은골재 최대치수는 20mm 또는 25mm를 표준으로 한다.

해설 • 개별철근, 다발철근, 긴장재 또는 덕트 사이 최소 순간격의 3/4을 초과하지 않아야 한다.
• 구조물의 단면이 큰 경우 굵은골재의 최대치수는 40mm을 표준으로 한다.

12 시멘트의 풍화에 관한 설명으로 옳지 않은 것은?
① 풍화된 시멘트는 응결이 늦어지고 강도가 저하된다.
② 시멘트가 대기 중의 수분을 흡수하여 수화작용으로 풍화가 일어난다.
③ 풍화는 고온, 다습하고 분말도가 높을수록 빨라진다.
④ 풍화된 시멘트는 비중이 커지므로 풍화의 정도를 아는데는 비중이 척도가 된다.

해설 풍화된 시멘트는 강열감량이 증가하고 비중이 저하되며 응결이 지연된다.

13 콘크리트 배합의 잔골재율에 대한 설명으로 틀린 것은?
① 고성능 공기연행 감수제를 사용한 콘크리트의 경우서 물-결합재비 및 슬럼프가 같으면, 일반적인 공기연행 감수제를 사용한 콘크리트와 비교하여 잔골재율을 3~4% 정도 크게 하는 것이 좋다.
② 공사 중에 잔골재의 입도가 변하여 조립률이 ±0.20 이상 차이가 있을 경우에는 워커빌리티가 변화하므로 배합을 수정할 필요가 있다.
③ 유동화 콘크리트의 경우, 유동화 후 콘크리트의 워커빌리티를 고려하여 잔골재율을 결정할 필요가 있다.
④ 잔골재율은 소요의 워커빌리티를 얻을 수 있는 범위 내에서 단위수량이 최소가 되도록 시험에 의해 정하여야 한다.

해설 고성능 공기연행 감수제를 사용한 콘크리트의 경우로서 물-결합재비 및 슬럼프가 같으면 일반적인 공기연행 감수제를 사용한 콘크리트와 비교하여 잔골재율을 1~2% 크게 하는 것이 좋다.

14 부순 굵은골재의 품질에 대한 설명으로 틀린 것은?
① 안정성 시험은 황산마그네슘으로 3회 시험하여 평가하는데, 그 손실질양은 15% 이하를 표준으로 한다.
② 흡수율은 3% 이하이어야 한다.
③ 입자 모양 판정 실적률 시험을 실시하여 그 값이 55% 이상이어야 한다.
④ 0.08mm체 통과량은 1.0% 이하이어야 한다.

정답 10. ④ 11. ③ 12. ④ 13. ① 14. ①

해설
- 안정성 시험은 황산나트륨 용액으로 5회 시험하여 평가하는데 그 손실질량은 12% 이하를 표준으로 한다.
- 잔골재의 경우 절대건조밀도 $2.5g/cm^3$ 이상, 흡수율 3.0% 이하, 안정성 손실질량 10% 이하를 표준으로 한다.

15 23회의 압축강도 시험실적으로부터 구한 표준편차가 2.8MPa이었다. 콘크리트의 품질기준강도가 28MPa인 경우 배합강도는? (단, 시험횟수 20회일 때의 표준편차의 보정계수는 1.08이고, 25회일 때의 표준편차의 보정계수는 1.03이다.)

① 30MPa ② 31MPa
③ 32MPa ④ 33MPa

해설
$f_{cq} \leq 35MPa$이므로
$f_{cr} = f_{cq} + 1.34s = 28 + 1.34 \times (2.8 \times 1.05) = 32MPa$
$f_{cr} = (f_{cq} - 3.5) + 2.33s = (28 - 3.5) + 2.33 \times (2.8 \times 1.05) = 31.4MPa$
∴ 큰 값인 32MPa이다.
여기서, 23회일 때 직선 보간을 고려한 표준편차의 보정계수는 1.05이다.

16 다음 중 시멘트의 성질과 이를 위한 시험의 연결이 바른 것은?

① 응결시간-비카(vicat) 침에 의한 시험
② 비중-블레인(blaine) 공기투과장치에 의한 시험
③ 안정도-길모어(Gillmore) 침에 의한 시험
④ 분말도-오토클레이브(auto-clave) 시험

해설
- 시멘트 비중 : 르샤틀리에 비중병
- 안정도 : 오토클레이브 팽창도 시험
- 분말도 : 표준체, 블레인 방법

17 콘크리트에 사용하는 혼합수로서 상수돗물 이외의 물에 대한 품질 항목 중 용해성 증발잔류물의 양은 몇 g/L 이하이어야 하는가?

① 1g/L ② 2g/L
③ 3g/L ④ 4g/L

해설
- 용해성 증발 잔류물의 양 : 1g/L 이하
- 현탁 물질의 양 : 2g/L 이하

18 굵은 골재의 단위용적질량 시험에서 용기의 부피가 10L, 용기 중 시료의 절대 건조질량이 20kg이었다. 이 골재의 흡수율이 1.2%이고 표면건조 포화상태의 밀도가 2.65g/cm³라면 실적률은 얼마인가?

① 45.2%
② 54.7%
③ 65.3%
④ 76.4%

해설
$$G = \frac{T}{d_s}(100+Q) = \frac{20/10}{2.65}(100+1.2) = 76.4\%$$

19 콘크리트 배합설계에서 배합강도(f_{cr})를 결정하는 방법에 대한 설명으로 틀린 것은?

① 구조물에 사용된 콘크리트의 압축강도가 품질기준강도보다 작아지지 않도록 현장 콘크리트의 품질변동을 고려하여 콘크리트의 배합강도를 품질기준강도보다 충분히 크게 정하여야 한다.
② 압축강도의 표준편차(s)를 알고 $f_{cq} > 35\text{MPa}$인 경우 $f_{cr} = f_{cq} + 1.34s(\text{MPa})$, $f_{cr} = 0.9f_{cq} + 2.33s(\text{MPa})$ 두 식으로 구한 값 중 큰 값으로 정하여야 한다.
③ 압축강도의 시험횟수가 15회 이상 29회 이하인 경우는 실제 시험 결과로부터 계산한 표준편차(s)에 보정계수를 곱한 값을 표준편차로 사용할 수 있다.
④ 압축강도 시험기록이 없고 호칭강도가 21MPa 미만인 경우에 콘크리트의 배합강도는 $1.1f_n + 10(\text{MPa})$으로 정할 수 있다.

해설
- 압축강도 시험기록이 없고 호칭강도가 21MPa 미만인 경우에 콘크리트의 배합강도는 $f_n + 7(\text{MPa})$으로 정할 수 있다.
- 압축강도의 표준편차(s)를 알고 $f_{cq} \leq 35\text{MPa}$인 경우 $f_{cr} = f_{cq} + 1.34s(\text{MPa})$, $f_{cr} = (f_{cq} - 3.5) + 2.33s(\text{MPa})$ 두 식으로 구한 값 중 큰 값으로 정하여야 한다.

정답 15. ③ 16. ① 17. ① 18. ④ 19. ④

20 시멘트의 품질에 영향을 미치는 요인들에 대한 설명으로 옳은 것은?

① 시멘트의 저장기간이 길어지면 대기중의 수분과 탄산가스를 흡수하게 되어 비중과 강열감량이 증가하게 된다.
② 시멘트의 분말도가 크면 비표면적이 증가하여 풍화하기 어렵고 수화열이 크므로 초기강도 발현이 크게 나타난다.
③ 시멘트 제조 시 클링커의 소성이 불충분하면 시멘트의 비중이 감소하고 안정성과 장기강도가 작아지므로 충분한 소성이 필요하다.
④ 시멘트 화학성분 중 MgO 성분은 시멘트 경화체의 이상팽창을 일으킬 수 있으므로 시멘트 제조 시 10% 이하가 되도록 규제하고 있다.

해설
- 시멘트의 저장기간이 길어지면 대기중의 수분과 탄산가스를 흡수하게 되어 비중은 감소하고 강열감량이 증가하게 된다.
- 시멘트의 분말도가 크면 비표면적이 증가하여 풍화하기 쉽고 수화열이 크므로 초기강도 발현이 크게 나타난다.
- 시멘트 화학성분 중 MgO 성분은 시멘트 경화체의 이상팽창을 일으킬 수 있으므로 시멘트 제조 시 5% 이하가 되도록 규제하고 있다.

2과목 콘크리트 제조, 시험 및 품질관리

21 콘크리트의 공기량을 감소시키는 요인으로 적합하지 않은 것은?

① 콘크리트의 온도 상승
② 잔골재 중의 0.15~0.60mm 입자 증가
③ 잔골재율 감소
④ 플라이 애시 사용

해설
- 잔골재 중의 0.15~0.6mm 정도의 세립분 입자가 많으면 공기량이 증가한다.
- 시멘트의 분말도가 클수록 공기량이 작아진다.

22 콘크리트용 재료를 계량하고자 한다. 고로슬래그 미분말 50kg을 목표로 계량한 결과 50.6kg이 계량되었다면, 계량오차에 대한 올바른 판정은? (단, 콘크리트표준시방서의 규정을 따른다.)

① 계량오차가 1.2%로 혼화제의 허용오차 2% 내에 들어 합격
② 계량오차가 1.2%로 혼화제의 허용오차 3% 내에 들어 합격
③ 계량오차가 1.2%로 고로슬래그 미분말의 허용오차 1%를 벗어나 불합격
④ 계량오차가 1.2%로 고로슬래그 미분말의 허용오차 3% 내에 들어 합격

해설
- 계량오차 $= \dfrac{50.6-50}{50} \times 100 = 1.2\%$
- 고로 슬래그 미분말의 계량오차의 최대치는 1%이다.

23 콘크리트 압축강도 추정을 위한 반발경도 시험방법(KS F 2730)에 대한 설명으로 틀린 것은?

① 시험할 콘크리트 부재는 두께가 100mm 이상이어야 하며, 하나의 구조체에 고정되어야 한다.
② 미장이 되어 있는 면은 마감면을 완전히 제거한 후 시험을 해야 한다.
③ 타격 위치는 가장자리로부터 100mm 이상 떨어지고, 서로 30mm 이내로 근접해서는 안 된다.
④ 시험값 20개의 평균으로부터 오차가 10% 이상이 되는 경우의 시험값은 버리고 나머지 시험값의 평균을 구한다.

해설 시험값 20개의 평균으로부터 오차가 20% 이상이 되는 경우의 시험값은 버리고 나머지 시험값의 평균을 구한다. 이때 범위를 벗어나는 시험값이 4개 이상인 경우에는 전체 시험값군을 버리고 새로운 위치에서 다시 한다.

24 보통 골재를 사용한 콘크리트(단위질량=2300kg/m³)의 설계기준강도(f_{ck})가 30MPa일 때 이 콘크리트의 할선탄성계수는?

① 16524 MPa
② 20136 MPa
③ 27536 MPa
④ 32315 MPa

해설 $E_c = 8500\sqrt[3]{f_{cm}} = 8500\sqrt[3]{34} = 27536\text{MPa}$
여기서, $f_{cm} = f_{ck} + \Delta f = 30 + 4 = 34\text{MPa}$

25. 콘크리트 휨강도 시험용 공시체를 4점 재하장치로 시험하였더니, 최대하중 35kN에서 지간의 가운데 부분에서 파괴되었다. 이 콘크리트의 휨강도는 얼마인가? (단, 공시체의 크기는 150×150×530mm이며 지간은 450mm)

① 4.67 MPa ② 4.23 MPa
③ 4.01 MPa ④ 3.69 MPa

해설 휨강도 $= \dfrac{Pl}{bd^2} = \dfrac{35000 \times 450}{150 \times 150^2} = 4.67 \text{MPa}$

26. 콘크리트의 동결융해 시험에서 300사이클에서 상대동탄성계수가 76%라면, 이 공시체의 내구성 지수는?

① 76% ② 81%
③ 85% ④ 92%

해설 $DF = \dfrac{PN}{M} = \dfrac{76 \times 300}{300} = 76\%$

27. 콘크리트의 크리프에 대한 설명으로 틀린 것은?

① 배합 시 시멘트량이 많을수록 크리프는 크다.
② 보통 시멘트를 사용한 콘크리트는 조강 시멘트를 사용한 경우보다 크리프가 크다.
③ 물–시멘트비가 작을수록 크리프는 크다.
④ 부재치수가 작을수록 크리프는 크다.

해설
 • 물–시멘트비가 클수록 크리프는 크다.
 • 재하기간중의 대기온도가 낮을수록 크리프는 크다.
 • 조강 시멘트는 보통 시멘트보다 크리프가 작다.

28. 일반 콘크리트의 비비기에 대한 설명으로 틀린 것은?

① 재료를 믹서에 투입하는 순서는 믹서의 형식, 비비기 시간, 골재의 종류 및 입도, 단위수량, 단위 시멘트량, 혼화재료의 종류 등에 따라 다르다.
② 강제혼합식 믹서 중 바닥의 배출구를 완전히 폐쇄시킬 수 없는 경우에는 물을 다른 재료보다 일찍 주입하여야 한다.

③ 비비기 시간에 대한 시험을 실시하지 않은 경우 그 최소 시간은 가경식 믹서일 때에는 1분 30초 이상을 표준으로 한다.
④ 비비기는 미리 정해둔 비비기 시간의 3배 이상 계속하지 않아야 한다.

해설
- 강제혼합식 믹서 중 바닥의 배출구를 완전히 폐쇄시킬 수 없는 경우에는 물을 다른 재료보다 조금 늦게 넣는 것이 좋다.
- 강제식 믹서일 때에는 1분 이상을 표준으로 한다.

29 콘크리트의 압축강도 시험용 공시체 제작에 대한 설명으로 틀린 것은?

① 공시체는 지름의 2배의 높이를 가진 원기둥형으로 하며, 그 지름은 굵은골재의 최대치수의 3배 이상, 100mm 이상으로 한다.
② 콘크리트를 몰드에 채울 때 2층 이상으로 거의 동일한 두께로 나눠서 채우며, 각 층의 두께는 160mm를 초과해서는 안 된다.
③ 다짐봉을 사용하여 콘크리트를 다져 넣을 때 각 층은 적어도 700mm²에 1회의 비율로 다지도록 하고 다짐봉이 바로 아래층에 20mm 정도 들어가도록 다진다.
④ 캐핑용 재료를 사용하여 공시체의 캐핑을 할 때 캐핑층의 두께는 공시체 지름의 2%를 넘어서는 안 된다.

해설
- 다짐봉을 사용하여 콘크리트를 다져 넣을 때 각 층은 적어도 1,000mm²에 1회의 비율로 다지도록 하고 바로 아래층까지 다짐봉이 닿도록 한다.
- 하중을 가하는 속도는 압축응력도의 증가율이 매초 (0.6±0.4)MPa이 되도록 하고 공시체가 파괴될 때까지 시험기가 나타내는 최대하중을 유효숫자 3자리까지 읽는다.

30 다음 중 재하시험에 의한 구조물의 성능시험을 실시하여야 하는 경우와 거리가 먼 것은?

① 콘크리트 표면에 미세한 균열이 발생한 경우
② 공사 중에 콘크리트가 동해를 받았을 우려가 있을 경우
③ 공사 중 현장에서 취한 콘크리트의 압축강도시험 결과로부터 판단하여 강도에 문제가 있다고 판단되는 경우
④ 구조물의 안전에 어떠한 근거 있는 의심이 생긴 경우

해설 시험은 정적 또는 재하속도를 느리게 재하하고 또 과대한 하중을 재하하여 구조물에 약점이 생기는 일이 없도록 그 크기를 신중하게 정하는 것이 필요하다.

정답 25. ① 26. ① 27. ③ 28. ② 29. ③ 30. ①

31. 콘크리트의 워커빌리티 및 반죽질기에 영향을 주는 인자에 대한 설명으로 틀린 것은?

① 단위수량을 증가시키면 재료분리와 블리딩 현상이 줄어들어 워커빌리티가 좋아진다.
② 단위수량이 많을수록 콘크리트의 반죽질기가 질게 되어 유동성이 크게 된다.
③ 단위시멘트량이 많아질수록 콘크리트의 성형성은 증가하므로, 일반적으로 부배합 콘크리트가 빈배합 콘크리트에 비해 워커빌리티가 좋다고 할 수 있다.
④ 일반적으로 분말도가 높은 시멘트의 경우에는 시멘트 풀의 점성이 높아지므로 반죽질기는 작게 된다.

해설
- 단위수량을 증가시키면 재료분리와 블리딩 현상이 커져 워커빌리티가 나빠진다.
- 일반적으로 콘크리트의 비빔온도가 높을수록 반죽질기는 감소하는 경향이 있다.

32. 히스토그램을 이용하여 얻을 수 있는 효과로 옳지 않은 것은?

① 규격 또는 표준치와 비교가 어렵다.
② 분포의 모양을 조사할 수 있다.
③ 공정 능력을 조사할 수 있다.
④ 층별을 비교할 수 있다.

해설 규격 또는 표준치와 비교가 가능하다.

33. 콘크리트의 충격강도는 말뚝이 항타, 충격하중을 받는 기계 기초, 프리캐스트 부재 취급 중의 충돌과 같은 경우에 중요하다. 이 충격강도에 대한 설명으로 틀린 것은?

① 굵은골재의 최대치수가 작은 것이 충격강도를 증대시킨다.
② 탄성계수와 프와슨비가 높은 골재가 충격강도에 유리하다.
③ 콘크리트의 충격강도는 압축강도보다는 인장강도와 더 밀접한 관계가 있다.
④ 동일한 압축강도의 콘크리트일지라도 부순골재처럼 골재 표면이 거칠수록 충격강도는 높다.

해설
- 탄성계수와 프와슨비가 작은 골재가 충격강도에 유리하다.
- 부순돌보다 강자갈로 만든 콘크리트의 충격강도가 낮다.
- 너무 가는 잔골재를 사용하면 오히려 충격강도를 다소 저하시키며 반면에 잔골재량이 증가하는 쪽이 충격강도에 유리하다.

34 콘크리트의 압축강도, 슬럼프, 공기량 등의 특성을 관리하는 데 적합한 관리도는?

① 특성 요인도
② 파레토도
③ 히스토그램
④ $\bar{x}-R$

해설 계량값 관리도이며 정규분포인 $\bar{x}-R$ 관리도

35 콘크리트 재료의 계량에 대한 설명으로 틀린 것은?

① 재료는 현장배합에 의해 계량한다.
② 각 재료는 1배치씩 질량으로 계량한다.
③ 골재의 유효흡수율은 보통 15~30분간의 흡수율로 본다.
④ 혼화제를 녹이는 데 사용하는 물이나 묽게 하는 데 사용하는 물은 단위수량에서 제외한다.

해설
- 혼화제를 녹이는 데 사용하는 물이나 묽게 하는 데 사용하는 물은 단위수량의 일부로 본다.
- 각 재료는 1배치씩 질량으로 계량하여야 한다. 다만, 물과 혼화제 용액은 용적으로 계량해도 좋다.

36 $\phi 100 \times 200$mm 콘크리트 공시체에 축 하중 $P=200$kN을 가했을 때 세로 방향의 수축량을 구한 값으로 옳은 것은? (단, 콘크리트 탄성계수는 $E_c = 13,730$N/mm²라 한다.)

① 0.07mm
② 0.15mm
③ 0.37mm
④ 0.55mm

해설
$$E = \frac{f}{\varepsilon} \quad \varepsilon = \frac{f}{E} = \frac{P/A}{E} \quad \frac{\Delta l}{l} = \frac{P}{A \cdot E}$$
$$\therefore \Delta l = \frac{P \cdot l}{A \cdot E} = \frac{200000 \times 200}{\frac{3.14 \times 100^2}{4} \times 13730} = 0.37\text{mm}$$

답안 표기란

34	①	②	③	④
35	①	②	③	④
36	①	②	③	④

정답 31. ① 32. ① 33. ② 34. ④ 35. ④ 36. ③

37 일반적인 레디믹스트 콘크리트의 주문 규격이 아래의 표와 같을 경우 다음 설명 중 틀린 것은?

> 보통 25-21-120

① 보통 중량 골재를 사용한 콘크리트이다.
② 슬럼프의 허용 오차는 ±25mm이어야 한다.
③ 굵은 골재의 최대치수가 25mm인 골재를 사용한 콘크리트이다
④ 설계기준 휨강도가 21MPa인 콘크리트이다.

해설 설계기준 압축강도가 21MPa인 콘크리트이다.

38 품질관리 7가지 관리기법 중 아래의 표에서 설명하는 것은?

> 어느 특성에 영향을 주는 요인을 열거하여 정리하고 상호 관련성을 도표화한 것으로 일명 생선뼈 그림이라고도 한다.

① 특성요인도 ② 관리도
③ 체크 시트 ④ 산포도

해설 화살표로 연결하면서 원인을 상세히 분석하여 하나의 그림으로 나타내는 수법이 특성요인도이다. 이는 마치 모양이 생선뼈와 흡사하다고 해서 일명 생선뼈 그림이라고도 한다.

39 레디믹스트 콘크리트 혼합에 사용되는 물에 대한 설명으로 틀린 것은?

① 상수도 이외의 물이란 하천수, 호숫물, 저수지수, 지하수, 회수수, 공업용수 등 상수돗물을 제외한 모든 물을 말한다.
② 상수돗물은 시험을 하지 않아도 사용할 수 있다.
③ 슬러지수란 콘크리트의 회수수에서 상징수를 일부 활용하고 남은 슬러지를 포함한 물을 말한다.
④ 상수돗물 이외의 물을 사용한 경우 모르타르 압축강도비는 재령 7일 및 28일에서 90% 이상이어야 한다.

해설 상수도 이외의 물이란 하천수, 호숫물, 저수지수, 지하수, 공업용수 등 상수돗물을 제외한 모든 물을 말한다.

40 굳지 않은 콘크리트의 시료채취방법(KS F 2401)에서 시료의 양에 대한 설명으로 옳은 것은? (단, 분취 시료를 그대로 시료로 하는 경우는 제외한다.)

① 시료의 양은 20L 이상으로 하고, 시험에 필요한 양보다 5L 이상 많아야 한다.
② 시료의 양은 10L 이상으로 하고, 시험에 필요한 양보다 5L 이상 많아야 한다.
③ 시료의 양은 20L 이상으로 하고, 시험에 필요한 양보다 많아야 한다.
④ 시료의 양은 10L 이상으로 하고, 시험에 필요한 양보다 많아야 한다.

해설 시료의 양은 20L 이상으로 하고, 시험에 필요한 양보다 5L 이상 많아야 한다. 다만, 분취 시료를 그대로 사용하는 경우에는 20L 보다 적어도 좋다.

3과목 콘크리트의 시공

41 다음은 구조물별 시공이음의 위치에 대한 설명이다. 옳지 않은 것은?

① 보의 지간 중앙부에 작은 보가 지날 경우는 작은 보폭의 2배정도 떨어진 곳에 시공이음을 설치한다.
② 아치의 시공이음은 아치축에 직각방향이 되도록 설치한다.
③ 바닥틀의 시공이음은 슬래브 또는 보의 경간 단부에 둔다.
④ 바닥틀과 일체로 된 기둥 혹은 벽의 시공이음은 바닥틀과의 경계부근에 설치하는 것이 좋다.

해설 바닥틀의 시공이음은 슬래브 또는 보의 경간 중앙부 부근에 둔다.

42 한중콘크리트에 관한 설명으로 옳지 않은 것은?

① 하루의 평균기온이 4℃ 이하가 되는 기상조건하에서는 한중콘크리트로서 시공한다.
② 콘크리트를 비비기할 때 재료를 가열할 경우, 물 또는 골재를 가열하는 것으로 하며, 시멘트는 어떠한 경우라도 직접 가열해서는 안 된다.
③ 가열할 재료를 믹서에 투입할 때 가열한 물과 굵은골재, 다음에 잔골재를 넣어서 믹서 안의 재료온도가 40℃ 이하가 된 후 최후에 시멘트를 넣는 것이 좋다.
④ 기상조건이 가혹한 경우 소요의 압축강도가 얻어질 때까지 콘크리트의 양생온도는 5℃ 이상을 유지하여야 한다.

정답 37.④ 38.① 39.① 40.① 41.③ 42.④

해설
- 심한 기상작용을 받는 콘크리트는 압축강도가 얻어질 때까지 콘크리트의 온도를 5℃ 이상으로 유지해야 하며 특히 2일간은 0℃ 이상이 되게 유지한다.
- 추위가 심한 경우(기상조건이 가혹한 경우)는 10℃ 이상을 유지한다.

43 콘크리트의 타설에 관한 설명 중 틀린 것은?

① 콘크리트는 그 표면이 한 구획 내에서는 거의 수평이 되도록 타설하는 것을 원칙으로 한다.
② 콘크리트 타설의 1층 높이는 다짐능력을 고려하여 결정하여야 한다.
③ 타설 도중에 심한 재료분리가 생겼을 경우에는 거듭 비비기를 실시하여 작업을 진행한다.
④ 타설한 콘크리트는 거푸집 안에서 횡방향으로 이동하여서는 안 된다.

해설 타설 도중에 심한 재료분리가 생겼을 경우에는 사용하지 않는다.

44 프리캐스트 콘크리트의 양생법 중 고온고압용기에 제품을 넣고 7~15기압의 고압과 180℃ 전후의 고온으로 처리하는 양생법은?

① 증기양생
② 피막양생
③ 전기양생
④ 오토클레이브 양생

해설
- 오토클레이브 양생은 10기압 부근과 180℃ 전후의 고온으로 처리하는 고온고압양생이다.
- 증기양생은 프리캐스트 콘크리트 제조에 가장 일반적으로 사용되는 촉진양생 방법이다.

45 고강도 콘크리트에 사용되는 굵은골재의 최대치수에 대한 설명으로 옳은 것은?

① 굵은골재 최대치수는 가능한 25mm 이하로 하며, 철근 최소 수평순간격의 3/4 이내의 것을 사용하도록 한다.
② 굵은골재 최대치수는 20mm 이하로 하며, 철근의 중심 사이 간격의 3/4, 그리고 부재 최소치수의 1/3 이내의 것을 사용하도록 한다.
③ 굵은골재 최대치수는 가능한 15mm 이하로 하며, 철근 최소

수평순간격의 1/4, 그리고 부재 최소치수의 1/5 이내의 것을 사용하도록 한다.
④ 굵은골재 최대치수는 가능한 10mm 이하로 하며, 철근 최소 수평순간격의 4/3, 그리고 부재 최소치수의 1/4 이내의 것을 사용하도록 한다.

해설 일반 무근콘크리트의 경우에는 40mm 이하, 부재 최소치수의 1/4 이하

46 섬유보강 콘크리트의 배합 및 비비기에 대한 설명으로 옳지 않은 것은?

① 섬유보강 콘크리트의 경우, 소요 단위수량은 강섬유의 혼입률에 거의 비례하여 증가한다.
② 믹서는 가경식 믹서를 사용하는 것을 원칙으로 한다.
③ 배합을 정할 때에는 일반 콘크리트의 배합을 정할 때의 고려사항과 아울러 콘크리트의 휨강도 및 인성이 소요의 값으로 되도록 고려할 필요가 있다.
④ 믹서에 투입된 섬유의 분산에 필요한 비비기 시간은 섬유의 종류나 혼입률에 따라 다르다.

해설 믹서는 강제식 믹서를 사용하는 것을 원칙으로 한다.

47 콘크리트용 내부진동기의 사용방법에 관한 설명으로 틀린 것은?

① 진동다지기를 할 때에는 내부진동기를 하층 콘크리트 속으로 0.1m 정도 찔러 넣는다.
② 재진동을 할 경우에는 초결이 일어난 것을 확인한 후 실시한다.
③ 1개소당 진동시간은 5~15초로 한다.
④ 내부진동기는 연직으로 찔러 넣으며, 삽입간격은 일반적으로 0.5m 이하로 하는 것이 좋다.

해설 재진동은 초결이 일어나기 전에 실시한다.

48 고압증기양생한 콘크리트의 특징에 대한 설명으로 틀린 것은?

① 황산염에 대한 저항성이 향상된다.
② 용해성의 유리석회가 없기 때문에 백태현상을 감소시킨다.
③ 표준온도로 양생한 콘크리트와 비교하여 수축률은 약간 증가하는 경향이 있다.
④ 보통양생한 것에 비해 철근의 부착강도가 약 1/2이 된다.

정답 43. ③ 44. ④
45. ① 46. ②
47. ② 48. ③

> **[해설]**
> - 표준온도로 양생한 콘크리트와 비교하여 수축률은 약 1/6~1/3 감소하는 경향이 있다.
> - 외관은 보통 양생한 포틀랜드 시멘트 콘크리트색의 특징과는 다르고 흰색을 띤다.

49 팽창 콘크리트의 팽창률 및 압축강도의 품질검사에 대한 설명으로 틀린 것은?

① 팽창률은 일반적으로 재령 7일에 대한 시험값을 기준으로 한다.
② 화학적 프리스트레스용 콘크리트의 팽창률은 200×10^{-6} 이상, 700×10^{-6} 이하이어야 한다.
③ 수축보상용 콘크리트의 팽창률은 150×10^{-6} 이상, 250×10^{-6} 이하이어야 한다.
④ 압축강도를 근거로 물-결합재비를 정한 경우 각각의 압축강도 시험값이 설계기준강도의 85% 이하일 확률이 3% 이하라야 한다.

> **[해설]** 압축강도 근거로 물-결합재비를 정한 경우 3회 연속한 압축강도의 시험값에 평균이 설계기준 압축강도에 미달하는 확률이 1% 이하라야 하고 또 설계기준 압축강도보다 3.5MPa을 미달하는 확률이 1% 이하일 것.

50 고강도 콘크리트에 관한 설명으로 틀린 것은?

① 콘크리트를 타설한 후 경화할 때까지 직사광선이나 바람에 의해 수분이 증발하지 않도록 하여야 한다.
② 콘크리트의 운반시간 및 거리가 긴 경우에 사용하는 운반차는 트럭믹서, 트럭 애지테이터 혹은 건비빔 믹서로 하여야 한다.
③ 잔골재율은 소요의 워커빌리티를 얻도록 시험에 의하여 결정하여야 하며, 가능한 적게 하도록 한다.
④ 단위수량을 줄이고 워커빌리티의 개선을 위하여 공기연행제를 사용하는 것을 원칙으로 한다.

> **[해설]**
> - 기상의 변화가 심하거나 동결융해에 대한 대책이 필요한 경우를 제외하고는 공기연행제를 사용하지 않는 것을 원칙으로 한다.
> - 슬럼프는 작업이 가능한 범위 내에서 되도록 적게 한다.

51 방사선 차폐용 콘크리트에 대한 설명으로 틀린 것은?

① 주로 생물체의 방호를 위하여 X선, γ선 및 중성자선을 차폐할 목적으로 사용되는 콘크리트를 방사선 차폐용 콘크리트라 한다.
② 콘크리트의 슬럼프는 작업에 알맞은 범위 내에서 가능한 한 적은 값이어야 하며, 일반적인 경우 150mm 이하로 하여야 한다.
③ 물-결합재비는 50% 이하를 원칙으로 한다.
④ 화학혼화제는 사용하지 않는 것을 원칙으로 한다.

해설
- 워커빌리티 개선을 위하여 품질이 입증된 혼화제를 사용할 수 있다.
- 물-결합재비는 단위 시멘트량이 과다가 되지 않는 범위 내에서 가능한 적게 하는 것이 원칙이다.
- 차폐용 콘크리트로서 필요한 성능인 밀도, 압축강도, 설계허용온도, 결합수량, 붕소량 등을 확보하여야 한다.
- 시공 시 설계에 정해져 있지 않은 이음은 설치할 수 없다.

52 거푸집 및 동바리 구조계산에 대한 설명 중 틀린 것은?

① 고정하중은 철근 콘크리트와 거푸집의 중량을 고려하여 합한 하중이다.
② 콘크리트의 단위중량은 철근의 중량을 포함하여 보통 콘크리트의 경우 24 kN/m^{3}을 적용한다.
③ 거푸집 하중은 최소 4 kN/m^2 이상을 적용한다.
④ 거푸집 설계에서는 굳지 않은 콘크리트의 측압을 고려하여야 한다.

해설
- 거푸집의 하중은 최소 0.4 N/m^3 이상을 적용한다.
- 특수 거푸집의 경우에는 그 실제의 질량을 적용한다.
- 고정하중과 활하중을 합한 연직하중은 슬래브 두께에 관계없이 최소 5.0 kN/m^2 이상, 전동식 카트 사용시에는 최소 6.25 kN/m^2 이상을 고려한다.
- 활하중은 구조물의 수평투영면적당 최소 2.5 kN/m^2 이상으로 하여야 한다.

53 콘크리트 표면 마무리에 대한 설명으로 틀린 것은?

① 마무리에 나무흙손을 사용하면 표면에 물이 모여들고 균열이 일어나기 쉬우므로 쇠흙손이나 적절한 마무리기계를 사용해야 한다.
② 노출면에서 균일한 외관을 얻고자 할 경우 재료, 배합, 콘크리트 치기방법 등이 바뀌지 않도록 해야 한다.
③ 마무리 작업 후 콘크리트가 굳기 시작할 때까지의 사이에 일어나는 균열은 다짐이나 재마무리에 의해 제거하여야 한다.
④ 거푸집판에 접하는 면의 마무리를 쉽게 하고 충분히 양생하기 위하여 콘크리트가 소요의 강도에 도달한 후 되도록 빨리 거푸집판을 제거한다.

정답 49.④ 50.④ 51.④ 52.③ 53.①

해설
- 마무리는 나무흙손으로 한다. 쇠흙손을 사용하면 표면에 물이 모여들고 균열이 일어나기 쉽기 때문이다.
- 다짐하고 표면으로 스며 올라온 물을 처리하거나 없어진 후에 마무리해야 한다.
- 매끄럽고 치밀한 표면이 필요할 때는 작업이 가능한 범위에서 될 수 있는 대로 늦은 시기에 쇠손으로 강하게 힘을 주어 콘크리트 윗면을 마무리한다.

답안 표기란

54	①	②	③	④
55	①	②	③	④
56	①	②	③	④

54 롤러다짐 콘크리트 반죽질기를 초로 나타내는 진동대식 반죽질기 시험값은?

① 슬럼프값　　　　② VC값
③ 다짐계수값　　　④ RI값

해설 댐 콘크리트 중 롤러 다짐 콘크리트 반죽질기의 표준값은 20±10초이다.

55 일반적인 수중 콘크리트에 관한 설명 중 틀린 것은?

① 트레미는 콘크리트를 치는 동안 수평 이동시켜서는 안된다.
② 수중 콘크리트의 물-결합재비는 50% 이하가 표준이다.
③ 수중 콘크리트의 슬럼프는 50~80mm의 된반죽으로 해야 한다.
④ 수중 콘크리트의 단위시멘트량은 370kg/m³ 이상이어야 한다.

해설
- 슬럼프의 표준값(mm)

시공 방법	일반 수중 콘크리트
트레미	130~180
콘크리트 펌프	130~180
밑열림 상자, 밑열림 포대	100~150

- 일반 수중 콘크리트는 다짐이 불가능하기 때문에 일반 콘크리트와 비교하여 높은 유동성이 필요하다.
- 수중불분리성 콘크리트의 공기량은 4% 이하를 표준으로 한다.

56 매스 콘크리트의 타설 온도를 낮추는 방법 중 선행 냉각방법에 해당되지 않는 것은?

① 관로식 냉각　　　　② 혼합전 재료를 냉각
③ 혼합중 콘크리트를 냉각　④ 타설전 콘크리트를 냉각

해설
- 관로식 냉각은 콘크리트를 타설한 후 콘크리트의 내부온도를 제어하기 위해 미리 묻어둔 파이프 내부에 냉수 또는 공기를 강제적으로 순환시켜 콘크리트를 냉각하는 방법으로 post-cooling 이라고 한다.
- 관로식 냉각은 초기 재령에 내부온도의 최대값을 낮추거나 부재 전체의 평균온도를 낮추기 위해 실시한다.

57 콘크리트를 타설할 때 다짐작업 없이 자중만으로 철근 등을 통과하여 거푸집의 구석구석까지 균질하게 채워지는 정도를 나타내는 굳지 않은 콘크리트의 성질을 무엇이라고 하는가?

① 유동성
② 고유동성
③ 슬럼프 플로
④ 자기 충전성

해설 자기 충전성
- 1등급은 최소 철근 순간격 35~60mm 정도의 복잡한 단면형상, 단면치수가 적은 부재 또는 부위에서 자기 충전성을 가지는 성능이다.
- 2등급은 최소 철근 순간격 60~200mm 정도의 철근 콘크리트 또는 부재에서 자기 충전성을 가지는 성능이다. 일반적인 철근 콘크리트 구조물 또는 부재는 자기 충전성 등급을 2등급으로 정하는 것을 표준으로 한다.
- 3등급은 최소 철근 순간격 200mm 정도 이상으로 단면치수가 크고 철근량이 적은 부재 또는 부위, 무근 콘크리트 구조물에서 자기 충전성을 가지는 성능이다.

58 프리플레이스트 콘크리트에 대한 설명으로 틀린 것은?

① 고강도 프리플레이스트 콘크리트라 함은 고성능 감수제에 의하여 주입 모르타르의 물-결합재비를 40% 이하로 낮추어 재령 91일에서 압축강도 40MPa 이상이 얻어지는 프리플레이스트 콘크리트를 말한다.
② 굵은 골재 최소치수란 프리플레이스트 콘크리트에 사용되는 굵은 골재에 있어서 질량이 적어도 90% 이상 남는 체중에서 최소 치수의 체눈의 호칭치수로 나타낸 굵은 골재의 치수를 말한다.
③ 프리플레이스트 콘크리트란 미리 거푸집 속에 특정한 입도를 가지는 굵은 골재를 채워놓고 그 간극에 모르타르를 주입하여 제조한 콘크리트를 말한다.
④ 프리플레이스트 콘크리트의 강도는 원칙적으로 재령 28일 또는 재령 91일의 압축강도를 기준으로 한다.

해설 굵은 골재 최소치수란 프리플레이스트 콘크리트에 사용되는 굵은 골재에 있어서 질량이 적어도 95% 이상 남는 체중에서 최대 치수의 체눈의 호칭치수로 나타낸 굵은 골재의 치수를 말한다.

정답 54.② 55.③ 56.① 57.④ 58.②

59 수중 콘크리트의 유동성에 대한 아래 표의 설명에서 (   )에 적합한 것은?

> 현장 타설말뚝 및 지하연속벽에 사용하는 수중 콘크리트에서 설계기준 압축강도가 50MPa을 초과하는 경우는 높은 유동성이 요구되므로 슬럼프 플로의 범위는 (   )로 하여야 한다.

① 100~300mm
② 300~500mm
③ 500~700mm
④ 700~900mm

해설 현장 타설 콘크리트 말뚝 및 지하연속벽의 콘크리트는 일반적으로 트레미를 사용하여 수중에서 타설하기 때문에 일반적으로 트레미를 사용하여 수중에서 타설하기 때문에 슬럼프 값은 180~210mm를 표준으로 하여야 한다.

60 매스 콘크리트에 대한 일반적인 설명으로 틀린 것은?

① 온도균열폭을 제어하기 위해서 온도균열지수 및 철근비를 낮게 하는 방법이 좋다.
② 일반적으로 콘크리트의 온도 상승량은 단위시멘트량 $10\,kg/m^3$에 대하여 대략 1℃ 정도의 비율로 증가된다.
③ 저발열형 시멘트는 장기 재령의 강도 증진이 보통 포틀랜드 시멘트에 비하여 크므로, 91일 정도의 장기 재령을 설계기준 압축강도의 기준 재령으로 하는 것이 바람직하다.
④ 매스 콘크리트의 벽체 구조물에 설치하는 수축이음의 단면 감소율은 35% 이상으로 하여야 한다.

해설 온도균열폭을 제어하기 위해서 온도균열지수 및 철근비를 높게 하는 방법이 좋다.

4과목　콘크리트 구조 및 유지관리

61 옹벽의 안정에 대한 설명으로 틀린 것은?

① 전도에 대한 저항휨모멘트는 횡토압에 의한 전도모멘트의 1.5배 이상이어야 한다.
② 활동에 대한 저항력은 옹벽에 작용하는 수평력의 1.5배 이상이어야 한다.

③ 전도 및 지반지지력에 대한 안정조건은 만족하지만, 활동에 대한 안정조건만을 만족하지 못할 경우에는 활동 방지벽 혹은 횡방향 앵커 등을 설치하여 활동저항력을 증대시킬 수 있다.
④ 지반에 유발되는 최대 지반반력이 지반의 허용지지력을 초과하지 않아야 한다.

해설 전도에 대한 저항 휨모멘트는 횡토압에 의한 전도모멘트의 2배 이상이어야 한다.

62 프리스트레스트 콘크리트에서 프리스트레스의 손실에 대한 설명 중 틀린 것은?

① 마찰에 의한 손실은 포스트텐션에서 고려된다.
② 포스트텐션에서는 탄성손실을 극소화시킬 수 있다.
③ 일반적으로 프리텐션이 포스트텐션보다 손실이 크다.
④ 릴랙세이션은 즉시 손실이다.

해설 프리스트레스를 도입한 후의 손실(시간적 손실)
- 콘크리트의 건조수축
- 콘크리트의 크리프
- 강재의 릴랙세이션

63 폭은 300mm, 유효깊이는 500mm, A_s는 1,700mm², f_{ck}는 24MPa, f_y는 350MPa인 단철근 직사각형 보가 있다. 균형철근비는 얼마인가?

① 0.0305
② 0.0331
③ 0.0352
④ 0.0374

해설 $\rho_b = 0.85\beta_1 \dfrac{f_{ck}}{f_y} \dfrac{660}{660+f_y} = 0.85 \times 0.8 \times \dfrac{24}{350} \times \dfrac{660}{660+350} = 0.0305$
여기서, $f_{ck} \leq 40\text{MPa}$이므로 $\beta_1 = 0.8$ 적용

64 균열보수공법 중에서 저압·지속식 주입공법에 대한 설명으로 틀린 것은?

① 저압이므로 실(seal)부 파손이 작고 정확성이 높아 시공관리가 용이하다.
② 주입기에 여분의 주입재료가 남아 있으므로 재료 손실이 크다.
③ 주입되는 수지는 동심원상으로 확산되므로 주입압력에 의한 균열이나 들뜸이 확대되지 않는다.
④ 주입재는 에폭시 수지 이외에는 사용할 수 없어서 습윤부에 사용이 불가능하다.

[정답] 59. ③ 60. ①
61. ① 62. ④
63. ① 64. ④

해설 주입재는 에폭시 수지 이외에도 무기질재의 슬러리로 사용할 수 있어 습윤부에도 사용이 가능하다.

65 콘크리트의 동해에 대한 설명으로 틀린 것은?
① 콘크리트의 품질이 나빠도 환경이 온화하거나 물의 공급이 없으면 동해의 정도는 적다.
② 기포간격계수가 클수록 동해의 위험성이 적다.
③ 골재의 품질이 나쁜 경우에 팝아웃 현상이 발생하기 쉽다.
④ 콘크리트내 수분이 결빙점 이상과 이하를 반복하여 발생한다.

해설 온도가 빙점 이하까지 떨어지면 콘크리트 중 모세관 공극에 존재하는 자유수는 표면에 가까운 비교적 큰 공극내로부터 동결하는데 이 자유수의 기포간 거리를 표시하는 지표로는 기포간격계수가 사용되며 기포간격계수가 클수록 동해의 위험성이 크다.

66 알칼리 골재반응은 콘크리트 내부에 국부적인 팽창압력을 발생시켜 구조물에 균열을 발생시킬 수 있다. 이러한 알칼리 골재반응의 대부분을 차지하는 반응은 다음 중 어느 것인가?
① 알칼리-탄산염 반응(alkali-carbonate rock reaction)
② 알칼리-실리카 반응(alkali-silica reaction)
③ 알칼리-실리케이트 반응(alkali-silicate reaction)
④ 알칼리-황산염 반응

해설
• 알칼리-실리케이트 반응 : 암석 중의 층상구조가 알칼리와 수분의 존재하에 팽창하여 발생한다.
• 알칼리 탄산염 반응 : 겔의 형성을 볼 수 없다.

67 콘크리트 비파괴시험 방법 중 전자파 레이더법에 대한 설명으로 틀린 것은?
① 부재 두께를 조사할 수 있다.
② 철근부식의 상태를 조사할 수 있다.
③ 철근 위치를 조사할 수 있다.
④ 골재 노출(충전 불량)의 결함부를 파악할 수 있다.

해설 전자 레이더법에 의해 철근의 배근상태나 공동 등의 위치 및 깊이를 조사할 수 있다.

68 철근 콘크리트 교량의 슬래브에 균열이 발생하였을 때 적용할 수 있는 보수보강 방법으로 거리가 먼 것은?

① 강판접착공법
② 수지주입공법
③ 연속섬유시트 감기공법
④ FRP 접착공법

해설 연속섬유시트 감기공법은 단면 강성의 증가가 작아 부적합하다.

69 전자파 레이더법에서 반사물체까지의 거리(D)를 구하는 식으로 옳은 것은? (단, V는 콘크리트 내의 전파속도, T는 입사파와 반사파의 왕복전파시간)

① $D = \dfrac{VT}{2}$
② $D = \dfrac{VT}{\sqrt{2}}$
③ $D = \dfrac{VT}{3}$
④ $D = \dfrac{VT}{\sqrt{3}}$

해설 전자파 레이더법은 콘크리트 표면에서 내부로 전자파를 방사하여 대상물로부터 반사되는 신호를 받고 철근의 배근상태나 공동 등의 위치 및 깊이를 화상으로 표시한다.

70 경간 10m의 보를 대칭 T형 보로서 설계하려고 한다. 슬래브 중심 간의 거리를 2m, 슬래브의 두께를 120mm, 복부의 폭을 250mm로 할 때 플랜지의 유효폭은?

① 4000mm
② 3750mm
③ 2170mm
④ 2000mm

해설
- $16t + b_w$ $16 \times 120 + 250 = 2170$mm
- 양쪽 슬래브의 중심간 거리 : 2000mm
- 보의 경간의 $\dfrac{1}{4}$

$\dfrac{10000}{4} = 2500$mm

∴ 가장 작은 값인 2000mm를 유효폭으로 한다.

71 다음 식 중 콘크리트 구조물의 중성화깊이를 예측할 때 일반적으로 적용되고 있는 식은? (단, X를 중성화깊이, A를 중성화 속도계수, t를 경과년수라 한다.)

① $X = A\sqrt{t}$
② $X = At^3$
③ $X = \dfrac{\sqrt{t^3}}{A}$
④ $X = At^2$

해설 중성화 진행속도는 중성화 깊이와 경과한 시간의 함수로 나타낸다.

정답 65. ② 66. ②
67. ② 68. ③
69. ① 70. ④
71. ①

72. 보수재료를 선정할 때 유의해야 할 사항으로 틀린 것은?

① 기존 콘크리트 구조물과 확실하게 일체화시키기 위해서는 경화 시나 경화 후에 수축을 일으키지 않는 재료를 사용해야 한다.
② 노출 철근을 보수하는 경우는 전기현상으로 인한 철근의 보호를 위해서 비전도성 재료를 사용해야 한다.
③ 기존 콘크리트와 유사한 탄성계수를 갖는 재료를 선정해야 한다.
④ 기존 콘크리트와 가능한 한 열팽창계수가 비슷한 재료를 사용해야 한다.

해설 노출 철근을 보수하는 경우는 전도성 재료를 사용해야 한다.

73. 그림에 나타난 직사각형 단철근 보의 설계휨강도를 구하기 위한 강도감소계수(ϕ)는 약 얼마인가? (단, 나선철근으로 보강되지 않은 경우이며, A_s = 2,024mm², f_{ck} = 21MPa, f_y = 400MPa이고, 계산에서 발생하는 소수점 이하 자리는 6째 자리에서 반올림하여 5째 자리까지 구하시오.)

① 0.837
② 0.809
③ 0.785
④ 0.72

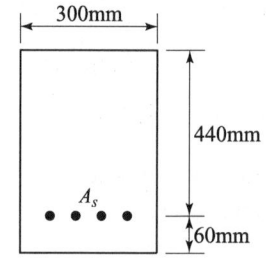

해설
- $a = \dfrac{A_s f_y}{0.85 f_{ck} b} = \dfrac{2024 \times 400}{0.85 \times 21 \times 300} = 151.2\text{mm}$
- $c = \dfrac{a}{\beta_1} = \dfrac{151.2}{0.8} = 189\text{mm}$
- $\varepsilon_t = 0.0033\left(\dfrac{d_t - c}{c}\right)$
  $= 0.0033\left(\dfrac{440 - 189}{189}\right)$
  $= 0.00438$
- $\phi = 0.65 + (\varepsilon_t - 0.002) \times \dfrac{200}{3}$
  $= 0.65 + (0.00438 - 0.002) \times \dfrac{200}{3} = 0.809$

74 인장 이형철근의 정착길이 산정시 필요한 보정계수에 대한 설명 중 틀린 것은? (단, f_{sp}는 콘크리트의 쪼갬인장강도)

① 상부철근(정착길이 또는 겹침이음부 아래 300mm를 초과되게 굳지 않은 콘크리트를 친 수평철근)인 경우, 철근배근 위치에 따른 보정계수 1.3을 사용한다.
② 에폭시 도막철근인 경우, 피복두께 및 순간격에 따라 1.2나 2.0의 보정계수를 사용한다.
③ f_{sp}가 주어지지 않는 경량 콘크리트인 경우, 1.3의 보정계수를 사용한다.
④ 에폭시 도막철근이 상부철근인 경우, 보정계수끼리 곱한 값이 1.7보다 클 필요는 없다.

해설
- 에폭시 도막철근인 경우 피복두께 및 순간격에 따라 1.5의 보정계수를 사용한다.
- 기타 에폭시 도막철근의 경우는 1.2의 보정계수를 사용한다.

75 계수하중에 의한 전단력 V_u=75kN을 받을 수 있는 직사각형 단면을 설계하려고 한다. 규정에 의한 최소 전단철근을 사용할 경우 필요한 콘크리트의 최소단면적 $b_w d$는 얼마인가? (단, f_{ck}=28MPa, f_y=300MPa, λ=1.0)

① 101090mm^2
② 103073mm^2
③ 106303mm^2
④ 113390mm^2

해설
- $\frac{1}{2}\phi V_c < V_u \leq \phi V_c$인 경우 최소 전단철근을 배치한다.
- 콘크리트 최소 단면적 $b_w \cdot d$

$$V_u = \phi V_c = \phi \frac{1}{6}\lambda \sqrt{f_{ck}} b_w \cdot d$$

$$\therefore b_w d = \frac{V_u}{\phi \frac{1}{6}\lambda \sqrt{f_{ck}}} = \frac{75000}{0.75 \times \frac{1}{6} \times 1.0 \times \sqrt{28}} = 113390 \text{mm}^2$$

76 중심축하중을 받는 장주에서 좌굴하중은 Euler 공식 $P_{cr} = n\frac{\pi^2 EI}{l^2}$로 구한다. 여기서 n은 기둥의 지지상태에 따르는 계수인데 다음 중에서 n값이 틀린 것은 어느 것인가?

① 일단 고정, 일단 자유단일 때, $n=\frac{1}{4}$
② 일단 고정, 일단 힌지일 때, $n=3$
③ 양단 고정일 때, $n=4$
④ 양단 힌지일 때, $n=1$

해설 일단 고정, 일단 힌지일 때 $n=2$

정답 72.② 73.② 74.② 75.④ 76.②

77 콘크리트의 경화 전 균열에 대한 설명으로 틀린 것은?

① 철근, 입자가 큰 골재 등이 콘크리트의 침하를 국부적으로 방해하여 침하수축균열이 발생할 수 있다.
② 단위수량을 적게하고 슬럼프가 큰 콘크리트를 사용하여 침하수축균열을 방지할 수 있다.
③ 콘크리트 표면에서 물의 증발속도가 블리딩 속도보다 빠른 경우 플라스틱 수축균열이 발생할 수 있다.
④ 표면의 수분 증발을 방지하고, 필요 마무리 작업을 최소화함으로써 플라스틱 수축균열을 방지할 수 있다.

해설 단위수량을 적게하고 슬럼프가 작은 콘크리트를 사용하여 침하수축균열을 방지할 수 있다.

78 콘크리트 구조물의 표면에 나타나는 열화 등을 조사하는 방법 중에서 눈으로 직접하는 외관조사 항목이 아닌 것은?

① 균열의 발생 위치와 규모
② 철근 노출조사
③ 정적처짐측정
④ 구조물 전체의 침하 등의 변형상황

해설 정적처짐측정은 육안조사로 측정하기 곤란하다.

79 직접설계법에 의한 2방향 슬래브 설계 시 내부 경간에서 정계수 휨모멘트는 전체 정적계수 휨모멘트의 몇 %의 비율로 분배하여야 하는가?

① 25% ② 30%
③ 35% ④ 40%

해설
• 정계수 휨모멘트 : $0.35M_0$
• 부계수 휨모멘트 : $-0.65M_0$

80 경간이 8m인 캔틸레버 철근 콘크리트 보에서 처짐을 계산하지 않는 경우의 최소 두께(h)는? (단, 보통 중량 콘크리트를 사용하고, 사용 철근의 f_y=350MPa이다.)

① 395mm
② 465mm
③ 790mm
④ 930mm

해설
- f_y가 400MPa인 최소 두께(h)
  $$\frac{l}{8} = \frac{8000}{8} = 1000mm$$
- f_y가 400MPa 이외인 경우 최소 두께(h)
  $$\frac{l}{8}(0.43 + \frac{f_y}{700}) = \frac{8}{8}(0.43 + \frac{350}{700}) = 0.93m = 930mm$$

02회 CBT 모의고사

1과목 콘크리트 재료 및 배합

01 고로 슬래그 미분말을 혼화재료로 사용한 콘크리트의 특성으로 옳은 것은?

① 슬래그 미분말 치환율이 클수록 미소세공이 많아지며 동결 가능한 세공용적수가 작아져 동결융해 저항성에 유리하다.
② 슬래그 미분말 치환율이 클수록 수산화칼슘량이 희석되므로 염류의 침투가 용이하다.
③ 슬래그 미분말은 촉진성을 갖고 있으므로 콘크리트의 초기양생에 유리하다.
④ 슬래그 미분말의 혼합률이 클수록, 분말도가 작을수록 발열속도는 빨라진다.

해설
- 슬래그 미분말의 혼합률(치환율)이 커지면 수화열이 낮아지게 되어 매시브한 콘크리트에 적합하다.
- 분말도를 크게 할수록 초기강도 및 28일 강도의 개선이 된다.
- 슬래그 미분말의 치환율이 클수록 수산화칼슘[$Ca(OH)_2$]량이 감소되어 내해수성, 내화학성이 향상되며 알칼리 골재반응 억제에 대한 효과가 크다.
- 콘크리트 초기강도는 포틀랜드 시멘트 콘크리트보다 작지만 28일 이후의 장기 재령에 있어서 거의 같다.

02 금속 재료의 인장시험을 위한 시험편의 준비에 대한 설명으로 틀린 것은?

① 표점은 시험편에 도료를 칠한 위에 줄을 그어 표시하는 것을 원칙으로 한다.
② 시험편 부분의 재질에 변화를 생기게 하는 것과 같은 변형 또는 가열을 해서는 안 된다.
③ 시험편의 교정은 가급적 피하는 것이 좋고, 교정을 필요로 하는 경우에는 가급적 재질에 영향을 미치지 않는 방법을 사용하도록 한다.
④ 전단, 펀칭 등에 의한 가공을 한 시험편에서 시험 결과에 그 가공의 영향이 인정되는 경우에는 가공의 영향을 받은 영역을 절삭·제거하여 평행부를 다듬질한다.

해설 표점은 시험편의 축에 나란하게 금긋기 바늘로 금을 긋는다.

03 레디믹스트 콘크리트에 사용할 혼합수에 관한 사항 중 옳지 않은 것은?

① 상수돗물이나 지하수는 시험을 하지 않아도 사용할 수 있다.
② 슬러지수는 시험을 해야 하며, 슬러지 고형분율은 3% 이하이어야 한다.
③ 배합설계시 슬러지수에 포함된 슬러지 고형분은 물의 질량에는 포함되지 않는다.
④ 배치플랜트에서 물의 계량오차는 −2%, +1% 이내이어야 한다.

해설 상수도수 이외의 물은 시험을 하여야 한다.

---

04 콘크리트의 시방배합을 현장배합으로 보정하려고 할 때 필요한 시험은?

① 골재의 표면수율 시험 ② 시멘트 모르타르 플로우 시험
③ 골재의 밀도시험 ④ 시멘트 비중시험

해설 골재의 입도, 표면수율을 고려하여 시방배합을 현장배합으로 보정한다.

---

05 아래 표와 같은 조건의 시방배합에서 잔골재와 굵은골재의 단위량은 약 얼마인가?

- 단위수량 = 175kg
- W/C = 50%
- 잔골재 표건밀도 = 2.6g/cm³
- 공기량 = 1.5%
- S/a = 41.0%
- 시멘트 밀도 = 3.15g/cm³
- 굵은골재 표건밀도 = 2.65g/cm³

① 잔골재 : 735 kg, 굵은골재 : 989 kg
② 잔골재 : 745 kg, 굵은골재 : 1093 kg
③ 잔골재 : 756 kg, 굵은골재 : 1193 kg
④ 잔골재 : 770 kg, 굵은골재 : 1293 kg

해설
- 단위 시멘트량 $\dfrac{W}{C} = 0.5$ ∴ $C = \dfrac{175}{0.5} = 350\text{kg}$
- 단위 골재량의 절대부피
$$V_{S+G} = 1 - \left(\dfrac{175}{1000} + \dfrac{350}{3.15 \times 1000} + \dfrac{1.5}{100}\right) = 0.699\text{m}^3$$
- 단위 잔골재량의 절대부피 $V_S = 0.699 \times 0.41 = 0.2866\text{m}^3$
- 단위 굵은골재량의 절대부피 $V_G = 0.699 - 0.2866 = 0.4124\text{m}^3$
- 단위 잔골재량 $S = 2.6 \times 0.2866 \times 1000 = 745\text{kg}$
- 단위 굵은골재량 $G = 2.65 \times 0.4124 \times 1000 = 1093\text{kg}$

정답 01. ① 02. ① 03. ① 04. ① 05. ②

02회 CBT 모의고사

06 콘크리트용 모래에 포함되어 있는 유기 불순물 시험(KS F 2510)에 대한 설명으로 틀린 것은?

① 시료는 대표적인 것을 취하고 공기 중 건조상태로 건조시켜서 4분법 또는 시료 분취기를 사용하여 약 450g을 채취한다.
② 이 시험은 모래의 사용 여부를 결정함에 앞서 보다 더 정밀한 모래에 대한 시험의 필요성 유무를 미리 아는 데 있다.
③ 시험 실시 후 시험 용액의 색도가 표준색 용액보다 연할 때는 그 모래를 콘크리트용으로 사용할 수 없다.
④ 10%의 알코올 용액으로 2% 탄닌산 용액을 만들고, 그 2.5mL를 3%의 수산화나트륨 용액 97.5mL에 가하여 식별용 표준색 용액을 만든다.

해설 시험 실시 후 시험 용액의 색도가 표준색 용액보다 연할 때는 그 모래를 콘크리트용으로 사용할 수 있다.

07 콘크리트의 내구성 기준 압축강도(f_{cd})가 40MPa이고, 설계기준 압축강도(f_{ck})가 35MPa이다. 30회 이상의 압축강도 시험실적으로부터 구한 표준편차가 5MPa인 경우 배합강도를 구하면?

① 45 MPa ② 46.7 MPa
③ 47.7 MPa ④ 48.2 MPa

해설
- 품질기준강도(f_{cq})
  f_{ck}와 f_{cd} 중 큰 값인 40MPa이다.
- $f_{cq} > 35$MPa이므로
  $f_{cr} = f_{cq} + 1.34S = 40 + 1.34 \times 5 = 46.7$MPa
  $f_{cr} = 0.9f_{cq} + 2.33S = 0.9 \times 40 + 2.33 \times 5 = 47.7$MPa
  ∴ 큰 값인 47.7MPa이다.

08 압축강도 시험의 기록이 없는 경우 콘크리트 배합강도로 틀린 것은?

① 호칭강도가 20MPa인 경우 배합강도는 27MPa
② 호칭강도가 28MPa인 경우 배합강도는 36.5MPa
③ 호칭강도가 31MPa인 경우 배합강도는 39.5MPa
④ 호칭강도가 40MPa인 경우 배합강도는 52MPa

해설

호칭강도(MPa)	배합강도(MPa)
21 미만	$f_n + 7$
21 이상 35 이하	$f_n + 8.5$
35 초과	$1.1f_n + 5.0$

09 시멘트의 비중에 대한 일반적인 설명으로 옳은 것은?

① 시멘트의 저장기간이 긴 경우 비중이 커진다.
② 시멘트가 풍화한 경우 비중이 커진다.
③ SiO_2, Fe_2O_3가 많을수록 비중이 커진다.
④ 시멘트 클링커의 소성이 불충분한 경우 시멘트의 비중은 커진다.

해설
- 시멘트 비중은 일반적으로 석회나 알루미나 성분이 많으면 작아지고 실리카(SiO_2)나 산화철(Fe_2O_3)이 많아지면 커진다.
- 시멘트의 저장기간이 긴 경우 비중이 작아진다.
- 시멘트가 풍화한 경우 비중이 작아진다.
- 시멘트 클링커의 소성이 불충분한 경우 시멘트의 비중이 작아진다.

10 강모래를 이용한 콘크리트에 비해 부순 잔골재를 이용한 콘크리트의 차이에 대한 설명으로 틀린 것은?

① 미세한 분말량이 많아짐에 따라 응결의 초결시간과 종결시간이 길어진다.
② 동일 슬럼프를 얻기 위해서는 단위수량이 5~10% 정도 더 필요하다.
③ 건조수축률은 미세한 분말량이 많아지면 증대한다.
④ 미세한 분말량이 많아지면 슬럼프가 저하하기 때문에 그 양에 의하여 잔골재율(S/a)을 낮춰준다.

해설
- 미세한 분말량이 많아짐에 따라 응결의 초결시간과 종결시간이 짧아진다.
- 미세한 분말량이 많아지면 공기량이 줄어들기 때문에 필요시 공기량을 증가시킨다.

11 시멘트의 강도 시험방법(KS L ISO 679)에 의해 시멘트의 압축강도 시험을 실시하고자 한다. 시멘트 450g을 사용하여 공시체를 제작할 때 모래의 사용량은?

① 900g
② 1,125g
③ 1,350g
④ 1,800g

해설 시멘트와 모래의 비율이 1 : 3이므로 450×3=1,350g이다.

정답 06. ③ 07. ③ 08. ④ 09. ③ 10. ① 11. ③

12 다음 중 시멘트 응결시험 방법은?
① 플로우(flow) 시험
② 블레인 시험
③ 길모어 침에 의한 방법
④ 오토클레이브 방법

해설
- 시멘트 응결시험 : 길모어 침, 비카 침
- 시멘트 팽창도 시험 : 오토클레이브 방법
- 시멘트 분말도 시험 : 블레인 시험

13 일반 콘크리트에서 물-결합재비에 대한 설명으로 틀린 것은?
① 압축강도와 물-결합재비와의 관계는 시험에 의해 정하는 것을 원칙으로 한다. 이때 공시체는 재령 28일을 표준으로 한다.
② 제빙화학제가 사용되는 콘크리트의 물-결합재비는 45% 이하로 한다.
③ 콘크리트의 수밀성을 기준으로 물-결합재비를 정할 경우 그 값은 40% 이하로 한다.
④ 콘크리트의 탄산화 저항성을 고려하여 물-결합재비를 정할 경우 55% 이하로 한다.

해설
- 콘크리트의 수밀성을 기준으로 물-결합재비를 정할 경우 그 값은 50% 이하로 한다.
- 황산염 노출 정도가 보통인 경우 최대 물-결합재비는 50%로 한다.
- 물에 노출되었을 때 낮은 투수성이 요구되는 콘크리트의 내동해성을 기준으로 하여 물-결합재비를 정할 경우 50% 이하로 한다.

14 다음 중 콘크리트용 화학혼화제(KS F 2560)의 품질시험 항목이 아닌 것은?
① 감수율(%)
② 압축강도비(%)
③ 오토클레이브 팽창도(%)
④ 동결융해에 대한 저항성(%)

해설 감수율, 블리딩량의 비, 길이 변화비, 응결시간의 차, 동결융해에 대한 저항성 등이 항목에 속한다.

15 르샤틀리에 비중병을 이용한 시멘트의 비중 시험을 통해 알 수 없는 것은?
① 동결융해 저항성
② 클링커의 소성상태
③ 시멘트의 풍화정도
④ 시멘트의 품질

해설 시멘트 비중 시험을 할 경우 일정한 양의 시멘트를 0.05g까지 달아 비중병에 조금씩 넣으며 동일 시험자가 동일 재료에 대하여 2회 측정한 결과가 ±0.03 이내이어야 한다.

16 시멘트 제조원료에 대한 설명으로 틀린 것은?
① 시멘트중의 MgO의 함유성분이 많으면 콘크리트 경화체에 균열을 일으킨다.
② 시멘트중의 알칼리 성분이 많으면 콘크리트 강도를 증가 시킨다.
③ 포틀랜드 시멘트는 주로 석회질 원료 및 점토질 원료를 적당한 비율로 혼합하여 제조한다.
④ 석고를 첨가하면 응결이 지연된다.

해설
• 시멘트중의 알칼리 성분이 많으면 콘크리트 강도가 감소한다.
• 석고 첨가량이 많을수록 응결이 늦어진다.

17 아래와 같은 조건에서 콘크리트의 배합강도를 구할 때 적용하는 표준편차(s)를 구하면?

- 압축강도의 시험 횟수 : 24회
- 압축강도의 평균($\bar{x}$) : 25MPa
- 잔차제곱의 합($\Sigma(x_i - \bar{x})^2$) : 214
- 시험 횟수가 29회 이하일 때 표준편차 보정계수

시험횟수	표준편차의 보정계수
15	1.16
20	1.08
25	1.03
30	1.00

① 2.81MPa   ② 3.17MPa
③ 3.23MPa   ④ 3.28MPa

해설
• 표준편차
$$s = \sqrt{\frac{\Sigma(x_i - \bar{x})^2}{n-1}} = \sqrt{\frac{214}{24-1}} = 3.05$$

• 압축강도 시험횟수가 24회 경우 표준편차 보정계수
시험횟수가 20회 경우 1.08, 25회 경우 1.03이므로 $\frac{1.08-1.03}{5} = 0.01$씩 직선 보간한다. 즉, 20회 1.08, 21회 1.07, 22회 1.06, 23회 1.05, 24회 1.04, 25회 1.03이 된다.
∴ 배합강도를 결정하기 위한 표준편차는 3.05×1.04 = 3.17MPa

[정답] 12.③ 13.③ 14.③ 15.① 16.② 17.②

02회 CBT 모의고사

18 시멘트의 강열감량에 대한 설명으로 틀린 것은?

① 시멘트를 약 950℃ 정도로 가열하였을 때 중량 감소 백분율을 말한다.
② 강열감량은 시멘트의 풍화정도를 판단하기 위해 사용된다.
③ 시멘트의 풍화가 진행되었거나 혼합물이 존재하면 강열감량은 감소한다.
④ 강열감량이 큰 경우 콘크리트의 압축강도는 감소한다.

해설
- 시멘트의 풍화가 진행되었거나 혼합물이 존재하면 강열감량은 증가한다.
- 풍화된 시멘트를 사용한 콘크리트는 초기강도가 감소한다.

19 단위용적질량이 1680kg/m³인 굵은골재의 절건밀도가 0.00265 g/mm³라면 이 골재의 공극률은 얼마인가?

① 59.5%
② 52.1%
③ 47.9%
④ 36.6%

해설 공극률 $= \left(1 - \dfrac{w}{\rho}\right) \times 100 = \left(1 - \dfrac{1.68}{2.65}\right) \times 100 = 36.6\%$

20 밀도 2.5g/cm³, 함수율 8%, 흡수율 3%인 잔골재의 표면수율은 얼마인가?

① 4.41%
② 4.63%
③ 4.85%
④ 5.00%

해설
- 흡수율 $= \dfrac{\text{표건무게} - \text{노건무게}}{\text{노건무게}} \times 100$

  $3\% = \dfrac{500 - \text{노건무게}}{\text{노건무게}} \times 100$ ∴ 노건무게 $= 485.44\text{g}$

  여기서, 표건무게 500g은 잔골재 밀도시험에 적용한 값이다.

- 함수율 $= \dfrac{\text{습윤무게} - \text{노건무게}}{\text{노건무게}} \times 100$

  $8\% = \dfrac{\text{습윤무게} - 485.44}{485.44} \times 100$ ∴ 습윤무게 $= 524.28\text{g}$

- 표면수율 $= \dfrac{\text{습윤무게} - \text{표건무게}}{\text{표건무게}} \times 100 = \dfrac{524.28 - 500}{500} \times 100 = 4.85\%$

2과목 콘크리트 제조, 시험 및 품질관리

21 굳지 않은 콘크리트의 워커빌리티 및 반죽질기에 영향을 미치는 요인에 대한 설명 중 옳지 않은 것은?

① 골재 – 둥근 모양의 골재는 모가 난 골재보다 워커빌리티를 좋게 한다.
② 시멘트 – 일반적으로 단위 시멘트량이 많을수록 콘크리트는 워커블해진다.
③ 온도 – 일반적으로 온도가 높을수록 슬럼프는 작아진다.
④ 혼화제 – 공기연행제, 감수제 등의 혼화재료는 콘크리트의 워커빌리티에 영향을 주지 않는다.

해설 공기연행제, 감수제 등의 혼화재료는 콘크리트의 워커빌리티를 좋게 한다.

22 다음은 강도시험용 공시체의 제작 방법에 대하여 설명한 것이다. 틀린 것은?

① 콘크리트의 압축강도 시험용 공시체의 지름은 굵은골재 최대치수의 3배 이상, 15cm 이상으로 한다.
② 휨강도 시험용 공시체의 한 변의 길이는 굵은골재 최대치수의 4배 이상, 10cm 이상으로 한다.
③ 휨강도 시험용 공시체의 길이는 단면의 한 변의 길이의 3배보다 8cm 이상 긴 것으로 한다.
④ 쪼갬인장강도 시험용 공시체의 지름은 굵은골재 최대치수 4배 이상, 15cm 이상으로 한다.

해설 콘크리트의 압축강도 시험용 공시체의 지름은 굵은골재 최대치수의 3배 이상, 10cm 이상으로 한다.

23 콘크리트의 품질관리의 관리도에서 계수값 관리도에 포함되지 않는 것은?

① P관리도
② C관리도
③ U관리도
④ x관리도

해설
- 계량값 관리도
  $\bar{x}-R$관리도, $\bar{x}-\sigma$관리도, x관리도
- 계수값 관리도
  P관리도, P_n관리도, C관리도, U관리도

답안 표기란
21 ① ② ③ ④
22 ① ② ③ ④
23 ① ② ③ ④

정답 18. ③ 19. ④
20. ③ 21. ④
22. ① 23. ④

02회 CBT 모의고사

24 콘크리트의 압축강도 시험값에 영향을 미치는 시험조건의 설명으로 틀린 것은?

① 공시체의 치수가 클수록 압축강도는 작아진다.
② 재하속도가 빠를수록 압축강도는 커진다.
③ 공시체는 건조상태보다 습윤상태에서 압축강도가 작아진다.
④ 공시체의 지름에 대한 높이의 비(H/D)가 클수록 압축강도는 커진다.

해설 공시체의 지름에 대한 높이의 비(H/D)가 클수록 압축강도는 작아진다.

25 콘크리트 재료의 비비기에 대한 설명으로 틀린 것은?

① 재료는 반죽된 콘크리트가 균질하게 될 때까지 충분히 비벼야 한다.
② 연속믹서를 사용할 경우, 비비기 시작 후 최초에 배출되는 콘크리트는 사용해서는 안 된다.
③ 일반적으로 물은 다른 재료의 투입이 끝난 후 조금 지난 뒤에 물의 주입을 시작하는 것이 좋다.
④ 비비기를 시작하기 전에 미리 믹서 내부를 모르타르로 부착시켜야 한다.

해설 일반적으로 물은 다른 재료보다 먼저 넣기 시작하여 넣는 속도를 일정하게 하고 다른 재료의 투입이 끝난 후 조금 지난 뒤에 물을 넣는다.

26 콘크리트의 동결융해 시험에서 300사이클에서 상대동탄성계수가 76%라면, 이 공시체의 내구성 지수는?

① 76%　　　　　② 81%
③ 85%　　　　　④ 92%

해설 $DF = \dfrac{PN}{M} = \dfrac{76 \times 300}{300} = 76\%$

27 압축강도 시험결과가 아래 표와 같을 때 변동계수를 구하면? (단, 표준편차는 불편분산의 개념에 의해 구하시오.)

> 23.5MPa, 21.3MPa, 25.3MPa, 24.6MPa, 25.4MPa

① 3%   ② 7%
③ 11%   ④ 15%

해설
- 평균값

$$\frac{23.5+21.3+25.3+24.6+25.4}{5}=24.02\text{MPa}$$

- 표준편차(불편분산의 경우)

$$\sqrt{\frac{\Sigma(x_i-\overline{x})^2}{n-1}}=\sqrt{\frac{\{(23.5-24.02)^2+(21.3-24.02)^2+(25.3-24.02)^2\}+(24.6-24.02)^2+(25.4-24.02)^2}{5-1}}$$
$$=1.7\text{MPa}$$

- 변동계수

$$\frac{표준편차}{평균값}\times100=\frac{1.7}{24.02}\times100=7\%$$

28 콘크리트의 워커빌리티 측정방법에 대한 설명으로 옳지 않은 것은?

① 리몰딩 시험은 플로 테이블 위에 놓은 원통형 용기에 콘크리트를 슬럼프시킨 후 탈형하여 상하 진동으로 형상 변화를 측정한다.
② 플로우 시험은 충격에 의해 퍼짐 정도로 콘크리트의 분리저항성과 유동성을 측정한다.
③ VB시험은 리몰딩 시험 장치의 링을 생략하고 낙하 대신에 진동으로 다짐을 한다.
④ 다짐계수시험은 시험기 용기에 콘크리트 따져 넣는 다짐 정도를 측정한다.

해설 다짐계수시험은 시험기 상부의 용기에 콘크리트를 다져 넣은 후 차례로 하부의 용기에 낙하시켜 하부의 용기에 채워진 콘크리트의 질량과 별도로 하부 용기에 콘크리트를 채웠을 때의 질량과 비를 측정하는 것이다.

29 염화물 이온 선택 전극법에 의한 굳지 않은 콘크리트의 염화물 함유량시험방법(KS F 2587)에 대한 설명으로 옳지 않은 것은?

① 시료채취는 콘크리트의 슬럼프와 공기량을 확인한 후 규정에 의거 콘크리트의 3곳에서 총량 중 20L 정도로 한다.
② 시험은 염화물 이온 선택 전극을 사용한 전위차 적정법을 따르며 측정 횟수는 채취한 시료 1개당 3회 실시한다.
③ 기구 세척 용수는 증류수를 사용한다.
④ 전위차 적정 장치의 교정에 사용되는 표준액은 염소이온을 0.1% 함유한 염화나트륨 수용액과 0.5% 함유한 염화나트륨 수용액이 사용된다.

해설 시험은 염화물 이온 선택 전극을 사용한 전위차 적정법을 따르며 측정 횟수는 채취한 시료 1개당 2회 실시한다.

정답 24. ④   25. ③   26. ①   27. ②   28. ④   29. ②

30 레디믹스트 콘크리트 공장의 선정에 대한 설명 중 옳지 않은 것은?

① 공장을 선정할 경우 운반거리, 배출시간, 제조능력, 운반차의 수, 제조설비, 품질관리 상태 등을 고려한다.
② KS F 4009의 규정 및 심사기준에 의거 사용재료, 제 설비, 품질관리 상태 등을 조사하여 선정한다.
③ 단일 구조물, 동일 공구에 타설하는 콘크리트의 경우 품질 확보를 위해 3개 이상이 공장을 선정하는 것을 원칙으로 한다.
④ 레디믹스트 콘크리트 공장을 선정하여 주문할 경우에는 우선 KS 인증 공장을 선정한다.

> **해설**
> - 단일 구조물, 동일 공구에 타설하는 콘크리트의 경우 품질 확보를 위해 1개의 공장을 선정하는 것을 원칙으로 한다.
> - 현장까지의 운반시간도 중요한 선정기준이다.

31 집단을 구성하고 있는 많은 데이터를 어떤 특징에 따라 몇 개의 부분집단으로 나누는 것으로 측정치에 산포를 포함하는 품질관리의 수법은?

① 파레토도
② 층별
③ 히스토그램
④ 특성요인도

> **해설**
> - 파레토도는 불량 등 발생건수를 분류 항목별로 나누어 크기 순서대로 나열한 그림이다.
> - 히스토그램은 계량치 데이터가 어떠한 분포를 하는지 알아보기 위해 작성한 그림이다.
> - 특성요인도는 결과에 원인이 어떻게 관계하고 있는가를 알 수 있도록 작성한 그림이다.

32 굳지 않은 콘크리트의 재료분리를 방지하기 위한 대책으로 옳지 않은 것은?

① 거푸집은 수밀하고 견고한 것을 사용한다.
② AE제 등의 혼화재료를 사용하며 단위수량이 적은 된비빔 콘크리트로 하고 단위시멘트량이 적지 않도록 한다.
③ 콘크리트가 거푸집 내에서 장거리 흘러내리거나 높은 곳에서 자유낙하하거나 횡방향 속도가 가해진 상태로 타설해서는 안 된다.

④ 입도분포가 양호한 골재를 사용하며 특히 잔골재는 미립분이 없는 것을 사용하는 것이 좋다.

해설
- 골재는 세·조립이 알맞게 혼합되어 입도분포가 양호한 것을 사용한다.
- 잔골재 중의 0.15~0.3mm 정도의 미립분을 증가시킨다.

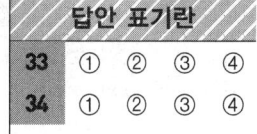

33	① ② ③ ④
34	① ② ③ ④

33. $\phi 150 \times 300$mm인 공시체를 사용하여 콘크리트의 쪼갬 인장강도시험을 실시한 결과 인장강도가 2.8MPa이었다면, 이 시험에서 공시체가 파괴될 때의 최대하중(P)은?

① 164.23 kN
② 197.92 kN
③ 216.37 kN
④ 266.24 kN

해설
인장강도 $= \dfrac{2P}{\pi d l}$

$2.8 = \dfrac{2P}{\pi d l}$

$\therefore P = \dfrac{2.8 \times 3.14 \times 150 \times 300}{2} = 197914 \text{N} = 197.92 \text{kN}$

34. 콘크리트의 슬럼프 시험에 대한 설명으로 틀린 것은?

① 슬럼프 콘은 수평으로 설치하였을 때 수밀성이 있는 강제 평판 위에 놓고 누른 다음 시료를 거의 같은 양의 3층으로 나누어서 채운다.
② 각 층은 다짐봉으로 고르게 한 후 각 층마다 25회씩 다지고 각 층 다짐봉의 다짐깊이는 그 앞 층에 거의 도달할 정도로 한다.
③ 슬럼프 콘에 콘크리트를 채우기 시작하고 나서 슬럼프 콘을 들어 올리기를 종료할 때까지의 시간은 5분 이내로 한다.
④ 슬럼프 콘을 가만히 연직으로 들어올리고 콘크리트의 중앙부에서 공시체 높이와의 차를 5mm 단위로 측정하여 슬럼프 값으로 한다.

해설
- 슬럼프 콘에 콘크리트를 채우기 시작하고 나서 슬럼프 콘을 들어올리기를 종료할 때까지의 시간은 3분 이내로 한다.
- 슬럼프 콘을 들어 올리는 시간은 높이 300mm에서 2~3초로 한다.
- 밑지름 200mm, 윗면의 지름 100mm, 높이가 300mm인 콘 모양의 몰드를 사용한다.

정답 30. ③ 31. ②
32. ④ 33. ②
34. ③

35 레디믹스트 콘크리트의 품질규정에 대한 설명으로 틀린 것은?

① 슬럼프 25mm인 콘크리트에서 슬럼프의 허용오차는 ±10mm이다.
② 슬럼프 플로 600mm인 콘크리트에서 슬럼프 플로의 허용오차는 ±75mm이다.
③ 보통 콘크리트의 공기량은 4.5%이며, 공기량의 허용오차는 ±1.5%이다.
④ 경량 콘크리트의 공기량은 5.5%이며, 공기량의 허용오차는 ±1.5%이다.

해설
- 슬럼프 플로 500mm인 콘크리트에서 슬럼프 플로의 허용오차는 ±75mm이다.
- 슬럼프 플로 600mm인 콘크리트에서 슬럼프 플로의 허용오차는 ±100mm이다.

36 콘크리트 제조설비인 믹서(가경식, 중력식)를 공사 시작 전 검사를 실시하였다. 공사 시작 후 13개월이 경과했다면, 공사 중 최소 몇 회 검사를 실시하였겠는가?

① 1회 ② 2회
③ 4회 ④ 6회

해설 계량설비의 계량 정밀도 : 공사 시작 전 및 공사 중 1회/6개월 이상

37 150×150×530mm의 공시체를 4점 재하장치에 의해 휨강도 시험을 한 결과 최대하중 27kN에서 지간의 가운데 부분에서 파괴가 일어났다. 이때 휨강도는 얼마인가? (단, 지간은 450mm이다.)

① 4.4MPa ② 4.0MPa
③ 3.6MPa ④ 3.1MPa

해설 휨강도 $= \dfrac{Pl}{bd^2} = \dfrac{27000 \times 450}{150 \times 150^2} = 3.6\,\text{N/mm}^2 = 3.6\,\text{MPa}$

38 콘크리트 재료 계량 오차의 계산식으로 옳은 것은? (단, m_0 : 계량 오차(%), m_1 : 목표 1회 계량 분량, m_2 : 저울에 의한 계측 값)

① $m_0 = \dfrac{m_2 - m_1}{m_2} \times 100$ ② $m_0 = \dfrac{m_2 - m_1}{m_1} \times 100$

③ $m_0 = \dfrac{m_1 - m_2}{m_1} \times 100$ ④ $m_0 = \dfrac{m_1 - m_2}{m_2} \times 100$

해설 $m_0 = \dfrac{\text{저울에 의한 계측 값} - \text{목표 1회 계량 분량}}{\text{목표 1회 계량 분량}} \times 100$

39 콘크리트 구조물 내부의 강재 위치에서 염화물 이온 농도(kg/m^3)을 구하고자 할 때 필요한 자료가 아닌 것은?

① 염화물 이온의 확산계수(cm^2/년)
② 콘크리트 표면의 염화물 이온 농도(kg/m^3)
③ 염화물 이온 침입에 의한 내구연수(년)
④ 주철근의 공칭직경(mm)

해설 설계상의 철근 피복두께(mm)가 해당된다.

40 굳지 않은 콘크리트의 공기량에 대한 일반적인 설명으로 틀린 것은?

① AE제나 감수제에 의해 콘크리트 중에 연행된 미세한 기포는 볼베어링 작용을 하여 콘크리트의 워커빌리티를 개선시킨다.
② 고로 슬래그 시멘트를 사용한 콘크리트는 보통 포틀랜드 시멘트를 사용한 경우보다 공기량이 증가한다.
③ 공기량이 1% 증가하면 슬럼프가 약 20mm 정도 크게 된다.
④ 공기량의 워커빌리티 개선효과는 빈배합의 경우에 현저하다.

해설
- 고로 슬래그 시멘트를 사용한 콘크리트는 보통 포틀랜드 시멘트를 사용한 경우보다 공기량이 감소한다.
- 연행공기는 콘크리트의 워커빌리티를 개선하며, 공기량 1% 증가에 따라 슬럼프는 약 20~25mm 정도 증가한다.

정답 35. ② 36. ② 37. ③ 38. ② 39. ④ 40. ②

3과목　콘크리트의 시공

41　숏크리트에 대한 다음의 설명 중 맞는 것은?

① 뿜어붙일 면에 용수가 있을 경우에는 상대적으로 습식 숏크리트보다 건식 숏크리트가 우수하다.
② 습식 숏크리트는 건식 숏크리트에 비해 시공능력은 떨어진다.
③ 건식 숏크리트는 대단면으로서 장대화되는 산악터널의 급열양생 시공에 적합하다.
④ 숏크리트는 평활한 마무리면을 얻을 수 있으며 품질 변동이 작다는 장점이 있다.

해설
- 습식 숏크리트는 건식 숏크리트에 비해 시공능력이 좋다.
- 습식 숏크리트는 대단면으로서 장대화되는 산악 터널의 급열 양생 시공에 적합하다.
- 숏크리트는 평활한 마무리면을 얻기 어렵고 품질 변동이 큰 단점이 있다.

42　섬유보강 콘크리트에 대한 일반적인 설명으로 틀린 것은?

① 인장강도와 균열에 대한 저항성이 높다.
② 사용되는 섬유에는 대표적으로 강섬유, 내알칼리성 유리섬유, 폴리프로필렌섬유, 탄소섬유, 아라미드섬유 및 여러 가지 합성 섬유 등이 있다.
③ 섬유보강 콘크리트용 섬유의 탄성계수는 시멘트 결합재 탄성계수의 1/10 이상이며, 형상비가 30 이상이어야 한다.
④ 콘크리트에 대한 강섬유 혼입률의 범위는 용적 백분율로 0.5~2.0% 정도이다.

해설　지름에 대한 길이의 비인 형상비(L/D)가 50~100의 것이 많이 이용된다.

43　매스 콘크리트의 수축이음에 대한 설명으로 틀린 것은?

① 벽체 구조물의 경우 길이방향에 일정 간격으로 단면감소 부분을 만든다.
② 수축이음의 단면 감소율은 35% 이상으로 하여야 한다.
③ 수축이음의 간격은 1~2m를 기준으로 한다.

④ 수축이음의 위치는 구조물의 내력에 영향을 미치지 않는 곳에 설치한다.

해설 수축이음의 간격은 구조물의 치수, 철근량, 타설온도, 타설 방법 등에 의해 큰 영향을 받으므로 이들을 고려하여 정한다.

44 수중 콘크리트에 관한 설명으로 틀린 것은?
① 수중 불분리성 콘크리트의 타설은 유속이 50mm/s 정도 이하의 정수 중에서 수중 낙하높이 0.5m 이하여야 한다.
② 수중 불분리성 콘크리트를 콘크리트 펌프로 압송할 경우 압송압력은 보통 콘크리트의 2~3배, 타설속도는 1/2~1/3 정도이다.
③ 수중 불분리성 콘크리트의 수중 유동거리는 10m 이하로 하여야 한다.
④ 수중 불분리성 콘크리트는 유동성이 크고 유동에 따른 품질변화가 적기 때문에 일반 수중 콘크리트보다 트레미 1개 및 콘크리트 펌프 배관 1개당 콘크리트 타설면적을 크게 할 수 있다.

해설 수중 불분리성 콘크리트의 수중 유동거리는 5m 이하로 하여야 한다.

45 프리캐스트 콘크리트의 장점에 해당되지 않는 것은?
① 조립구조에 주로 사용되므로 공사기간이 단축된다.
② 현장에서 거푸집이나 동바리 등의 준비가 필요 없다.
③ 규격품을 제조하므로 숙련공이 필요로 하지 않는다.
④ 기후 상황에 좌우되지 않고 시공을 할 수 있다.

해설
• 규격품을 제조하므로 숙련공이 필요하다.
• 재료, 배합, 생산 설비, 시공 등의 관리를 하기 쉽다.

46 프리플레이스트 콘크리트에 사용되는 굵은골재에 대한 설명으로 잘못된 것은?
① 일반적인 프리플레이스트 콘크리트용 굵은골재의 최소치수는 15mm 이상으로 하여야 한다.
② 일반적으로 굵은골재의 최대치수는 최소치수의 2~4배 정도로 한다.
③ 대규모 프리플레이스트 콘크리트를 대상으로 할 경우, 굵은골재의 최소치수가 클수록 주입 모르타르의 주입성이 현저하게 개선되므로 굵은골재의 최소치수는 40mm 이상이어야 한다.
④ 굵은골재의 최대치수와 최소치수와의 차이를 적게 하면 굵은골재의 실적률이 커지고 주입 모르타르의 소요량이 적어진다.

[정답] 41.① 42.③ 43.③ 44.③ 45.③ 46.④

해설
- 굵은골재의 최대치수와 최소치수와의 차이를 적게 하면 굵은골재의 실적률이 적어지고 주입 모르타르의 소요량이 많아지므로 적절한 입도분포를 선정할 필요가 있다.
- 잔골재의 조립률은 1.4~2.2 범위가 좋다.
- 굵은골재의 최대치수는 부재단면 최소치수의 1/4 이하, 철근 콘크리트의 경우 철근의 순간격의 2/3 이하로 해야 한다.

47 한중 콘크리트 시공시 비빈 직후 콘크리트의 온도 및 주위 기온이 아래의 조건과 같을 때, 타설이 완료된 후 콘크리트의 온도를 계산하면?

- 비빈 직후의 콘크리트 온도 : 25℃, 주위 온도 : 4℃
- 비빈 후부터 타설 완료시까지의 시간 : 1시간 30분

① 19.8℃
② 20.3℃
③ 21.6℃
④ 22.5℃

해설 $T_2 = T_1 - 0.15(T_1 - T_0)t = 25 - 0.15(25-4) \times 1.5 = 20.3°$

48 서중 콘크리트의 시공은 일평균기온이 몇 ℃를 초과하는 것이 예상되는 경우에 실시하는가?

① 15℃
② 20℃
③ 25℃
④ 30℃

해설 하루 평균기온이 25℃를 초과하는 것이 예상되는 경우에 서중 콘크리트로서 시공을 실시하여야 한다.

49 고온·고압의 증기솥 속에서 상압보다 높은 압력으로 고온의 수증기를 사용하여 실시하는 양생방법은?

① 오토클레이브 양생
② 증기양생
③ 촉진양생
④ 고주파양생

해설 오토클레이브 양생은 7~12기압의 고온·고압의 증기솥에 의해 양생한다.

50 수밀 콘크리트의 배합에 대한 설명 중 틀린 것은?

① 슬럼프는 180mm를 넘지 않도록 하며 콘크리트의 타설이 용이할 경우에는 120mm 이하로 한다.
② 소요의 품질을 갖는 수밀 콘크리트를 얻게 시공이음을 두지 않는다.
③ 워커빌리티 개선을 위해 AE제, AE감수제, 포졸란 등의 사용하며 공기량은 4% 이하가 되도록 한다.
④ 단위 굵은골재량은 되도록 크게 하며 단위수량 및 물-시멘트비는 되도록 작게 한다.

해설 소요의 품질을 갖는 수밀 콘크리트를 얻을 수 있도록 적당한 간격으로 시공이음을 둔다.

51 다음 중 시공이음에 관한 설명으로 옳지 않은 것은?

① 시공이음은 될 수 있는 대로 전단력이 작은 위치에 설치한다.
② 시공이음은 부재의 압축력이 작용하는 방향과 수평이 되게 설치한다.
③ 해양 및 항만 콘크리트 구조물 등에 부득이 시공이음부를 설치한 경우에는 만조위로부터 위로 0.6m와 간조위로부터 아래로 0.6m 사이인 감조부 부분을 피하여야 한다.
④ 시공이음부에 다음 콘크리트를 타설하기 위해서는 물을 고압분사시켜서 청소를 하거나 콘크리트 표면에 물을 충분히 흡수시킨 후 새로운 콘크리트를 타설하여야 한다.

해설
• 시공이음은 부재의 압축력이 작용하는 방향과 직각이 되게 설치한다.
• 부득이 전단력이 큰 곳에 시공이음을 설치하여 철근으로 보강하는 경우 철근의 정착 길이는 철근 지름의 20배 이상으로 한다.

52 프리플레이스트 콘크리트의 주입 모르타르 시공에 대한 설명으로 옳지 않은 것은?

① 깊은 해수 중에 시공을 할 경우에는 보일의 법칙에 의하여 팽창재의 혼입량을 증대시켜 압력을 받는 모르타르의 팽창률이 적정값이 되도록 한다.
② 팽창률은 블리딩의 3배 정도 이상이 바람직하지만 팽창률이 지나치게 크면 모르타르 속의 공극을 크게 하여 해롭다.
③ 주입 모르타르는 공사 규모에 따라 적정한 유동성 및 유동성 유지공간을 가져야 한다.
④ 대규모 프리플레이스트 콘크리트에 사용되는 주입 모르타르는 시공 과정에 재료분리가 적게 되도록 부배합으로 한다.

정답 47. ② 48. ③ 49. ① 50. ② 51. ② 52. ②

해설 팽창률은 블리딩의 2배 정도 이상이 바람직하지만 팽창률이 지나치게 크면 모르타르 속의 공극을 크게 하여 해롭다.

53 방사선 차폐용 콘크리트에 대한 설명으로 잘못된 것은?

① 주로 생물체의 방호를 위하여 X선, γ선 및 중성자선을 차폐할 목적으로 사용되는 콘크리트를 방사선 차폐용 콘크리트라고 한다.
② 물-결합재비는 50% 이하를 원칙으로 하고, 혼화제를 사용하여서는 안 된다.
③ 콘크리트의 슬럼프는 150mm 이하로 한다.
④ 소요의 밀도를 확보하기 위해 일반구조용 콘크리트보다 슬럼프를 작게 하는 것이 바람직하다.

해설
 • 물-결합재비는 50% 이하를 원칙으로 하고, 작업성 개선을 위하여 품질이 입증된 혼화제를 사용하여도 된다.
 • 1회 타설 높이는 30cm 이하로 한다.
 • 차폐용 콘크리트로서 요구되는 밀도, 압축강도, 결합수량, 설계허용온도, 붕소량 등이 확보되어야 한다.

54 콘크리트의 압축강도 시험을 통하여 거푸집을 해체하고자 한다. 설계기준강도가 24MPa이고, 보의 밑면인 경우 거푸집을 해체할 때 콘크리트 압축강도는 얼마 이상이어야 하는가?

① 5MPa 이상　　② 8MPa 이상
③ 12MPa 이상　　④ 16MPa 이상

해설 슬래브 및 보의 밑면, 아치 내면은 설계기준 압축강도의 2/3배 이상 또한 최소 14MPa 이상이므로 $24 \times \dfrac{2}{3} = 16$MPa 이상이다.

55 콘크리트의 타설에 대한 설명으로 틀린 것은?

① 콘크리트 타설의 1층 높이는 다짐능력을 고려하여 이를 결정하여야 한다.
② 콘크리트의 타설 작업을 할 때에는 철근 및 매설물의 배치나 거푸집이 변형 및 손상되지 않도록 주의해야 한다.

③ 한 구획 내의 콘크리트는 타설이 완료될 때까지 연속해서 타설해야 한다.
④ 타설한 콘크리트는 거푸집 안에서 공극이 없어질 때까지 횡방향으로 이동시켜야 한다.

해설 타설한 콘크리트는 거푸집 안에서 횡방향으로 이동시켜서는 안 된다.

56 고강도 콘크리트의 제조에 사용되는 재료에 대한 설명으로 옳은 것은?

① 고강도 발현을 위해 3종 조강 포틀랜드 시멘트 사용이 원칙이다.
② 플라이 애쉬, 실리카 퓸 등의 혼화재들은 시험 배합 없이 바로 사용하여도 무방하다.
③ 굵은골재는 균일한 크기의 굵은 알만을 사용하여 시멘트 페이스트를 최대로 사용하도록 한다.
④ 굵은골재 최대치수는 25mm 이하로 한다.

해설
- 고강도 발현을 위해 3종 조강 포틀랜드 시멘트 사용할 경우에는 사용목적 방법에 대하여 신중히 검토 후 사용하여야 한다.
- 플라이 애쉬, 실리카 퓸, 고로 슬래그 미분말 등의 혼화재는 시험 배합을 거쳐 확인한 후 사용하여야 한다.
- 굵은골재의 입도 분포는 굵고 가는 골재 알이 골고루 섞이어 공극률을 줄임으로써 시멘트 페이스트가 최소가 되도록 하는 것이 좋다.

57 팽창 콘크리트에 대한 설명으로 틀린 것은?

① 팽창재는 시멘트와 혼합하여 질량으로 계량하며, 그 오차는 1회 계량분량의 3% 이내로 한다.
② 팽창 콘크리트의 팽창률은 일반적으로 재령 7일에 대한 시험값을 기준으로 한다.
③ 팽창 콘크리트를 제조할 때 팽창재는 원칙적으로 다른 재료를 투입할 때 동시에 믹서에 투입한다.
④ 팽창 콘크리트의 강도는 일반적으로 재령 28일 압축강도를 기준으로 한다.

해설 팽창재는 시멘트와 혼합하여 질량으로 계량하며, 그 오차는 1회 계량분량의 1% 이내로 한다.

[정답] 53. ② 54. ④ 55. ④ 56. ④ 57. ①

58. 표면 마무리에 대한 설명으로 틀린 것은?

① 시공이음이 미리 정해져 있지 않을 경우 직선상의 이음이 얻어지도록 시공해야 한다.
② 다지기를 끝내고 거의 소정의 높이와 형상으로 된 콘크리트 윗면은 스며 올라온 물이 없어지기 전까지 마무리를 해야 한다.
③ 마무리 작업 후 콘크리트가 굳기 시작할 때까지의 사이에 일어나는 균열은 다짐 또는 재마무리에 의해서 제거하여야 한다.
④ 매끄럽고 치밀한 표면이 필요할 때는 작업이 가능한 범위에서 될 수 있는 대로 늦은 시기에 콘크리트 윗면을 마무리하여야 한다.

해설
- 다지기를 끝내고 거의 소정의 높이와 형상으로 된 콘크리트 윗면은 스며 올라온 물이 없어진 후에 마무리를 해야 한다.
- 마모를 받는 면의 경우에는 물-결합재비를 작게 한다.

59. 콘크리트의 유동화 방법과 유동화 콘크리트에 대한 설명으로 틀린 것은?

① 유동화제 첨가량은 보통 시멘트 질량의 2~3% 정도이며, 유동화제량은 단위수량의 일부로서 고려하여야 한다.
② 유동화 콘크리트의 슬럼프 증가량은 100mm 이하를 원칙으로 하며, 50~80mm를 표준으로 한다.
③ 유동화 콘크리트의 재유동화는 원칙적으로 할 수 없다.
④ 유동화제는 원액으로 사용하고, 미리 정한 소정의 양을 한꺼번에 첨가하며, 계량은 질량 또는 용적으로 계량하고, 그 계량오차는 1회에 3% 이내로 한다.

해설
유동화제 첨가량은 종류나 제품에 따라 시멘트 질량의 0.1~0.5% 정도로 하고 특수한 경우 이외에는 명시된 표준량을 사용하며, 유동화제량은 단위수량의 일부로 고려한다.

60 콘크리트 펌핑조건이 아래의 표와 같을 때 최대 소요압력(P_{max})을 대략적으로 구하면?

- 굵은골재 최대치수 : 40mm
- 펌프 콘크리트의 관내 압력손실 : 0.215N/mm²/m
  (굵은골재 최대치수 25mm 기준)
- 콘크리트 수송관의 수평환산거리 : 100m

① 11.9 N/mm²/m ② 18.2 N/mm²/m
③ 23.7 N/mm²/m ④ 35.3 N/mm²/m

해설
- 일반적으로 수평관 1m당 관내 압력 손실에 수평환산거리를 곱한 값이 콘크리트 펌프의 최대 이론 토출압력이 80% 이하가 되도록 한다.
- $0.215 \times 100 \leq$ 최대 이론 토출압력$\times 0.8$

4과목 콘크리트 구조 및 유지관리

61 1방향 철근 콘크리트 슬래브의 최소 수축온도 철근량은? (f_{ck} = 21MPa, f_y =300MPa, b =1,000mm, d =250mm)

① 250mm² ② 500mm²
③ 750mm² ④ 1,000mm²

해설 f_y = 400MPa 이하인 이형철근을 사용한 슬래브 철근비는 0.0020이므로
∴ $A_s = \rho bd = 0.002 \times 1000 \times 250 = 500\text{mm}^2$

62 경간이 15m인 프리스트레스트 콘크리트 단순보에서 PS강재를 대칭 포물선 모양으로 배치하였을 때 프리스트레스 힘(P)=3500kN에 의하여 콘크리트에 일어나는 등분포 상향력은?

① 19.49 kN/m
② 24.89 kN/m
③ 28.78 kN/m
④ 34.28 kN/m

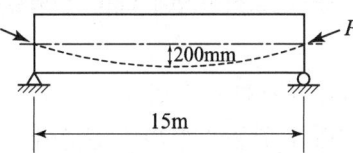

해설 $P \cdot s = \dfrac{ul^2}{8}$

∴ $u = \dfrac{8Ps}{l^2} = \dfrac{8 \times 3500000 \times 200}{15000^2} = 24.89\text{N/mm} = 24.89\text{kN/m}$

[정답] 58.② 59.① 60.③ 61.② 62.②

63 아래 그림과 같은 T형 보에서 압축연단에서 중립축까지의 거리(c)는 얼마인가? (단, A_s =6354mm²(8-D32), f_{ck} =35MPa, f_y =400MPa이다.)

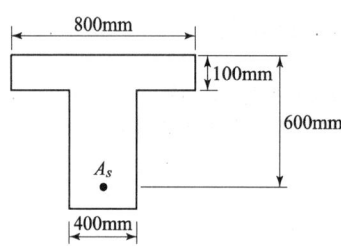

① 113.58mm ② 133.62mm
③ 141.98mm ④ 157.40mm

해설
- 폭 b=800mm인 직사각형 보로 보고
$$a = \frac{A_s f_y}{0.85 f_{ck} b} = \frac{6354 \times 400}{0.85 \times 35 \times 800} = 106.79\text{mm}$$
- $a > t$ 이므로 T형 보로 계산
$$A_{sf} = \frac{0.85 f_{ck}(b-b_w)t}{f_y} = \frac{0.85 \times 35(800-400) \times 100}{400} = 2975\text{mm}^2$$
- $a = \frac{(A_s - A_{sf})f_y}{0.85 f_{ck} b_w} = \frac{(6354-2975) \times 400}{0.85 \times 35 \times 400} = 113.58\text{mm}$
- $a = \beta_1 \cdot c$
$$\therefore c = \frac{a}{\beta_1} = \frac{113.58}{0.8} = 141.98\text{mm}$$

64 화재에 의한 콘크리트 구조물의 열화현상에 대한 설명으로 틀린 것은?

① 콘크리트는 약 300℃에서 중성화되기 쉽다.
② 콘크리트는 탈수나 단면내의 열응력에 의해 균열이 생긴다.
③ 콘크리트의 가열로 인한 정탄성계수의 감소에 의해 바닥슬래브나 보의 처짐이 증가한다.
④ 급격한 가열시 피복 콘크리트의 폭렬이 발생하기 쉽다.

해설 콘크리트는 750℃ 전후의 가열온도에서 탄산칼슘($CaCO_3$)의 분해가 되어 탄산화가 되기 쉽다.

65 2방향 슬래브 중 직접설계법을 사용하여 슬래브 시스템을 설계하고자 할 때 제한사항에 대한 설명으로 틀린 것은?

① 각 방향으로 3경간 이상이 연속되어야 한다.
② 슬래브판들은 단변 경간에 대한 장변 경간의 비가 3 이하인 직사각형이어야 한다.
③ 각 방향으로 연속한 받침부 중심간 경간 길이의 차이는 긴 경간의 1/3 이하이어야 한다.
④ 모든 하중은 연직하중으로서 슬래브판 전체에 등분포되어야 하며, 활하중은 고정하중의 2배 이하이어야 한다.

해설
- 1방향 슬래브
  $$\frac{L}{S} \geq 2.0$$
- 2방향 슬래브
  $$1 \leq \frac{L}{S} < 2, \quad 0.5 < \frac{S}{L} \leq 1$$
  (여기서, L: 슬래브의 장경간, S: 슬래브의 단경간)

66 f_{ck} = 35MPa, f_y = 400MPa인 보에서 직경이 28.6mm 압축이형철근의 기본 정착길이는?

① 465mm ② 483mm
③ 492mm ④ 1160mm

해설
- $l_{db} = \dfrac{0.25 d_b f_y}{\lambda \sqrt{f_{ck}}} \geq 0.043 d_b f_y$
- $l_{db} = \dfrac{0.25 \times 28.6 \times 400}{1.0 \times \sqrt{35}} = 483\text{mm}$
- $l_{db} = 0.043 \times 28.6 \times 400 = 492\text{mm}$
  ∴ 기본 정착길이는 492mm이다.

67 강판 접착공법의 특징에 대한 설명으로 틀린 것은?

① 모든 방향의 인장력에 대응할 수 있다.
② 강판의 분포, 배치를 똑같이 할 수 있으므로 균열특성이 좋다.
③ 현장 타설콘크리트, 프리캐스트 부재 모두에 적용할 수 있어 응용범위가 넓다.
④ 방청 및 방화의 특성이 뛰어나다.

해설 접착에 이용되는 에폭시 수지는 내수성, 내약품성, 가소성, 내마모성이 우수하나 방화의 특성은 떨어진다.

정답
65. ② 66. ③
67. ④
63. ③ 64. ①

68
그림과 같이 경간 $L=9m$인 연속 슬래브에서 반 T형 단면의 유효 폭(b)은 얼마인가?

① 1,100mm
② 1,050mm
③ 900mm
④ 850mm

해설
- $6t + b_w = 6 \times 100 + 300 = 900mm$
- $\left(\text{보 경간의 } \dfrac{1}{12}\right) + b_w = \left(\dfrac{9000}{12}\right) + 300 = 1,050mm$
- 인접보와의 내측거리의 $\dfrac{1}{2} + b_w = \dfrac{1600}{2} + 300 = 1,100mm$

∴ 유효 폭은 위의 세 가지 값 중 가장 작은 값인 900mm이다.

69
아래 표는 콘크리트의 어떤 균열을 방지하려는 설명인가?

- 콘크리트 표면에 안개 노즐을 사용하여 수분의 증발을 방지한다.
- 외기에 노출되지 않도록 표면을 플라스틱 덮개로 보호한다.

① 소성수축 균열
② 건조수축 균열
③ 철근 부식으로 인한 균열
④ 침하 균열

해설 소성수축 균열을 방지하기 위해 표면에 직사광선을 받지 않도록 하며 급격한 온도변화가 생기지 않게 한다.

70
균열보수공법 중에서 저압·지속식 주입공법에 대한 설명으로 틀린 것은?

① 저압이므로 실(seal)부 파손이 작고 정확성이 높아 시공관리가 용이하다.
② 주입기에 여분의 주입재료가 남아 있으므로 재료 손실이 크다.
③ 주입되는 수지는 동심원상으로 확산되므로 주입압력에 의한 균열이나 들뜸이 확대되지 않는다.
④ 주입재는 에폭시 수지 이외에는 사용할 수 없어서 습윤부에 사용이 불가능하다.

해설 주입재는 에폭시 수지 이외에도 무기질재의 슬러리로 사용할 수 있어 습윤부에도 사용이 가능하다.

71 철근 콘크리트가 성립되는 이유로 옳지 않은 것은?

① 철근과 콘크리트의 부착강도가 커서 콘크리트 속의 철근은 이동하지 않는다.
② 콘크리트 속의 철근은 부식하지 않는다.
③ 철근과 콘크리트 두 재료의 탄성계수가 같다.
④ 철근과 콘크리트의 열팽창계수가 거의 같아 내화성이 우수하다.

해설 일반적으로 철근의 탄성계수가 콘크리트의 탄성계수보다 크다.

72 다음 중 주각(Pedestal)에 대한 설명으로 옳은 것은?

① 보 없이 지판에 의해 하중이 기둥으로 전달되며 2방향으로 철근이 배치된 콘크리트 슬래브
② 기초 위에 돌출된 압축부재로서 단면의 평균최소치수에 대한 높이의 비율이 3 이하인 부재
③ 상부 수직하중을 하부 지반에 분산시키기 위해 저면을 확대시킨 철근 콘크리트판
④ 보나 지판이 없이 기둥으로 하중을 전달하는 2방향으로 철근이 배치된 콘크리트 슬래브

해설
- **플랫슬래브** : 보 없이 지판에 의해 하중이 기둥으로 전달되며 2방향으로 철근이 배치된 콘크리트 슬래브
- **플랫플레이트** : 보나 지판이 없이 기둥으로 하중을 전달하는 2방향으로 철근이 배치된 슬래브
- **확대기초판** : 상부 수직하중을 하부 지반에 분산시키기 위해 저면을 확대시킨 철근 콘크리트판

73 그림에 나타난 직사각형 단철근 보의 설계휨강도를 구하기 위한 강도감소계수(ϕ)는 약 얼마인가? (단, 나선철근으로 보강되지 않은 경우이며, A_s=2,024mm², f_{ck}=21MPa, f_y=400MPa이고, 계산에서 발생하는 소수점 이하 자리는 6째 자리에서 반올림하여 5째 자리까지 구하시오.)

① 0.837
② 0.809
③ 0.785
④ 0.72

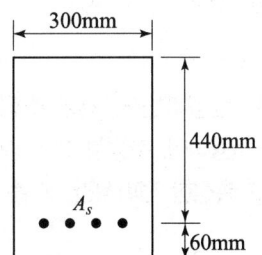

정답 68. ③ 69. ①
70. ④ 71. ③
72. ② 73. ②

해설

- $a = \dfrac{A_s f_y}{0.85 f_{ck} b} = \dfrac{2024 \times 400}{0.85 \times 21 \times 300} = 151.2\text{mm}$
- $c = \dfrac{a}{\beta_1} = \dfrac{151.2}{0.8} = 189\text{mm}$
- $\varepsilon_t = 0.0033 \left(\dfrac{d_t - c}{c} \right)$
  $= 0.0033 \left(\dfrac{440 - 189}{189} \right)$
  $= 0.00438$
- $\phi = 0.65 + (\varepsilon_t - 0.002) \times \dfrac{200}{3}$
  $= 0.65 + (0.00438 - 0.002) \times \dfrac{200}{3} = 0.809$

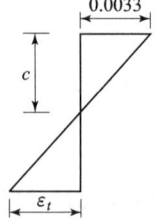

74 콘크리트 구조물의 보수에 대한 설명으로 옳지 않은 것은?

① 보수재료 선정시 기존 콘크리트 탄성계수보다 2~3배 정도 높은 재료를 사용한다.
② 보수는 열화와 결함으로 인해 손상된 콘크리트 구조물의 내구성, 방수성 등 내력 이외의 기능을 원상복구하는 것이다.
③ 보수는 사용상 지장이 없는 상태까지 회복시키는 것을 말하며 철근부식으로 발생한 부재의 변형과 내하력의 저하를 개선하여 초기 상태로 회복시키는 것이다.
④ 보수로 인해 열화원인을 제거하지만 제거할 수 없는 경우에는 열화방지를 해야 한다.

해설
- 보수하는 목적은 열화와 손상 및 하자에 의한 단면이나 표면상태를 회복시키는 것이다.
- 보수의 요구수준은 시설물의 현재 상태수준 이상으로 하여야 한다.
- 보수재료 선정시 기존 콘크리트와 유사한 탄성계수를 갖는 재료를 사용하여야 한다.
- 탄성계수가 현저하게 다른 보수재료를 동시에 사용하게 되면 수축 및 열팽창으로 접착파괴를 일으킬 가능성이 있다.

75 아래 그림과 같은 조건에서 탄성파법에 의해 측정한 균열깊이(d)는 얼마인가? (단, $T_c - T_o$ 법을 사용하며, 측정한 $T_c = 250\mu s$, $T_o = 120\mu s$ 이고, T_c는 균열을 사이에 두고 측정한 전파시간, T_o는 건전부 표면에서의 전파시간을 나타낸다.)

① 78.4mm
② 84.9mm
③ 91.4mm
④ 98.9mm

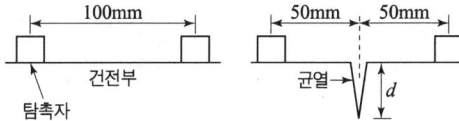

해설 $d = \dfrac{L}{2}\sqrt{\left(\dfrac{T_c}{T_o}\right)^2 - 1} = \dfrac{100}{2}\sqrt{\left(\dfrac{250}{120}\right)^2 - 1} = 91.4\text{mm}$

76 다음의 콘크리트 시험 중에 현장시험에 해당되지 않는 것은?
① 코아채취
② 반발경도시험
③ 초음파시험
④ 시멘트 함유량시험

해설 현장에서 코아채취, 반발경도시험, 초음파시험 등을 통해 콘크리트 강도를 추정할 수 있다.

77 계수 전단력 V_u가 콘크리트에 의한 설계 전단강도 ϕV_c의 1/2을 초과하는 철근 콘크리트 및 프리스트레스트 콘크리트 휨부재에는 최소 전단철근을 배치하여야 한다. 이때 이 규정을 적용하지 않아도 되는 경우에 속하지 않는 것은?
① 슬래브와 기초판
② 전체 깊이가 450mm 이하인 보
③ T형보에서 그 깊이가 플랜지 두께의 2.5배 또는 복부폭의 1/2 중 큰 값 이하인 보
④ 교대 벽체 및 날개벽, 용벽의 벽체, 암거 등과 같이 휨이 주거동인 판부재

해설 전체 깊이가 250mm 이하인 보 또는 I 형보 등이 있다.

78 콘크리트의 탄산화 속도에 대한 설명으로 틀린 것은?
① 혼합 시멘트는 보통 포틀랜드 시멘트보다 탄산화 속도가 빠르다.
② 탄산화 속도는 실외보다 실내에서 빠르다.
③ 경량골재 콘크리트가 보통 콘크리트보다 탄산화 속도가 빠르다.
④ 콘크리트에 사용한 골재의 밀도가 작을수록 탄산화 속도가 느리다.

해설
• 콘크리트에 사용한 골재의 밀도가 작을수록 탄산화 속도가 빠르다.
• 온도가 높은 쪽이 온도가 낮은 쪽보다 탄산화 속도가 빠르다.
• 수중의 콘크리트보다 습윤의 영향을 받는 콘크리트가 탄산화 속도가 빠르다.
• 탄산화 속도는 물-결합재비가 클수록 빨라진다.

정답 74.① 75.③ 76.④ 77.② 78.④

79 슈미트 해머를 이용하여 재령 28일 된 콘크리트 구조물의 강도평가를 실시하였다. 압축강도가 35MPa로 나왔다면 보정 압축강도는 얼마인가? (단, 재령에 따른 보정 이외의 보정은 무시한다.)

① 21MPa
② 28MPa
③ 35MPa
④ 42MPa

해설 재령 28일의 보정계수 값은 1.0이므로 보정 압축강도는 $35 \times 1.0 = 35$MPa 이다.

80 콘크리트 비파괴시험 방법의 일종인 초음파 속도법에 대한 설명으로 틀린 것은?

① 콘크리트는 밀도가 균질하므로 음속만으로 콘크리트의 압축강도를 정확히 측정할 수 있다. 측정법으로는 직접법, 표면법, 간접법 등이 있다.
② 기존 콘크리트 구조물의 구조체 콘크리트의 품질관리, 거푸집 및 동바리의 제거시기 결정 등에 활용되고 있다.
③ 측정법으로는 직접법, 표면법, 간접법 등이 있다.
④ 음속법인 경우의 적용 강도범위는 주로 10~60MPa을 대상으로 하고 있다.

해설
- 강도 추정은 미리 구한 음속과 압축강도와 상관관계 도표 및 식을 이용하여 구하는데 정밀도는 그다지 높지 않다.
- 콘크리트의 종류, 측정 대상물의 형상·크기 등에 대한 적용상의 제약이 비교적 적다.
- 콘크리트의 균질성, 내구성 등의 판정에 이용된다.
- 측정법은 표면법, 대칭법, 사각법 등이 있다.

정답 79. ③ 80. ①

03회 CBT 모의고사

1과목 콘크리트 재료 및 배합

01 아래 표는 굵은골재의 마모시험 결과값이다. 마모율로서 옳은 것은?

- 시험 전 시료질량 : 1,250g
- 시험 후 1.7mm체에 남은 질량 : 850g

① 마모율 : 68%   ② 마모율 : 47%
③ 마모율 : 53%   ④ 마모율 : 32%

해설 마모율 $= \dfrac{1250-850}{1250} \times 100 = 32\%$

02 콘크리트 배합설계에서 압축강도의 표준편차를 알지 못하고 호칭강도가 20MPa일 때 콘크리트 표준시방서에 따른 배합강도는?

① 27 MPa   ② 28.5 MPa
③ 30 MPa   ④ 31.5 MPa

해설
- $f_{cr} = f_n + 7 = 20 + 7 = 27\text{MPa}$
- 호칭강도가 21 이상 35MPa 이하의 경우 : $f_{cr} = f_n + 8.5$
- 호칭강도가 35MPa 초과 : $f_{cr} = 1.1f_n + 5$

03 콘크리트 배합시 슬럼프에 대한 다음 설명 중 올바르지 않은 것은?

① 슬럼프 값이 너무 작으면 타설이 곤란하다.
② 슬럼프 값은 진동기 사용 등 다짐방법에 의해서도 변하게 된다.
③ 콘크리트의 운반시간이 길어지면 슬럼프 값이 증가하는 경향이 있다.
④ 슬럼프 값은 타설장소에서의 값이 중요하다.

해설 콘크리트의 운반시간이 길어지면 슬럼프 값이 감소하는 경향이 있다.

정답 01. ④   02. ①
03. ③

04. 시방서에 규정된 콘크리트 배합의 표시사항에 해당되지 않는 것은?

① 골재의 단위량
② 슬럼프
③ 공기량
④ 혼합수의 염분량

해설 콘크리트 배합의 표시사항
- 굵은골재의 최대치수
- 슬럼프
- 공기량
- 물-결합재비
- 잔골재율
- 단위질량(물, 시멘트, 잔골재, 굵은골재, 혼화재료)

05. KS F 4009에는 레디믹스트 콘크리트의 혼합에 사용되는 물에 대해 규정하고 있다. 다음 중 레디믹스트 콘크리트에 사용할 수 없는 혼합수는?

① 염소 이온(Cl^-)량이 300mg/L의 지하수
② 혼합수로서 품질시험을 실시하지 않은 상수돗물
③ 용해성 증발 잔류물의 양이 1g/L의 하천수
④ 모르타르의 재령 7일 및 28일 압축강도비가 90%인 회수수

해설 염소 이온(Cl^-)량이 250mg/L의 지하수

06. 조립률이 1.65인 잔골재 A와 조립률이 3.65인 잔골재 B를 혼합하여 조립률이 2.85인 잔골재를 만들려고 할 때, 잔골재 A와 B의 혼합비는?

① A : B = 1 : 2
② A : B = 2 : 3
③ A : B = 3 : 4
④ A : B = 4 : 5

해설
$A + B = 100$ ············①식

$\dfrac{1.65 \times A + 3.65 \times B}{A+B} = 2.85$ ············②식

$(A+B)2.85 = 1.65A + 3.65B$
$2.85A + 2.85B = 1.65A + 3.65B$
$(2.85 - 1.65)A = (3.65 - 2.85)B$
$1.2A = 0.8B$
$A = 0.67B,\ 1.67B = 100$
$\therefore B = 60\%,\ A = 40\%$

07 설계기준 압축강도(f_{ck})가 42 MPa이고, 내구성 기준 압축강도(f_{cd})가 35MPa이다. 30회 이상의 시험실적으로부터 구한 압축강도의 표준편차가 5 MPa일 때 콘크리트의 배합강도는?

① 47 MPa
② 48.7 MPa
③ 49.5 MPa
④ 50.2 MPa

해설
- 품질기준강도(f_{cq})
  f_{ck}와 f_{cd} 중 큰 값인 42MPa이다.
- $f_{cq} > 35\,\text{MPa}$
  $f_{cr} = f_{cq} + 1.34s = 42 + 1.34 \times 5 = 48.7\text{MPa}$
  $f_{cr} = 0.9f_{cq} + 2.33s = 0.9 \times 42 + 2.33 \times 5 = 49.5\text{MPa}$
  ∴ 큰 값인 49.5MPa이다.

08 일반 콘크리트에 사용할 수 있는 부순 굵은골재의 물리적 성질에 대한 규정값을 표기한 것 중 틀린 것은?

① 절대 건조 밀도 - 2.50g/cm^3
② 흡수율 - 3.0% 이하
③ 마모율 - 30% 이하
④ 안정성 - 12% 이하

해설 마모율 - 40% 이하

09 일반 콘크리트에서 물-결합재비에 대한 설명으로 틀린 것은?

① 압축강도와 물-결합재비와의 관계는 시험에 의해 정하는 것을 원칙으로 한다. 이때 공시체는 재령 28일을 표준으로 한다.
② 제빙화학제가 사용되는 콘크리트의 물-결합재비는 45% 이하로 한다.
③ 콘크리트의 수밀성을 기준으로 물-결합재비를 정할 경우 그 값은 40% 이하로 한다.
④ 콘크리트의 탄산화 저항성을 고려하여 물-결합재비를 정할 경우 55% 이하로 한다.

해설
- 콘크리트의 수밀성을 기준으로 물-결합재비를 정할 경우 그 값은 50% 이하로 한다.
- 황산염 노출 정도가 보통인 경우 최대 물-결합재비는 50%로 한다.
- 물-결합재비는 소요강도, 내구성, 수밀성 및 균열저항성을 고려하여 정한다.

답안 표기란
07 ① ② ③ ④
08 ① ② ③ ④
09 ① ② ③ ④

[정답] 04.④ 05.① 06.② 07.③ 08.③ 09.③

10 보통 포틀랜드 시멘트를 사용하여 재령 28일 시멘트 모르타르 압축강도 시험(KS L ISO 679)을 실시한 결과 아래 표와 같다. 이 시멘트 모르타르 압축강도 값은?

> 37.5MPa, 36.2MPa, 38.4MPa, 46.5MPa, 36.4MPa, 35.8MPa

① 36.13MPa
② 36.4MPa
③ 36.86MPa
④ 38.47MPa

해설
- 6개 평균값 38.47MPa : ±10% 범위 값 34.62~42.13MPa, 여기서 범위를 벗어나는 값은 46.5MPa이다.
- 5개 평균값 36.86MPa : ±10% 범위 값 33.17~40.55MPa
- 시험결과는 3개를 한 조로 하여 측정하는 6개의 압축강도 측정결과의 산술 평균으로 한다. 6개의 측정값 중에서 1개의 결과가 6개 평균값보다 ±10% 이상 벗어나는 경우에는 이 결과를 버리고 나머지 5개의 평균으로 계산한다. 이들 5개의 측정값 중에서 또다시 하나의 결과가 그 평균값보다 ±10% 이상이 벗어나면 결과값 전체를 버려야 한다.

11 시멘트에 수용성 폴리머를 혼합하여 시멘트 경화체의 공극을 채우는 원리를 이용해서 수밀하고 결함이 적은 콘크리트를 만들 수 있으며 고강도 콘크리트를 제조할 시 사용 가능한 시멘트는?

① 팽창시멘트
② MDF시멘트
③ 벨라이트시멘트
④ DSP시멘트

해설 MDF시멘트 : 콘크리트 내부에 생기는 공극을 유기중합물로 채워서 콘크리트 강도를 증가시키는 시멘트로 보통 휨강도 200MPa까지 발현이 되지만 수용성 폴리머의 사용으로 팽윤작용시 강도가 저하되므로 사용할 경우에는 수분에 대한 저항성을 고려해야 한다.

12 실리카 퓸의 품질시험에서 사용되는 시험 모르타르는 보통 포틀랜드 시멘트와 실리카 퓸을 질량비로 얼마로 해야 하는가?

① 9 : 1
② 1 : 9
③ 3 : 1
④ 1 : 3

해설 실리카 퓸의 품질시험에서 사용되는 시험 모르타르는 보통 포틀랜드 시멘트와 실리카 퓸을 질량비 9 : 1로 하여 제작한다.

13 콘크리트 구조물에 사용된 시멘트 종류별 특성에 대한 다음 설명 중 옳지 않은 것은?

① 중용열 포틀랜드 시멘트는 수화열이 작게 발생하므로 댐 콘크리트 구조물에 사용하였다.
② 조강 포틀랜드 시멘트는 해수 저항성이 큰 C_3A 성분이 많이 함유되어 있으므로 해안가 근처의 콘크리트 구조물에 사용하였다.
③ 알루미나 시멘트는 강도발현이 매우 빠르므로 겨울철 긴급공사에 사용하였다.
④ 고로 시멘트는 내화학약품성이 좋으므로 공장폐수에 접하는 콘크리트 구조물에 사용하였다.

해설
- 조강 포틀랜드 시멘트는 수화속도가 빠르고 수화열이 커서 저온시에도 강도발현이 크므로 한중 콘크리트에 유리하며 주로 긴급공사, 시멘트 2차 제품, 프리스트레스트 콘크리트 등에 사용된다.
- 실리카 시멘트는 보통 포틀랜드 시멘트보다 화학저항성 및 내구성이 우수하다.

14 콘크리트의 배합강도를 결정할 때 적용하는 압축강도의 표준편차에 대한 설명으로 틀린 것은?

① 콘크리트 압축강도의 표준편차는 실제 사용한 콘크리트의 30회 이상의 시험실적으로부터 결정하는 것을 원칙으로 한다.
② 콘크리트 압축강도의 시험횟수가 29회 이하이고 15회 이상인 경우 그것으로 계산한 표준편차에 보정계수를 곱한 값을 표준편차로 사용할 수 있다.
③ 콘크리트 압축강도의 시험횟수가 15회인 경우 표준편차의 보정계수는 1.16을 적용한다.
④ 콘크리트 압축강도의 시험횟수가 20회인 경우 표준편차의 보정계수는 1.05을 적용한다.

해설 표준편차 보정계수

시험횟수	보정계수
15회	1.16
20회	1.08
25회	1.03
30회 이상	1.0

정답 10. ③ 11. ② 12. ① 13. ② 14. ④

15. 플라이 애시를 사용한 콘크리트의 성질에 대한 설명으로 틀린 것은?

① 워커빌리티를 개선하여 공기량의 발생이 많아 소요의 공기량을 얻기 위한 AE제 양을 줄일 수 있다.
② 플라이 애시 첨가 콘크리트의 강도는 초기재령에서는 비교적 일반 콘크리트보다 작으나, 재령이 길어짐에 따라 포졸란 반응의 증가에 의해 장기강도는 증가한다.
③ 플라이 애시 첨가 콘크리트는 수화열에 의한 균열을 방지할 수 있어 댐과 같은 매스 콘크리트 등에 사용된다.
④ 플라이 애시는 알칼리 골재반응에 의한 팽창을 억제하는 효과가 있다.

해설
- 플라이 애시는 미연소 탄소분이 포함되어 있어서 소요 공기량을 얻기 위한 공기연행제의 사용량이 증가된다.
- 플라이 애시는 함유 탄소분의 일부가 공기연행제를 흡착하는 성질을 가지고 있어 소요의 공기량을 얻기 위해서는 공기연행제 양이 상당히 많이 요구되는 경우가 있다.

16. 시멘트의 응결에 대한 설명으로 틀린 것은?

① 수량이 많으면 응결은 지연된다.
② C_2S가 많을수록 응결은 빨라진다.
③ 온도가 높을수록 응결은 빨라진다.
④ 분말도가 높으면 응결은 빨라진다.

해설
- C_2S가 많을수록 응결은 늦어진다.
- 풍화된 시멘트는 일반적으로 응결이 늦어진다.
- 물-시멘트비가 클수록 응결이 늦어진다.

17. 황산나트륨 포화용액을 사용한 골재의 안정성 시험에서 반복 시험을 실시할 경우 황산나트륨 포화용액의 골재에 대한 잔류 유무를 조사하여야 하는데 이때 사용하는 용액에 대한 설명으로 옳은 것은?

① 탄닌산 용액을 사용하며, 용액의 농도는 2~3%로 한다.
② 수산화나트륨을 사용하며, 용액의 농도는 3%로 한다.
③ 염화바륨을 사용하며, 용액의 농도는 5~10%로 한다.
④ 페놀프탈레인 용액을 사용하며, 용액의 농도는 5~10%로 한다.

해설 정해진 횟수로 시험한 시료를 깨끗한 물로 씻는데 씻은 물에 염화바륨 용액을 넣어 흰색으로 탁해지지 않게 될 때까지 씻는다.

18 잔골재의 절대건조상태 중량이 300g, 흡수율 10%, 표면수율 5%일 때 표면건조포화상태 중량과 습윤상태 중량은 각각 얼마인가?

① 표면건조포화상태 중량=310g, 습윤상태 중량=325.5g
② 표면건조포화상태 중량=330g, 습윤상태 중량=346.5g
③ 표면건조포화상태 중량=310g, 습윤상태 중량=349.5g
④ 표면건조포화상태 중량=330g, 습윤상태 중량=351.5g

해설
- 흡수율 = $\dfrac{\text{표면건조포화상태 중량} - \text{절대건조상태 중량}}{\text{절대건조상태 중량}} \times 100$

  $10 = \dfrac{\text{표면건조포화상태 중량} - 300}{300} \times 100$

  ∴ 표면건조포화상태 중량 = 330g

- 표면수율 = $\dfrac{\text{습윤상태 중량} - \text{표면건조포화상태 중량}}{\text{표면건조포화상태 중량}} \times 100$

  $5 = \dfrac{\text{습윤상태 중량} - 330}{330} \times 100$

  ∴ 습윤상태 중량 = 346.5g

19 굵은 골재의 밀도 및 흡수율 시험(KS F 2503)방법에서 시험값의 정밀도에 대한 설명으로 옳은 것은?

① 시험값은 평균값과의 차이가 밀도의 경우 0.1g/cm³ 이하, 흡수율의 경우는 0.03% 이하이어야 한다.
② 시험값은 평균값과의 차이가 밀도의 경우 0.1g/cm³ 이하, 흡수율의 경우는 0.3% 이하이어야 한다.
③ 시험값은 평균값과의 차이가 밀도의 경우 0.01g/cm³ 이하, 흡수율의 경우는 0.03% 이하이어야 한다.
④ 시험값은 평균값과의 차이가 밀도의 경우 0.01g/cm³ 이하, 흡수율의 경우는 0.3% 이하이어야 한다.

해설 잔골재의 밀도 및 흡수율 시험의 경우 : 시험값은 평균값과의 차이가 밀도의 경우 0.01g/cm³ 이하, 흡수율의 경우는 0.05% 이하이어야 한다.

20 콘크리트용 화학혼화제(공기연행제, 공기연행감수제, 고성능 공기연행감수제)의 성능을 확인하기 위한 콘크리트 시험에서 길이변화비(%)를 구하는 데 적용되는 기간은?

① 28일
② 3개월
③ 6개월
④ 1년

해설 보존 기간 6개월에 따른 결과의 평균값을 콘크리트의 길이 변화율로 한다.

정답 15. ① 16. ② 17. ③ 18. ② 19. ③ 20. ③

2과목 콘크리트 제조, 시험 및 품질관리

21 콘크리트에 관한 설명으로 옳지 않은 것은?

① 슬럼프가 지나치게 크면 재료분리, 블리딩 및 레이턴스가 많이 발생된다.
② 일반콘크리트의 단위수량은 작업이 가능한 범위 내에서 될 수 있는 대로 적게 되도록 시험을 통해 정한다.
③ 일반적으로 쇄석을 사용하면 보통 콘크리트와 동일한 슬럼프를 얻기 위한 단위수량이 많이 요구되므로 공기연행제, 감수제 등을 사용하는 것이 바람직하다.
④ 슬럼프 값이 크면 클수록 워커빌리티가 좋다.

해설 슬럼프 값이 적당하여야 워커빌리티가 좋다.

22 콘크리트의 블리딩을 증가시키는 요인으로 적합하지 않은 것은?

① 단위수량의 증가
② 시멘트 분말도의 증가
③ 콘크리트 공기량의 저하
④ 콘크리트 온도의 저하

해설 시멘트의 분말도가 증가하면 블리딩은 감소한다.

23 콘크리트 자재 품질관리 및 제조공정에 있어서의 검사항목 중 시험 횟수가 잘못된 것은?

① 골재의 알칼리 실리카 반응 : 1회/6개월 이상
② 잔골재의 표면수율 : 1회/일 이상
③ 계량설비의 계량 정밀도 : 공사 시작전 및 공사중 1회/6개월 이상
④ 시멘트의 품질 : 공사 시작전, 공사중 1회/월 이상 및 장기간 저장한 경우

해설 표면수를 1일 2회 이상 측정하여 표면수율에 따른 현장배합 보정을 실시한다.

24 콘크리트의 강도시험에 대한 설명으로 틀린 것은?

① 압축강도 시험을 위한 공시체는 지름의 2배의 높이를 가진 원기둥형으로 하며, 그 지름은 굵은골재의 최대치수의 3배 이상, 10cm 이상으로 한다.
② 공시체 몰드의 떼는 시기는 채우기가 끝나고 나서 16시간 이상 3일 이내로 한다.
③ 휨강도 시험에서 공시체에 하중을 가하는 속도는 압축응력도의 증가율이 매초 (0.6±0.4)MPa이 되도록 한다.
④ 휨강도 시험용 공시체를 제작할 때 다짐봉을 이용하여 콘크리트를 몰드에 채울 경우는 2층 이상의 거의 같은 층으로 나누어 채운다.

해설 휨강도 시험에서 공시체에 하중을 가하는 속도는 압축응력도의 증가율이 매초 0.06±0.04MPa이 되도록 한다.

25 콘크리트의 내동해성에 관한 설명으로 틀린 것은?

① 공기량이 동일한 경우 기포간격 계수(spacing factor)가 클수록 내동해성이 향상된다.
② 연행공기는 내동해성 향상에 효과적이다.
③ 흡수율이 큰 연석은 동결시 팝아웃(pop-out)을 유발시킨다.
④ 내동해성은 동결융해를 반복한 공시체의 동탄성계수에 의해 평가할 수 있다.

해설 공기량이 동일한 경우 기포간격 계수가 작을수록 내동해성이 향상된다.

26 콘크리트의 중성화에 대한 설명으로 틀린 것은?

① 수화반응에서 생성되는 수산화칼슘(pH 12~13 정도)이 대기와 접촉하여 탄산칼슘으로 변화한 부분의 pH가 7~7.5 정도로 낮아지는 현상을 중성화라고 한다.
② 페놀프탈레인 1%의 에탄올 용액을 분사시키면 중성화된 부분은 변색하지 않지만 알칼리 부분은 붉은 보라색으로 변한다.
③ 중성화 속도는 시간의 제곱근에 비례한다.
④ 중성화를 방지하기 위해서는 양질의 골재를 사용하고 물-시멘트비를 작게 하는 것이 좋다.

정답 21.④ 22.②
23.② 24.③
25.① 26.①

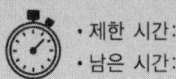

해설
- 수화반응에서 생성되는 수산화칼슘(pH 12~13 정도)이 대기와 접촉하여 탄산칼슘으로 변화한 부분의 pH가 8.5~10 정도로 낮아지는 현상을 중성화라고 한다.
- 공기 중의 탄산가스의 농도가 높을수록 또 온도가 높을수록 중성화 속도는 빨라진다.
- 콘크리트의 수화반응에서 생성되는 강알칼리성 수산화칼슘이 공기 중의 이산화탄소와 결합 후 탄산칼슘으로 변하여 알칼리성이 약해지는 현상을 중성화(탄산화)라 한다.

27 굳지 않은 콘크리트의 워커빌리티를 측정할 수 있는 슬럼프 시험방법에 대한 설명으로 틀린 것은?

① 밑지름 200mm, 윗면의 지름 100mm, 높이가 300mm인 콘 모양의 몰드를 사용한다.
② 몰드 속에 콘크리트를 용적으로 2회로 나누어서 콘크리트를 쳐 넣는다.
③ 슬럼프 콘에 콘크리트를 채우기 시작하고 나서 슬럼프 콘의 들어올리기를 종료할 때까지의 시간은 3분 이내로 한다.
④ 슬럼프 콘을 들어 올리는 시간은 높이 300mm에서 2~3초로 한다.

해설
- 몰드 속에 콘크리트를 용적으로 3회로 나누어 넣고 25회씩 다진다.
- 슬럼프 콘에 시료를 넣고 각 층을 다질 때 다짐봉의 깊이는 앞 층에 거의 도달할 정도로 다진다.

28 콘크리트의 품질관리를 위한 다음 관리도 중 적용이론이 이항분포에 근거한 것은?

① x 관리도
② $\bar{x} - R$ 관리도
③ P 관리도
④ U 관리도

해설 공정 불량률을 관리하는데 P 관리도는 추출하는 샘플군(부분군)이 일정하지 않을 시에 사용하며 P_n 관리도는 부분군이 일정할 때 사용한다.

29 반발경도 시험에 사용되는 테스트 해머의 종류에 따른 적용 콘크리트로서 틀린 것은?

① N형 - 보통 콘크리트용

② L형 – 경량 콘크리트용
③ M형 – 매스 콘크리트용
④ P형 – 고강도 콘크리트용

해설 P형 – 저강도 콘크리트용

30 콘크리트의 받아들이기 품질검사에 대한 설명으로 틀린 것은?
① 콘크리트의 받아들이기 품질관리는 콘크리트를 타설하기 전에 실시하여야 한다.
② 강도검사는 콘크리트의 배합검사를 실시하는 것을 표준으로 한다.
③ 내구성 검사는 공기량, 염소이온량을 측정하는 것으로 한다.
④ 검사 결과 불합격으로 판정된 콘크리트는 책임기술자의 지시에 따라 조치를 취하여야 한다.

해설
• 강도검사는 콘크리트의 배합검사를 실시하는 것을 표준으로 한다.
• 내구성으로부터 정한 물-결합재비에 대해서는 배합검사를 실시할 경우도 있고 물-결합재비에 대해서는 강도시험에 의해 확인해도 좋다.
• 검사 결과 불합격으로 판정된 경우에는 이 콘크리트를 사용해서는 안된다.
• 압축강도에 의한 콘크리트의 품질관리는 일반적인 경우 조기재령에 있어서의 압축강도에 의해 실시한다.

31 레디믹스트 콘크리트 공장의 선정에 대한 설명 중 옳지 않은 것은?
① 공장을 선정할 경우 운반거리, 배출시간, 제조능력, 운반차의 수, 제조설비, 품질관리 상태 등을 고려한다.
② KS F 4009의 규정 및 심사기준에 의거 사용재료, 제 설비, 품질관리 상태 등을 조사하여 선정한다.
③ 단일 구조물, 동일 공구에 타설하는 콘크리트의 경우 품질 확보를 위해 3개 이상이 공장을 선정하는 것을 원칙으로 한다.
④ 레디믹스트 콘크리트 공장을 선정하여 주문할 경우에는 우선 KS 인증 공장을 선정한다.

해설
• 단일 구조물, 동일 공구에 타설하는 콘크리트의 경우 품질 확보를 위해 1개의 공장을 선정하는 것을 원칙으로 한다.
• 동일 공구에 부득이하게 2개 이상의 공장을 선정하는 경우 품질관리계획서에 의해 동일한 성능이 확보되도록 책임기술자가 확인하여야 한다.

[정답] 27. ② 28. ③
29. ④ 30. ④
31. ③

32. 콘크리트의 건조수축에 관한 설명으로 틀린 것은?

① 플라이 애시를 혼입한 경우는 일반적으로 건조수축이 감소한다.
② 건조수축의 주원인은 콘크리트가 수화작용을 하고 남은 물이 증발하기 때문이다.
③ 콘크리트의 단위수량이 많은 콘크리트일수록 건조수축이 작게 일어난다.
④ 염화칼슘을 혼입한 경우는 일반적으로 건조수축이 증가한다.

해설 콘크리트의 단위수량이 많은 콘크리트일수록 건조수축이 크게 일어난다.

33. 플로우 시험과 동일하게 플로우 테이블을 사용하나 콘크리트의 형상이 변화하는 데 필요한 일량을 측정함으로써 워커빌리티를 평가하는 시험은?

① 슬럼프 시험
② 볼관입 시험
③ 리몰딩 시험
④ 다짐계수시험

해설 리몰딩 시험
콘크리트의 플로우 시험 테이블 위에 내외 이중의 원관 용기를 고정해 놓고 그 속에 콘크리트를 넣어 슬럼프 시험을 행한 콘크리트 상면에 추를 재하시키고 플로우 테이블을 상하로 움직여 내외 원관 내의 콘크리트 표면이 같은 높이가 될 때까지 움직인 횟수로 콘크리트의 컨시스턴시를 표시한다.

34. 콘크리트 재료의 계량에 대한 설명으로 옳지 않은 것은?

① 계량은 시방배합에 의해 실시하는 것으로 한다.
② 1배치량은 콘크리트의 종류, 비비기 설비의 성능, 운반방법, 공사의 종류, 콘크리트의 타설량 등을 고려하여 정하여야 한다.
③ 소규모 공사에서 시멘트나 혼화재가 포대로 공급되고 1포대의 질량이 소정량 이상인 경우에는 포대 단위로 계량해도 좋다.
④ 각 재료는 1배치씩 질량으로 계량하는 것을 원칙으로 한다. 다만, 물과 혼화재는 용적으로 계량해도 좋다.

해설 계량은 현장배합에 의해 실시하는 것으로 한다.

35 일정량의 AE제를 사용한 경우에 굳지 않은 콘크리트의 공기량에 대한 설명이 잘못된 것은?

① 물-결합재비가 클수록 공기량은 증가한다.
② 콘크리트의 비빔시간을 5분 이상 지속하면 공기량은 증가한다.
③ 단위 잔골재량이 많을수록 공기량은 증가한다.
④ 콘크리트의 온도가 높을수록 공기량은 감소한다.

해설
- 비비는 시간이 너무 짧거나 너무 길면 공기량이 적어지지만 3~5분 정도이면 공기량이 최대가 된다.
- 너무 오래 비비면 재료분리가 생기고 공기연행 콘크리트의 경우 공기량이 감소한다.

36 지름 150mm, 높이 300mm의 원주형 공시체를 사용하여 쪼갬 인장강도 시험을 한 결과 최대하중이 250kN이라면 이 콘크리트의 쪼갬인장강도는?

① 2.12 MPa   ② 2.53 MPa
③ 3.22 MPa   ④ 3.54 MPa

해설 $f_{sp} = \dfrac{2P}{\pi dl} = \dfrac{2 \times 250000}{3.14 \times 150 \times 300} = 3.54 \text{MPa}$

37 콘크리트의 배합설계결과 단위시멘트량이 350kg/m³인 경우 1배치가 3m³인 믹서에서 시멘트의 1회 계량값이 1065kg일 때, 계량오차에 대한 판정결과로 옳은 것은?

① 허용 계량오차의 한계인 ±1% 이내이므로 합격
② 허용 계량오차의 한계인 ±1%를 초과하므로 불합격
③ 허용 계량오차의 한계인 ±2% 이내이므로 합격
④ 허용 계량오차의 한계인 ±2%를 초과하므로 불합격

해설 350×3×1.01 = 1060.5kg을 초과하여 불합격이다.

38 아래 표와 같은 레디믹스트 콘크리트 주문 규격에서 호칭강도는 얼마인가?

보통 25-21-120

① 25MPa   ② 21MPa
③ 120MPa   ④ 180MPa

해설 굵은골재 최대치수 25mm, 호칭강도 21MPa, 슬럼프 120mm

[정답] 32.③ 33.③ 34.① 35.② 36.④ 37.② 38.②

39 압력법에 의한 콘크리트의 공기량 시험 결과 겉보기 공기량이 7%, 골재의 수정계수가 2.4%, 사용하는 잔골재의 질량이 2kg일 때, 이 콘크리트의 공기량은?

① 2.2% ② 2.6%
③ 3.8% ④ 4.6%

해설 콘크리트 공기량 = 겉보기 공기량 − 골재 수정계수 = 7 − 2.4 = 4.6%

40 콘크리트를 펌프 압송하는 경우 관내 압력은 관을 따라서 점차 감소되는데, 다음 설명 중 틀린 것은?

① 슬럼프 값이 작을수록 관내 압력 손실은 커진다.
② 수송관의 직경이 작을수록 관내 압력 손실은 커진다.
③ 토출량이 적을수록 관내 압력 손실은 커진다.
④ 굵은골재 최대치수가 커질수록 관내 압력 손실은 커진다.

해설 토출량이 많을수록 관내 압력 손실은 커진다.

3과목 콘크리트의 시공

41 신축이음에 대한 설명으로 부적절한 것은?

① 신축이음은 양쪽의 구조물 혹은 부재가 구속되지 않는 구조이어야 한다.
② 신축이음에는 필요에 따라 줄눈재, 지수판 등을 배치하여야 한다.
③ 신축이음의 단차를 피할 필요가 있는 경우에는 장부나 홈을 두든가 전단 연결재를 사용하는 것이 좋다.
④ 수밀이 필요한 구조물에서는 신축성이 없는 지수판을 사용해야 한다.

해설 수밀이 필요한 구조물에서는 적당한 신축성을 가지는 지수판을 사용한다.

42 일반적인 경우의 콘크리트 제품을 상압증기양생하고자 할 때 콘크리트를 비빈 후 어느 정도의 시간이 경과한 후 양생을 실시하는 것이 바람직한가?

① 30분 이내
② 30분~1시간 이후
③ 2시간~3시간 이후
④ 12시간 이후

> **해설**
> - 비빈 후 2~3시간 이후부터 증기양생을 실시한다.
> - 양생시 온도상승 속도는 1시간당 20℃ 이하로 하고 최고 온도는 65℃로 한다.

43 팽창 콘크리트의 팽창률 및 압축강도의 품질검사에 대한 설명으로 틀린 것은?

① 팽창률은 일반적으로 재령 7일에 대한 시험값을 기준으로 한다.
② 화학적 프리스트레스용 콘크리트의 팽창률은 200×10^{-6} 이상, 700×10^{-6} 이하이어야 한다.
③ 수축보상용 콘크리트의 팽창률은 150×10^{-6} 이상, 250×10^{-6} 이하이어야 한다.
④ 압축강도를 근거로 물-결합재비를 정한 경우 각각의 압축강도 시험값이 설계기준강도의 85% 이하일 확률이 3% 이하라야 한다.

> **해설**
> - 압축강도 근거로 물-결합재비를 정한 경우 3회 연속한 압축강도의 시험값에 평균이 설계기준 압축강도에 미달하는 확률이 1% 이하라야 하고 또 설계기준 압축강도보다 3.5MPa을 미달하는 확률이 1% 이하일 것.
> - 팽창 콘크리트의 강도는 일반적으로 재령 28일의 압축강도를 기준으로 한다.

44 매스 콘크리트(mass concrete)에 대한 설명으로 틀린 것은?

① 가급적 슬럼프 값을 크게 하여 작업성을 높인다.
② 굵은골재의 최대치수를 크게 하는 것이 좋다.
③ 콘크리트의 온도 상승을 억제하기 위한 냉각조치를 취한다.
④ 온도 상승은 단위 시멘트량 10kg/m³의 증가에 따라 약 1℃ 증가한다.

> **해설** 단위 시멘트량을 적게 하기 위해 작업이 가능한 범위 내에서 슬럼프 값을 적게 하고 굵은골재의 최대치수를 크게 하는 것이 좋다.

[정답] 39. ④ 40. ③ 41. ④ 42. ③ 43. ④ 44. ①

45 숏크리트의 강도에 대한 설명으로 틀린 것은?
① 일반적인 경우 재령 3시간에서 숏크리트의 초기강도는 1.0~3.0MPa를 표준으로 한다.
② 일반적인 경우 재령 24시간에서 숏크리트의 초기강도는 5.0~10.0MPa를 표준으로 한다.
③ 일반 숏크리트의 장기 설계기준압축강도는 28일로 설정하며 그 값은 21MPa 이상으로 한다.
④ 영구 지보재로 숏크리트를 적용할 경우 재령 28일의 부착강도는 4.0MPa 이상이 되도록 관리하여야 한다.

해설 영구 지보재로 숏크리트를 적용할 경우 재령 28일의 부착강도는 1.0MPa 이상이 되도록 관리하여야 한다.

46 콘크리트의 표면 마무리에 관련된 설명으로 틀린 것은?
① 노출 콘크리트에서 균일한 노출면을 얻기 위해서는 동일 공장 제품의 시멘트, 동일 종류 및 입도를 갖는 골재, 동일하게 배합된 콘크리트, 동일한 타설 방법을 사용하여야 한다.
② 미리 정해진 구획의 콘크리트 타설은 연속해서 일괄작업으로 끝마쳐야 한다.
③ 시공이음이 미리 정해져 있지 않을 경우에는 직선상의 이음이 얻어지도록 시공한다.
④ 마무리 작업 후 콘크리트가 굳기 시작할 때까지의 사이에 균열이 발생하더라도 다짐을 하여서는 안 된다.

해설 콘크리트가 굳기 전에 침하균열이 발생한 경우에는 즉시 다짐이나 재진동을 실시하여 균열을 제거하여야 한다.

47 한중 콘크리트에 대한 일반적인 설명으로 틀린 것은?
① 하루의 평균기온이 4℃ 이하가 예상되는 조건일 때는 한중 콘크리트로 시공하여야 한다.
② 한중 콘크리트에서 공기연행(AE) 콘크리트를 사용하는 것을 원칙으로 한다.
③ 물-결합재비는 원칙적으로 50% 이하로 하여야 한다.
④ 재료를 가열할 경우, 물 또는 골재를 가열하는 것으로 하며, 시멘트는 어떠한 경우라도 직접 가열할 수 없다.

- 물-결합재비는 원칙적으로 60% 이하로 하여야 한다.
- 가열한 재료를 믹서에 투입하는 순서는 시멘트가 급결하지 않도록 정하여야 한다.

48 일반 콘크리트에서 균열의 제어를 목적으로 균열유발이음을 설치할 경우 이음의 간격 및 단면의 결손율에 대한 설명으로 옳은 것은?

① 균열유발 이음의 간격은 0.3~1m 이내로 하고 단면의 결손율은 30%를 약간 넘을 정도로 하는 것이 좋다.
② 균열유발 이음의 간격은 부재높이의 1배 이상에서 2배 이내 정도로 하고 단면의 결손율은 20%를 약간 넘을 정도로 하는 것이 좋다.
③ 균열유발 이음의 간격은 1~2m 이내로 하고 단면의 결손율은 20%를 약간 넘을 정도로 하는 것이 좋다.
④ 균열유발 이음의 간격은 부재높이의 2배 이상에서 3배 이내 정도로 하고 단면의 결손율은 30%를 약간 넘을 정도로 하는 것이 좋다.

해설
- 수밀 구조물에 균열유발 이음을 설치할 경우에는 미리 지수판을 설치한다.
- 이음부의 철근부식을 방지하기 위해 철근에 에폭시 도포를 한다.
- 수화열이나 외기온도 등에 의해 온도 변화, 건조수축, 외력 등 생기는 변형을 구속되면 균열이 발생하므로 미리 정해진 장소에 균열을 집중시킬 목적으로 소정의 간격으로 단면 결손부를 설치하여 균열을 강제적으로 생기게 하는 균열유발 이음을 설치한다.

49 댐 콘크리트의 관로식 냉각(pipe-cooling)에 대한 일반적인 설명으로 옳지 않은 것은?

① 냉각관은 보통 바깥지름 25mm 정도의 강관을 주로 사용한다.
② 통수기간은 일반적으로 2~4주 정도이다.
③ 일반적으로 냉각관 1코일의 길이는 200~300m 정도로 한다.
④ 냉각효율의 증대를 위해 통수량은 1코일당 매분 30l 이상으로 한다.

해설
- 냉각효율의 증대를 위해 통수량은 1코일당 매분 15l 정도로 한다.
- Pipe cooling에 배출되는 냉각수의 온도가 20℃ 이하로 내려갈 때까지 통수시킨다.
- 콘크리트 온도의 균등한 저하를 위해 흐름 방향을 1~2일마다 바꾸어 준다.
- 파이프의 표준간격은 1.5m이다.
- 냉각수의 온도는 콘크리트 온도차가 20℃ 이하가 되게 한다.

50 고유동 콘크리트의 자기 충전성에 대한 설명 중 틀린 것은?

① 1등급은 최소 철근 순간격 35~60mm 정도의 복잡한 단면형상, 단면치수가 적은 부재 또는 부위에서 자기 충전성을 가지는 성능이다.
② 2등급은 최소 철근 순간격 60~200mm 정도의 철근 콘크리트 또는 부재에서 자기 충전성을 가지는 성능이다.
③ 일반적인 철근 콘크리트 구조물 또는 부재는 자기 충전성 등급을 4등급으로 정하는 것을 표준으로 한다.
④ 3등급은 최소 철근 순간격 200mm 정도 이상으로 단면치수가 크고 철근량이 적은 부재 또는 부위, 무근 콘크리트 구조물에서 자기 충전성을 가지는 성능이다.

해설
- 일반적인 철근 콘크리트 구조물 또는 부재는 자기 충전성 등급을 2등급으로 정하는 것을 표준으로 한다.
- 자기 충전성이란 콘크리트를 타설할 때 다짐작업 없이 자중만으로 철근 등을 통과하여 거푸집의 구석구석까지 균질하게 채워지는 정도를 나타내는 굳지 않은 콘크리트의 성질이다.
- 고유동 콘크리트의 자기 충전성 등급은 거푸집에 타설하기 직전의 콘크리트에 대하여 타설 대상 구조물의 형상, 치수, 배근상태를 고려하여 적절히 설정한다.

51 서중 콘크리트에 대한 설명 중 틀린 것은?

① 일반적으로는 기온 10℃의 상승에 대하여 단위수량은 2~5% 증가하므로 소요의 압축강도를 확보하기 위해서는 단위수량에 비례하여 단위 시멘트량의 증가를 검토하여야 한다.
② 소요의 강도 및 워커빌리티를 얻을 수 있는 범위 내에서 단위수량 및 단위 시멘트량을 최대로 확보하여야 한다.
③ 콘크리트를 타설할 때의 콘크리트 온도는 35℃ 이하이어야 한다.
④ 콘크리트는 비빈 후 즉시 타설하여야 하며, 지연형 감수제를 사용하는 등의 일반적인 대책을 강구한 경우라도 1.5시간 이내에 타설하여야 한다.

해설
- 소요의 강도 및 워커빌리티를 얻을 수 있는 범위 내에서 단위수량 및 단위 시멘트량을 적게 한다.
- 타설 후 적어도 24시간은 노출면이 건조하는 일이 없도록 습윤상태로 유지한다. 또 양생은 적어도 5일 이상 실시한다.

- 하루 평균기온이 25℃를 초과하는 것이 예상되는 경우 서중 콘크리트로 시공하여야 한다.
- 비빈 콘크리트는 가열되거나 건조해져서 슬럼프가 저하하지 않도록 적당한 장치를 사용하여 되도록 빨리 운송하여 타설하여야 한다.
- 펌프로 운반할 경우에는 관을 젖은 천으로 덮어야 한다.

52 수밀 콘크리트에 대한 설명으로 옳은 것은?

① 콘크리트의 소요 슬럼프는 되도록 적게 하여 100mm를 넘지 않도록 한다.
② 공기연행제, 공기연행 감수제 등을 사용하는 경우라도 공기량은 6% 이하가 되게 한다.
③ 물-결합재비는 50% 이하를 표준으로 한다.
④ 단위 굵은골재량은 되도록 작게 한다.

해설
- 콘크리트의 소요 슬럼프는 되도록 적게 하여 180mm를 넘지 않도록 하며 콘크리트 타설이 용이할 때에는 120mm 이하로 한다.
- 공기연행제, 공기연행 감수제 또는 고성능 공기연행 감수제를 사용하는 경우라도 공기량은 4% 이하가 되게 한다.
- 단위 굵은골재량은 되도록 크게 한다.

53 고강도 콘크리트에 대한 설명으로 맞지 않은 것은?

① 가경식 믹서보다 강제식 팬 믹서 사용이 바람직하다.
② 일반적으로 공기연행제를 사용하지 않는 것을 원칙으로 한다.
③ 잔골재율을 가능한 작게 한다.
④ 원활한 배합을 위하여 고성능 감수제는 혼합수와 같이 투여한다.

해설
- 고성능 감수제의 경우는 혼합수와 동시에 투여하여서는 안 된다.
- 굵은골재 최대치수는 25mm 이하로 하며 철근 최소 수평순간격의 3/4 이내의 것을 사용하도록 한다.

54 아래 문장의 (   )에 알맞은 것은?

> 현장타설 콘크리트말뚝 및 지하연속벽 콘크리트는 수중시공시 강도가 대기중 시공시 강도의 (㉠)배, 안정액 중 시공시 강도가 대기중 시공시 강도의 (㉡)배로 하여 배합강도를 설정하여야 한다.

① ㉠ : 0.8, ㉡ : 0.7
② ㉠ : 0.7, ㉡ : 0.8
③ ㉠ : 0.7, ㉡ : 0.7
④ ㉠ : 0.6, ㉡ : 0.9

정답 50. ③ 51. ② 52. ③ 53. ④ 54. ①

해설
- 현장타설 콘크리트말뚝 및 지하연속벽 콘크리트는 수중시공시 강도가 대기중 시공시 강도의 0.8배, 안정액 중 시공시 강도가 대기중 시공시 강도의 0.7배로 하여 배합강도를 설정하여야 한다.
- 현장타설 콘크리트말뚝 및 지하연속벽 콘크리트는 일반적으로 트레미를 사용하여 수중에서 타설하므로 슬럼프값은 180~210mm를 표준으로 한다.
- 일반 수중 콘크리트는 수중에서 시공할 때의 강도가 표준공시체 강도의 0.6~0.8배가 되게 배합강도를 성정하여야 한다.
- 수중불분리성 콘크리트는 공시체의 재령 28일 압축강도를 배합강도로 설정하여야 한다.

55 일평균기온이 15℃ 이상일 때 일반콘크리트 습윤양생기간의 표준을 보통 포틀랜드 시멘트, 고로 슬래그 시멘트, 조강 포틀랜드 시멘트의 순서대로 나열한 것으로 옳은 것은?

① 5일 − 7일 − 3일
② 7일 − 5일 − 3일
③ 7일 − 9일 − 4일
④ 9일 − 7일 − 4일

해설
- 일평균기온이 10℃ 이상일 때 : 7일 − 9일 − 4일
- 일평균기온이 5℃ 이상일 때 : 9일 − 12일 − 5일

56 프리캐스트 콘크리트의 장점에 해당되지 않는 것은?

① 조립구조에 주로 사용되므로 공사기간이 단축된다.
② 현장에서 거푸집이나 동바리 등의 준비가 필요 없다.
③ 규격품을 제조하므로 숙련공이 필요로 하지 않는다.
④ 기후 상황에 좌우되지 않고 시공을 할 수 있다.

해설 규격품을 제조하므로 숙련공이 필요하다.

57 설계기준강도가 24MPa인 콘크리트의 슬래브 및 보의 밑면, 아치 내면 거푸집을 해체 가능한 압축강도 시험결과 최소값은?

① 5 MPa
② 14 MPa
③ 16 MPa
④ 24 MPa

해설
- 설계기준 강도 $\times \dfrac{2}{3} = 24 \times \dfrac{2}{3} = 16\text{MPa}$
- 확대기초, 보 옆, 기둥, 벽 등의 측벽은 콘크리트 압축강도가 5MPa 이상일 때 거푸집 해체가 가능하다.

58 방사선 차폐용 콘크리트의 제조에 사용되는 재료들에 대한 설명으로 틀린 것은?

① 시멘트는 수화열 발생이나 건조수축이 작은 종류를 선택하여 사용한다.
② 방사선 차폐효과를 높일 수 있도록 가급적 알칼리 농도가 높은 시멘트를 사용한다.
③ 실험용 원자로의 관망용 창문이나 차폐 구조물의 두께를 작게 해야 할 경우에는 중량골재를 사용한다.
④ 광물질 혼화재가 혼합된 고로 시멘트, 실리카 시멘트, 플라이 애시 시멘트를 사용해도 무방하다.

해설
- 방사선 차폐효과를 높일 수 있도록 가급적 알칼리 농도가 낮은 시멘트를 사용한다.
- 화학혼화제는 콘크리트의 단위수량이나 단위시멘트를 적게 할 목적으로 감수제나 고성능 공기연행 감수제를 사용할 수 있다.

59 고강도 콘크리트와 일반 콘크리트의 특성을 비교하여 설명한 것으로 틀린 것은?

① 고강도 콘크리트는 일반 콘크리트에 비해 비빈 후 시간 경과함에 따라 슬럼프 값 저하가 적다.
② 고강도 콘크리트는 일반 콘크리트에 비해 타설 시 유동성이 좋다.
③ 고강도 콘크리트는 일반 콘크리트에 비해 점성이 높다.
④ 고강도 콘크리트는 일반 콘크리트에 비해 재료분리 발생 가능성이 낮다.

해설 고강도 콘크리트는 일반 콘크리트에 비해 비빈 후 시간 경과함에 따라 슬럼프 값 저하가 크다.

정답 55. ① 56. ③ 57. ③ 58. ② 59. ①

60 일반 수중콘크리트의 시공에서 트레미에 의한 타설을 설명한 것으로 틀린 것은?

① 트레미는 수밀성을 가지며 콘크리트가 자유롭게 낙하할 수 있는 크기를 가져야 하므로, 트레미의 안지름은 굵은골재 최대치수의 8배 이상이 되도록 하여야 한다.
② 트레미의 하단에서 유출되는 콘크리트를 수중에서 멀리 유동시키면 품질이 저하되므로 트레미 1개로 타설할 수 있는 면적이 지나치게 크지 않도록 하여야 하며, 30m² 이하로 하여야 한다.
③ 트레미는 콘크리트를 타설하는 동안 5분에 1회씩 하반부에 채워져 있는 콘크리트를 비워 트레미 속으로 물을 유입한 후 트레미 속의 공기를 배출하도록 하여야 하며, 트레미는 콘크리트를 타설하는 동안 수평으로만 이동하여야 한다.
④ 콘크리트를 수중 낙하시키면 재료 분리가 심하게 생기기 때문에 콘크리트를 타설할 때에 트레미의 선단부분에 밑뚜껑이 있는 것을 사용하거나 플란저를 설치하는 등의 대책을 취하여야 한다.

해설 트레미는 콘크리트를 타설하는 동안 하반부가 항상 콘크리트로 채워져 트레미 속으로 물이 침입하지 않도록 하여야 하며, 트레미는 콘크리트를 타설하는 동안 수평 이동시킬 수 없다.

4과목 콘크리트 구조 및 유지관리

61 발생된 손상이 안전성에 심각한 영향을 주지 않는다고 판단하면 보수 조치를 시행하는데, 다음의 조치 중 보수에 해당하는 것은?

① 보강섬유 접착공법
② 강판접착 공법
③ 주입공법
④ 외부케이블 공법

해설
• **보수공법** : 표면처리공법, 주입공법, 충전공법, 전기방식공법, 콘크리트 구체 손상부 보수공법, 표층 취약부 보수공법
• **보강공법** : 콘크리트 단면증설공법, 강판접착공법, 보강섬유접착공법, 외부케이블 공법

62 육안관찰이 가능한 개소에 대하여 성능저하나 열화 및 하자의 발생 부위 파악을 위해 실시하며, 시설물의 전반적인 외관조사를 통하여 심각한 손상인 결함의 유무를 살펴보는 점검은?

① 정기점검   ② 수시점검
③ 정밀안전진단   ④ 긴급점검

해설 정기점검 후 이상기동이 발견되면 정밀진단을 실시한다. 1종 및 2종 시설물에 대해서는 반기별 1회 이상 실시한다.

63 경간 10m의 보를 T형 보로서 설계하려고 한다. 슬래브 중심간의 거리를 2m, 슬래브의 두께를 120mm, 복부의 폭을 250mm로 할 때 플랜지의 유효폭은?

① 4000mm   ② 3750mm
③ 2170mm   ④ 2000mm

해설
- $16t + b_w$
  $16 \times 120 + 250 = 2170mm$
- 양쪽 슬래브의 중심간 거리 : 2000mm
- 보의 경간의 $\frac{1}{4}$
  $\frac{10000}{4} = 2500mm$
∴ 가장 작은 값인 2000mm를 유효폭으로 한다.

64 콘크리트 중 염화물이온 함유량 측정방법으로 옳지 않은 것은?

① 페놀프탈레인법   ② 모아법
③ 염화은 침전법   ④ 전위차 적정법

해설 페놀프탈레인법은 중성화를 판별하는 방법이다.

65 다음 식 중 콘크리트 구조물의 중성화깊이를 예측할 때 일반적으로 적용되고 있는 식은? (단, X를 중성화깊이, A를 중성화 속도계수, t를 경과년수라 한다.)

① $X = A\sqrt{t}$ ② $X = At^3$
③ $X = \frac{\sqrt{t^3}}{A}$ ④ $X = At^2$

해설 중성화 진행속도는 중성화 깊이와 경과한 시간의 함수로 나타낸다.

정답 60. ③ 61. ③ 62. ① 63. ④ 64. ① 65. ①

66 그림과 같은 T형 보를 강도설계법에 의해 설계할 때 응력 사각형의 깊이(a)는? (단, $A_s=6354\text{mm}^2$, $f_{ck}=27\text{MPa}$, $f_y=400\text{MPa}$)

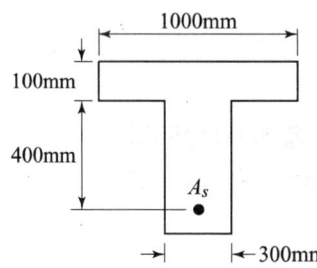

① 95.6mm
② 135.8mm
③ 155.6mm
④ 185.8mm

해설
- T형 보 판별
$$a=\frac{A_s \cdot f_y}{0.85 f_{ck} \cdot b}=\frac{6354\times 400}{0.85\times 27\times 1000}=110.7\text{mm}$$
$a>t$ 에 해당하여($110.7 > 100\text{mm}$) T형 보로 해석한다.

- $C_f = T_f$
$0.85 f_{ck}(b-b_w)\cdot t_f = A_{sf}\cdot f_y$
$$\therefore A_{sf}=\frac{0.85 f_{ck}(b-b_w)t_f}{f_y}=\frac{0.85\times 27\times (1000-300)\times 100}{400}=4016.25\text{mm}$$

- $C_w = T_w$
$0.85 f_{ck}\cdot a\cdot b_w=(A_s-A_{sf})\cdot f_y$
$$\therefore a=\frac{(A_s-A_{sf})\cdot f_y}{0.85 f_{ck}\cdot b_w}=\frac{(6354-4016.25)\times 400}{0.85\times 27\times 300}=135.8\text{mm}$$

67 보강공법 중에서 외부 케이블 공법의 특징에 대한 설명 중 옳지 않은 것은?

① 보강효과가 역학적으로 명확하다.
② 콘크리트의 강도 부족이나 열화에 대해서 효과가 크다.
③ 보강 후의 유지·관리가 비교적 용이하다.
④ 편향부를 전단보강부에 설치하고, 외부 케이블의 연직분력을 고려함으로써 설계전단력을 크게 감소시킬 수 있다.

해설 콘크리트의 강도 부족이나 열화에 대해서 효과를 기대할 수 없다.

68 지름이 400mm인 원형 나선철근 기둥이 그림과 같이 축방향 철근 6-D25이며, 나선철근 D13이 50mm 피치로 둘러싸여 있다. f_{ck}=35MPa, f_y=400MPa일 때, 길이가 짧은 단주기둥의 최대 설계축하중강도(ϕP_n)를 구하면? (단, ϕ는 0.70이고, D25 철근 1개의 단면적은 506.7mm²)

① 2,126 kN
② 2,894 kN
③ 3,891 kN
④ 4,864 kN

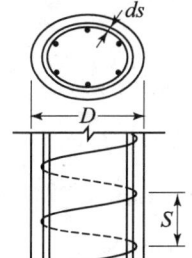

해설
$P_u = \phi P_n$
$= 0.7 \times 0.85 \{0.85 f_{ck}(A_g - A_{st}) + f_y A_{st}\}$
$= 0.7 \times 0.85 (0.85 \times 35(125,600 - 3040.2) + 400 \times 3040.2)$
$= 2,893,029N \fallingdotseq 2894 kN$

여기서, $A_g = \dfrac{\pi d^2}{4} = \dfrac{3.14 \times 400^2}{4} = 125,600 mm^2$

$A_{st} = 6 \times 506.7 = 3040.2 mm^2$

69 다음 중 구조물의 사용성 평가 조사항목과 방법을 잘못 설명한 것은?

① 잔류처짐, 최대처짐 - 재하시험에 의해 최대처짐과 재하 후의 잔류처짐을 측정
② 균열길이 - 스케일, 화상처리
③ 균열깊이 - 초음파법, 코어채취
④ 내수성 - 스케일, 탄성파 반사파법, 탄성파 공진법

해설 탄성파 반사파법, 탄성파 공진법 등은 내부결함, 두께 등을 검사한다.

70 아래 그림과 같은 복철근 직사각형보에서 공칭휨강도(M_n)는 약 얼마인가? (단, f_{ck} = 35MPa, f_y = 350MPa, b = 300mm, d = 460mm, d' = 60mm, A_s = 4765mm², A_s' = 1284mm²이다.)

① 657 kN·m
② 757 kN·m
③ 857 kN·m
④ 957 kN·m

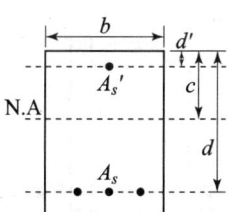

[정답] 66.② 67.②
68.② 69.④
70.①

해설
- $a = \dfrac{(A_s - A_s')f_y}{0.85 f_{ck} b} = \dfrac{(4765-1284) \times 350}{0.85 \times 35 \times 300} = 136.5\text{mm}$
- $M_n = (A_s - A_s')f_y\left(d - \dfrac{a}{2}\right) + A_s'f_y(d-d')$

$= (4765 - 1284) \times 350 \times \left(460 - \dfrac{136.5}{2}\right) + 1284 \times 350 \times (460-60)$

$= 657048612\text{N} \cdot \text{mm} = 657\text{kN} \cdot \text{m}$

71 계속 진전하고 있는 균열에는 적합하지 않고 정지된 균열에 효과적이며 물-시멘트비가 작은 모르타르를 손으로 채우는 보수기법은?

① 에폭시 주입법
② 폴리머 침투
③ 드라이 패킹
④ 짜깁기법

해설 드라이 패킹은 비표적 단면 복구 규모가 큰 경우에 적용한다.

72 그림에 나타난 직사각형 단철근 보의 설계휨강도를 구하기 위한 강도감소계수(ϕ)는 약 얼마인가? (단, 나선철근으로 보강되지 않은 경우이며, A_s =2,024mm², f_{ck} =21MPa, f_y =400MPa이고, 계산에서 발생하는 소수점 이하 자리는 6째 자리에서 반올림하여 5째 자리까지 구하시오.)

① 0.837
② 0.809
③ 0.785
④ 0.72

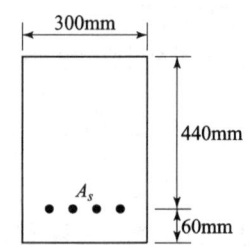

해설
- $a = \dfrac{A_s f_y}{0.85 f_{ck} b} = \dfrac{2024 \times 400}{0.85 \times 21 \times 300} = 151.2\text{mm}$
- $c = \dfrac{a}{\beta_1} = \dfrac{151.2}{0.8} = 189\text{mm}$
- $\varepsilon_t = 0.0033\left(\dfrac{d_t - c}{c}\right)$

$= 0.0033\left(\dfrac{440-189}{189}\right)$

$= 0.00438$
- $\phi = 0.65 + (\varepsilon_t - 0.002) \times \dfrac{200}{3}$

$= 0.65 + (0.00438 - 0.002) \times \dfrac{200}{3} = 0.809$

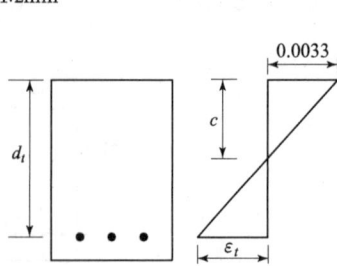

73 경간 25m인 PS 콘크리트 보에 계수하중 40kN/m이 작용하고, P=2,500kN의 프리스트레스가 주어질 때 등분포 상향력 u를 하중평형(balanced load) 개념에 의해 계산하여 이 보에 작용하는 순수하향 분포하중을 구하면?

① 26.5 kN/m
② 27.3 kN/m
③ 28.8 kN/m
④ 29.6 kN/m

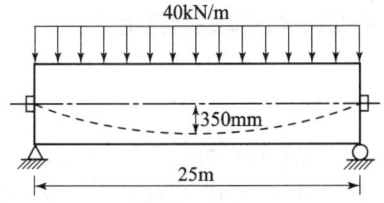

해설
- $\dfrac{ul^2}{8} = P \cdot s$

  $\dfrac{u \times 25^2}{8} = 2500 \times 0.35$

  $\therefore u = 11.2 \text{kN}$

- 순하향 하중 $= 40 - 11.2 = 28.8 \text{kN/m}$

74 길이가 4m인 캔틸레버보에서 처짐을 계산하지 않는 경우 보의 최소두께로 옳은 것은? (단, f_{ck}=28MPa, f_y=350MPa)

① 465mm   ② 484mm
③ 500mm   ④ 516mm

해설
- f_y가 400MPa인 최소 두께(h)

  $\dfrac{l}{8} = \dfrac{4000}{8} = 500\text{mm}$

- f_y가 400MPa 이외인 경우 최소 두께(h)

  $\dfrac{l}{8} \times \left(0.43 + \dfrac{f_y}{700}\right) = \dfrac{4000}{8} \times \left(0.43 + \dfrac{350}{700}\right) = 465\text{mm}$

75 옹벽의 설계에 대한 설명 중 옳지 않은 것은?

① 지반에 유발되는 최대 지반반력이 지반의 허용지지력을 초과하지 않아야 한다.
② 활동에 대한 저항력은 옹벽에 작용하는 수평력이 1.5배 이상이어야 한다.
③ 뒷부벽은 직사각형보로 설계한다.
④ 전도에 대한 저항모멘트는 횡토압에 의한 전도모멘트의 2배 이상이어야 한다.

해설
- 뒷부벽은 T형보로, 앞부벽은 직사각형보로 설계한다.
- 부벽식 옹벽의 저판은 부벽간의 거리를 경간으로 가정하여 고정보 또는 연속보로 설계하여야 한다.
- 부벽식 옹벽의 전면벽은 3변 지지된 2방향 슬래브로 설계한다.
- 캔틸레버 옹벽의 전면벽은 저판에 지지된 캔틸레버로 설계한다.

[정답] 71. ③ 72. ②
73. ③ 74. ①
75. ③

76 다음 중 최소 전단철근 규정이 적용되는 경우는?

① 슬래브와 기초판
② 콘크리트 장선구조
③ 전체 높이가 250mm를 초과하는 휨부재
④ T형보에 있어서 그 높이가 플랜지 두께의 2.5배 또는 복부폭의 1/2 중 큰 값 이하인 보

해설
- $\frac{1}{2}\phi V_c < V_u$ 일 경우 최소 전단철근량 A_v를 배근하여야 한다.
- $A_v = \left(0.35\dfrac{b_w s}{f_{yt}}\right)$ 여기서, b_w와 s의 단위는 mm이다.
- 최소 전단철근을 적용하지 않을 수 있는 경우
  ① 슬래브와 기초판, 바닥판, 장선, 폭이 넓고 깊이가 얕은 보
  ② 총 높이가 250mm 이하의 경우
  ③ I형보, T형보에 있어서 그 높이가 플랜지 두께의 2.5배 또는 복부폭의 $\frac{1}{2}$ 중 큰 값 이하인 보의 경우
  ④ 전단철근이 없어도 계수 휨모멘트와 전단력에 저항할 수 있다는 것을 실험에 의해 확인할 수 있는 경우

77 반발경도법에 의한 콘크리트 압축강도 추정에서 주로 슈미트 해머를 많이 사용한다. 이 해머 사용 전에 검교정을 위해 사용하는 기구의 명칭은?

① 테스트 앤빌
② 스트레인 게이지
③ 변위계
④ 캘리브레이션 바

해설 슈미트 해머 검교정 시 테스트 엔빌에 타격할 경우 반발도가 80±1이 되는 것이 바람직하나 80±2 범위까지도 허용한다. 이 값을 초과 또는 미달하는 경우에는 보정한다.

78 다음 중 콘크리트 타설 후의 결함과 그 대책으로 가장 거리가 먼 것은?

① 초기강도 부족 - 타설 후 콘크리트에 충분한 수분을 공급하고, 시트를 덮어 일정한 온도를 유지한다.
② 콜드 조인트 - 콘크리트 타설을 가능한 중단하지 않고 연속적으로 타설한다.

③ 침강 균열 – 콘크리트의 단위수량을 크게 하고 타설속도를 빨리한다.
④ 골재 노출 – 콘크리트의 재료가 분리되지 않도록 낮은 위치에서 평균적으로 낙하시킨다.

해설 침강 균열 – 콘크리트의 단위수량을 작게 하고 타설속도를 천천히 한다.

79 직접 설계법에 의한 슬래브 설계에서 전체 정적계수 휨모멘트 M_0 =320kN·m로 계산되었을 때, 내부 경간의 정계수 휨모멘트는 얼마인가?

① 300kN·m
② 208kN·m
③ 168kN·m
④ 112kN·m

해설
- 정계수 휨모멘트 $= 0.35 M_0 = 0.35 \times 320 = 112$kN·m
- 부계수 휨모멘트 $= 0.65 M_0$

80 알칼리-실리카 반응의 가능성을 예상하기 위해 콘크리트 중 알칼리량을 측정하는 시험방법에 속하지 않는 것은?

① 암석학적 시험법
② 화학법
③ 모르타르바 방법
④ 초음파법

해설 초음파법은 콘크리트 강도를 추정할 수 있다.

[정답] 76.③ 77.①
78.③ 79.④
80.④

week 3

CBT 모의고사

콘크리트기사

- I 콘크리트 재료 및 배합
- II 콘크리트 제조, 시험 및 품질관리
- III 콘크리트의 시공
- IV 콘크리트 구조 및 유지관리

알려드립니다

한국산업인력공단의 저작권법 저축에 대한 언급(2013년 2회 시험)이 있어 과거에 출제된 동일한 문제나 그 유형의 문제로 재구성하였습니다.

1과목 콘크리트 재료 및 배합

01 콘크리트의 배합강도를 결정하기 위해서는 압축강도 시험실적이 필요하다. 시험횟수가 규정횟수 이하인 경우 표준편차의 보정계수를 사용하는데, 다음 중 그 값이 틀린 것은?

① 시험횟수 30회 이상 : 1.00 ② 시험횟수 25회 : 1.04
③ 시험횟수 20회 : 1.08 ④ 시험횟수 15회 : 1.16

해설 시험횟수 25회 : 1.03

02 흡수율이 6%인 경량 잔골재의 습윤상태 무게가 800g이었고, 이 경량 잔골재를 건조로에서 노건조상태까지 건조시켰을 때 700g이 되었을 때 표면수율은 얼마인가?

① 1.11% ② 3.46%
③ 5.94% ④ 7.82%

해설
- 흡수율 = $\dfrac{\text{표건무게} - \text{노건무게}}{\text{노건무게}} \times 100$

  $6 = \dfrac{\text{표건무게} - 700}{700} \times 100$

  ∴ 표건무게 = 742g

- 표면수율 = $\dfrac{800 - 742}{742} \times 100 = 7.82\%$

03 레디믹스트 콘크리트 제조에 사용할 수 있는 물의 품질기준에 대한 설명으로 틀린 것은? (단, 상수돗물 이외의 물의 품질)

① 현탁물질의 양 : 2g/L 이하
② 용해성 증발 잔류물의 양 : 1g/L 이하
③ 염소 이온(Cl^-)량 : 200mg/L 이하
④ 시멘트 응결시간의 차 : 초결은 30분 이내, 종결은 60분 이내

해설 염소 이온(Cl^-)량 : 250mg/L 이하

04 시멘트의 응결에 대한 설명으로 틀린 것은?

① 분말도가 크면 응결은 빨라진다.
② 온도가 높을수록 응결은 빨라진다.
③ 물-시멘트비가 클수록 응결은 늦어진다.
④ 풍화된 시멘트는 일반적으로 응결이 빨라진다.

해설
- 풍화된 시멘트는 일반적으로 응결이 늦어진다.
- 시멘트의 응결 시간은 비카트 장치에 의하여 측정한다.
- C_2S가 많을수록 응결은 늦어진다.

05 아래의 표와 같이 콘크리트 시방배합을 하였다. 잔골재의 표면수량이 3.5%이고, 굵은골재의 표면수량이 1.5%일 때 현장배합으로 수정할 경우 단위수량은?

물 (kg/m³)	시멘트 (kg/m³)	잔골재 (kg/m³)	굵은골재 (kg/m³)
175	369	788	1,074

① 130.3 kg/m³ ② 131.3 kg/m³
③ 132.3 kg/m³ ④ 133.3 kg/m³

해설 $W = 175 - (788 \times 0.035 + 1,074 \times 0.015) = 131.3 \, kg/m^3$

06 레디믹스트 콘크리트에서 회수수 중 슬러지수를 혼합수로 사용하는 경우에 대한 설명 중 옳지 않은 것은?

① 슬러지수에 포함된 슬러지 고형분은 배합설계시 물의 질량에 포함되지 않는다.
② 슬러지수는 시험을 해야 하며 슬러지 고형분율이 3% 이하이어야 한다.
③ 슬러지 고형분이 많은 경우에는 단위수량을 감소시킨다.
④ 슬러지 고형분이 많은 경우에는 잔골재율을 감소시킨다.

해설
- 슬러지 고형분이 많은 경우에는 단위수량을 증가시킨다.
- 슬러지 고형분이 많은 경우에는 공기연행제 사용량을 증가시킨다.

07 콘크리트 압축강도의 시험횟수가 30회일 경우 배합강도는? (단, 설계기준 압축강도(f_{ck})=24MPa, 내구성 기준 압축강도(f_{cd})=21MPa, 표준편차(s)=2.5MPa)

① 23.3 MPa ② 23.5 MPa
③ 27.35 MPa ④ 24.85 MPa

[정답] 01.② 02.④ 03.③ 04.④ 05.② 06.③ 07.③

해설
- f_{ck}와 f_{cd} 중 큰 값인 24MPa가 품질기준강도(f_{cq})이다.
- $f_{cq} \leq 35$MPa인 경우이므로
  $f_{cr} = f_{cq} + 1.34s = 24 + 1.34 \times 2.5 = 27.35$MPa
  $f_{cr} = (f_{cq} - 3.5) + 2.33s = (24 - 3.5) + 2.33 \times 2.5 = 26.3$MPa
  ∴ 큰 값인 27.35MPa

08 르샤틀리에 비중병의 0.4cc까지 광유를 주입하였다. 여기에 시멘트 시료 64g을 가하여 공기포를 제거한 후의 비중병의 눈금이 21cc가 되었다면 이 시멘트의 비중은?

① 3.15
② 3.11
③ 3.01
④ 2.98

해설
시멘트 비중 $= \dfrac{64}{21 - 0.4} = 3.11$

09 철근콘크리트에 이용되는 길이 300mm이고 직경이 20mm인 강봉에 인장력을 가한 결과 2.34×10^{-1}mm가 신장되었다면 이 때 강봉에 가해진 인장력은 얼마인가? (단, 강보의 탄성계수$=2.0 \times 10^5$N/mm²)

① 20 kN
② 37 kN
③ 40 kN
④ 49 kN

해설
$E = \dfrac{f}{\varepsilon} = \dfrac{\dfrac{P}{A}}{\dfrac{\Delta l}{l}} = \dfrac{Pl}{A \Delta l}$

∴ $P = \dfrac{EA\Delta l}{l} = \dfrac{2.0 \times 10^5 \times \dfrac{3.14 \times 20^2}{4} \times 2.34 \times 10^{-1}}{300} = 48,984\text{N} = 49\text{kN}$

10 골재의 안정성 시험에 사용되지 않는 재료는?

① 염화바륨
② 잔골재
③ 황산나트륨
④ 수산화나트륨

해설 콘크리트용 모래에 포함되어 있는 유기불순물 시험에 사용되는 약품으로는 수산화나트륨, 탄닌산, 메틸알코올이 있다.

11 철근콘크리트보에서 스터럽과 굽힘철근을 배근하는 주된 목적은?

① 압축측의 좌굴을 방지하기 위하여
② 콘크리트의 휨에 의한 인장강도가 부족하기 때문에
③ 보에 작용하는 사인장응력에 의한 균열을 막기 위하여
④ 균열 후 그 균열에 대한 증대를 방지하기 위하여

해설
- 응력을 분포시켜 균열 폭을 최소화하기 위함이다.
- 주철근 간격을 유지시킨다.

12 콘크리트용 화학혼화제(공기 연행제, 감수제, 공기연행 감수제, 고성능 공기연행 감수제)의 성능을 확인하기 위한 콘크리트 시험에 관한 설명으로 옳지 않은 것은?

① 화학혼화제는 혼합수를 넣은 다음 이어서 믹서에 투입한다.
② 공기 연행제 및 공기연행 감수제의 동결융해 저항성 시험에는 슬럼프 80mm의 콘크리트를 적용한다.
③ 고성능 공기연행 감수제의 동결융해 저항성 시험 및 경시변화량 시험에는 슬럼프 180mm의 콘크리트를 적용한다.
④ 압축강도 시험은 재령 3일, 7일 및 28일의 각 재령별로 3개씩 공시체를 만들어 시험하며 그 평균값을 콘크리트 압축강도로 한다.

해설 화학혼화제는 미리 혼합수에 혼입하여 믹서에 투입한다.

13 콘크리트의 배합설계에서 굵은 골재의 최대치수에 대한 설명으로 옳지 않은 것은?

① 단면이 큰 구조물인 경우 굵은 골재의 최대치수는 40mm를 표준으로 한다.
② 일반적인 구조물인 경우 굵은 골재의 최대치수는 20mm 또는 25mm를 표준으로 한다.
③ 무근 콘크리트 구조물인 경우 굵은 골재의 최대치수는 50mm를 표준으로 하고, 또한 부재 최소치수의 1/3을 초과하지 않아야 한다.
④ 거푸집 양 측면사이의 최소거리의 1/5, 슬래브 두께의 1/3, 개별철근, 다발철근, 긴장재 또는 덕트 사이 최소 순간격의 3/4을 초과하지 않아야 한다.

해설 무근 콘크리트 구조물인 경우 굵은 골재의 최대치수는 40mm를 표준으로 하고, 또한 부재 최소치수의 1/4을 초과하지 않아야 한다.

정답 08. ② 09. ④ 10. ④ 11. ③ 12. ① 13. ③

14 시멘트의 화학성분에 관한 설명으로 옳지 않은 것은?

① 강열감량 : 950±50℃의 강한 열을 가했을 때의 감량으로서 시멘트 중에 함유된 H_2O와 CO_2의 양으로 시멘트가 풍화한 정도를 판정하는데 이용된다.

② 불용해잔분 : 시멘트를 염산 및 탄산나트륨 용액으로 처리하여도 녹지 않는 부분을 말하며, 일반적으로 불용해잔분은 0.1~0.6% 정도이다.

③ 수경률 : 시멘트 원료의 조합비를 정하는데 가장 일반적으로 사용되며, 수경률이 크면 알루민산3석회(C_3A)양이 많아져 초기강도가 높고 수화열이 큰 시멘트가 된다.

④ 마그네시아(MgO) : MgO의 양이 많으면 클링커 중에 미반응된 상태인 유리마그네시아로 남게 되며, 수화반응에 의해 서서히 팽창하여 콘크리트 경화체에 균열을 일으키는 원이 되어 시멘트 중의 MgO 함량을 3% 이하로 제한하고 있다.

해설 마그네시아(MgO) : MgO의 양이 많으면 클링커 중에 미반응된 상태인 유리마그네시아로 남게 되며, 수화반응에 의해 서서히 팽창하여 콘크리트 경화체에 균열을 일으키는 원이 되어 시멘트 중의 MgO 함량을 5% 이하로 제한하고 있다.

15 물을 가한 후 2~3시간 정도 경과 후 압축강도가 10MPa 정도에 달하며 분말도가 5000cm²/g 정도인 시멘트는?

① 팽창 시멘트
② 슬래그 시멘트
③ 초속경 시멘트
④ 초조강 포틀랜드 시멘트

해설 초속경 시멘트는 강도 발현이 매우 빠르기 때문에 물을 가한 후 2~3시간에 압축강도가 10MPa 정도에 달한다.

16 콘크리트용 응결 지연제에 대한 설명으로 옳지 않은 것은?

① 콘크리트의 연속 타설이 진행될 경우 작업이음의 발생을 방지할 수 있다.
② 시멘트의 수화반응을 지연시키므로 응결과 경화의 진행 속도가 느리게 된다.
③ 콘크리트의 응결 경화 불량을 방지시키므로 공사 시 거푸집의 회전율을 높일 수 있다.

④ 서중 콘크리트나 운반시간이 긴 레디믹스트 콘크리트의 경우 워커빌리티의 저하를 어느 정도 방지할 수 있다.

해설 지연제의 첨가량을 과도하게 사용하면 콘크리트의 경화불량이 발생하기 쉽다.

17 다음 중 온도균열지수에 대한 설명으로 옳지 않은 것은?
① 온도균열지수는 그 값이 클수록 균열이 발생하기 어렵고 값이 작을수록 균열이 발생하기 쉽다.
② 온도균열지수는 재령 t에서의 콘크리트 인장강도와 수화열에 의한 온도응력의 비로서 구한다.
③ 철근이 배치된 일반적인 구조물에서 균열 발생을 방지하여야 할 경우 표준적인 온도균열지수는 1.5 이상이어야 한다.
④ 철근이 배치된 일반적인 구조물에서 유해한 균열 발생을 제한할 경우 표준적인 온도균열지수는 1.7~2.2로 하여야 한다.

해설
• 유해한 균열 발생을 제한할 경우 온도균열지수 : 0.7~1.2
• 균열 발생을 제한 할 경우 온도균열지수 : 1.2~1.5

18 콘크리트용 잔골재에 대한 설명 중 옳지 않은 것은?
① 잔골재의 표면은 매끄러운 것이 좋다.
② 잔골재의 형상은 구형에 가까운 것이 좋다.
③ 잔골재는 크고 작은 알갱이가 골고루 혼합된 것이 좋다.
④ 콘크리트 중에서 골재는 보강재 역할을 하므로 시멘트 풀의 강도보다 강해야 한다.

해설 잔골재의 표면은 거친 것이 좋다.

19 콘크리트의 배합강도(f_{cr})를 정하는 방법에 대한 설명으로 옳지 않은 것은? (단, f_{cr} : 배합강도, f_{cq} : 품질기준강도)
① f_{cr}는 f_{cq}보다 충분히 크게 정하여야 한다.
② 압축강도의 시험 회수가 14회 이하이고, 호칭강도가 21MPa 미만인 경우, f_{cr}는 호칭강도에 7MPa을 더하여 구할 수 있다.
③ 압축강도의 시험회수가 29회 이하이고 15회 이상인 경우, 계산한 표준편차에 보정계수를 나눈 값을 표준편차로 사용할 수 있다.
④ 콘크리트 압축강도의 표준편차는 실제 사용한 콘크리트의 30회 이상의 시험실적으로부터 결정하는 것을 원칙으로 한다.

해설 압축강도의 시험회수가 29회 이하이고 15회 이상인 경우, 계산한 표준편차에 보정계수를 곱한 값을 표준편차로 사용할 수 있다.

[정답] 14. ④ 15. ③ 16. ③ 17. ④ 18. ① 19. ③

20 콘크리트용 골재의 성질에 대한 설명으로 옳지 않은 것은?

① 굵은 골재의 흡수율은 3.0% 이하로 한다.
② 굵은 골재의 절대건조밀도는 $2.5 \times 10^{-3} \text{g/mm}^3$ 이상의 값을 표준으로 한다.
③ 부순골재 및 순환 잔골재의 0.08mm 체 통과량은 마모작용을 받는 경우 3% 이하로 하여야 한다.
④ 잔골재의 안정성은 황산나트륨으로 5회 시험으로 평가하며, 그 손실질량은 10% 이하를 표준으로 한다.

해설 부순골재 및 순환 잔골재의 0.08mm 체 통과량은 마모작용을 받는 경우 5% 이하로 하여야 한다.

2과목 콘크리트 제조, 시험 및 품질관리

21 다음에서 콘크리트의 비비기에 사용되는 믹서 중 강제식 믹서가 아닌 것은?

① 드럼 믹서(drum mixer)
② 팬형 믹서(pan type mixer)
③ 1축 믹서(one shaft mixer)
④ 2축 믹서(twin shaft mixer)

해설 드럼 믹서는 가경식 믹서에 해당한다.

22 콘크리트 압축강도 추정을 위한 반발경도 시험방법(KS F 2730)에 대한 설명으로 틀린 것은?

① 시험할 콘크리트 부재는 두께가 100mm 이상이어야 하며, 하나의 구조체에 고정되어야 한다.
② 미장이 되어 있는 면은 마감면을 완전히 제거한 후 시험을 해야 한다.
③ 타격 위치는 가장자리로부터 100mm 이상 떨어지고, 서로 30mm 이내로 근접해서는 안 된다.
④ 시험값 20개의 평균으로부터 오차가 10% 이상이 되는 경우의 시험값은 버리고 나머지 시험값의 평균을 구한다.

해설 시험값 20개의 평균으로부터 오차가 20% 이상이 되는 경우의 시험값은 버리고 나머지 시험값의 평균을 구한다. 이때 범위를 벗어나는 시험값이 4개 이상인 경우에는 전체 시험값군을 버리고 새로운 위치에서 다시 한다.

23 굳지 않은 콘크리트의 염화물 분석방법이 아닌 것은?
① 이온 전극법
② 흡광 광도법
③ 질산은 적정법
④ 분극 저항법

해설 철근의 부식상태 조사
- 자연전위 측정법
- 표면전위차 측정법
- 분극 저항법
- AC 임피던스법

24 일반 콘크리트의 비비기에 대한 설명으로 틀린 것은?
① 재료를 믹서에 투입하는 순서는 믹서의 형식, 비비기 시간, 골재의 종류 및 입도, 단위수량, 단위 시멘트량, 혼화재료의 종류 등에 따라 다르다.
② 강제혼합식 믹서 중 바닥의 배출구를 완전히 폐쇄시킬 수 없는 경우에는 물을 다른 재료보다 일찍 주입하여야 한다.
③ 비비기 시간에 대한 시험을 실시하지 않은 경우 그 최소 시간은 가경식 믹서일 때에는 1분 30초 이상을 표준으로 한다.
④ 비비기는 미리 정해둔 비비기 시간의 3배 이상 계속하지 않아야 한다.

해설
- 강제혼합식 믹서 중 바닥의 배출구를 완전히 폐쇄시킬 수 없는 경우에는 물을 다른 재료보다 조금 늦게 넣는 것이 좋다.
- 강제식 믹서일 때에는 1분 이상을 표준으로 한다.

25 압축강도 시험결과가 아래 표와 같을 때 변동계수를 구하면? (단, 표준편차는 불편분산의 개념에 의해 구하시오.)

| 23.5MPa, 21.3MPa, 25.3MPa, 24.6MPa, 25.4MPa |

① 3%
② 7%
③ 11%
④ 15%

해설
- 평균값
$$\frac{23.5+21.3+25.3+24.6+25.4}{5}=24.02\text{MPa}$$
- 표준편차(불편분산의 경우)
$$\sqrt{\frac{\sum(x_i-\bar{x})^2}{n-1}}=\sqrt{\frac{\begin{Bmatrix}(23.5-24.02)^2+(21.3-24.02)^2+(25.3-24.02)^2+\\(24.6-24.02)^2+(25.4-24.02)^2\end{Bmatrix}}{5-1}}$$
$$=1.7\text{MPa}$$
- 변동계수
$$\frac{\text{표준편차}}{\text{평균값}}\times100=\frac{1.7}{24.02}\times100=7\%$$

[정답] 20. ③ 21. ① 22. ④ 23. ④ 24. ② 25. ②

01회 CBT 모의고사

26 지름 150mm, 높이 300mm의 원주형 공시체를 사용하여 쪼갬인장강도 시험을 한 결과 최대하중이 250kN이라면 이 콘크리트의 쪼갬인장강도는?

① 2.12 MPa ② 2.53 MPa
③ 3.22 MPa ④ 3.54 MPa

해설 쪼갬 인장강도 $= \dfrac{2P}{\pi dl} = \dfrac{2 \times 250,000}{3.14 \times 150 \times 300} = 3.54 \text{MPa}$

27 콘크리트의 초기 균열에 관한 설명으로 옳지 않은 것은?

① 침하에 의한 균열은 콘크리트 치기 후 1~3시간 정도에서 보의 상단부 또는 슬래브면 등에서 철근의 위치에 따라 발생한다.
② 침하균열은 슬럼프가 클수록, 콘크리트 치기속도가 빠를수록 증가한다.
③ 플라스틱 균열은 콘크리트 타설시 또는 직후에 표면에 급속한 수분증발로 인하여 콘크리트 표면에 생기는 미세한 균열이다.
④ 굳지 않은 콘크리트의 건조수축은 일반적으로 고온다습한 외기에 노출될 때 발생이 증가되며, 양생이 시작된 직후에 나타난다.

해설 건조수축 균열은 건조한 바람이나 고온 저습한 외기에 노출될 경우 일어나는 급격한 수분의 손실에 기인하며 양생이 시작되기 전이나 마감 직전에 주로 일어난다.

28 콘크리트 생산시 각 재료의 계량오차의 허용 범위로 옳은 것은?

① 물 : ±3% ② 골재 : ±3%
③ 시멘트 : ±2% ④ 혼화제 : ±2%

해설
- 물, 시멘트 : ±1%
- 혼화재 : ±2%
- 골재, 혼화제 : ±3%

29 일정량의 AE제를 사용한 콘크리트의 공기량이 증가되는 요소에 대한 설명으로 틀린 것은?

① 단위 잔골재량이 작을수록 공기량은 증가한다.
② 콘크리트의 온도가 낮을수록 공기량은 증가한다.
③ 슬럼프가 클수록 공기량은 증가한다.
④ 시멘트의 분말도가 높을수록 공기량은 증가한다.

해설
- 단위 잔골재량이 많을수록 공기량은 증가한다.
- 물-결합재비가 클수록 공기량은 증가한다.
- 콘크리트의 온도가 높을수록 공기량은 감소한다.

30 콘크리트의 블리딩 시험에 대한 설명으로 틀린 것은?

① 시험 중에는 실온 20±3℃로 한다.
② 콘크리트를 채워 넣을 때 콘크리트의 표면이 용기의 가장자리에서 2cm 정도 높아지도록 고른다.
③ 기록한 처음 시각에서 60분 동안은 10분마다 콘크리트 표면에 스며나온 물을 빨아낸다.
④ 물을 빨아내는 것을 쉽게 하기 위하여 2분 전에 두께 약 5cm의 블록을 용기의 한쪽 밑에 주의 깊게 괴어 용기를 기울이고, 물을 빨아낸 후 수평위치로 되돌린다.

해설 콘크리트를 채워 넣을 때 콘크리트의 표면이 용기의 가장자리에서 3±0.3cm 낮아지도록 고른다.

31 다음은 레디믹스트 콘크리트의 슬럼프 및 슬럼프 플로 허용오차 범위를 나타낸 것이다. 잘못된 것은?

① 슬럼프 25mm : ±10mm
② 슬럼프 80mm 이상 : ±20mm
③ 슬럼프 플로 500mm : ±75mm
④ 슬럼프 플로 600mm : ±100mm

해설
- 슬럼프 80mm 이상 : ±25mm
- 슬럼프 50~65mm : ±15mm
- 슬럼프 플로의 허용오차(mm)

슬럼프 플로	슬럼프 플로의 허용오차
500	±75
600	±100
700	±100

정답 26.④ 27.④ 28.② 29.① 30.② 31.②

32 압력법에 의한 굳지 않은 콘크리트의 공기량시험(KS F 2421)에 대한 설명으로 옳지 않은 것은?

① 콘크리트 공기량은 콘크리트의 겉보기 공기량에서 골재수정계수를 뺀 값으로 구한다.
② 시험의 원리는 보일의 법칙을 기초로 한 것이다.
③ 물을 붓고 시험하는 경우(주수법) 공기량 측정기의 용적은 적어도 7L 이상으로 한다.
④ 골재수정계수 측정에 사용되는 시료는 공기량을 측정한 콘크리트에서 150㎛의 체를 사용하여 시멘트 분을 씻어 내고 골재의 시료를 채취하여도 된다.

해설
- 공기량 측정기의 용적은 물을 붓고 시험하는 경우(주수법) 적어도 5L로 하고, 물을 붓지 않고 시험하는 경우(무주수법)는 7L 정도 이상으로 한다.
- 시료를 용기에 채우고 다지는 방법으로 다짐봉 또는 진동기를 사용하는 방법이 있으며 슬럼프가 80mm 이상의 경우에는 진동기를 사용하지 않는다.
- 이 시험은 최대치수 40mm 이하의 보통 골재를 사용한 콘크리트에 대하여 적용한다.

33 콘크리트 받아들이기 품질검사의 항목에 대한 판정기준을 설명한 것으로 틀린 것은?

① 공기량의 허용오차는 ±0.5%이다.
② 염소이온량은 원칙적으로 $0.3kg/m^3$ 이하여야 한다.
③ 펌퍼빌리티는 콘크리트 펌프의 최대 이론토출압력에 대한 최대 압송부하의 비율이 80% 이하여야 한다.
④ 굳지 않은 콘크리트 상태는 외관 관찰로서 판단하여 워커빌리티가 좋고, 품질이 균질하며 안정하여야 한다.

해설 공기량의 허용오차는 ±1.5%이다.

34 콘크리트 탄산화 깊이측정 시험에서 가장 많이 사용되는 용액은?

① 염산 용액
② 페놀프탈레인 용액
③ 황산 용액
④ 마그네슘 용액

해설 1% 페놀프탈레인 용액을 분무하여 무색이면 중성화된 것으로 보며 적색으로 변하면 비중성화(알칼리)로 구분하게 된다.

35 시멘트의 저장에 대한 설명으로 옳지 않은 것은?

① 포대에 들어있는 시멘트를 장기간 저장할 경우에 15포대 이상 쌓으면 안 된다.
② 포대 시멘트는 지상 0.3m 이상 되는 마루 위에 적재하여야 한다.
③ 시멘트의 온도가 너무 높으면 그 온도를 낮춘 다음에 사용하는 것이 좋으며 일반적으로 시멘트의 온도는 50℃ 정도 이하의 것을 사용하는 것이 좋다.
④ 시멘트는 방습적인 구조로 된 사일로 또는 창고에 품종별로 구분하여 저장하여야 한다.

해설
• 포대에 들어있는 시멘트는 13포대 이상 쌓으면 안 되며 장기간 저장할 경우에는 7포대 이상 쌓으면 안 된다.
• 시멘트는 입하 순서대로 사용해야 한다.
• 3개월 이상 저장한 시멘트 또는 습기를 받았다고 생각되는 시멘트는 반드시 사용 전에 재시험을 하여야 한다.

36 굳지 않은 콘크리트의 성질에 대한 설명으로 옳지 않은 것은?

① 골재 중의 세립분, 특히 0.3mm 이하의 세립분은 콘크리트의 점성을 높이고 성형성을 좋게 한다.
② 일반적으로 분말도가 높은 시멘트를 사용한 경우에는 탁월한 점성을 보이나 오히려 유동성이 저하하는 경향도 있을 수 있다.
③ 단위 시멘트량이 많아질수록 콘크리트의 성형성이 증가하므로 일반적으로 빈배합의 경우는 부배합의 경우보다 워커빌리티가 좋다.
④ 단위수량이 많을수록 콘크리트의 반죽질기는 질게 되지만, 단위수량을 증가시키면 재료분리가 발생하기 쉬워지므로 워커빌리티가 좋아진다고는 말 할 수 없다.

해설 단위 시멘트량이 많아질수록 콘크리트의 성형성이 증가하므로 일반적으로 빈배합의 경우는 부배합의 경우보다 워커빌리티가 안 좋다.

[정답] 32.③ 33.①　34.② 35.①　36.③

37. 콘크리트의 내구성에 관한 일반적인 설명으로 옳지 않은 것은?

① 콘크리트는 자체가 강한 알칼리성이기 때문에 농도가 높은 황산이나 염산에 대해서는 침식이 된다.
② 콘크리트의 탄산화는 공기 중의 탄산가스의 농도가 높을수록 또한 온도가 낮을수록 탄산화 속도는 빨라진다.
③ 동결융해작용에 대한저항성을 증가시키기 위해 물-결합재비가 작은 콘크리트나 AE 콘크리트를 사용하는 것이 좋다.
④ 황산염은 각종 공업원료 및 비료로서 널리 사용되고 있고 온천 및 하천수에도 함유되어 있어 콘크리트를 열화시킨다.

해설 콘크리트의 탄산화는 공기 중의 탄산가스의 농도가 높을수록 또한 온도가 높을수록 탄산화 속도는 빨라진다.

38. 콘크리트 품질관리의 기본 4단계를 순차적으로 나열한 것은?

① 계획 - 검토 - 실시 - 조치
② 검토 - 계획 - 실시 - 조치
③ 계획 - 실시 - 검토 - 조치
④ 검토 - 실시 - 계획 - 조치

해설 품질관리의 기본 4단계
계획(P) - 실시(D) - 검토(C) - 조치(A)

39. 콘크리트의 길이 변화 시험(KS F 2424)에 대한 설명으로 옳지 않은 것은?

① 공시체의 측면 길이 변화를 측정하는 방법으로 다이얼 게이지 방법이 사용된다.
② 콤퍼레이터 방법의 시험에는 표선용 젖빛유리, 각선기, 측정기 등의 기구가 사용된다.
③ 콘그리트 히험편의 길이 변화 측정 방법에는 콤피레이디 방법, 콘택트 게이지 방법 또는 다이얼 게이지 방법이 있다.
④ 시험편의 치수는 콘크리트의 경우 너비는 높이와 같게 하되, 굵은 골재의 최대치수의 3배 이상이며, 길이는 너비 또는 높이의 3.5배 이상으로 한다.

해설
• 공시체의 측면 길이 변화를 측정하는 방법으로 콤퍼레이터 방법, 콘택트 게이지 방법이 사용된다.
• 공시체 중심축의 길이 변화를 측정하는 방법으로 다이얼 게이지 방법이 사용된다.

40 동결융해에 대한 콘크리트의 저항정도를 알아보기 위하여 내구성 지수(Durability Factor)를 구하고자 한다. 동결융해시험 공시체가 상대동탄성계수 60%에 도달했을 때 230 사이클이 되었다면, 이 콘크리트의 내구성 지수는? (단, 동경융해에의 노출이 끝날 때의 사이클 수(M)는 300 사이클을 적용한다.)

① 46
② 50
③ 56
④ 60

해설 내구성 지수 $DF = \dfrac{PN}{M} = \dfrac{60 \times 230}{300} = 46$

3과목 콘크리트의 시공

41 콘크리트 부재의 표면에 발생하는 기포에 대한 다음의 기술 내용 중 잘못된 것은?

① 단위 시멘트량이 증가하면 콘크리트 부재 표면의 기포는 감소하는 경향이 있다.
② 경사면의 윗면은 수직면의 경우보다 더 많은 기포가 발생하는 경향이 있다.
③ 거푸집 표면 부근의 진동 다짐은 부재 표면의 기포를 증가시킬 수도 있다.
④ 목재 거푸집의 경우 거푸집이 건조하면 기포가 감소하고, 강재 거푸집의 경우 온도가 높으면(여름철) 기포가 감소하는 경향이 있다.

해설 목재 거푸집의 경우 거푸집이 건조하면 기포가 증가한다.

42 팽창 콘크리트의 시공에 관한 설명으로 틀린 것은?

① 제조시 포대 팽창재를 사용하는 경우에는 포대수로 계산해도 되나, 1포대 미만의 것을 사용하는 경우에는 반드시 질량으로 계량하여야 한다.
② 팽창재는 원칙적으로 다른 재료를 투입함과 동시에 믹서에 투입한다.
③ 한중 콘크리트의 경우 타설할 때의 콘크리트 온도는 10℃ 이상, 20℃ 미만으로 한다.
④ 팽창 콘크리트의 비비기 시간은 강제식 믹서를 사용하는 경우는 2분 이상으로 하여야 한다.

[정답] 37. ② 38. ③ 39. ① 40. ① 41. ④ 42. ④

해설
- 팽창 콘크리트의 비비기 시간은 강제식 믹서를 사용하는 경우는 1분 이상으로 하여야 한다.
- 팽창재는 다른 재료와 별도로 질량으로 계량하며 그 오차는 1회 계량분량의 1% 이내로 하여야 한다.

43 콘크리트 이음에 대한 설명으로 틀린 것은?

① 바닥틀의 시공이음은 슬래브 또는 보의 경간 중앙부 부근은 피해서 배치하여야 한다.
② 바닥틀과 일체로 된 기둥 또는 벽의 시공이음은 바닥틀과의 경계 부근에 설치하는 것이 좋다.
③ 아치의 시공이음은 아치축에 직각방향이 되도록 설치하여야 한다.
④ 신축이음은 양쪽의 구조물 혹은 부재가 구속되지 않는 구조이어야 한다.

해설
- 바닥틀의 시공이음은 슬래브 또는 보의 경간 중앙부 부근에 두어야 한다.
- 헌치는 바닥틀과 연속해서 콘크리트를 타설하여야 한다.

44 일반 콘크리트의 다지기에 대한 설명으로 옳지 않은 것은?

① 콘크리트는 타설 직후 바로 충분히 다져서 콘크리트가 철근 및 매설물 등의 주위와 거푸집의 구석구석까지 잘 채워져 밀실한 콘크리트가 되도록 한다.
② 재진동을 할 경우에는 콘크리트에 나쁜 영향이 생기지 않도록 초결이 일어난 후에 실시하여야 한다.
③ 내부진동기는 콘크리트로부터 천천히 빼내어 구멍이 남지 않도록 하여야 한다.
④ 진동다지기를 할 때에는 내부진동기를 아래층의 콘크리트 속으로 0.1m 정도 찔러 넣어야 한다.

해설
- 재진동을 실시할 경우에는 초결이 일어나기 전에 하여야 한다.
- 콘크리트 다지기에는 내부진동기의 사용을 원칙으로 한다.
- 내부진동기는 천천히 빼내어 구멍이 나지 않도록 사용해야 한다.
- 내부진동기는 연직으로 찔러 넣으며 삽입간격은 일반적으로 0.5m 이하로 하는 것이 좋다.

45 콘크리트의 양생에 대한 일반적인 설명으로 옳은 것은?

① 초기재령에서의 급격한 건조는 강도발현을 지연시킬 뿐만 아니라 표면균열의 원인이 된다.
② 시멘트의 수화반응은 양생온도에 크게 좌우되지 않는다.
③ 고로 슬래그 미분말을 50% 정도 치환하면 보통 콘크리트에 비해서 습윤양생 기간을 단축시킬 수 있다.
④ 콘크리트 표면이 건조함에 따라 수밀성이 향상되기 때문에 수밀 콘크리트는 가능한 한 빨리 건조될 수 있도록 습윤양생 기간을 일반보다 짧게 한다.

해설
- 시멘트의 수화반응은 양생온도에 크게 좌우된다.
- 수밀 콘크리트는 가능한 한 습윤양생 기간을 일반보다 길게 한다.
- 고로 슬래그 미분말을 사용한 경우 천천히 경화되는 성질을 가지고 있어 슬래그 치환율이 커지면 수화열이 낮아지게 되어 매시브 콘크리트에 적합하다.

46 콘크리트의 비비기로부터 타설이 끝날 때까지의 제한시간으로 옳은 것은?

	외기온도가 25°C 이상	외기온도가 25°C 미만
①	90분	120분
②	120분	90분
③	60분	90분
④	120분	150분

해설 일반 콘크리트 허용 이어치기 시간 간격의 한도
- 외기온도가 25°C 이상 : 2시간
- 외기온도가 25°C 미만 : 2.5시간

47 숏크리트의 강도에 대한 설명으로 틀린 것은?

① 일반적인 경우 재령 3시간에서 숏크리트의 초기강도는 1.0~3.0MPa를 표준으로 한다.
② 일반적인 경우 재령 24시간에서 숏크리트의 초기강도는 5.0~10.0MPa를 표준으로 한다.
③ 일반 숏크리트의 장기 설계기준압축강도는 28일로 설정하며 그 값은 21MPa 이상으로 한다.
④ 영구 지보재로 숏크리트를 적용할 경우 재령 28일의 부착강도는 4.0MPa 이상이 되도록 관리하여야 한다.

[정답] 43.① 44.② 45.① 46.① 47.④

해설
- 영구 지보재로 숏크리트를 적용할 경우 재령 28일의 부착강도는 1.0MPa 이상이 되도록 관리하여야 한다.
- 영구 지보재 개념으로 숏크리트를 타설할 경우 설계기준 압축강도는 35MPa 이상으로 한다.
- 영구 지보재로 숏크리트를 적용할 경우 절리와 균열의 거동에 저항하기 위하여 휨인성 및 전단강도가 우수하여야 한다.

48 철근이 배치된 일반적인 매스 콘크리트 구조물에서 균열 발생을 방지하여야 할 경우 표준적인 온도 균열지수는?

① 1.5 미만
② 1.5 이상
③ 0.7~1.2
④ 1.2~1.5

해설
- 균열 발생을 제한할 경우 : 1.2~1.5
- 유해한 균열 발생을 제한할 경우 : 0.7~1.2

49 해양 콘크리트 배합에서 내구성으로 정해지는 공기연행 콘크리트의 최대 물-결합재비는?

① 40%
② 45%
③ 50%
④ 60%

해설 해수 또는 조수간만의 영향을 받으며 콘크리트를 타설해야 하는 경우는 내구성으로 정해지는 물-결합재비의 최대값보다 5% 정도 작게 해도 좋다.

50 슬럼프가 20mm 이하의 된반죽 프리캐스트 콘크리트의 반죽질기를 측정하는 시험으로 가장 적합하지 않은 것은?

① 슬럼프 시험
② 다짐계수 시험
③ 관입시험
④ 외압 병용 VB 시험

해설 슬럼프가 25mm 이하의 된반죽 콘크리트의 경우 슬럼프 시험은 적합하지 않다.

51 한중 콘크리트 시공시 비빈 직후 콘크리트의 온도 및 주위 기온이 아래의 조건과 같을 때, 타설이 완료된 후 콘크리트의 온도를 계산하면?

> • 비빈 직후의 콘크리트 온도 : 25℃, 주위 온도 : 4℃
> • 비빈 후부터 타설 완료시까지의 시간 : 1시간 30분

① 19.8℃ ② 20.3℃
③ 21.6℃ ④ 22.5℃

해설 $T_2 = T_1 - 0.15(T_1 - T_0)t = 25 - 0.15(25-4) \times 1.5 = 20.3°$

52 일반 수중 콘크리트 타설의 원칙으로 틀린 것은?

① 한 구획의 콘크리트 타설을 완료한 후 레이턴스를 모두 제거하고 다시 타설하여야 한다.
② 콘크리트를 수중에 낙하시키면 재료 분리가 일어나고 시멘트가 유실되기 때문에 콘크리트는 수중에 낙하시키지 않아야 한다.
③ 완전히 물막이를 할 수 없이 타설할 경우에는 유속 500mm/s 이하로 하여야 한다.
④ 콘크리트가 경화될 때까지 물의 유동을 방지하여야 한다.

해설 완전히 물막이를 할 수 없이 타설할 경우에는 유속 50mm/s 이하로 하여야 한다.

53 고성능 콘크리트의 배합 및 비비기에 관한 설명으로 틀린 것은?

① 비비기 시간은 시험에 의해서 정하는 것을 원칙으로 한다.
② 믹서에 재료를 투입할 때 고성능 감수제는 혼합수와 동시에 투여해야 한다.
③ 단위 시멘트량은 소요의 워커빌리티 및 강도를 얻을 수 있는 범위 내에서 가능한 한 적게 되도록 시험에 의해 정하여야 한다.
④ 기상의 변화가 심하거나 동결융해에 대한 대책이 필요한 경우를 제외하고는 공기연행제를 사용하지 않는 것을 원칙으로 한다.

해설 믹서에 재료를 투입할 때 고성능 감수제는 혼합수와 동시에 투여해서는 안 된다.

정답 48.② 49.③ 50.① 51.② 52.③ 53.②

54. 해양 콘크리트에 대한 설명으로 틀린 것은?

① 해양 콘크리트 구조물에 쓰이는 콘크리트의 설계기준강도는 30MPa 이상으로 한다.
② 해양 콘크리트는 열화 및 강재의 부식에 의해 그 기능이 손상되지 않도록 해야 한다.
③ 초기 강도가 작은 중용열 포틀랜드 시멘트는 해양 구조물의 재료로 적합하지 않다.
④ 콘크리트가 충분히 경화되기 전에 해수에 씻기지 않도록 보호하여야 하며, 이 기간은 보통 포틀랜드 시멘트를 사용할 경우 대개 5일간이다.

해설 해수 작용에 대하여 내구적인 고로 시멘트, 중용열 포틀랜드 시멘트, 플라이 애쉬 시멘트가 적합하다.

55. 차폐용 콘크리트로서 중성자의 차폐를 필요로 하지 않는 경우 시방서에 명기하지 않아도 되는 성능항목은?

① 밀도
② 붕소량
③ 압축강도
④ 설계허용온도

해설 중성자의 차폐를 필요로 하지 않는 경우에는 결합수량과 붕소량 등은 명기하지 않아도 된다.

56. 콘크리트의 배합강도를 예측하는데 이용되는 적산온도의 적용으로 틀린 것은?

① 양생 종료 시기
② 거푸집 해체시기
③ 동바리 해체시기
④ 프리텐셔닝 시기

해설 한중 콘크리트에서 적산온도를 이용하여 거푸집 및 동바리 해체시기, 콘크리트 양생기간 등을 검토한다.

57. 방사선 차폐용 콘크리트의 시공에 관한 설명 중 틀린 것은?

① 이어치기에 주의를 기울이지 않을 경우 방사선 유출의 위험성이 상존한다.
② 콘크리트의 슬럼프는 작업에 알맞은 범위 내에서 가능한 한 작

은 값이어야 한다.
③ 콘크리트 타설 시 재료분리가 발생되지 않도록 과도한 진동기 사용은 자제한다.
④ 차폐용 콘크리트 경화 후의 밀도와 결합수량은 차폐 설계상 상온 조건하에서 규정값을 만족해야 한다.

해설 차폐용 콘크리트 경화 후의 밀도와 결합수량은 차폐 설계상 최고온도 조건하에서 규정값을 만족해야 한다.

58 한중 콘크리트에 관한 내용으로 틀린 것은?

① 일평균기온 4℃ 이하가 예상되는 조건에서 시공하여야 한다.
② 응결이 시작되기 전의 초기동해는 녹는 시점에서 잘 다져주면 강도나 내구성에는 거의 문제가 없다.
③ 빠른 수화반응 유도 및 동결방지를 위하여 시멘트를 포함한 모든 재료를 직접 가열하여 소요 온도가 얻어지도록 한다.
④ 콘크리트가 동결하지 않더라도 5℃ 이하의 저온에 노출된 경우 응결 및 경화반응이 상당히 지연되므로 균열, 잔류변형 등의 문제가 생기기 쉽다.

해설 시멘트는 어떠한 경우라도 직접 가열해서는 안 된다.

59 숏크리트 코어 공시체(ϕ100×100mm)로부터 채취한 강섬유의 질량이 61.2g일 때, 강섬유 혼입률은? (단, 강섬유의 밀도는 7.85g/cm³)

① 0.5%
② 1%
③ 3%
④ 5%

해설
• 채취한 강섬유의 밀도
$$\gamma = \frac{W}{V} = \frac{61.2}{\frac{3.14 \times 10^2}{4} \times 10} = 0.077 \text{g/cm}^3$$

• 강섬유 혼입률
$$\frac{0.077}{7.85} \times 100 = 1\%$$

60 단위 시멘트량 200kg, W/B(물-결합재비) 50%, 공기량 2%, 잔골재율 34%, 시멘트 비중 3.17, 잔골재 밀도 2.6g/cm³일 때, 콘크리트 1m³를 만드는데 필요한 잔골재량은?

① 722.02kg
② 856.6kg
③ 1012.5kg
④ 1482.8kg

[정답] 54. ③ 55. ②
56. ④ 57. ④
58. ③ 59. ②
60. ①

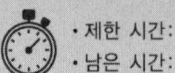

해설
- $\dfrac{W}{C} = 0.5$ ∴ $W = 200 \times 0.5 = 100\,\text{kg}$
- $V = 1 - \left(\dfrac{100}{1 \times 1000} + \dfrac{200}{3.17 \times 1000} + \dfrac{2}{100}\right) = 0.817\,\text{m}^3$
- $S = 2.6 \times 0.817 \times 0.34 \times 1000 = 722\,\text{kg}$

4과목 콘크리트 구조 및 유지관리

61 단면의 도심에 PS 강재가 배치되어 있다. 초기 프리스트레스 힘 120kN을 작용시켰다. 이때 15% 손실을 가정해서 콘크리트의 하연 응력이 0이 되도록 하려면 이때의 휨모멘트는 얼마인가?

① 8.2 kN·m
② 9.2 kN·m
③ 10.2 kN·m
④ 11.2 kN·m

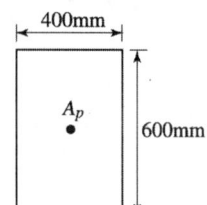

해설
- $Z = \dfrac{bh^2}{6} = \dfrac{0.4 \times 0.6^2}{6} = 0.024\,\text{m}^3$
- $\dfrac{P}{A} - \dfrac{M}{Z} = 0$
  $\dfrac{P}{A} = \dfrac{M}{Z}$
  ∴ $M = \dfrac{P \cdot Z}{A} = \dfrac{120 \times 0.85 \times 0.024}{0.4 \times 0.6} = 10.2\,\text{kN} \cdot \text{m}$

62 계수 전단력 $V_u = 75\text{kN}$을 전단보강철근 없이 지지하고자 할 경우 필요한 단면의 유효깊이 최소값은 얼마인가? (단, $b_w = 350\text{mm}$, $f_{ck} = 24\text{MPa}$, $f_y = 350\text{MPa}$, $\lambda = 1.0$)

① 700mm ② 650mm
③ 525mm ④ 350mm

해설 전단철근이 필요하지 않는 경우
$$V_u \leq \dfrac{1}{2}\phi V_c = \dfrac{1}{2}\phi \dfrac{1}{6}\lambda\sqrt{f_{ck}}\,b_w d$$
$$75000 = \dfrac{1}{2} \times 0.75 \times \dfrac{1}{6} \times 1.0 \times \sqrt{24} \times 350 \times d$$
∴ $d = 700\text{mm}$

63 그림과 같은 T형 단면에 3-D35(A_s = 2870mm²)의 철근이 배근되었다면 설계휨강도 ϕM_n의 크기는? (단, 인장지배단면으로 f_{ck} = 21MPa, f_y = 400MPa이다.)

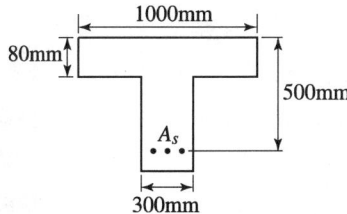

① 357.8 kN · m
② 383.3 kN · m
③ 445.1 kN · m
④ 456.5 kN · m

해설
- $a = \dfrac{A_s f_y}{0.85 f_{ck} b} = \dfrac{2870 \times 400}{0.85 \times 21 \times 1000} = 64.3 \text{mm}$
- $a \leq t$이므로 폭이 1000mm인 직사각형 보로 해석한다.
- $\phi M_n = \phi A_s f_y \left(d - \dfrac{a}{2} \right) = 0.85 \times 2870 \times 400 \left(500 - \dfrac{64.3}{2} \right)$
  $= 456,528,030 \text{N} \cdot \text{mm} = 456.5 \text{kN} \cdot \text{m}$

64 코아 채취한 콘크리트의 샘플을 이용하여 측정이 가능하지 않은 것은?

① 인장강도
② 고유진동수
③ 염화물 이온량
④ 중성화의 깊이

해설 콘크리트 구조물을 대상으로 안정성의 저하 상태를 알기 위해 고유진동수를 측정한다.

65 그림과 같은 단면에 A_s=4-D25(2,028mm²)이 배근되어 있고, 계수전단력 V_u=200kN, 계수휨모멘트 M_u=40kN · m가 작용하고 있는 보가 있다. 콘크리트가 부담할 수 있는 전단강도(V_c)를 정밀식을 사용하여 구하면? (단, f_{ck}=21MPa, f_y=400MPa, λ=1.0, M_u는 전단을 검토하는 단면에서 V_u와 동시에 발생하는 계수휨모멘트이다.)

① 237.6 kN
② 199.3 kN
③ 145.7 kN
④ 107.6 kN

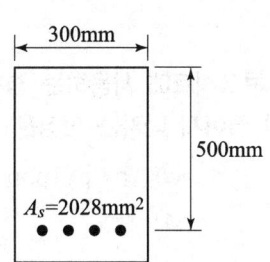

[정답] 61. ③ 62. ① 63. ④ 64. ② 65. ③

해설

$$V_c = \left(0.16\lambda\sqrt{f_{ck}} + 17.6\rho_w \frac{V_u d}{M_u}\right)b_w d \leq 0.29\lambda\sqrt{f_{ck}}\,b_w d$$

$$= (0.16 \times 1.0 \times \sqrt{21} + 17.6 \times 0.01352 \times 1.0) \times 300 \times 500$$

$$= 145,674\text{N} = 145.7\text{kN}$$

여기서, $\rho_w = \dfrac{A_s}{b_w d} = \dfrac{2,028}{300 \times 500} = 0.01352$, $\dfrac{V_u d}{M_u} \leq 1.0$을 취한다.

66 다음 중 알칼리 골재반응을 억제하기 위한 대책으로 옳지 않은 것은?

① 충분하게 수분을 공급해 준다.
② 혼합 시멘트를 사용한다.
③ 저알칼리형 시멘트를 사용한다.
④ 콘크리트 중의 알칼리 이온 총량을 규제한다.

해설 알칼리 골재반응 억제 대책
쇄석 대신에 강자갈을 사용하고, 저알칼리 시멘트를 사용하며, 구조체의 습기를 방지하고 건조상태를 유지한다.

67 철근콘크리트 구조물에서 균열 폭을 줄일 수 있는 방법에 대한 설명으로 틀린 것은?

① 같은 철근량을 사용할 경우 굵은 철근을 사용하기보다는 가는 철근을 많이 사용한다.
② 철근에 발생하는 응력이 커지지 않도록 충분하게 배근한다.
③ 철근이 배근되는 곳에서 피복두께를 크게 한다.
④ 콘크리트의 인장구역에 철근을 골고루 배치한다.

해설 철근의 피복두께는 철근 부식의 방지, 부착강도의 증진 및 내화성 증진의 역할을 한다.

68 내동해성이 작은 골재를 콘크리트에 사용하는 경우 동결융해 작용에 의해 콘크리트 표면이 떨어져 나가는 현상은?

① 화학적 침식   ② 팝 아웃(pop out)
③ 침식   ④ 용식

해설 팝 아웃(pop out)
콘크리트 표층하에 존재하는 팽창성 물질이나 연석(軟石)이 시멘트나 물과의 반응 및 기상 작용에 의해 팽창하여 콘크리트 표면을 파괴해서 움푹 패인다.

69 다음 그림과 같은 단철근 직사각형보의 균형철근량을 계산하면?
(단, $f_{ck}=21$MPa, $f_y=300$MPa)

① 5090mm²
② 5173mm²
③ 4415mm²
④ 5055mm²

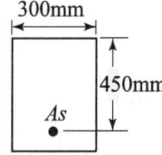

해설
$$\rho_b = 0.85\beta_1 \frac{f_{ck}}{f_y} \frac{660}{660+f_y} = 0.85 \times 0.8 \times \frac{21}{300} \times \frac{660}{660+300} = 0.0327$$

$$\rho_b = \frac{As}{bd}$$

∴ $As = \rho_b \times b \times d = 0.0327 \times 300 \times 450 ≒ 4415\text{mm}^2$

70 콘크리트를 각종 섬유로 보강하여 보수공사를 진행할 경우 섬유가 갖추어야 할 조건으로 거리가 먼 것은?

① 섬유의 압축 및 인장강도가 충분해야 한다.
② 섬유와 시멘트 결합재와의 부착이 우수해야 한다.
③ 시공이 어렵지 않고 가격이 저렴해야 한다.
④ 내구성, 내열성, 내후성 등이 우수해야 한다.

해설 섬유의 인장강도가 충분해야 한다.

71 콘크리트의 건조수축으로 인한 균열을 제어하기 위한 설명 중 틀린 것은?

① 가능한 한 배합수량을 적게 한다.
② 실리카 퓸을 사용하여 강도를 높인다.
③ 단면 크기에 따라 골재의 크기를 적절히 조절한다.
④ 가급적 흡수율이 작고 입도가 양호한 골재를 사용한다.

해설
• 실리카 퓸을 사용하면 단위수량의 증가, 건조수축의 증대 등의 결점이 있다.
• 단위 골재량을 증가시킨다.

정답 66. ① 67. ③ 68. ② 69. ③ 70. ① 71. ②

72 다음 중 시험항목에 따른 점검방법으로 옳지 않은 것은?

① 내부균열 – 음향방출법
② 피복두께 – 열적외선법
③ 탄산화 – 페놀프탈레인법
④ 철근부식 – 분극저항 측정방법

해설 철근 탐사기를 이용하여 철근의 배근상태(위치, 방향, 피복두께 등)를 알 수 있다.

73 철근의 이음에 대한 설명으로 틀린 것은?

① D35를 초과하는 철근은 겹침이음을 할 수 없다.
② 다발철근의 겹침이음은 다발 내의 개개 철근에 대한 겹침이음길이를 기본으로 하여 결정하여야 한다.
③ 용접이음은 용접용 철근을 사용해야 하며 철근의 설계기준항복강도 f_y의 125% 이상을 발휘할 수 있는 완전용접이어야 한다.
④ 휨부재에서 서로 직접 접촉되지 않게 겹침이음된 철근은 횡방향으로 소요 겹침이음길이의 1/5 또는 150mm 중 큰 값 이상 떨어지지 않아야 한다.

해설 휨부재에서 서로 직접 접촉되지 않게 겹침이음된 철근은 횡방향으로 소요 겹침이음길이의 1/5 또는 150mm 중 작은 값 이상 떨어지지 않아야 한다.

74 1방향 슬래브의 구조상세에 대한 설명으로 틀린 것은?

① 1방향 슬래브의 두께는 최소 200mm 이상으로 하여야 한다.
② 수축·온도철근의 간격은 슬래브 두께의 5배 이하, 또한 450mm 이하로 하여야 한다.
③ 슬래브의 정모멘트 철근 및 부모멘트 철근의 중심 간격은 위험단면에서는 슬래브 두께의 2배 이하이어야 하고, 또한 300mm 이하로 하여야 한다.
④ 슬래브의 정모멘트 철근 및 부모멘트 철근의 중심 간격은 위험단면이 아닌 기타의 단면에서는 슬래브 두께의 3배 이하이어야 하고, 또한 450mm 이하로 하여야 한다.

해설 1방향 슬래브의 두께는 최소 100mm 이상으로 하여야 한다.

75 콘크리트 내에서 염소이온의 확산에 영향을 주는 인자가 아닌 것은?
① 양생조건
② 물-결합재비
③ 철근의 부식여부
④ 모세관 공극의 양

해설 온도, 습도, 피복두께 등이 영향을 준다.

76 콘크리트의 크리프에 대한 설명으로 틀린 것은?
① 고강도 콘크리트는 저강도 콘크리트 보다 크리프가 작다.
② 콘크리트 주위의 온도와 습도가 높을수록 크리프 변형은 커진다.
③ 물-결합재비가 큰 콘크리트는 물-결합재비가 작은 콘크리트 보다 크리프가 크게 일어난다.
④ 일정한 응력이 장시간 계속하여 작용하고 있을 때, 변형이 계속 진행되는 현상을 크리프라고 한다.

해설 콘크리트 주위의 온도가 높을수록 크리프 변형은 커지지만 습도가 높을수록 크리프 변형은 작아진다.

77 콘크리트 보강공법 중 상판 콘크리트 상면을 절삭·연마한 후 강섬유 보강콘크리트 등으로 상면의 두께를 증설하는 상면 두께 증설공법의 특징에 대한 설명으로 틀린 것은?
① 일반 포장용 기계로 시공이 가능하고, 공기가 짧다.
② 상판 상면에서의 작업이므로 비계 등을 구성할 필요가 없다.
③ 상판의 유효두께가 커져서 휨, 전단 및 비틀림 등에 대해서도 보강 효과가 얻어진다.
④ 증가되는 상판의 두께에 제한없이 적용 가능하므로, 기존 구조물 보다 상당히 큰 내하력을 얻을 수 있다.

해설 증가되는 상판의 두께에 제한을 받는다.

78 강교에서 피로균열의 진전을 일시적으로 방지하고 선단부의 국부적인 응력집중을 해소하기 위한 보수공법은?
① pull-out 공법
② stop-hole 공법
③ 에폭시 주입공법
④ 탄소섬유 시트 공법

해설 스톱 홀(stop-hole) 공법은 해당 부위의 피로강도를 높이거나 발생 응력을 저하 시키기 위해 피로균열 선단에 설치한다.

[정답] 72.② 73.④ 74.① 75.③ 76.② 77.④ 78.②

79 철근 콘크리트의 역학적 해석을 위한 기본 가정 중 옳지 않은 것은?

① 철근의 변형률은 중립축으로부터 거리에 비례하는 것으로 가정할 수 있다.
② 철근 콘크리트 보는 사용하중에 의해 휨을 받아 변형한 후에도 균열이 생기지 않는다.
③ 콘크리트의 압축응력의 분포와 콘크리트 변형률 사이의 관계는 직사각형, 사다리꼴 포물선형 또는 강도의 예측에서 광범위한 실험의 결과와 실적으로 일치하는 어떤 형상으로도 가정할 수 있다.
④ 철근의 응력이 설계기준항복강도 f_y 이하일 때, 철근의 응력은 그 변형률에 E_s를 곱한 값으로 하고, 철근의 변형률보다 큰 경우 철근의 응력은 변형률에 관계없이 f_y로 하여야 한다.

해설 철근 콘크리트 보는 사용하중에 의해 휨을 받아 변형한 후에도 균열은 생긴다.

80 $b=400mm$, $d=600mm$, $f_{ck}=24MPa$인 철근 콘크리트 부재에 수직 스트럽을 배치하고자 한다. 스터럽이 받을 수 있는 전단강도 $V_s=400kN$일 때 전단철근의 간격은 몇 mm 이하로 하여야 하는가? (단, 경량콘크리트 계수 $\lambda=1.0$이다.)

① 100mm ② 150mm
③ 200mm ④ 300mm

해설
- $\frac{1}{3}\lambda\sqrt{f_{ck}}\,b_w\,d = \frac{1}{3}\times 1.0 \times \sqrt{24}\times 400 \times 600 = 392kN$
- $V_s > \frac{1}{3}\lambda\sqrt{f_{ck}}\,b_w\,d$이므로 $\frac{d}{4}$ 이하, 300mm 이하이다.

∴ 전단철근의 간격 $= \frac{d}{4} = \frac{600}{4} = 150mm$

정답 79. ② 80. ②

1과목　콘크리트 재료 및 배합

01 콘크리트에 사용하는 혼화재료에 관한 다음의 일반적인 설명 중 적당하지 않은 것은?

① 실리카 퓸은 실리카질 미립자의 미세충진 효과에 의해 콘크리트의 강도를 높인다.
② 플라이 애시는 유리질 입자의 잠재수경성에 의해 콘크리트의 초기강도를 증진시킨다.
③ 팽창재는 에트린가이트 및 수산화칼슘 등의 생성에 의해 콘크리트를 팽창시킨다.
④ 고로 슬래그 미분말은 수화반응 속도를 억제하여 콘크리트 강도발현을 지연한다.

해설　플라이 애시는 콘크리트의 간극을 채워 수화반응을 늦출 수 있어 균열을 방지할 수 있고 초기강도보다 장기강도가 커진다.

02 콘크리트용 모래에 포함되어있는 유기불순물 시험방법에 대한 설명으로 틀린 것은?

① 식별용 표준색용액은 2%의 탄닌산 용액과 3%의 수산화나트륨 용액을 섞어 만든다.
② 시험에 사용되는 모래시료의 양은 약 450g을 채취한다.
③ 시험시료에는 3%의 수산화나트륨 용액을 넣는다.
④ 시험이 끝난 시료의 용액색이 표준색 용액보다 연한 경우에는 콘크리트용 골재로 사용할 수 없다.

해설　시험 후 시료의 용액색이 표준색 용액보다 연한 경우에는 콘크리트용 골재로 사용 할 수 있다.

정답　01. ②　02. ④

03 일반 콘크리트의 배합에 관한 설명으로 틀린 것은?

① 콘크리트의 수밀성을 기준으로 물-결합재비를 정할 경우, 그 값은 50% 이하로 하여야 한다.
② 무근 콘크리트에서 일반적인 경우 슬럼프 값의 표준은 50~150mm이다.
③ 일반적인 구조물에서 굵은골재의 최대치수는 20mm 또는 25mm를 표준으로 한다.
④ 제빙화학제가 사용되는 콘크리트의 물-결합재비는 55% 이하로 하여야 한다.

해설
- 제빙화학제가 사용되는 콘크리트의 물-결합재비는 45% 이하로 한다.
- 콘크리트의 탄산화 저항성을 고려하여야 하는 경우 물-결합재비는 55% 이하로 한다.

04 시방배합 설계 결과 잔골재량이 630kg/m³, 굵은골재량이 1,170kg/m³이었다. 현장의 골재 상태가 아래 표와 같을 때 현장배합의 잔골재량과 굵은골재량으로 옳은 것은?

[현장 골재 상태]	• 잔골재가 5mm체에 남는 양 : 6%
	• 잔골재의 표면수 : 2.5%
	• 굵은골재가 5mm체를 통과하는 양 : 8%
	• 굵은골재의 표면수 : 0.5%

① 잔골재 : 579 kg/m³, 굵은골재 : 1,241 kg/m³
② 잔골재 : 551 kg/m³, 굵은골재 : 1,229 kg/m³
③ 잔골재 : 531 kg/m³, 굵은골재 : 1,201 kg/m³
④ 잔골재 : 519 kg/m³, 굵은골재 : 1,189 kg/m³

해설
- 입도 보정

$$잔골재 = \frac{100S - b(S+G)}{100-(a+b)} = \frac{100 \times 630 - 8(630+1170)}{100-(6+8)} = 565 \text{kg}$$

$$굵은골재 = \frac{100G - a(S+G)}{100-(a+b)} = \frac{100 \times 1170 - 6(630+1170)}{100-(6+8)} = 1235 \text{kg}$$

- 표면수 보정
  잔골재 = 565 × 0.025 = 14 kg
  굵은골재 = 1235 × 0.005 = 6 kg

- 골재의 단위량
  잔골재량 = 565 + 14 = 579 kg
  굵은골재량 = 1235 + 6 = 1241 kg

05 굵은골재 체가름 시험을 실시한 결과 다음과 같은 성과표를 얻었다. 굵은골재 최대치수는?

체 크기(mm)	40	30	25	20	15	10
통과질량 백분율(%)	98	94	91	82	35	5

① 20mm ② 25mm
③ 30mm ④ 40mm

해설 굵은골재 치수는 골재의 체가름 시험을 하였을 때 통과질량 백분율이 90% 이상 통과한 체 중에서 최소치수의 눈금을 말한다.

06 아래 표와 같은 굵은골재의 표면건조 포화상태의 밀도(D_s)를 구하는 식에서 B의 값으로 옳은 것은?

$$D_s = \frac{B}{B-C} \times \rho_w$$

① 절대건조상태 시료의 질량(g)
② 시료의 수중 질량(g)
③ 표면건조 포화상태 시료의 질량(g)
④ 공기 중 건조상태 시료의 질량(g)

해설 C : 시료의 수중 질량(g)

07 콘크리트용 혼화재로 실리카 퓸을 혼합한 콘크리트의 성질에 대한 설명으로 틀린 것은?

① 실리카 퓸의 혼합량이 증가할수록 콘크리트에 소요되는 단위수량은 거의 선형적으로 감소한다.
② 콘크리트에 실리카 퓸을 혼합하면 콘크리트의 유동화 특성이 변화하여 블리딩과 재료분리를 감소시킨다.
③ 실리카 퓸의 혼합률이 5~15% 정도 이내에서는 실리카 퓸의 혼합률이 증가함에 따라 압축강도도 증가한다.
④ 실리카 퓸을 콘크리트에 혼합하면 수화열을 저감시키고, 강도 발현이 현저하며, 수밀성, 화학저항성 및 내구성을 향상시킬 수 있다.

해설 실리카 퓸의 혼합량이 증가할수록 콘크리트에 소요되는 단위수량은 증가, 건조수축의 증가 등의 결점이 있어 사용 시 고성능 감수제와의 병용 등의 고려가 필요하다.

정답 03. ④ 04. ①
05. ② 06. ③
07. ①

08 물과 반응하여 콘크리트 강도 발현에 기여하는 물질을 생성하는 것의 총칭으로 시멘트, 고로 슬래그 미분말, 플라이 애시, 실리카 퓸, 팽창재 등을 함유하는 것은?

① 감수제
② 결합재
③ 촉매제
④ 혼화제

해설 시멘트 외에 고로 슬래그 미분말, 플라이 애시, 실리카 퓸, 팽창재 등이 시멘트와 혼합하여 결합재 역할을 하는 분말형태의 재료를 결합재라 한다.

09 콘크리트용 강섬유의 인장강도 시험방법(KS F 2565)에서 평균 재하속도로 옳은 것은?

① 1~3MPa/s
② 5~6MPa/s
③ 10~30MPa/s
④ 40~50MPa/s

해설 강섬유의 인장강도 시험시 평균 재하속도는 10~30MPa/s이다.

10 제빙화학제에 노출된 콘크리트에서 플라이 애시, 고로 슬래그 미분말 또는 실리카 퓸을 시멘트 재료의 일부로 치환하여 사용하는 경우, 이들 혼화재의 사용량에 대한 설명으로 틀린 것은? (단, 혼화재의 사용량은 시멘트와 혼화재 전체에 대한 혼화재의 질량 백분율로 나타낸다.)

① 혼화재로서 실리카 퓸을 사용하는 경우 그 사용량은 10%를 초과하지 않도록 하여야 한다.
② 혼화재로서 플라이 애시 또는 기타 포졸란을 사용하는 경우 그 사용량은 25%를 초과하지 않도록 하여야 한다.
③ 혼화재로서 고로 슬래그 미분말을 사용하는 경우 그 사용량은 30%를 초과하지 않도록 하여야 한다.
④ 혼화재로서 플라이 애시 또는 기타 포졸란과 실리카 퓸을 합하여 사용하는 경우 그 사용량은 35%를 초과하지 않도록 하여야 한다.

해설 혼화재로서 고로 슬래그 미분말을 사용하는 경우 그 사용량은 50%를 초과하지 않도록 하여야 한다.

11 콘크리트에 사용되는 부순 잔골재에 대한 설명으로 옳지 않은 것은?

① 부순 잔골재를 사용한 콘크리트는 미세한 분말량이 많아짐에 따라 응결의 초결시간과 종결시간이 빨라지는 경향이 있다.
② 부순 잔골재를 사용한 콘크리트는 미세한 분말의 양이 많아져서 슬럼프가 증가되므로 잔골재율을 높여야 한다.
③ 부순 잔골재를 사용할 경우 강모래를 사용한 콘크리트와 동일한 슬럼프를 얻기 위해서는 단위수량이 5~10% 정도 더 필요하다.
④ 부순 잔골재를 사용한 콘크리트는 미세한 분말량이 많아지면 공기량이 줄어들기 때문에 필요시 AE제의 양을 증가시켜야 한다.

해설 부순 잔골재를 사용한 콘크리트는 미세한 분말의 양이 많아져서 슬럼프가 저하하기 때문에 그 양에 의하여 잔골재율을 낮춰줘야 한다.

12 다음 중 콘크리트 배합에서 시멘트의 사용량을 가급적 줄이기 위해 고려해야 하는 것은?

① 골재의 입도
② 경량골재의 사용
③ 콘크리트의 수축
④ 콘크리트 중의 염분량

해설 골재의 입도가 양호하면 빈틈(공간)이 적어 시멘트 사용량이 적게 든다.

13 조강 포틀랜드 시멘트에 대한 설명으로 옳은 것은?

① 물과 혼합하면 수 분 후에 경화가 시작되어 2~3시간에 압축강도는 10MPa에 달한다.
② 수화열의 발생이 적고 초기강도 및 장기강도가 보통 포틀랜드 시멘트보다 크다.
③ 1일 강도가 보통 시멘트의 28일 강도와 거의 같아 긴급공사나 공기 단축용으로 사용된다.
④ C_3S를 많게 하고 C_2S를 적게 하고 분말도를 4000~4500cm^2/g로 미분쇄하여 초기강도를 크게 한 시멘트이다.

해설
- 초속경 시멘트는 물과 혼합하면 수 분 후에 경화가 시작되어 2~3시간에 압축강도는 10MPa에 달한다.
- 조강 포틀랜드 시멘트는 수화열의 발생이 크고 초기강도가 보통 포틀랜드 시멘트보다 크다.
- 알루미나 시멘트는 1일 강도가 보통 시멘트의 28일 강도와 거의 같아 긴급공사나 공기 단축용으로 사용된다.

정답 08. ② 09. ③ 10. ③ 11. ② 12. ① 13. ④

02회 CBT 모의고사

14 레디믹스트 콘크리트의 제조에 사용되는 물로서 상수돗물 이외의 물의 품질규정에 대한 설명으로 틀린 것은?

① 현탁 물질의 양은 5g/L 이하여야 한다.
② 염소 이온(Cl^-)의 양은 250mg/L 이하여야 한다.
③ 용해성 증발 잔류물의 양은 1g/L 이하여야 한다.
④ 모르타르의 압축 강도비는 재령 7일 및 재령 28일에서 90% 이상이어야 한다.

해설 현탁 물질의 양은 2g/L 이하여야 한다.

15 아래 표의 시험항목 중 KS F 2561(철근 콘크리트용 방청제)의 품질시험 항목으로 규정되어 있는 것으로 올바르게 나타낸 것은?

┌─────────────────────────┐
│ ㉠ 콘크리트의 블리딩 시험   │
│ ㉡ 콘크리트의 압축강도 시험   │
│ ㉢ 콘크리트의 길이변화 시험   │
│ ㉣ 전체 알칼리량 시험   │
└─────────────────────────┘

① ㉠, ㉡   ② ㉠, ㉣
③ ㉡, ㉢   ④ ㉡, ㉣

해설 콘크리트의 응결시간 및 압축강도 시험, 염화물 이온량, 전체 알칼리량 시험을 한다.

16 시멘트 클링커의 주요 조성화합물인 엘라이트(C_3S)와 벨라이트(C_2S)의 수화물 특성에 대한 설명으로 옳은 것은?

① 수화열은 C_2S보다 C_3S가 크다.
② 화학저항성은 C_3S보다 C_2S가 작다.
③ 수화반응속도는 C_3S보다 C_2S가 빠르다.
④ 재령 28일 이내의 단기강도는 C_2S보다 C_3S가 작다.

해설
• 화학저항성은 C_2S보다 C_3S가 작다.
• 수화반응속도는 C_2S보다 C_3S가 빠르다.
• 재령 28일 이내의 단기강도는 C_3S보다 C_2S가 작다.

답안 표기란

14	①	②	③	④
15	①	②	③	④
16	①	②	③	④

17 아래의 표는 어떤 2종 포틀랜드 시멘트의 화학성분 분석 결과이다. 이 2종 포틀랜드 시멘트 성분 중 C_3A의 조성비를 한국산업표준(KS)에 따라 구한 값은?

밀도 (g/cm³)	화학성분(%)					
	CaO	SiO_2	Al_2O_3	Fe_2O_3	MgO	SO_3
3.14	62.16	21.61	4.71	3.52	2.55	2.04

① 6.5% ② 8.5%
③ 10.5% ④ 12.5%

해설 $C_3A = (2.65 \times Al_2O_3) - (1.69 \times Fe_2O_3)$
$= (2.65 \times 4.71) - (1.69 \times 3.52) = 6.5\%$

18 르샤틀리에 비중병에 의한 시멘트의 비중 시험 결과가 아래의 표와 같을 때 시멘트의 비중은?

〈비중 시험 결과〉
• 사용한 시멘트양 : 64g
• 광유를 넣은 비중병의 눈금 : 0.83mL
• (광유+시멘트)를 넣은 비중병의 눈금 : 20.7mL

① 2.93 ② 3.17
③ 3.22 ④ 3.47

해설 시멘트 비중 $= \dfrac{64}{20.7 - 0.83} = 3.22$

19 콘크리트 1m³를 만드는 배합설계에서, 단위시멘트량이 320kg, 단위수량이 160kg, 공기량이 5%이었다. 잔골재율이 35%, 잔골재 표건밀도가 2.7g/cm³, 굵은골재 표건밀도가 2.6g/cm³, 시멘트의 밀도가 3.2g/cm³일 때 단위잔골재량(S)은?

① 614kg ② 652kg
③ 685kg ④ 721kg

해설 $V = 1 - \left(\dfrac{160}{1 \times 1000} + \dfrac{320}{3.2 \times 1000} + \dfrac{5}{100} \right) = 0.69 \, m^3$
∴ $S = 2.7 \times 0.69 \times 0.35 \times 1000 = 652 \, kg$

[정답] 14. ① 15. ④ 16. ① 17. ① 18. ③ 19. ②

20 설계기준 압축강도(f_{ck})가 40MPa이며 내구성 기준 압축강도(f_{cd})가 35MPa인 콘크리트의 배합강도를 아래의 조건을 따라 구하면?

〈조 건〉
- 22회의 압축강도 시험에서 구한 압축강도의 표준편차 : 5MPa
- 시험횟수가 20회일 때 표준편차의 보정계수 : 1.08
- 시험횟수가 25회일 때 표준편차의 보정계수 : 1.03

① 47.11MPa ② 48.35MPa
③ 48.85MPa ④ 50.00MPa

해설
- f_{ck}와 f_{cd} 중 큰 값인 40MPa가 품질기준강도(f_{cq})이다.
- 배합강도(f_{cr})
  $f_{cq} > 35\text{MPa}$이므로 $f_{cr} = f_{cq} + 1.34s = 40 + 1.34 \times (5 \times 1.06) = 47.1\text{MPa}$
  $f_{cr} = 0.9f_{cq} + 2.33s = 0.9 \times 40 + 2.33 \times (5 \times 1.06) = 48.35\text{MPa}$
  ∴ 두 식 중 큰 값은 48.35MPa이다.
  여기서, 표준편차 보정계수가 20회 1.08, 25회 1.03이므로
  직선 보간은 $\dfrac{1.08 - 1.03}{25 - 20} = 0.01$씩 고려하면
  22회의 경우 $1.03 + (0.01 \times 3) = 1.06$이다.

2과목 콘크리트 제조, 시험 및 품질관리

21 콘크리트의 공기량 측정시 흡수율이 큰 골재의 경우 골재 낱알의 흡수가 시험결과에 큰 영향을 미치므로 골재의 수정계수를 측정하여야 한다. 다음과 같은 1배치 배합에 대하여 압력방법(워싱턴형 공기량 측정기, KS F 2421)에 의한 수정계수를 구할 때 필요한 잔골재 및 굵은골재량을 구하면? (단, 공기량 시험기의 용적은 6l로 한다.)

구 분	W/C (%)	S/a (%)	혼합수	시멘트	잔골재	굵은골재
1배치량(30l, kg)	51	43.9	5.55	18.15	22.47	29.19
밀도(g/cm³)	–	–	1.0	3.15	2.60	2.65

① 잔골재=3.5kg, 굵은골재=4.8kg
② 잔골재=4.5kg, 굵은골재=5.8kg
③ 잔골재=5.5kg, 굵은골재=6.8kg
④ 잔골재=6.5kg, 굵은골재=7.8kg

해설
- 잔골재 질량
$$F_s = \frac{S}{B} \times F_b = \frac{6}{30} \times 22.47 = 4.5\text{kg}$$
- 굵은골재 질량
$$C_s = \frac{S}{B} \times C_b = \frac{6}{30} \times 29.19 = 5.8\text{kg}$$

22 보통 콘크리트와 비교할 때 AE 콘크리트의 특성이 아닌 것은?
① 워커빌리티(workability)의 증가
② 동결 융해에 대한 저항성 증가
③ 단위수량 감소
④ 잔골재율 증가

해설
- 콘크리트의 블리딩이 감소되며 수밀성이 증대된다.
- 입형이나 입도가 불량한 골재를 사용할 경우에 공기 연행의 효과가 크다.
- 일반적으로 빈배합의 콘크리트일수록 공기연행에 의한 워커빌리티의 개선 효과가 크다.
- 단위 시멘트량 및 컨시스턴시가 일정한 경우 공기량 1%의 증가에 대하여 물-결합재비는 2~4% 정도 감소한다.

23 공기량이 콘크리트의 물성에 미치는 영향을 설명한 것으로 틀린 것은?
① 연행공기는 콘크리트의 워커빌리티를 개선하며, 공기량 1% 증가에 따라 슬럼프는 약 25mm 증가한다.
② 동결에 의한 팽창응력을 기포가 흡수함으로써 콘크리트의 동결 융해 저항성을 개선한다.
③ 동일한 물-시멘트비에서는 공기량이 증가할 때 압축강도가 증가한다.
④ 일반적으로 공기량이 증가하면 탄성계수는 감소한다.

해설 동일한 물-시멘트비에서는 공기량이 증가할 때 압축강도는 감소한다.

24 비파괴검사에 의하여 검사할 수 없는 것은?
① 콘크리트 강도
② 콘크리트 배합비
③ 철근 부식 유무
④ 콘크리트 부재의 크기

해설 비파괴검사로 콘크리트 강도, 철근 부식 유무, 철근의 피복두께·직경·배근 간격 등을 알 수 있다.

정답 20. ② 21. ② 22. ④ 23. ③ 24. ②

02회 CBT 모의고사

25 아래 그림은 초음파 속도법의 측정법 중 한 종류를 나타낸다. 이 측정법의 명칭으로 옳은 것은?

① 표면법
② 직접법
③ 간접법
④ 추정법

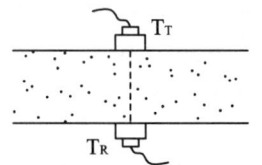

해설 초음파 시험은 물리적 성질을 알아보기 위한 시험으로 콘크리트의 강도 추정을 위한 비파괴 방법으로 콘크리트 내부의 결함이나 균열깊이를 추정한다.

26 레디믹스트 콘크리트(KS F 4009)에서 규정하고 있는 콘크리트 회수수의 품질기준으로 틀린 것은?

① 염소이온량 : 350mg/L 이하
② 시멘트 응결시간의 차 : 초결 30분 이내, 종결 60분 이내
③ 모르타르 압축강도비 : 재령 7일 및 28일에서 90% 이상
④ 단위 슬러지 고형분율 : 3.0% 초과하면 안 됨

해설 염소이온량 : 250mg/L 이하

27 댐 건설 현장에서 콘크리트를 타설한 후 다음날 타설된 콘크리트를 확인하였더니 타설된 콘크리트 표면에 폭 2mm 이하의 균열이 여러 군데에서 발견되었다. 다음 중 가장 적정하게 처리한 것은?

① 균열이 생긴 부분을 사진으로 촬영하여 둔다.
② 댐에서 균열 폭이 2mm 이하인 균열은 관리하지 않고 다음 공정을 준비한다.
③ 타설한 콘크리트가 1일밖에 지나지 않았기 때문에 조치 없이 7일 후에 다시 와서 관리한다.
④ 균열이 생긴 부분을 연필 등으로 처음과 끝부분을 표시하고, 균열 발생 확인 날짜 등을 현장에 표시한 후 균열관리 대장에 기입하여 계측 관리한다.

해설 균열이 발생시 균열부위를 사진으로 촬영하고 균열의 원인분석, 진행여부 및 조치후 다음 공정을 준비해야 한다.

28 레디믹스트 콘크리트 운반차와 운반시간에 대한 설명으로 옳지 않은 것은?

① 덤프트럭은 포장 콘크리트 중 슬럼프 25mm의 콘크리트를 운반하는 경우에 한하여 사용할 수 있다.
② 덤프트럭으로 콘크리트를 운반하는 경우, 운반 시간의 한도는 혼합하기 시작하고 나서 1시간 이내에 공사 지점에 배출할 수 있도록 운반한다.
③ 트럭 애지테이터나 트럭 믹서로 콘크리트를 운반하는 경우, 콘크리트는 혼합하기 시작하고 나서 1.5시간 이내에 공사 지점에 배출할 수 있도록 운반한다.
④ 덤프트럭으로 운반 했을 때 콘크리트의 1/4과 3/4의 부분에서 각각 시료를 채취하여 슬럼프 시험을 하였을 경우 양쪽 슬럼프 차이가 30mm 이하여야 한다.

해설 덤프트럭으로 운반 했을 때 콘크리트의 1/3과 2/3의 부분에서 각각 시료를 채취하여 슬럼프 시험을 하였을 경우 양쪽 슬럼프 차이가 20mm 이하여야 한다.

29 일반적으로 사용되는 굳은 콘크리트의 강도 특성 중 가장 중요시되는 것은?

① 휨강도
② 압축강도
③ 인장강도
④ 전단강도

해설 콘크리트 강도는 일반적으로 압축강도를 말하며 콘크리트 압축강도는 콘크리트의 품질을 나타내는 기준으로서 가장 중요한 성질이고 재령 28일 강도를 설계 기준강도로 하고 있다.

30 잔골재의 품질관리에 대한 사항 중 틀린 것은?

① 잔골재의 시험횟수는 공사 초기에는 1일 2회 이상 시험하는 것이 바람직하다.
② 잔골재의 시험횟수는 주로 그 입도 및 함수율의 변화 정도에 따라 정할 필요가 있다.
③ 잔골재로 바다 잔골재를 사용할 경우는 염화물, 입도 및 함수율의 시험 빈도를 다른 잔골재보다 감소시킬 필요가 있다.
④ 잔골재의 저장 및 취급방법이 적절하고 입도 및 함수율의 변화가 적다고 판단됨에 따라서 시험횟수를 줄여가는 것이 좋다.

해설 잔골재로 바다 잔골재를 사용할 경우는 염화물, 입도 및 함수율의 시험 빈도를 다른 잔골재보다 증가시킬 필요가 있다.

정답 25. ② 26. ① 27. ④ 28. ④ 29. ② 30. ③

31 공사현장에서 양생한 공시체에 관한 내용으로 틀린 것은?

① 설계기준 압축강도보다 3.5MPa를 초과하면 85%의 한계조항은 무시할 수 있다.
② 현장 양생되는 공시체는 시험실에서 양생되는 공시체의 양생시간보다 길게 하고 동일한 시료를 사용하여 만들어야 한다.
③ 실제의 구조물에서 콘크리트의 보호와 양생이 적절한지를 검토하기 위하여 현장상태에서 양생된 공시체 강도의 시험을 요구할 수 있다.
④ 지정된 시험 재령일에 실시한 현장 양생된 공시체의 강도가 동일 조건의 시험실에서 양생된 공시체 강도의 85%보다 작을 때 콘크리트의 양생과 보호절차를 개선하여야 한다.

해설 현장 양생되는 공시체는 시험실에서 양생되는 공시체와 똑같은 시간에 동일한 시료를 사용하여 만들어야 한다.

32 콘크리트 현장 품질관리에서 재하 시험에 의한 구조물의 성능시험을 실시하여야 하는 경우로 틀린 것은?

① 공사 중에 콘크리트가 동해를 받았다고 생각되는 경우
② 공사 중 구조물의 안전에 어떠한 근거 있는 의심이 생긴 경우
③ 공사 중 현장에서 취한 콘크리트 압축강도 시험 결과를 보고 강도에 문제가 있다고 판단되는 경우
④ 콘크리트의 받아들이기 품질검사 항목에서 판정기준을 3가지 이상 벗어나는 콘크리트로 시공한 경우

해설
• 책임기술자가 필요하다고 인정했을 때 구조물의 안정성을 확인하기 위하여 실시하는 것이 재하시험이다.
• 재하 도중 및 재하 완료 후 구조물의 처짐, 변형률 등이 설계에 있어서 고려한 값에 대해 이상이 있는지 확인해야 한다.

33 거푸집 및 동바리의 해체에 대한 설명으로 틀린 것은?

① 보 등의 수평부재의 거푸집은 기둥, 벽 등 수직부재의 거푸집보다 일찍 해체하는 것이 원칙이다.
② 확대기초, 보 등의 측면 거푸집을 탈형하기 위해서 콘크리트 압축강도는 5MPa 이상이 되도록 하는 것이 좋다.
③ 거푸집널 존치기간 중 평균기온이 10℃ 이하인 경우에는 압축

강도 시험을 수행하여 확인한 후에 해체해야 한다.
④ 콘크리트 내부의 온도와 표면 온도차가 크면 균열발생의 가능성이 커지므로 주의해야 한다.

해설
- 기둥, 벽 등의 수직부재의 거푸집은 보 등의 수평부재의 거푸집보다 일찍 해체하는 것이 원칙이며 보의 양 측면의 거푸집은 바닥판보다 먼저 해체 하여도 좋다.
- 특히 내구성이 중요한 구조물에서는 콘크리트의 압축강도가 10MPa 이상일 때 거푸집을 해체할 수 있다.

34 굳은 콘크리트의 압축강도에 영향을 미치는 요소에 대한 일반적인 설명으로 틀린 것은?

① 공기량이 적을수록 압축강도는 증가한다.
② 물-결합비비가 낮을수록 압축강도는 증가한다.
③ 시험체의 재하속도가 느릴수록 압축강도는 증가한다.
④ 단위수량이 동일한 경우 시멘트양이 증가하면 압축강도는 증가한다.

해설 시험체의 재하속도가 빠를수록 압축강도는 증가한다.

35 콘크리트 균열에 대한 검토 사항 중 옳지 않은 것은?

① 미관이 중요한 구조라 해도 미관상의 허용 균열폭이 없기 때문에 균열 검토를 하지 않는다.
② 콘크리트에 발생되는 균열이 구조물의 기능, 내구성 및 미관 등의 사용 목적에 손상을 주는가에 대하여 적절한 방법으로 검토해야 한다.
③ 균열 제어를 위한 철근은 필요로 하는 부재 단면의 주변에 분산시켜 배치하여야 하고, 이 경우 철근의 지름과 간격을 가능한 한 작게 하여야 한다.
④ 내구성에 대한 균열의 검토는 콘크리트 표면의 균열 폭을 환경조건, 피복두께, 공용기간으로부터 정해지는 강재부식에 대한 균열 폭 이하로 제어하는 것을 원칙으로 한다.

해설
- 미관이 중요한 구조는 미관상의 허용 균열 폭을 설정하여 균열을 검토할 수 있다.
- 특별히 수밀성이 요구되는 구조는 적절한 방법으로 균열에 대한 검토를 하여야 한다.

정답 31. ② 32. ④ 33. ① 34. ③ 35. ①

36 현장에서 타설하는 콘크리트를 대상으로 압축강도에 의한 콘크리트의 품질검사를 실시하고자 한다. 하루 360m³의 콘크리트가 제조 및 타설된다면 실시해야 할 검사 횟수는? (단, 1회의 시험값은 공시체 3개의 압축강도 시험값의 평균값이다.)

① 2회 ② 3회
③ 4회 ④ 5회

해설 콘크리트 표준시방서에서 압축강도 시험은 120m³마다 실시하므로 3회이다.

37 콘크리트 타설에 대한 설명으로 틀린 것은?

① 콘크리트 표면에 고인 물은 홈을 만들어 흐르게 하는 것이 좋다.
② 외기온도가 높아질수록 허용 이어치기 시간 간격은 짧게 하는 것이 좋다.
③ 콘크리트를 쳐 올라가는 속도가 너무 빠르면 재료분리가 일어나기 쉽다.
④ 타설한 콘크리트는 거푸집 안에서 내부진동기를 이용하여 횡방향으로 이동시킬 수 없다.

해설 고인 물을 제거 시키기 위해 콘크리트 표면에 홈을 만들어 흐르게 해서는 안 된다.

38 안지름이 25cm, 안높이가 28.5cm인 용기에 콘크리트를 넣고 2시간 동안 블리딩에 의한 물의 양을 측정했을 때 64.5mL이었다면, 이때 블리딩량은?

① $0.13\text{mL}/\text{cm}^2$ ② $0.013\text{mL}/\text{cm}^2$
③ $0.92\text{mL}/\text{cm}^2$ ④ $0.092\text{mL}/\text{cm}^2$

해설 블리딩량 $= \dfrac{V}{A} = \dfrac{64.5}{\dfrac{\pi \times 25^2}{4}} = 0.13\,\text{mL}/\text{cm}^2$

39 콘크리트의 품질변동을 정량적으로 나타내는데 있어서, 10개 공시체의 압축강도를 측정한 결과의 평균강도가 25MPa이고, 표준편차가 2.5MPa인 경우의 변동계수는?

① 10% ② 15%
③ 20% ④ 25%

해설 변동계수 = $\dfrac{\text{표준편차}}{\text{평균강도}} \times 100 = \dfrac{2.5}{25} \times 100 = 10\%$

40 현장에서 콘크리트 압축강도를 20회 측정한 결과 표준편차는 1.4MPa이었다. 품질기준강도가 30MPa일 때 배합강도(f_{cr})는? (단, 시험회수가 20회일 때의 표준편차의 보정계수는 1.08을 사용한다.)

① 28MPa ② 30MPa
③ 32MPa ④ 40MPa

해설 배합강도(f_{cr})
$f_{cq} \leq 35\text{MPa}$이므로
- $f_{cr} = f_{cq} + 1.34s = 30 + 1.34 \times (1.4 \times 1.08) = 32.02\text{MPa}$
- $f_{cr} = (f_{cq} - 3.5) + 2.33s = (30 - 3.5) + 2.33 \times (1.4 \times 1.08) = 30.02\text{MPa}$
∴ 두 식 중 큰 값은 32MPa이다.

3과목 　 콘크리트의 시공

41 수밀 콘크리트의 공기량은 최대 몇 % 이하로 하여야 하는가?

① 2% ② 4%
③ 6% ④ 8%

해설 수밀 콘크리트에서 물-결합재비는 50% 이하를 표준한다.

42 먼저 타설된 콘크리트와 나중에 타설되는 콘크리트 사이에 완전히 일체화가 되어 있지 않음에 따라 발생하는 이음은?

① 겹침이음 ② 균열유발줄눈
③ 콜드 조인트 ④ 신축줄눈

해설 콜드 조인트는 예기치 않은 시공이음으로 날씨 변동이나 기계 고장 등으로 발생한다.

정답 36. ② 37. ① 38. ① 39. ① 40. ③ 41. ② 42. ③

43 매스 콘크리트의 온도균열 방지 및 제어방법으로 적당하지 않은 것은?

① 팽창 콘크리트의 사용에 의한 균열방지방법을 실시한다.
② 외부 구속을 많이 받는 벽체 구조물의 경우에는 수축이음을 설치한다.
③ 프리쿨링(pre-cooling)과 파이프 쿨링(pipe cooling)을 한다.
④ 프리웨팅(pre-wetting)을 한다.

해설 균열제어 철근의 배치에 의한 방법 등이 있다.

44 포장용 콘크리트의 배합기준에 대한 설명으로 틀린 것은?

① 설계기준 휨강도(f_{28})는 3MPa 이상이어야 한다.
② 단위 수량은 150 kg/m^3 이하이어야 한다.
③ 공기연행 콘크리트의 공기량 범위는 4~6%이어야 한다.
④ 굵은골재의 최대치수는 40mm 이하이어야 한다.

해설
• 설계기준 휨강도(f_{28}) : 4.5MPa 이상
• 슬럼프 : 40mm 이하

45 수중 불분리성 콘크리트의 시공에 대한 설명으로 틀린 것은?

① 유속이 50mm/s 정도 이하의 정수 중에서 수중낙하높이 0.5m 이하이어야 한다.
② 타설은 콘크리트 펌프 또는 트레미 사용을 원칙으로 한다.
③ 일반 수중콘크리트보다 트레미 및 콘크리트 펌프 1개당 타설면적을 크게 해도 좋다.
④ 콘크리트의 수중 유동거리는 8m 이하로 한다.

해설 콘크리트의 수중 유동거리는 5m 이하로 한다.

46 콘크리트의 경화나 강도 발현을 촉진하기 위해 실시하는 촉진양생 방법에 속하지 않는 것은?

① 전기양생   ② 막양생
③ 상압증기양생   ④ 고온고압양생

해설 습윤양생에는 콘크리트에 수분을 공급하는 급습양생, 콘크리트 중의 수분의 증발을 방지하는 막양생 등이 있다.

47 서중 콘크리트에 대한 설명 중 틀린 것은?

① 일반적으로는 기온 10℃의 상승에 대하여 단위수량은 2~5% 증가하므로 소요의 압축강도를 확보하기 위해서는 단위수량에 비례하여 단위 시멘트량의 증가를 검토하여야 한다.
② 소요의 강도 및 워커빌리티를 얻을 수 있는 범위 내에서 단위수량 및 단위 시멘트량을 최대로 확보하여야 한다.
③ 콘크리트를 타설할 때의 콘크리트 온도는 35° 이하이어야 한다.
④ 콘크리트는 비빈 후 즉시 타설하여야 하며, 지연형 감수제를 사용하는 등의 일반적인 대책을 강구한 경우라도 1.5시간 이내에 타설하여야 한다.

해설
- 소요의 강도 및 워커빌리티를 얻을 수 있는 범위 내에서 단위수량 및 단위 시멘트량을 적게 한다.
- 타설 후 적어도 24시간은 노출면이 건조하는 일이 없도록 습윤상태로 유지한다. 또 양생은 적어도 5일 이상 실시한다.
- 하루 평균기온이 25℃를 초과하는 것이 예상되는 경우 서중 콘크리트로 시공하여야 한다.

48 ϕ 100×200mm인 원주형 공시체를 사용한 쪼갬 인장강도시험에서 파괴하중이 120kN이면 콘크리트의 쪼갬 인장강도는?

① 1.91 MPa
② 3.0 MPa
③ 3.82 MPa
④ 6.0 MPa

해설 인장강도 $= \dfrac{2P}{\pi d l} = \dfrac{2 \times 120000}{3.14 \times 100 \times 200} = 3.82 \text{MPa}$

49 팽창 콘크리트의 팽창률에 대하여 기술한 것으로 틀린 것은?

① 수축 보상용 콘크리트의 팽창률은 150×10^{-6} 이상, 250×10^{-6} 이하인 값을 표준으로 한다.
② 화학적 프리스트레스용 콘크리트의 팽창률은 200×10^{-6} 이상, 700×10^{-6} 이하를 표준으로 한다.
③ 프리캐스트 콘크리트에 사용하는 화학적 프리스트레스용 콘크리트의 팽창률은 100×10^{-6} 이상, 700×10^{-6} 이하를 표준으로 한다.
④ 콘크리트의 팽창률은 일반적으로 재령 7일에 대한 시험값을 기준으로 한다.

[정답] 43.④ 44.① 45.④ 46.② 47.② 48.③ 49.③

해설 프리캐스트 콘크리트에 사용하는 화학적 프리스트레스용 콘크리트의 팽창률은 200×10^{-6} 이상, $1,000 \times 10^{-6}$ 이하를 표준으로 한다.

50 매스 콘크리트로 다루어야 하는 구조물 부재치수의 일반적인 표준에 대한 아래 문장의 ( )에 알맞은 수치는?

> 넓이가 넓은 평판 구조에서는 두께 (㉠)m 이상, 하단이 구속된 벽조에서는 두께 (㉡)m 이상일 경우

① ㉠ 0.5, ㉡ 0.8
② ㉠ 0.8, ㉡ 0.5
③ ㉠ 0.5, ㉡ 1.0
④ ㉠ 1.0, ㉡ 0.5

해설 프리스트레스트 콘크리트 구조물 등 부배합의 콘크리트가 쓰이는 경우에는 더 얇은 부재라도 구속조건에 따라 매스 콘크리트로 다룬다.

51 한중 콘크리트에 대한 설명으로 틀린 것은?

① 하루의 평균기온이 4℃ 이하가 예상되는 조건일 때는 한중 콘크리트로 시공하여야 한다.
② 재료를 가열할 경우, 물 또는 골재를 가열하는 것으로 하며, 시멘트는 어떠한 경우라도 직접 가열할 수 없다.
③ 한중 콘크리트에는 공기연행 콘크리트를 사용하는 것을 원칙으로 한다.
④ 타설할 때의 콘크리트 온도는 구조물의 단면치수, 기상조건 등을 고려하여 2~10℃의 범위에서 정하여야 한다.

해설 타설할 때의 콘크리트 온도는 구조물의 단면치수, 기상 조건 등을 고려하여 5~20℃의 범위에서 정하여야 한다.

52 콘크리트 수평 시공이음의 시공에 있어서 일체성 확보를 위하여 채택될 수 있는 역방향 타설 콘크리트의 시공이음 방법이 아닌 것은?

① 간접법
② 주입법
③ 직접법
④ 충전법

해설 콘크리트 수평 시공이음의 시공에 있어서 일체성 확보를 위하여 채택될 수 있는 역방향 타설 콘크리트의 시공이음 방법에는 직접법, 충전법, 주입법이 있다.

답안 표기란				
50	①	②	③	④
51	①	②	③	④
52	①	②	③	④

53 숏크리트의 기능에 대한 설명으로 틀린 것은?

① 강지보재 또는 록볼트에 지반 압력을 전달하는 기능을 발휘하도록 하여야 한다.
② 굴착면을 피복하여 풍화방지, 지수, 세립자 유출 등을 방지하도록 한다.
③ 비탈면, 법면 또는 벽면 보호는 별도의 보강공법이 적용되기 때문에 숏크리트 설치로 인한 추가 안정성 확보는 필요 없다.
④ 지반과의 부착 및 자체 전단 저항효과로 숏크리트에 작용하는 외력을 지반에 분산시키고, 터널 주변의 붕락하기 쉬운 암괴를 지지하며, 굴착면 가까이에 지반 아치가 형성될 수 있도록 한다.

해설 비탈면, 법면 또는 벽면의 풍화나 박리, 박락을 방지하기 위해 숏크리트를 적용할 경우에는 철망 등의 보강재를 설치하고 뿜어붙이기 작업을 실시할 수도 있으며 섬유 보강재를 사용하여 뿜어붙이기 작업을 실시할 수도 있다.

54 콘크리트 타설 전에 검토해야 할 매우 중요한 시공 요인인 콘크리트의 측압에 영향을 미치는 요인에 대한 설명으로 틀린 것은?

① 콘크리트의 타설 속도가 빠르면 측압은 커지게 된다.
② 생콘크리트의 단위중량이 클수록 측압은 커지게 된다.
③ 콘크리트의 타설 높이가 높으면 측압은 커지게 된다.
④ 콘크리트의 온도가 높을수록 측압은 커지게 된다.

해설 콘크리트의 온도가 높을수록 측압은 작아지게 된다.

55 고강도 콘크리트에 대한 일반적인 설명으로 틀린 것은?

① 고성능 감수제(고유동화제)의 개발로 인해 고강도 콘크리트의 제조가 가능해졌다.
② 고강도 콘크리트는 믹서에 재료를 투입하는 순서에 따라서 강도 발현이 달라진다.
③ 고강도 콘크리트는 사용되는 굵은골재의 최대치수가 클수록 강도면에서 유리하다.
④ 고강도 콘크리트는 응집력이 강한 부배합 콘크리트이므로 재료들을 잘 섞을 수 있는 믹서사용이 효과적이며, 일반적으로 가경식 믹서보다는 강제식 팬 믹서가 좋다.

해설 고강도 콘크리트에 사용되는 굵은골재 최대치수는 25mm 이하로 하며 철근 최소 수평순간격의 3/4 이내의 것을 사용하도록 한다.

[정답] 50. ② 51. ④ 52. ① 53. ③ 54. ④ 55. ③

56. 일반 콘크리트의 시공에 대한 주의사항으로 옳지 않은 것은?

① 넓은 장소에서는 콘크리트 공급원으로부터 가까운 쪽에서 시작해서 먼 쪽으로 타설한다.
② 타설까지의 시간이 길어질 경우에는 양질의 지연제, 유동화제 등의 사용을 사전에 검토해야 한다.
③ 비비기로부터 타설이 끝날 때까지의 시간은 외기온도가 25℃ 이상일 때는 1.5시간을 넘어서는 안 된다.
④ 콘크리트를 2층 이상으로 나누어 타설할 경우, 상층의 콘크리트 타설은 원칙적으로 하층의 콘크리트가 굳기 시작하기 전에 해야 한다.

해설 넓은 장소에서는 콘크리트 공급원으로부터 먼 쪽에서 시작해서 가까운 쪽으로 타설한다.

57. 방사선 차폐용 콘크리트의 제조 시 사용되는 혼화재료들에 관한 설명으로 옳지 않은 것은?

① 수화발열량을 줄이기 위한 혼화재를 사용하기도 한다.
② 균질한 내부 밀도 형성이 중요하므로 AE제 사용을 원칙으로 한다.
③ 단위수량이나 단위시멘트량을 적게 할 목적으로 감수제를 사용하는 경우가 많다.
④ 콘크리트의 단위질량을 크게 하기 위하여 중정석이나 철광석 등의 미분말을 사용하기도 한다.

해설 균질한 내부 밀도 형성이 중요하므로 AE제 사용을 원칙으로 하지 않는다.

58. 굵은골재 최대치수 규정에 대한 설명으로 틀린 것은?

① 슬래브 두께의 1/3 이하
② 일반적인 구조물의 경우 40mm
③ 거푸집 양 측면 사이의 최소 거리의 1/5 이하
④ 개별철근, 다발철근, 긴장재 또는 덕트 사이 최소 순간격의 3/4 이하

해설
• 일반적인 구조물의 경우 : 20mm 또는 25mm
• 단면이 큰 구조물의 경우 : 40mm

59 수중공사용 프리플레이스트 콘크리트의 주입 모르타르 제조에 사용하는 혼화재료로 적당하지 않은 것은?

① 감수제
② 응결촉진제
③ 알루미늄 미분말
④ 고로 슬래그 미분말

해설 프리플레이스트 콘크리트용 주입 모르타르에 사용되는 혼화재료는 유동성 향상, 재료 분리 저항성, 응결 조절성, 팽창성 등의 효과가 있어야 한다.

60 일반 숏크리트의 장기 설계기준 압축강도는 재령 28일로 설정한다. 이때 장기 설계기준 압축강도는 몇 MPa이상이어야 하는가? (단, 영구 지보재 개념으로 숏크리트를 타설한 경우는 제외한다.)

① 21MPa 이상
② 24MPa 이상
③ 27MPa 이상
④ 30MPa 이상

해설 일반 숏크리트의 장기 설계기준 압축강도는 재령 28일로 설정하며 21MPa 이상으로 한다. 단, 영구 지보재 개념으로 숏크리트를 타설 할 경우에는 설계기준 압축강도를 35MPa 이상으로 한다.

4과목 콘크리트 구조 및 유지관리

61 콘크리트 중성화에 관한 설명 중 틀린 것은?

① 중성화 깊이는 일반적으로 구조물의 사용기간이 길어짐에 따라 깊어진다.
② 중성화 속도는 물-결합재비가 낮을수록 빨라진다.
③ 수중의 콘크리트보다 습윤의 영향을 받는 콘크리트가 중성화 진행이 빠르다.
④ 온도가 높은 쪽이 온도가 낮은 쪽보다 중성화 진행이 빠르다.

해설
• 중성화 속도는 물-결합재비가 클수록 빨라진다.
• 옥외는 옥내보다 탄산가스 농도가 낮기 때문에 늦다.

62 다음 중 콘크리트 구조물의 보강공법으로 보기 어려운 것은?

① 두께 증설공법
② FRP 접착공법
③ 균열주입공법
④ 프리스트레스 도입공법

해설 균열주입공법은 보수공법이다.

[정답] 56.① 57.② 58.② 59.② 60.① 61.② 62.③

63 직사각형 단면을 가지는 단순보에서 콘크리트가 부담하는 공칭전단강도(V_c)는? (단, 직사각형 단면의 폭 300mm, 유효깊이 500mm, f_{ck}=27MPa, λ=1.0)

① 54.6 kN ② 72.6 kN
③ 89.6 kN ④ 129.9 kN

해설 $V_c = \dfrac{1}{6}\lambda\sqrt{f_{ck}}\,b_w\,d = \dfrac{1}{6}\times 1.0 \times \sqrt{27}\times 300\times 500 = 129.9\,\text{kN}$

64 보의 폭이 400mm, 높이가 600mm, 보의 유효깊이가 500mm, 인장 철근량이 2336mm², 압축철근량이 1524mm²인 복철근 직사각형 단면의 보에서 하중에 의한 탄성처짐량이 1.2mm이다. 하중 재하 1년 후 총 처짐량은?

① 1.2mm ② 2.4mm
③ 3.6mm ④ 4.0mm

해설
- $\rho' = \dfrac{A_s'}{bd} = \dfrac{1524}{400\times 500} = 0.00762$
- $\lambda_\Delta = \dfrac{\xi}{1+50\rho'} = \dfrac{1.4}{1+50\times 0.00762} = 1.01$
- 장기처짐량 = 탄성처짐량 × λ_Δ = 1.2×1.01 ≒ 1.2mm
- 총처짐량 = 탄성처짐량 + 장기처짐량 = 1.2+1.2 = 2.4mm

65 4변에 의해 지지되는 2방향 슬래브 중 1방향 슬래브로서 해석할 수 있는 경우는? (단, L: 슬래브의 장경간, S: 슬래브의 단경간)

① $\dfrac{L}{S}$이 2보다 클 때 ② $\dfrac{L}{S}$이 1일 때
③ $\dfrac{S}{L}$가 2보다 클 때 ④ $\dfrac{L}{S}$가 1보다 작을 때

해설
- 1방향 슬래브
  $\dfrac{L}{S} \geq 2.0$
- 2방향 슬래브
  $1 \leq \dfrac{L}{S} < 2,\quad 0.5 < \dfrac{S}{L} \leq 1$

66 다음 그림과 같은 단철근 직사각형 단면에서 윗부분의 인장철근은 2개의 철근 D22가 있고 아랫부분에 2개의 철근 D29가 두 줄로 배치되어 있다. 이 보의 공칭휨강도 M_n은? (단, 철근 D22 2본의 단면적은 774mm², 철근 D29 2본의 단면적은 1285mm², $f_{ck}=$ 24MPa, $f_y=$350MPa이다.)

① 224 kN·m
② 254 kN·m
③ 274 kN·m
④ 284 kN·m

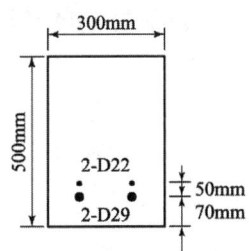

해설
- 유효깊이(d)
  바리뇽 정리에 의해
  $(774+1285) \times d = 774 \times 380 + 1285 \times 430$ ∴ $d = 411$mm
- $a = \dfrac{A_s f_y}{0.85 f_{ck} b} = \dfrac{(774+1285) \times 350}{0.85 \times 24 \times 300} = 118$mm
- $M_n = A_s f_y \left(d - \dfrac{a}{2}\right) = (774+1285) \times 350 \times \left(411 - \dfrac{118}{2}\right)$
  $= 253,668,800$N·mm $= 254$kN·m

67 아래의 표에서 설명하는 비파괴시험방법은?

> 콘크리트 중에 파묻힌 가력 Head를 지닌 Insert와 반력 Ring을 사용하여 원추 대상의 콘크리트 덩어리를 뽑아낼 때의 최대 내력에서 콘크리트의 압축강도를 추정하는 방법

① RC-Radar Test
② BS Test
③ Tc-To Test
④ Pull-out Test

해설 콘크리트 타설시에 매설하는 방법(pull out법)으로 이것을 인발시켜 그 반력을 이용하여 강도를 추정한다.

68 준공 후 25년 경과한 콘크리트 구조물의 탄산화 깊이가 25mm라 할 때 준공 후 100년 된 시점의 탄산화 깊이는? (단, $\sqrt{t}$ 법칙을 이용한다.)

① 40mm
② 50mm
③ 75mm
④ 100mm

해설
- 중성화(탄산화) 깊이 $x = A\sqrt{t}$ 관계식에서 중성화 깊이 x와 경과년수 $\sqrt{t}$와 비례관계이다.
- 25mm : $\sqrt{25}$년 $= x : \sqrt{100}$년
  ∴ $x = 50$mm

정답 63.④ 64.②
65.① 66.②
67.④ 68.②

69 콘크리트 구조물의 평가 및 판정을 할 경우 종합적인 평가 기초 대상이 아닌 것은?

① 기능성　　② 기술성
③ 내구성　　④ 내하성

해설 기능성(사용성), 내구성(안전성), 내하성 등이 종합적인 평가 기초 대상이 된다.

70 피로에 관한 설명으로 틀린 것은?

① 기둥의 피로는 슬래브에 준하여 검토하여야 한다.
② 보 및 슬래브의 피로는 휨 및 전단에 대하여 검토하여야 한다.
③ 피로의 검토가 필요한 구조 부재는 높은 응력을 받는 부분에서 철근을 구부리지 않도록 하여야 한다.
④ 하중 중에서 변동하중이 차지하는 비율이 크거나, 작용빈도가 크기 때문에 안전성 검토를 필요로 하는 경우에 적용하여야 한다.

해설 기둥의 피로는 검토하지 않아도 좋다. 단, 휨모멘트나 축인장력의 영향이 특히 큰 경우 보에 준하여 검토하여야 한다.

71 간혹 수분과 접촉하고 동결융해의 반복작용에 노출되는 콘크리트는 노출등급 F1에 해당된다. 이 경우, 굵은골재 최대치수(mm)에 따른 확보해야 할 공기량(%)의 관계가 틀린 것은?

① 10mm – 7.0%　　② 15mm – 5.5%
③ 20mm – 5.0%　　④ 25mm – 4.5%

해설 동해 저항 콘크리트에 대한 전체 공기량

굵은골재의 최대치수(mm)	공기량(%)	
	노출등급 F1	노출등급 F2, F3
10	6.0	7.5
15	5.5	7.0
20	5.0	6.0
25	4.5	6.0
40	4.5	5.5

72 기둥의 양단이 힌지일 때 이론적인 유효길이 계수 k의 값은?

① 0.5 ② 0.7
③ 1.0 ④ 2.0

해설 기둥의 유효길이 계수
- 1단 고정 1단 자유 : 2
- 양단 힌지 : 1
- 1단 고정 1단 힌지 : 0.7
- 양단 고정 : 0.5

73 콘크리트 구조물의 보수용 재료 선정에서 중요하게 고려되지 않는 물성은?

① 내화성 ② 투습성
③ 탄성계수 ④ 치수 안정성

해설 보수재료는 기존 콘크리트와 유사한 수치의 안정성, 열팽창계수, 탄성계수, 투수성, 내충격성 등이 고려되어야 한다.

74 상세조사는 표준조사의 자료로부터 원인추정, 보수보강 여부의 판정과 보수보강공법 선정이 불가능한 경우에 실시한다. 상세조사의 시험항목이 아닌 것은?

① 균열 폭 ② 강도 시험
③ 콘크리트 분석 ④ 탄산화 깊이 시험

해설 상세조사의 시험항목은 강도시험, 중성화(탄산화) 깊이 시험, 콘크리트 분석, 염화물 함유량 시험 등이 있다.

75 철근 콘크리트 부재의 비틀림철근 상세에 대한 설명으로 틀린 것은?

① 횡방향 비틀림철근은 종방향 철근 주위로 135° 표준갈고리에 의하여 정착하여야 한다.
② 종방향 비틀림철근은 폐쇄스터럽의 둘레를 따라 300mm 이하의 간격으로 분포시켜야 한다.
③ 종방향 비틀림철근의 지름은 스터럽 간격의 1/24 이상이어야 하며, 또한 D10 이상의 철근이어야 한다.
④ 횡방향 비틀림철근의 간격은 200mm 보다 작아야 하고, 또한 가장 바깥의 횡방향 폐쇄스터럽 중심선의 둘레의 1/6보다 작아야 한다.

해설 횡방향 비틀림철근의 간격은 300mm 보다 작아야 하고, 또한 가장 바깥의 횡방향 폐쇄스터럽 중심선의 둘레의 1/8보다 작아야 한다.

[정답] 69. ② 70. ① 71. ① 72. ③ 73. ① 74. ① 75. ④

76 프리스트레스트 콘크리트 휨부재의 비균열등급, 부분균열등급 및 완전균열등급에 대한 설명으로 틀린 것은?

① 완전균열등급은 인장연단응력 f_t가 $1.0\sqrt{f_{ck}}$를 초과하는 경우이다.
② 비균열등급은 인장연단응력 f_t가 $1.0\sqrt{f_{ck}}$를 이하인 경우이다.
③ 2방향 프리스트레스트 콘크리트 슬래브는 비균열등급으로 설계한다.
④ 부분균열등급 휨부재의 사용하중에 의한 응력은 비균열단면을 사용하여 계산한다.

해설 비균열등급은 인장연단응력 f_t가 $0.63\sqrt{f_{ck}}$를 이하인 경우이다.

77 2방향 슬래브를 직접설계법으로 설계할 때, 단변방향으로 정역학적 총모멘트가 200kN·m일 때, 내부 패널의 양단에서 지지해야 할 휨모멘트(㉠)와 내부 패널의 중앙에서 지지해야 할 휨모멘트(㉡)로 옳은 것은?

① ㉠ : -65kN·m, ㉡ : 35kN·m
② ㉠ : 130kN·m, ㉡ : 70kN·m
③ ㉠ : -130kN·m, ㉡ : 70kN·m
④ ㉠ : 130kN·m, ㉡ : -70kN·m

해설 내부 경간에서는 전체 정적 계수휨모멘트(M_0)를 부계수휨모멘트 : 0.65, 정계수휨모멘트 : 0.35 비율로 배분한다.
∴ ㉠ : $0.65 \times 200 = -130$kN·m
㉡ : $0.35 \times 200 = 70$kN·m

78 나선철근 기둥에서 나선철근 바깥선을 지름으로 하여 측정된 나선철근 기둥의 심부 지름이 250mm, $f_{ck}=28$MPa, $f_y=400$MPa일 때 기둥의 총 단면적으로 적절한 것은?

① 60000mm^2 ② 100000mm^2
③ 200000mm^2 ④ 300000mm^2

- $A_{ch} = \dfrac{\pi \times 250^2}{4} = 49087\,\text{mm}^2$
- 나선 철근비 $\rho_s = 0.45 \left(\dfrac{A_g}{A_{ch}} - 1\right)\dfrac{f_{ck}}{f_y}$ 관련식에서

기둥의 총 단면적 A_g가 100000mm²일 경우 나선 철근비가 0.03260이므로 나선 철근비 $0.01 \le \rho_s \le 0.08$ 범위 한계에 적합하다.

79 아래의 휨 부재에서 균열을 제어하기 위한 인장철근의 간격 제한 규정에 대한 설명으로 틀린 것은?

$$s = 375\left(\dfrac{k_{cr}}{f_s}\right) - 2.5\,c_c,\ \ s = 300\left(\dfrac{k_{cr}}{f_s}\right)$$

① c_c는 인장철근이나 긴장재의 표면과 콘크리트 표면 사이의 최소 두께이다.
② f_s는 설계기준 항복강도 f_y의 2/3를 근사적으로 사용할 수 있다.
③ k_{cr}은 철근의 노출조건을 고려한 계수로, 건조환경일 경우 210으로 한다.
④ f_s는 사용하중 상태에서 인장연단에서 가장 가까이에 위치한 철근의 응력이다.

k_{cr}은 철근의 노출조건을 고려한 계수로, 건조환경일 경우 280이고 그 외의 환경에 노출되는 경우에는 210이다.

80 단부에 표준갈고리가 있는 도막되지 않은 인장 이형철근 D25(공칭 지름 25.4mm)를 정착시키는데 필요한 기본정착길이(l_{hb})는? (단, 보통중량 콘크리트이고, f_{ck}=24MPa, f_y=400MPa이며, 보정계수는 고려하지 않는다.)

① 498mm ② 519mm
③ 584mm ④ 647mm

$l_{hb} = \dfrac{0.24\,\beta\,d_b\,f_y}{\lambda\,\sqrt{f_{ck}}} = \dfrac{0.24 \times 1.0 \times 25.4 \times 400}{1.0\sqrt{24}} = 498\,\text{mm}$

여기서, 도막되지 않는 철근이므로 $\beta = 1.0$, 보통중량 콘크리트이므로 $\lambda = 1.0$이다.

[정답] 76.② 77.③ 78.② 79.③ 80.①

1과목 콘크리트 재료 및 배합

01 시멘트에 관한 설명 중 옳지 않은 것은?
① 시멘트가 풍화하면 탄산가스와 수분의 반응으로 인해 비중이 높아진다.
② 시멘트 분말의 비표면적을 크게 하면 강도의 발현이 빨라진다.
③ 시멘트의 강도는 일반적으로 표준양생 재령 28일의 강도를 말한다.
④ 시멘트 제조 시 첨가하는 석고의 양을 늘리면 응결속도가 지연된다.

해설 시멘트가 풍화하면 비중이 작아진다.

02 레디믹스트 콘크리트의 배합에서 사용하는 배합수 중 회수수의 사용에 있어 염소 이온(Cl⁻)의 양은 얼마로 규정하고 있는가?
① 50mg/L 이하
② 100mg/L 이하
③ 150mg/L 이하
④ 250mg/L 이하

해설
• 회수수의 품질

항목	품질
염소이온(Cl^-)량	250mg/l 이하
시멘트 응결시간의 차	초결은 30분 이내, 종결은 60분 이내
모르타르의 압축강도비	재령 7일 및 28일에서 90% 이상

• 상수돗물(수돗물의 품질)

시험항목	허용량
색도	5도 이하
탁도(NTU)	0.3 이하
수소이온농도(pH)	5.8~8.5
증발 잔류물(mg/l)	500 이하
염소이온(Cl^-)량(mg/l)	250 이하
과망간산칼륨 소비량(mg/l)	10 이하

03 공기연행제를 사용한 콘크리트에 대한 설명으로 틀린 것은?

① 분말도가 큰 시멘트를 사용하면 동일한 공기량을 얻는 데 필요한 공기연행제량이 감소한다.
② 공기연행제에 의해 연행된 공기포는 경화 콘크리트의 동결융해 저항성 향상에 도움을 준다.
③ 부순모래를 사용하면 강모래를 사용한 경우보다 동일한 공기량을 얻는 데 있어서 공기연행제가 더 소요된다.
④ 공기연행제에 의해서 연행된 공기포는 구형이고 볼베어링 역할을 하므로 콘크리트의 워커빌리티를 개선시킨다.

해설 시멘트의 분말도가 높을수록, 단위시멘트량이 많을수록 공기연행제의 사용량이 증가한다.

04 시멘트의 제조 방법 중 습식법에 대한 설명으로 옳지 않은 것은?

① 열량 손실이 많다.
② 원료를 미분말화하기가 쉽다.
③ 먼지가 적게 난다.
④ 원료 분쇄기에 물을 약 10% 정도 가한 후 분쇄한다.

해설
• 원료 분쇄기에 물을 약 40% 정도 가한 후 분쇄한다.
• 반습식법의 경우에는 원료 분쇄기에 물을 약 10% 정도 가한 후 분쇄한다.

05 골재의 저장 방법에 대한 설명으로 틀린 것은?

① 잔골재와 굵은골재는 분류하여 저장한다.
② 적당한 배수시설을 설치하고 지붕을 만들어 보관한다.
③ 빙설의 혼입 및 동결이 되지 않도록 하고 햇볕이 드는 곳에 보관한다.
④ 골재의 받아들이기, 저장 및 취급에 있어서 대소 알이 분리되지 않도록 한다.

해설 빙설의 혼입 및 동결이 되지 않도록 하고 일광의 직사를 피할 수 있는 적당한 시설에 저장한다.

06 플라이 애시의 품질시험에서 시험 모르타르 제조시 보통 포틀랜드 시멘트와 플라이 애시의 질량비는 얼마인가? (단, 보통 포틀랜드 시멘트 : 플라이 애시)

① 3 : 1
② 2 : 1
③ 1 : 1
④ 1 : 2

[정답] 01. ① 02. ④
03. ① 04. ④
05. ③ 06. ①

해설
- **시험 모르타르** : 플라이 애시의 품질시험에서 보통 포틀랜드 시멘트와 시험의 대상으로 하는 플라이 애시를 질량으로 3 : 1의 비율로 사용하여 만든 모르타르
- **기준 모르타르** : 플라이 애시의 품질시험에서 보통 포틀랜드 시멘트를 사용하여 만든 기준으로 하는 모르타르

07 콘크리트용 골재시험에 대한 설명으로 틀린 것은?
① 체가름 시험에서 체 눈에 막힌 알갱이는 파쇄되지 않도록 주의하면서 되밀어 체에 남은 시료로 간주한다.
② KS F 2510에 의해 잔골재의 유기불순물 시험을 실시할 경우에 시료는 대표적인 것을 취하고 공기 중 건조 상태로 건조시켜서 4분법 또는 시료 분취기를 사용하여 약 450g을 채취한다.
③ 황산나트륨에 의한 안정성 시험을 할 경우, 조작을 5회 반복했을 때 굵은골재의 손실질량 백분율의 한도는 12%로 한다.
④ 부순 잔골재의 입자 모양 판정 실적률 시험은 2.5mm체를 통과하고 0.6mm체에 남는 시료를 사용한다.

해설 부순 잔골재의 입자모양 판정 실적률 시험은 2.5mm체를 통과하고 1.2mm체에 남는 시료를 사용한다.

08 콘크리트에 부순 굵은골재 또는 부순 잔골재를 사용하는 경우에 대한 설명으로 틀린 것은?
① 부순 잔골재를 사용한 콘크리트는 강모래를 사용한 콘크리트와 동일한 슬럼프를 얻기 위해서 단위수량이 약 5~10% 정도 많이 요구된다.
② 부순 굵은골재를 사용한 콘크리트는 강자갈을 사용하고 동일한 물-결합재비를 적용한 콘크리트보다 약 10% 정도 강도가 감소된다.
③ 부순 굵은골재를 사용한 콘크리트는 수밀성, 내구성 등을 개선시키기 위해 공기연행제, 감수제 등을 적당량 사용하는 것이 좋다.
④ 부순 잔골재를 사용한 콘크리트의 건조수축률은 미세한 분말량이 많아질수록 증가한다.

해설 부순 굵은골재를 사용한 콘크리트는 강자갈을 사용하고 동일한 물-결합재비를 적용한 콘크리트보다 약 10% 정도 강도가 증가한다.

09 콘크리트 배합설계에서 실험으로부터 얻은 재령 28일 압축강도와 물-결합재비와의 관계식이 $f_{28}=-14.0+22.0\times\dfrac{B}{W}$(MPa)로 얻어졌다. 품질기준강도($f_{cq}$)를 30MPa로 할 경우 적당한 물-결합재비의 값은?

① 50% ② 52%
③ 54% ④ 56%

해설

$f_{28}=-14.0+22.0\times\dfrac{B}{W}$(MPa)

$30=-14.0+22.0\times\dfrac{B}{W}$

$\therefore \dfrac{W}{B}=\dfrac{1}{2}=50\%$

10 시방배합의 단위량과 현장골재의 입도가 다음과 같을 때, 현장배합의 단위 굵은골재량 및 단위 잔골재량은?

- 시방배합 : 잔골재 900kg/m³, 굵은골재 1000kg/m³
- 현장골재 조건 : 잔골재 중 5mm체에 남는 양 4%
  굵은골재 중 5mm체를 통과하는 양 2%

① 잔골재량=917 kg/m³, 굵은골재량=983 kg/m³
② 잔골재량=940 kg/m³, 굵은골재량=960 kg/m³
③ 잔골재량=883 kg/m³, 굵은골재량=1017 kg/m³
④ 잔골재량=880 kg/m³, 굵은골재량=1020 kg/m³

해설
- 잔골재량

$x=\dfrac{100S-b(S+G)}{100-(a+b)}=\dfrac{100\times900-2(900+1000)}{100-(4+2)}=917\text{kg/m}^3$

- 굵은골재량

$y=\dfrac{100G-a(S+G)}{100-(a+b)}=\dfrac{100\times1000-4(900+1000)}{100-(4+2)}=983\text{kg/m}^3$

11 르샤틀리에 비중병을 이용하여 고로 슬래그 미분말의 비중을 측정하고자 한다. 비중병에 0.2mL 눈금까지 등유를 주입한 후 고로 슬래그 70g을 계량하여 비중병에 모두 넣었을 때 등유의 눈금이 25.6mL로 증가되었다면, 고로 슬래그의 밀도는?

① 2.54g/cm³ ② 2.76g/cm³
③ 2.92g/cm³ ④ 3.03g/cm³

해설 밀도 $=\dfrac{70}{25.6-0.2}=2.76\text{g/cm}^3$

정답 07. ④ 08. ② 09. ① 10. ① 11. ②

12 콘크리트의 배합설계 시 굵은골재의 최대치수에 관한 기준으로 틀린 것은?

① 단면이 큰 철근 콘크리트 구조물의 경우 40mm를 표준으로 한다.
② 무근 콘크리트의 경우 부재 최소 치수의 1/4을 초과해서는 안 된다.
③ 철근의 피복 및 철근의 최소 순간격의 3/5을 초과해서는 안 된다.
④ 굵은골재의 최대치수는 거푸집 양 측면 사이의 최소거리의 1/5을 초과해서는 안 된다.

해설 철근의 피복두께 및 철근의 최소 수평, 수직 순간격의 3/4을 초과해서는 안 된다.

13 콘크리트의 배합설계에서 잔골재율에 대한 설명으로 틀린 것은?

① 잔골재율이 적을수록 펌프로 압송하는 경우 압송성이 좋아진다.
② 잔골재율을 적게 하면 단위수량이 감소되고 단위시멘트량이 줄어 경제적이다.
③ 잔골재율이 너무 적으면 콘크리트는 거칠어지고 재료분리가 발생되는 경향이 있다.
④ 잔골재율은 소요 워커빌리티를 얻을 수 있는 범위 내에서 단위수량이 최소가 되도록 시험에 의하여 결정한다.

해설 잔골재율이 적을수록 펌프로 압송하는 경우 압송성이 나빠진다.

14 특수 콘크리트의 배합 시 고려해야 할 사항으로 틀린 것은?

① 경량골재 콘크리트는 공기연행 콘크리트로 하는 것을 원칙으로 한다.
② 서중 콘크리트는 수화열을 줄이기 위해 단위수량 및 단위시멘트량을 가능한 한 줄이는 것이 좋다.
③ 매스 콘크리트는 수화열을 줄이기 위해 플라이 애시 등이 혼합된 혼합형 시멘트를 사용하는 것이 좋다.
④ 한중 콘크리트는 초기 강도의 발현이 중요하므로, 강도를 저해할 수 있는 AE제 등 혼화제 사용은 피한다.

해설 한중 콘크리트는 초기 강도의 발현이 중요하므로 AE제, AE 감수제, 고성능 AE 감수제 등을 사용하여 동결에 의한 해를 적게 하는 것이 좋다.

15 콘크리트용 순환골재의 유해물질 함유량의 허용값에 대한 설명으로 옳은 것은?

① 잔골재에 포함된 점토 덩어리량 기준은 0.5% 이하이다.
② 굵은골재에 포함된 점토 덩어리량 기준은 1.5% 이하이다.
③ 0.08mm체 통과량(시험에서 손실된 량)은 잔골재의 경우 5.0% 이하이다.
④ 0.08mm체 통과량(시험에서 손실된 량)은 굵은골재의 경우 1.0% 이하이다.

해설
- 잔골재에 포함된 점토 덩어리량 기준은 1.0% 이하이다.
- 굵은골재에 포함된 점토 덩어리량 기준은 0.2% 이하이다.
- 0.08mm체 통과량(시험에서 손실된 량)은 잔골재의 경우 7.0% 이하이다.

16 아래와 같은 조건의 잔골재의 실적률은?

- 표면건조포화상태 밀도 : 2700kg/m³
- 단위용적질량 : 1600kg/m³
- 절대건조상태 밀도 : 2600kg/m³
- 조립률 : 2.5

① 60.5%   ② 61.5%
③ 62.5%   ④ 63.5%

해설 실적률 $= \dfrac{w}{\rho} \times 100 = \dfrac{1600}{2600} \times 100 = 61.5\%$

17 레디믹스트 콘크리트의 혼합에 사용되는 물 중 상수돗물 pH의 허용 범위는?

① pH 3.1 이하
② pH 3.5~5.3
③ pH 5.8~8.5
④ pH 8.7~11.2

해설
- 수소 이온 농도(pH)는 5.8~8.5 범위이다.
- 상수돗물은 시험을 하지 않아도 사용할 수 있다.

정답 12. ③ 13. ① 14. ④ 15. ④ 16. ② 17. ③

18 콘크리트 배합설계 결정의 일반적인 순서로 옳은 것은?

① 설계기준강도 확인 — 배합강도 결정 — 사용재료 선정 — 시험배합 실시 — 시방배합 결정 — 현장배합으로 수정
② 배합강도 확인 — 설계기준강도 결정 — 사용재료 선정 — 시방배합 결정 — 시험배합 실시 — 현장배합으로 수정
③ 설계기준강도 확인 — 사용재료 선정 — 배합강도 결정 — 시험배합 실시 — 시방배합 결정 — 현장배합으로 수정
④ 배합강도 확인 — 설계기준강도 결정 — 시방배합 결정 — 시험배합 실시 — 사용재료 선정 — 현장배합으로 수정

> 해설 콘크리트 배합설계는 소요의 강도, 내구성 및 수밀성을 갖는 콘크리트를 만들기 위해서 작업에 적합한 워커빌리티를 얻는 범위 내에서 단위수량을 될수 있는대로 적게 한다.

19 굳지 않은 콘크리트 중의 전 염소이온량을 원칙적으로 규정하는 값(㉠)과 책임기술자의 승인을 얻어 허용할 수 있는 콘크리트 중의 전 염소이온량의 허용 상한값(㉡)으로 옳은 것은?

① ㉠ : 0.2kg/m^3, ㉡ 0.4kg/m^3
② ㉠ : 0.2kg/m^3, ㉡ 0.6kg/m^3
③ ㉠ : 0.3kg/m^3, ㉡ 0.4kg/m^3
④ ㉠ : 0.3kg/m^3, ㉡ 0.6kg/m^3

> 해설 허용 상한 값을 0.6kg/m^3으로 증가시키는 경우 물-결합재비, 슬럼프 혹은 단위수량을 될 수 있는 한 적게하고 콘크리트를 밀실하게 치고, 피복두께를 크게 고려한다.

20 강의 열처리 방법에 대한 설명으로 틀린 것은?

① 뜨임(tempering) : 담금질한 강에 인성을 부여하기 위하여 A_1 변태점(723℃) 이하의 온도로 가열한 후 냉각처리하는 열처리 방법이다.
② 블루잉(blueing) : A_3 변태점(910℃)보다 약 30~50℃ 정도 높은 오스테나이트 영역까지 가열하여 노(爐) 안에서 서서히 냉각시키는 열처리 방법이다.
③ 담금질(quenching) : 강의 경도, 강도를 증가시키기 위하여 오스테나이트 영역까지 가열한 다음 급랭하여 마텐자이트 조

직을 얻는 열처리 방법이다.
④ 불림(normalizing) : 결정을 균일하게 미세화하고 내부응력을 제거하여 균일한 조직으로 만들기 위해 A_3 변태점 이상의 약 30~50℃의 온도로 가열하여 오스테나이트화 한 후 대기중에서 냉각시키는 열처리 방법이다.

해설
- 풀림 : A_3 변태점(910℃)보다 약 30~50℃ 정도 높은 오스테나이트 영역까지 가열하여 노(爐) 안에서 서서히 냉각시키는 열처리 방법이다.
- 블루잉(blueing) : 강을 250~370℃의 온도에서 가열하면 강의 표면에 청색의 산화피막이 생기는 것이다.

2과목 콘크리트 제조, 시험 및 품질관리

21 한중 콘크리트는 하루의 평균기온이 몇 ℃ 이하로 되는 것이 예상되는 기상조건하에서 시공하는 것이 원칙인가?
① −2℃ ② 0℃
③ 2℃   ④ 4℃

해설 한중 콘크리트 타설시 콘크리트 온도는 5~20℃의 범위에서 시공한다.

22 콘크리트의 슬럼프 시험방법을 설명한 것으로 틀린 것은?
① 시료를 거의 같은 양으로 3층으로 나누어 채우고 각 층은 다짐봉으로 고르게 25회 똑같이 다진다.
② 다짐봉의 다짐깊이는 앞 층에 거의 도달할 정도로 다진다.
③ 재료분리가 발생할 염려가 있는 경우에는 다짐수를 줄일 수 있다.
④ 슬럼프 콘을 들어 올리는 시간은 높이 300mm에서 4~5초로 한다.

해설 슬럼프 콘을 들어 올리는 시간은 높이 300mm에서 2~3초로 한다.

23 골재의 체가름 시험으로부터 파악할 수 없는 사항은?
① 입도 분포   ② 조립률(fineness modulus)
③ 단위용적질량 ④ 굵은골재의 최대치수

해설 골재의 단위용적질량 시험은 골재의 빈틈률을 계산하거나 콘크리트 배합에서 골재의 부피를 알기 위해서 시험을 한다.

정답
18. ① 19. ④
20. ② 21. ④
22. ④ 23. ③

24 다음 식 중 콘크리트 구조물의 중성화깊이를 예측할 때 일반적으로 적용되고 있는 식은? (단, X를 중성화깊이, A를 중성화 속도계수, t를 경과년수라 한다.)

① $X = A\sqrt{t}$
② $X = At^3$
③ $X = \dfrac{\sqrt{t^3}}{A}$
④ $X = At^2$

해설 중성화 진행속도는 중성화 깊이와 경과한 시간의 함수로 나타낸다.

25 콘크리트 휨강도 시험용 공시체를 4점 재하장치로 시험하였더니, 최대하중 35kN에서 지간의 가운데 부분에서 파괴되었다. 이 콘크리트의 휨강도는 얼마인가? (단, 공시체의 크기는 150×150×530mm이며 지간은 450mm)

① 4.67 MPa
② 4.23 MPa
③ 4.01 MPa
④ 3.69 MPa

해설 휨강도 $= \dfrac{Pl}{bd^2} = \dfrac{35000 \times 450}{150 \times 150^2} = 4.67\text{MPa}$

26 ϕ100×200mm인 원주형 공시체를 사용한 쪼갬 인장강도시험에서 파괴하중이 120kN이면 콘크리트의 쪼갬 인장강도는?

① 1.91 MPa
② 3.0 MPa
③ 3.82 MPa
④ 6.0 MPa

해설 인장강도 $= \dfrac{2P}{\pi dl} = \dfrac{2 \times 120000}{3.14 \times 100 \times 200} = 3.82\text{MPa}$

27 콘크리트의 휨강도 시험방법(KS F 2408)에 대한 설명 중 옳지 않은 것은?

① 공시체에 하중을 가하는 속도는 가장자리 응력도의 증가율이 매초 0.6±0.4 MPa가 되게 조정한다.
② 4점 재하장치에 따른 지간은 공시체의 높이의 3배로 한다.
③ 공시체가 인장 쪽 표면의 지간 방향 중심선의 4점의 바깥쪽에서 파괴된 경우는 그 시험 결과를 무효로 한다.

④ 재하장치의 접촉면과 공시체 면과의 사이 어디에도 틈새가 있으면 접촉부의 공시체 표면을 평평하게 갈아서 잘 접촉할 수 있도록 한다.

> **해설** 공시체에 하중을 가하는 속도는 가장자리 응력도의 증가율이 매초 0.06±0.04 MPa가 되도록 조정하고 최대하중이 될 때까지 그 증가율을 유지하도록 한다.

28 콘크리트 타설 시 침하균열 방지 조치에 대한 설명으로 옳지 않은 것은?

① 단위수량을 가능한 한 크게 하여 슬럼프가 큰 콘크리트로 시공한다.
② 콘크리트 타설 속도를 늦추고 1회의 타설 높이를 낮춘다.
③ 슬래브와 보의 콘크리트가 벽 또는 기둥의 콘크리트와 연속되어 있는 경우에는 벽 또는 기둥의 콘크리트 침하가 거의 끝난 다음 슬래브, 보의 콘크리트를 타설한다.
④ 콘크리트가 굳기 전에 침하균열이 발생할 경우 즉시 다짐이나 재진동을 실시한다.

> **해설** 단위수량을 가능한 한 작게 하여 슬럼프가 작은 콘크리트로 시공한다.

29 골재의 알칼리 잠재 반응 시험(모르타르봉 방법 KS F 2546)에 대한 설명으로 틀린 것은?

① 이 시험방법은 알칼리-탄산염 반응을 검출해 내는 수단으로 적합하다.
② 모르타르의 배합은 질량비로서 시멘트 1, 물 0.475, 절건 상태의 잔골재 2.25로 한다.
③ 시험 공시체는 시멘트 골재 배합비가 다른 2개 이상으로 배치에서 각각 2개씩 최소한 4개를 만들어야 한다.
④ 모르타르봉 길이 변화를 측정하는 것에 의해 골재의 알칼리 반응성을 판정하는 시험방법이다.

> **해설** 이 시험방법은 알칼리-탄산염 반응을 검출해 내는 수단으로 적합하지 않다.

[정답] 24. ① 25. ① 26. ③ 27. ① 28. ① 29. ①

30 콘크리트의 품질관리 중 받아들이기 품질검사에 대한 설명으로 틀린 것은?

① 콘크리트의 받아들이기 품질관리는 콘크리트를 타설하기 전에 실시하여야 한다.
② 강도검사는 콘크리트의 배합검사를 실시하는 것을 표준으로 한다.
③ 내구성 검사는 공기량, 염소이온량을 측정하는 것으로 한다.
④ 워커빌리티의 검사는 잔골재율의 설정치를 만족하는지의 여부를 확인하고, 재료분리 저항성을 실험에 의하여 확인하여야 한다.

해설 워커빌리티의 검사는 굵은골재 최대치수 및 슬럼프가 설정치를 만족하는지의 여부를 확인함과 동시에 재료분리 저항성을 외관 관찰에 의해 확인하여야 한다.

31 여름철에 현장에서 콘크리트를 타설하면서 받아들이기 품질검사 도중 기준에 미달되는 시험 항목에 대한 처리로 틀린 것은?

① 콘크리트 제조 회사에 신속하게 연락을 취하여 콘크리트 생산을 중지시킨다.
② 여름철이므로 기준에 미달되는 시험 항목이 있더라도 그냥 콘크리트를 타설한다.
③ 현장에 도착한 레미콘 트럭을 생산공장으로 돌려보내 콘크리트를 폐기 처분한다.
④ 콘크리트 받아들이기 품질검사 항목으로 슬럼프, 공기량, 염소이온량, 펌퍼빌리티 등이 있다.

해설 받아들이기 품질검사 시 기준에 미달되는 시험 항목이 있는 경우에는 콘크리트를 타설해서는 안 된다.

32 콘크리트용 잔골재의 표준입도에 대한 설명으로 틀린 것은?

① 부순모래의 경우, 0.3mm 체를 통과한 것의 질량 백분율은 10~25%로 한다.
② 연속된 두 개의 체 사이를 통과하는 양의 백분율은 45%를 넘지 않아야 한다.
③ 시방배합을 정할 때는 5mm 체를 통과하고 0.08mm 체에 남

는 골재를 의미한다.
④ 조립률이 배합설계 시 값보다 ±0.20 이상 변화되었을 때는 배합을 변경하여야 한다.

해설 부순모래의 입도

체(mm)	10	5	2.5	1.2	0.6	0.3	0.15
통과 질량 백분율(%)	100	95~100	80~100	50~90	25~65	10~35	2~15

33 고유동 콘크리트의 품질에 대한 설명으로 틀린 것은?

① 슬럼프 플로 도달시간은 콘크리트가 유동하기 시작하는 시점으로부터 500mm에 도달하는 시간으로 3~20초 범위를 만족하여야 한다.
② 최소 철근 순간격 60~200mm 정도의 철근 콘크리트 구조물 또는 부재에서 자기충전성을 가지는 성능은 3등급 고유동 콘크리트에 해당한다.
③ 굳지 않은 콘크리트의 유동성은 슬럼프 플로 600mm 이상으로 하고, 슬럼프 플로시험 후 콘크리트 중앙부에는 굵은골재가 모여 있지 않아야 한다.
④ 고유동 콘크리트의 유동성 및 재료 분리 저항성에는 사용할 결합재 용적의 영향이 크므로, 물-결합재비 이외에 물-결합재 용적비도 함께 표시한다.

해설 최소 철근 순간격 60~200mm 정도의 철근 콘크리트 구조물 또는 부재에서 자기충전성을 가지는 성능은 2등급 고유동 콘크리트에 해당한다.

34 거푸집 및 동바리의 구조계산 시 적용하는 연직하중에 대한 설명으로 틀린 것은?

① 거푸집 하중은 최소 0.4kN/m² 이상을 적용한다.
② 고정하중은 철근 콘크리트와 거푸집의 중량을 고려하여 합한 하중이다.
③ 보통 콘크리트의 단위중량은 17kN/m²이며 철근의 중량은 제외한 값이다.
④ 활하중은 구조물의 연직방향으로 투영시킨 수평면적당 최소 2.5kN/m² 이상으로 하여야 한다.

해설 고정하중은 철근 콘크리트와 거푸집의 중량을 고려하여 합한 하중이며 콘크리트의 단위중량은 철근 중량을 포함하여 보통 콘크리트 24kN/m², 제1종 경량골재 콘크리트 20kN/m², 그리고 2종 경량골재 콘크리트 17kN/m²를 적용한다.

[정답] 30.④ 31.② 32.① 33.② 34.③

35. AE 콘크리트의 성질로 가장 거리가 먼 것은?

① 콘크리트의 블리딩을 감소시킨다.
② 콘크리트의 워커빌리티 개선 효과가 있다.
③ 내부 공극이 증가하여 동결융해 저항성이 저하한다.
④ 공기량을 증가시키면 압축강도 및 휨강도는 저하하는 경향이 있다.

> **해설** 적당한 공기량을 연행한 AE 콘크리트는 동결융해의 반복에 대한 저항성이 크게 개선된다.

36. 콘크리트의 품질관리 기법 중 관리도에서 나열된 점들이 이상이 있는 경우로 옳지 않은 것은?

① 점이 위로 연속적으로 이동해 가는 경우
② 점들이 중심선 인근에 연속적으로 나타난 경우
③ 점들이 한계선에 접하여 자주 나타나는 경우
④ 연속한 20점 중 10점 이상 중심선 한쪽으로 변중된 경우

> **해설** 연속한 11점 중 10점 이상, 14점 중 12점 이상, 17점 중 14점 이상, 20점 중 16점 이상이 중심선 한쪽으로 변중되어 나타난 경우에는 이상원인이 있는 것으로 판단한다.

37. 배치 플랜트에서 콘크리트의 생산능력을 표시하는 기준은?

① 믹서의 용적
② 투입된 혼화제의 용량
③ 믹서의 시간당 혼합능력
④ 시멘트 저장 사이로의 용적

> **해설** 레디믹스트 콘크리트 공장 선정 시 현장까지의 운반시간, 배출시간, 콘크리트 제조능력, 운반차의 수, 공장의 제조 설비, 품질관리 상태 등을 고려한다.

38. 레디믹스트 콘크리트(KS F 4009)에 관한 설명으로 틀린 것은?

① 레디믹스트 콘크리트의 제조 설비로서 믹서는 고정 믹서로 한다.
② 일반적으로 레디믹스트 콘크리트의 염화물 함유량(염소 이온 (Cl^-)량)은 $0.3kg/m^3$ 이하로 한다.

③ 덤프트럭으로 콘크리트를 운반하는 경우 운반시간의 한도는 혼합하기 시작하고 나서 1시간 이내에 공사 지점에 배출할 수 있도록 운반하다.
④ 트럭에지테이터로 운반했을 때 콘크리트의 1/3과 2/3의 부분에서 각각 시료를 채취하여 슬럼프 시험을 하였을 경우 슬럼프의 차이가 20mm 이하이어야 한다.

해설 트럭 에지테이터로 운반했을 때 콘크리트의 1/4과 3/4의 부분에서 각각 시료를 채취하여 슬럼프 시험을 하였을 경우 슬럼프의 차이가 30mm 이하이어야 한다.

39 콘크리트 중에 사용되는 잔골재의 염화물(NaCl 환산량) 함유량의 허용 한도는?

① 0.04% ② 0.06%
③ 0.09% ④ 0.35%

해설 염화물을 함유한 잔골재를 사용에는 콘크리트 중의 염화물 함유량이 강재 보호를 위한 허용한도 $0.3kg/m^3$ 이하이다.

40 콘크리트 제조과정 중 혼화제 7kg을 계량할 때 허용오차의 최대 범위로 옳은 것은?

① 6.72kg~7.28kg ② 6.79kg~7.21kg
③ 6.86kg~7.14kg ④ 6.93kg~7.07kg

해설 혼화제의 계량오차가 ±3%이므로
$7-(7\times0.03)=6.79\,kg$
$7+(7\times0.03)=7.21\,kg$

3과목 콘크리트의 시공

41 매스콘크리트의 온도균열 발생에 대한 검토는 온도균열지수에 의해서 평가하는 것이 일반적이다. 다음 중 철근이 배치된 일반적인 구조물에서의 표준적인 온도균열지수가 1.2 이상~1.5 미만으로 규정하는 경우에 해당하는 것은?

① 유해한 균열이 발생한 경우
② 유해한 균열 발생을 제한할 경우
③ 균열 발생을 제한할 경우
④ 균열 발생을 방지하여야 할 경우

[정답] 35.② 36.④ 37.③ 38.④ 39.① 40.② 41.③

📝**해설**
- 균열 발생을 제한할 경우 온도균열지수를 1.2 이상~1.5 미만으로 한다.
- 균열 발생을 방지하여야 할 경우 온도균열지수는 1.5 이상으로 한다.
- 유해한 균열 발생을 제한할 경우 온도균열지수는 0.7~1.2로 한다.

42 다음 중 수평 및 연직시공이음에 관한 설명으로 옳지 않은 것은?

① 수평시공이음이 거푸집에 접하는 선은 될 수 있는 대로 수평한 직선이어야 한다.
② 역방향 타설 콘크리트의 시공 시에는 콘크리트의 침하를 고려하여 수평시공이음이 일체가 되도록 시공방법을 결정하여야 한다.
③ 연직시공 이음부의 거푸집 제거시기는 콘크리트를 타설하고 난 후 3일 이상이 경과하여야 한다.
④ 구 콘크리트의 연직시공 이음면은 쇠솔이나 쪼아내기 등에 의하여 거칠게 하고, 충분히 흡수시킨 후에 시멘트 페이스트, 모르타르 등을 바른 후 새 콘크리트를 타설하여 이어나가야 한다.

📝**해설** 연직시공 이음부의 거푸집 제거시기는 콘크리트가 굳은 후 되도록 빠른 시기에 한다. 보통 콘크리트 타설 후 여름에는 4~6시간 정도, 겨울에는 10~15시간 정도로 한다.

43 경량골재 콘크리트의 일반적인 사항에 대한 설명으로 잘못된 것은?

① 경량골재 콘크리트는 보통 골재를 사용한 콘크리트보다 가볍기 때문에 슬럼프가 크게 나오는 경향이 있다.
② 경량골재는 보통 골재에 비하여 물을 흡수하기 쉬우므로 이를 건조한 상태로 사용하면 비비기, 운반, 타설 중에 품질이 변동하기 쉽다.
③ 내부진동기로 다질 때 보통 골재 콘크리트에 비해 진동기를 찔러 넣는 간격을 작게 하거나 진동시간을 약간 길게 하여 충분히 다져야 한다.
④ 경량골재 콘크리트의 공기량은 보통 골재를 사용한 콘크리트보다 1% 크게 해야 한다.

📝**해설** 경량골재 콘크리트는 가볍기 때문에 슬럼프가 일반적으로 작게 나오는 경향이 있다. 슬럼프는 80~210mm를 표준한다.

44 거푸집 및 동바리 구조계산에 대한 설명 중 틀린 것은?

① 고정하중은 철근 콘크리트와 거푸집의 중량을 고려하여 합한 하중이다.
② 콘크리트의 단위중량은 철근의 중량을 포함하여 보통 콘크리트의 경우 $24kN/m^3$을 적용한다.
③ 거푸집 하중은 최소 $4kN/m^2$ 이상을 적용한다.
④ 거푸집 설계에서는 굳지 않은 콘크리트의 측압을 고려하여야 한다.

해설
- 거푸집의 하중은 최소 $0.4N/m^3$ 이상을 적용한다.
- 특수 거푸집의 경우에는 그 실제의 질량을 적용한다.
- 고정하중과 활하중을 합한 연직하중은 슬래브 두께에 관계없이 최소 $5.0kN/m^2$ 이상, 전동식 카트 사용시에는 최소 $6.25kN/m^2$ 이상을 고려한다.

45 프리캐스트 콘크리트의 경화를 촉진하기 위해 실시하는 촉진양생방법에 속하지 않는 것은?

① 증기양생
② 오토클레이브 양생
③ 습윤양생
④ 적외선 양생

해설 프리캐스트 콘크리트에는 오토클레이브 양생, 증기양생, 촉진양생 등이 사용된다.

46 수밀 콘크리트에 대한 설명으로 옳은 것은?

① 콘크리트의 소요 슬럼프는 되도록 적게 하여 100mm를 넘지 않도록 한다.
② 공기연행제, 공기연행 감수제 등을 사용하는 경우라도 공기량은 6% 이하가 되게 한다.
③ 물-결합재비는 50% 이하를 표준으로 한다.
④ 단위 굵은골재량은 되도록 작게 한다.

해설
- 콘크리트의 소요 슬럼프는 되도록 적게 하여 180mm를 넘지 않도록 하며 콘크리트 타설이 용이할 때에는 120mm 이하로 한다.
- 공기연행제, 공기연행 감수제 또는 고성능 공기연행 감수제를 사용하는 경우라도 공기량은 4% 이하가 되게 한다.
- 단위 굵은골재량은 되도록 크게 한다.
- 콘크리트의 소요의 품질이 얻어지는 범위 내에서 물-결합재비는 되도록 적게 한다.
- 콘크리트의 소요의 품질이 얻어지는 범위 내에서 단위수량은 되도록 적게 한다.

[정답] 42. ③ 43. ①
44. ③ 45. ③
46. ③

47 방사선 차폐용 콘크리트에 대한 설명으로 틀린 것은?

① 주로 생물체의 방호를 위하여 X선, γ선 및 중성자선을 차폐할 목적으로 사용되는 콘크리트를 방사선 차폐용 콘크리트라 한다.
② 콘크리트의 슬럼프는 작업에 알맞은 범위 내에서 가능한 한 적은 값이어야 하며, 일반적인 경우 150mm 이하로 하여야 한다.
③ 물-결합재비는 50% 이하를 원칙으로 한다.
④ 화학혼화제는 사용하지 않는 것을 원칙으로 한다.

해설
- 워커빌리티 개선을 위하여 품질이 입증된 혼화제를 사용할 수 있다.
- 물-결합재비는 단위 시멘트량이 과다가 되지 않는 범위 내에서 가능한 적게 하는 것이 원칙이다.
- 차폐용 콘크리트로서 필요한 성능인 밀도, 압축강도, 설계허용온도, 결합 수량, 붕소량 등을 확보하여야 한다.

48 숏크리트의 강도에 대한 설명으로 틀린 것은?

① 일반적인 경우 재령 3시간에서 숏크리트의 초기강도는 1.0~3.0MPa를 표준으로 한다.
② 일반적인 경우 재령 24시간에서 숏크리트의 초기강도는 5.0~10.0MPa를 표준으로 한다.
③ 일반 숏크리트의 장기 설계기준압축강도는 28일로 설정하며 그 값은 21MPa 이상으로 한다.
④ 영구 지보재로 숏크리트를 적용할 경우 재령 28일의 부착강도는 4.0MPa 이상이 되도록 관리하여야 한다.

해설 영구 지보재로 숏크리트를 적용할 경우 재령 28일의 부착강도는 1.0MPa 이상이 되도록 관리하여야 한다.

49 서중 콘크리트에 대한 설명 중 틀린 것은?

① 일반적으로는 기온 10℃의 상승에 대하여 단위수량은 2~5% 증가하므로 소요의 압축강도를 확보하기 위해서는 단위수량에 비례하여 단위 시멘트량의 증가를 검토하여야 한다.
② 소요의 강도 및 워커빌리티를 얻을 수 있는 범위 내에서 단위 수량 및 단위 시멘트량을 최대로 확보하여야 한다.
③ 콘크리트를 타설할 때의 콘크리트 온도는 35° 이하이어야 한다.
④ 콘크리트는 비빈 후 즉시 타설하여야 하며, 지연형 감수제를 사

용하는 등의 일반적인 대책을 강구한 경우라도 1.5시간 이내에 타설하여야 한다.

해설
- 소요의 강도 및 워커빌리티를 얻을 수 있는 범위 내에서 단위수량 및 단위 시멘트량을 적게 한다.
- 타설 후 적어도 24시간은 노출면이 건조하는 일이 없도록 습윤상태로 유지한다. 또 양생은 적어도 5일 이상 실시한다.
- 하루 평균기온이 25℃를 초과하는 것이 예상되는 경우 서중 콘크리트로 시공하여야 한다.
- 콘크리트 타설은 콜드 조인트가 생기지 않도록 적절한 계획에 따라 실시하여야 한다.
- 타설 전 거푸집, 철근 등이 직사일광을 받아 고온이 될 우려가 있는 경우 살수, 덮개 등의 적절한 조치를 하여야 한다.

50 프리플레이스트 콘크리트에 사용되는 굵은골재에 대한 설명으로 잘못된 것은?

① 일반적인 프리플레이스트 콘크리트용 굵은골재의 최소치수는 15mm 이상으로 하여야 한다.
② 일반적으로 굵은골재의 최대치수는 최소치수의 2~4배 정도로 한다.
③ 대규모 프리플레이스트 콘크리트를 대상으로 할 경우, 굵은골재의 최소치수가 클수록 주입 모르타르의 주입성이 현저하게 개선되므로 굵은골재의 최소치수는 40mm 이상이어야 한다.
④ 굵은골재의 최대치수와 최소치수와의 차이를 적게 하면 굵은골재의 실적률이 커지고 주입 모르타르의 소요량이 적어진다.

해설
- 굵은골재의 최대치수와 최소치수와의 차이를 적게 하면 굵은골재의 실적률이 적어지고 주입 모르타르의 소요량이 많아지므로 적절한 입도분포를 선정할 필요가 있다.
- 잔골재의 조립률은 1.4~2.2 범위가 좋다.
- 굵은골재의 최대치수는 부재단면 최소치수의 1/4 이하, 철근 콘크리트의 경우 철근의 순간격의 2/3 이하로 해야 한다.

51 유동화 콘크리트의 배합에 대한 설명으로 틀린 것은?

① 슬럼프의 증가량은 100mm 이하를 원칙으로 하며 50~80mm를 표준으로 한다.
② 베이스 콘크리트의 슬럼프에 적합한 잔골재율로 결정해야 한다.
③ 베이스 콘크리트의 슬럼프는 콘크리트의 유동화에 지장이 없는 범위의 것이어야 한다.
④ 공기연행제의 사용량은 유동화 후 목표 공기량이 얻어질 수 있도록 베이스 콘크리트 상태에서 약간 많은 공기량의 확보가 필요하다.

[정답] 47.④ 48.④ 49.② 50.④ 51.②

해설 잔골재율 결정시 베이스 콘크리트의 슬럼프에 적합한 잔골재율보다는 유동화 시킨 후의 슬럼프 상태에 적합한 잔골재율이 베이스 콘크리트에서 결정되어야 한다.

52. 아래 표와 같은 조건에서 한중 콘크리트의 타설이 종료되었을 때 온도를 구하면?

- 비빈 직후 온도 : 20℃
- 주위의 기온 : 5℃
- 비빈 후부터 타설 종료시까지의 시간 : 2시간
- 운반 및 타설시간 1시간에 대하여 콘크리트 온도와 주위의 기온과의 차이 : 15%

① 10.5℃ ② 12.5℃
③ 15.5℃ ④ 17.75℃

해설 $T_2 = T_1 - 0.15(T_1 - T_0) \cdot t = 20 - 0.15(20-5) \times 2 = 15.5℃$

53. 포장 콘크리트의 설계기준 휨강도(f_{28})는 얼마 이상을 기준으로 하는가?

① 3 MPa ② 3.5 MPa
③ 4 MPa ④ 4.5 MPa

해설 포장용 콘크리트의 배합기준
- 설계기준 휨강도(f_{28}) : 4.5MPa 이상
- 단위수량 : 150kg/m³ 이하
- 굵은골재 최대치수 : 40mm 이하
- 슬럼프 : 40mm 이하
- 공기연행 콘크리트의 공기량 범위 : 4~6%

54. 섬유보강 콘크리트에 관한 설명으로 틀린 것은?

① 강섬유보강 콘크리트의 보강효과는 강섬유가 길수록 크다.
② 보강용 섬유의 탄성계수는 시멘트 결합재 탄성계수의 1/10 이하이어야 한다.
③ 섬유보강 콘크리트의 비비기에 사용하는 믹서는 강제식 믹서를 사용하는 것을 원칙으로 한다.
④ 보강용 섬유를 혼입하여 주로 인성, 균열 억제, 내충격성 및 내마모성 등을 높인 콘크리트를 섬유보강 콘크리트라고 한다.

해설 섬유보강 콘크리트용 섬유로써 갖추어야 할 조건
- 섬유와 시멘트 결합재 사이의 부착성이 좋을 것
- 섬유의 인장강도가 충분히 클 것
- 섬유의 탄성계수는 시멘트 결합재 탄성계수의 1/5 이상일 것
- 내구성, 내열성 및 내후성이 우수할 것
- 형상비가 50 이상일 것
- 시공상에 문제가 없을 것
- 가격이 저렴할 것

55 일평균 기온이 30℃ 이상인 하절기에 슬래브 콘크리트를 타설한 경우 콘크리트의 습윤 양생 기간의 표준은? (단, 보통 포틀랜드 시멘트를 사용한 경우)
① 3일 ② 5일
③ 7일 ④ 9일

해설 일평균 기온이 15℃ 이상이며 보통 포틀랜드 시멘트를 사용한 경우이므로 5일간 습윤 상태로 보호한다.

56 팽창 콘크리트의 시공에 대한 설명으로 틀린 것은?
① 팽창 콘크리트의 강도는 일반적으로 재령 7일의 압축강도를 기준으로 한다.
② 팽창 콘크리트의 팽창률은 일반적으로 재령 7일에 대한 시험값을 기준으로 한다.
③ 팽창재는 다른 재료와 별도로 질량으로 계량하며, 그 오차는 1회 계량분량의 1% 이내로 하여야 한다.
④ 콘크리트를 비비고 나서 타설을 끝낼 때까지의 시간은 기온·습도 등의 기상조건과 시공에 관한 등급에 따라 1~2시간 이내로 하여야 한다.

해설 팽창 콘크리트의 강도는 일반적으로 재령 28일의 압축강도를 기준으로 한다.

57 콘크리트 재료의 계량에 대해 설명으로 틀린 것은?
① 각 재료는 1배치씩 질량으로 계량한다.
② 계량은 시방배합에 의해 실시하는 것으로 한다.
③ 골재의 유효 흡수율은 보통 15~30분 간의 흡수율로 본다.
④ 혼화제를 녹이는 데 사용하는 물은 단위수량의 일부로 본다.

해설
- 계량은 현장배합에 의해 실시하는 것으로 한다.
- 물과 혼화제 용액은 용적으로 계량해도 좋다.

[정답] 52. ③ 53. ④ 54. ② 55. ② 56. ① 57. ②

58 콘크리트 타설에 대한 설명으로 틀린 것은?

① 타설한 콘크리트를 거푸집 안에서 횡방향으로 이동시켜서는 안 된다.
② 콘크리트를 2층 이상으로 나누어 타설할 경우, 상층의 콘크리트 타설은 원칙적으로 하층의 콘크리트가 굳기 시작하기 전에 해야 한다.
③ 콘크리트 타설 도중 표면에 떠올라 고인 블리딩수가 있을 경우에는 적당한 방법으로 이 물을 제거한 후가 아니면 그 위에 콘크리트를 쳐서는 안 된다.
④ 외기온도가 25℃를 초과하는 경우 하층 콘크리트 타설 완료 후, 정차시간을 포함하여 상층 콘크리트가 타설 완료되기까지의 시간이 2.5시간을 넘어서는 안 된다.

해설 외기온도가 25℃를 초과하는 경우 하층 콘크리트 타설 완료 후, 정차시간을 포함하여 상층 콘크리트가 타설 완료되기까지의 시간이 2.0시간을 넘어서는 안 된다.

59 고강도 콘크리트 제조방법으로 틀린 것은?

① 실리카 퓸 등과 같은 혼화 재료를 사용한다.
② 단위시멘트량은 가능한 한 적게 되도록 시험에 의해 정한다.
③ 철저히 습윤양생을 하여야 하며, 부득이한 경우 현장 봉함양생 등을 실시할 수 있다.
④ 고강도 콘크리트에 사용되는 굵은골재는 가능한 40mm 이하로 하며, 철근 최소 수평 순간격의 1/3 이내의 것을 사용하도록 한다.

해설 고강도 콘크리트에 사용되는 굵은골재는 25mm 이하로 하며 철근 최소 수평순간격의 3/4 이내의 것을 사용하도록 한다.

60 콘크리트 공장제품의 압축강도시험을 실시한 결과 시험체의 단면적이 7850mm², 파괴 시 최대하중이 165kN이었다면, 압축강도는?

① 15MPa
② 18MPa
③ 21MPa
④ 24MPa

해설 $f = \dfrac{P}{A} = \dfrac{165000}{7850} = 21\text{N/mm}^2 = 21\text{MPa}$

4과목 콘크리트 구조 및 유지관리

61 황산염 침투에 의한 열화 방지 방법이 아닌 것은?

① C_3A 함량 증대
② 적절한 공기연행제 첨가
③ 플라이 애시 첨가
④ 고로 슬래그 첨가

해설 C_3A(알루민산 3석회) 함량을 증대하면 수화작용이 빠르며 수화열이 매우 높아 수축균열을 일으키기 때문에 적당하지 않다.

62 그림의 단면에 균형 철근량이 배근되었을 때의 등가압축응력의 깊이(a)를 구하면?
(단, $f_{ck}=30\text{MPa}$, $f_y=400\text{MPa}$이다.)

① 270mm
② 236mm
③ 224mm
④ 206mm

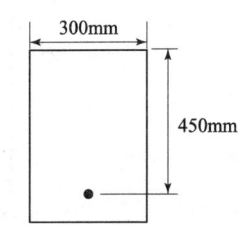

해설 (1) 균형 철근량 배근시 중립축의 위치

$$c = \frac{660}{660+f_f} \cdot d = \frac{660}{660+400} \times 450 = 280\text{mm}$$

$$a = \beta_1 c = 0.8 \times 280 ≒ 224\text{mm}$$

여기서, $\beta_1 = 0.8$

(2) $\rho_b = 0.85\beta_1 \frac{f_{ck}}{f_y} \frac{660}{660+f_y} = 0.85 \times 0.8 \times \frac{30}{400} \times \frac{660}{660+400} = 0.0318$

$A_s = \rho_b \cdot b \cdot d = 0.0318 \times 300 \times 450 = 4293\text{mm}^2$

$C = T$에서 $0.85 f_{ck} ab = A_s f_y$

$$\therefore a = \frac{A_s \cdot f_y}{0.85 f_{ck} b} = \frac{4293 \times 400}{0.85 \times 30 \times 300} ≒ 224\text{mm}$$

63 철근콘크리트 보에서 전단철근에 대한 설명 중 틀린 것은?

① 보의 전단저항 능력의 일부분을 분담한다.
② 경사균열의 증진을 제한하여, 골재의 맞물림에 의한 전단저항력을 증진시킨다.
③ 종방향 철근의 다우얼력을 증진시킨다.
④ 철근콘크리트 보에 전단철근 양은 많을수록 거동에 유리하다.

[정답] 58.④ 59.④ 60.③ 61.① 62.③ 63.④

해설 철근콘크리트 보에 전단철근 양은 많을수록 거동에 불리하다. 그래서 전단 보강철근이 발휘할 수 있는 전단강도 $V_s = \frac{2}{3}\sqrt{f_{ck}}\,b_w\,d$ 이하로 하는 이유는 콘크리트의 사압축 파괴를 피하기 위해서이며 만일 초과할 경우는 보의 단면을 크게 늘려야 한다.

답안 표기란
64 ① ② ③ ④
65 ① ② ③ ④

64 아래 그림의 직사각형 단철근보에서 공칭 전단강도(V_n)를 구하면? [단, 스터럽은 D13(공칭 단면적 126.7mm²)을 사용하며, 스터럽 간격은 200mm, f_{yt}=350MPa, λ=1.0, f_{ck}=28MPa이다.]

① 158.2 kN
② 318.6 kN
③ 376.3 kN
④ 463.2 kN

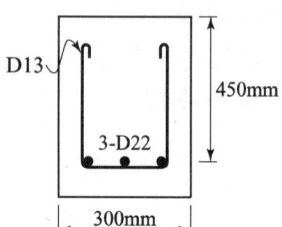

해설
- $V_c = \frac{1}{6}\lambda\sqrt{f_{ck}}\,b_w\,d = \frac{1}{6}\times 1.0 \times \sqrt{28}\times 300\times 450 = 119059\text{N}$
- $V_s = \frac{A_v f_{yt} d}{s} = \frac{(2\times 126.7)\times 350\times 450}{200} = 199552.5\text{N}$
- $\therefore V_n = V_c + V_s = 119059 + 199552.5 = 318611.5\text{N} = 318.6\text{kN}$

65 보의 폭(b_w)이 350mm인 직사각형 단면 보가 계수 전단력(V_u) 75kN을 전단 보강 철근 없이 지지하고자 한다. 필요한 최소 유효깊이(d)는? (단, f_{ck} = 21MPa, f_y = 400MPa, λ=1.0)

① 749mm
② 702mm
③ 357mm
④ 254mm

해설 전단 보강 철근이 필요하지 않는 경우

$V_u \leq \frac{1}{2}\phi V_c$

$V_u = \frac{1}{2}\phi \frac{1}{6}\lambda\sqrt{f_{ck}}\,b_w\,d$

$75000 = \frac{1}{2}\times 0.75 \times \frac{1}{6}\times 1.0 \times \sqrt{21}\times 350\times d$

$\therefore d \fallingdotseq 749\text{mm}$

66 주입공법의 종류 중 저압, 지속식 주입공법에 대한 내용으로 잘못된 것은?

① 저압이므로 주입기에 여분의 주입재료가 남지 않아 재료의 손실이 없다.
② 저압이므로 실(seal)부의 파손도 작고 정확성이 높아 시공관리가 용이하다.
③ 주입되는 수지는 다양한 점도의 것을 사용할 수 있다.
④ 주입되는 수지의 양을 관찰하기 용이하므로 주입상황을 비교적 정확하게 파악할 수 있다.

해설
- 저압이므로 주입기에 여분의 주입재료가 남아 있으므로 재료 손실이 크다.
- 주입되는 수지는 동심원상으로 확산되므로 주입압력에 의한 균열이나 들뜸이 확대되지 않는다.
- 주입재는 에폭시 수지 이외에도 무기질재의 슬러리로 사용할 수 있어 습윤부에도 사용이 가능하다.

67 콘크리트와 철근의 부착에 영향을 주는 사항으로 틀린 것은?

① 약간 녹슨 철근이 부착강도면에서 유리하다.
② 수평철근은 콘크리트의 블리딩으로 인해 연직철근보다 부착강도가 떨어진다.
③ 동일한 철근비를 가질 경우 철근의 직경이 가는 것을 여러 개 쓰는 것보다 굵은 것을 쓰는 것이 유리하다.
④ 이형 철근의 부착강도가 원형 철근의 부착강도보다 크다.

해설 동일한 철근비를 가질 경우 철근의 직경이 굵은 것을 여러 개 쓰는 것보다 가는 것을 쓰는 것이 유리하다.

68 아래 표는 인장 이형철근의 겹침이음의 A급 이음에 대한 기준이다. ( )에 적합한 것은?

> 배치된 철근량이 이음부 전체 구간에서 해석 결과 요구되는 소요철근량의 (㉠)배 이상이고 소요겹침이음 길이 내 겹침이음된 철근량이 전체 철근량의 (㉡) 이하인 경우

① ㉠ 1.0 ㉡ 1/2
② ㉠ 2.0 ㉡ 1/2
③ ㉠ 1.5 ㉡ 1/3
④ ㉠ 2.0 ㉡ 1/3

해설 인장력을 받는 이형철근 및 이형철근의 겹침이음 길이는 A급, B급으로 분류하며 300mm 이상이어야 한다.

정답 64.② 65.① 66.① 67.③ 68.②

69 다음 중 콘크리트의 중성화에 의하여 직접적으로 영향을 받는 열화는 무엇인가?

① 철근의 부식 ② 건조수축
③ 크리프 변형 ④ 레이턴스

해설 중성화에 의해 철근에 녹이 발생하고 이런 녹에 의해 철근이 2.5배 팽창하고 콘크리트의 내부에 균열을 발생하게 한다.

70 콘크리트가 외부로부터 화학작용을 받아 시멘트 경화체를 구성하는 수화생성물이 변질 또는 분해하여 결합 능력을 잃는 열화현상을 화학적 부식이라 하는데 다음 중 극히 심한 침식을 일으키는 화학물질은?

① 파라핀 ② 콜타르
③ 과망간산칼륨 ④ 질산암모늄

해설 콘크리트에는 무기산(황산, 염산, 질산, 불산 등)이 가장 크게 침식작용을 일으킨다.

71 다음 그림과 같은 단철근 직사각형보의 균형철근량을 계산하면? (단, f_{ck} =21MPa, f_y =300MPa)

① 5090mm²
② 5173mm²
③ 4415mm²
④ 5055mm²

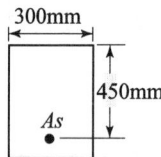

해설
$$\rho_b = 0.85\beta_1 \frac{f_{ck}}{f_y} \frac{660}{660+f_y} = 0.85 \times 0.8 \times \frac{21}{300} \times \frac{660}{660+300} = 0.0327$$

$$\rho_b = \frac{As}{bd}$$

$\therefore As = \rho_b \times b \times d = 0.0327 \times 300 \times 450 = 4415\text{mm}^2$

72 콘크리트 균열에 대한 설명으로 틀린 것은?

① 상수도 시설물의 허용 휨인장 균열폭은 0.25mm이다.
② 균열 검증은 영구하중(또는 지속하중)을 대상으로 한다.
③ 허용 균열폭 산정 시 피복두께의 영향을 고려하지 않는다.

④ 전 단면이 인장을 받는 경우, 휨인장을 받는 경우보다 허용 균열폭을 더 작게 한다.

해설 콘크리트 표면의 균열폭은 철근에 대한 콘크리트 피복두께에 비례한다.

73 크리프의 특성에 대한 설명으로 틀린 것은?

① 하중이 실릴 때 콘크리트 구조물의 재령이 클수록 크리프는 작게 일어난다.
② 재하 후 첫 28일 동안 총 크리프 변형률의 1/2 이하가 진행되며 2~5년 후에 최종값에 근접한다.
③ 콘크리트가 놓이는 주위의 온도가 높을수록, 습기가 낮을수록 크리프 변형은 작아진다.
④ 물-결합재비가 큰 콘크리트는 물-결합재비가 작은 콘크리트보다 크리프가 크게 일어난다.

해설
- 온도가 높을수록 크리프는 증가한다.
- 습도가 높을수록 크리프는 감소한다.

74 300mm×500mm 직사각형 단면의 띠철근 기둥이 양단 힌지로 구속되어 있을 때, 단주의 한계 높이는? (단, 비횡구속 골조의 압축부재이다.)

① 1320mm ② 1980mm
③ 2980mm ④ 3300mm

해설
- 횡방향 상대변위가 방지되어 있지 않을 경우는 $\dfrac{kl}{r}<22$일 때가 단주이다.
- 기둥의 양단이 힌지이므로 $k=1$이다.
- 회전 반지름 $r=0.3t=0.3\times300=90\text{mm}$

$$\dfrac{kl}{r}<22=\dfrac{1\times l}{90}<22$$

$$\therefore l<1980\text{mm}$$

75 구조물의 콘크리트에 대한 비파괴 현장시험이 아닌 것은?

① 내시경 시험
② 레이더 시험
③ 초음파 시험
④ 콘크리트 코어 압축강도 시험

해설 콘크리트 코어를 채취하여 실내에서 압축강도 시험을 한다.

[정답] 69.① 70.④ 71.③ 72.③ 73.③ 74.② 75.④

76. 콘크리트 보수 시 기존 콘크리트와 보수재료의 부착이 잘 되기 위한 조치로 틀린 것은?

① 부착면을 깨끗하게 한다.
② 바탕 표면을 거칠게 한다.
③ 보수재료를 충분히 압착한다.
④ 바탕의 미세한 구멍을 메운다.

해설 바탕의 미세한 구멍은 메우지 않고 이물질 등을 제거한다.

77. 폭 300mm, 인장철근까지의 유효깊이 550mm, 압축철근까지의 유효깊이 50mm, 인장철근량 5000mm², 압축철근량 2000mm²의 복철근 직사각형 단면이 연성파괴를 한다면 설계 휨강도(M_d)는? (단, f_{ck}=20MPa, f_y=300MPa)

① 516kN·m
② 548kN·m
③ 576kN·m
④ 608kN·m

해설
- $a = \dfrac{(A_s - A_s')f_y}{0.85 f_{ck} b} = \dfrac{(5000 - 2000) \times 300}{0.85 \times 20 \times 300} = 176.47 \text{mm}$
- $M_d = \phi \left[(A_s - A_s')f_y \left(d - \dfrac{a}{2}\right) + A_s' f_y (d - d') \right]$
  $= 0.85 \times \left[(5000 - 2000) \times 300 \times \left(550 - \dfrac{176.47}{2}\right) + 2000 \times 300 \times (550 - 50) \right]$
  $= 608,250,225 \text{N·mm} = 608 \text{kN·m}$

78. 콘크리트 펌프 압송 시에 대한 설명으로 틀린 것은?

① 보통 콘크리트의 슬럼프는 100~180mm 범위가 적당하다.
② 보통 콘크리트의 굵은골재 최대치수는 40mm 이하로 한다.
③ 펌핑 시의 최대 소요 압력은 유사현장의 실적이나 펌핑 시험을 통해 결정한다.
④ 압송을 수월하게 하기 위하여 슬럼프 값을 가능한 높게 한 유동화 콘크리트를 사용한다.

해설 압송을 수월하게 하기 위하여 슬럼프 값을 가능한 낮게 한 유동화 콘크리트를 사용한다.

79 철근의 부식으로 인해 콘크리트에 나타나는 박리의 원인이 아닌 것은?

① 철근의 지름
② 철근의 항복강도
③ 콘크리트의 인장강도
④ 철근을 피복하고 있는 콘크리트의 품질

해설 철근이 부식되면 철근의 반경방향으로 밀치는 응력이 유발되며 이것은 국부적인 균열을 발생하게 한다. 반경방향의 균열은 철근 길이를 따라서 계속 연결되어 결국 콘크리트가 떨어져 나가는 현상이 초래한다.

80 아래에서 설명하는 균열의 보수 방법은?

> 균열의 양측에 어느 정도 간격을 두고 구멍을 뚫어 철쇠를 박아 넣는 방법으로 균열 직각 방향의 인장강도를 증강시키고자 할 때 사용되며 구조물을 보강하는 효과가 있다.

① 봉합법
② 짜집기법
③ 드라이 패킹
④ 보강철근 이용방법

해설
- 짜깁기 보수방법은 균열을 완전히 봉합 할 수는 없지만 더 이상 진전되는 것은 막을 수 있다.
- 봉합법 보수방법은 발생된 균열이 멈추어 있거나 구조적으로 중요하지 않을 경우에는 균열 부위에 봉합재를 채워 넣는 방법으로 비교적 간단하게 할 수 있다.
- 보강철근 이용방법은 교량 거더 등의 균열에 구멍을 뚫고 에폭시를 주입하며 철근을 끼워넣어 보강하는 방법이다.
- 드라이 패킹 보수방법은 물-시멘트비가 아주 작은 모르터를 손으로 채워넣는 방법이다.

[정답] 76. ④ 77. ④
78. ④ 79. ②
80. ②

week 4

CBT 모의고사

콘크리트기사

I   콘크리트 재료 및 배합
II   콘크리트 제조, 시험 및 품질관리
III 콘크리트의 시공
IV 콘크리트 구조 및 유지관리

알려드립니다

한국산업인력공단의 저작권법 저촉에 대한 언급(2013년 2회 시험)이 있어 과거에 출제된 동일한 문제나 그 유형의 문제로 재구성하였습니다.

1과목 콘크리트 공학

01 아래 표는 상수돗물 이외의 물을 혼합수로 사용할 경우에 대한 물의 품질을 나타낸 것이다. 틀린 항목을 모두 나열한 것은?

항 목	품 질
㉠ 현탁 물질의 양	2g/L 이하
㉡ 용해성 증발잔유물의 양	1g/L 이하
㉢ 염소이온(Cl^-)량	300mg/L 이하
㉣ 시멘트 응결시간의 차	초결은 30분 이내, 종결은 60분 이내
㉤ 모르타르 압축강도비	재령 7일 및 재령 28일에서 85% 이상

① ㉠, ㉡
② ㉠, ㉢
③ ㉡, ㉤
④ ㉢, ㉤

해설
- 염소이온량 : 250mg/l 이하
- 모르타르의 압축강도비 : 재령 7일 및 28일에서 90% 이상

02 굵은골재의 체가름을 하여 다음 표와 같은 결과를 얻었다. 이 골재의 조립률은 얼마인가?

체의 호칭(mm)	각 체의 남는 양의 누계(%)
50	0
40	5
30	17
25	30
20	42
15	71
10	87
5	100

① 3.52
② 7.34
③ 8.34
④ 8.52

해설
$$F \cdot M = \frac{5+42+87+100+500}{100} = 7.34$$

여기서, 500은 2.5, 1.2, 0.6, 0.3, 0.15mm체의 남는 양의 누계(%) 각각 100%값을 합한 것임.

03 콘크리트용 플라이 애시로 사용할 수 없는 것은?
① 이산화규소의 함유량이 48%인 경우
② 강열감량이 6%인 경우
③ 밀도가 2.2g/cm³인 경우
④ 수분이 0.5%인 경우

- 이산화규소 : 45% 이상
- 강열감량 : 3% 이하(플라이 애시 1종), 5% 이하(플라이 애시 2종)
- 밀도 : 1.95g/cm³ 이상
- 수분 : 1% 이하

04 콘크리트 배합설계에서 잔골재의 절대용적이 360ℓ, 굵은골재의 절대용적이 540ℓ인 경우 잔골재율은 얼마인가?
① 30%   ② 36%
③ 40%   ④ 67%

$S/a = \dfrac{360}{360+540} \times 100 = 40\%$

05 콘크리트 압축강도 시험에서 20개의 공시체를 측정하여 평균값이 27.0MPa, 표준편차가 2.7MPa일 때의 변동계수는 얼마인가?
① 5%   ② 8%
③ 10%   ④ 15%

변동계수 $= \dfrac{\text{표준편차}}{\text{평균값}} \times 100 = \dfrac{2.7}{27} \times 100 = 10\%$

06 다음은 콘크리트의 압축강도를 알지 못할 때, 또는 압축강도의 시험횟수가 14회 이하인 경우 콘크리트의 배합강도를 구한 것이다. 틀린 것은?
① 호칭강도가 20 MPa일 때, 배합강도는 27 MPa이다.
② 호칭강도가 25 MPa일 때, 배합강도는 33.5 MPa이다.
③ 호칭강도가 30 MPa일 때, 배합강도는 38.5 MPa이다.
④ 호칭강도가 45 MPa일 때, 배합강도는 56.5 MPa이다.

호칭강도가 35MPa을 초과할 경우
$f_{cr} = 1.1 f_n + 5.0 = 1.1 \times 45 + 5.0 = 54.5 \text{MPa}$

[정답] 01.④ 02.② 03.② 04.③ 05.③ 06.④

07 KS 규정의 시멘트 시험에 대한 설명으로 부적절한 것은?

① 분말도는 시멘트의 입자 크기를 비표면적으로 나타내는 것으로서 블레인 공기투과장치에 의해 측정할 수 있다.
② 강열감량은 일반적으로 시멘트를 약 1,450℃로 가열했을 때의 감소되는 질량을 측정하여 백분율로 나타낸다.
③ 시멘트의 강도 시험용 모르타르의 배합은 시멘트 : 표준사 = 1 : 3, 물/시멘트비는 0.5이다.
④ 길모어 침에 의한 응결시간은 사용한 물의 양이나 온도 또는 반죽의 반죽 정도뿐만 아니라 공기의 온도 및 습도에도 영향을 받으므로 측정한 시멘트의 응결시간은 근사값이다.

해설
- 강열감량은 일반적으로 시멘트를 약 1000℃로 가열했을 때의 감소되는 질량을 측정하여 백분율로 나타낸다.
- 강열감량은 시멘트의 풍화된 정도를 판정하는 데 많이 사용된다.

08 시방배합 결과 단위수량 165 kg/m³, 잔골재 표면수 3%, 굵은골재 표면수 1%인 현장골재를 사용하여 현장배합한 결과 단위잔골재량 175 kg/m³, 단위굵은골재량 1230 kg/m³을 얻었다. 현장배합에 필요한 단위수량은?

① 138.2 kg/m³
② 139.7 kg/m³
③ 147.7 kg/m³
④ 150.2 kg/m³

해설
- 시방배합의 단위잔골재량 : 175/1.03 = 170 kg/m³
- 시방배합의 단위굵은골재량 : 1230/1.01 = 1218 kg/m³
- 현장 단위수량 : 165 − (170×0.03 + 1218×0.01) = 147.7 kg/m³

09 플라이 애시의 품질시험에서 시험 모르타르 제조시 보통 포틀랜드 시멘트와 플라이 애시의 질량비는 얼마인가? (단, 보통 포틀랜드 시멘트 : 플라이 애시)

① 3 : 1
② 2 : 1
③ 1 : 1
④ 1 : 2

해설
- 시험 모르타르 : 플라이 애시의 품질시험에서 보통 포틀랜드 시멘트와 시험의 대상으로 하는 플라이 애시를 질량으로 3 : 1의 비율로 사용하여 만든 모르타르

• 기준 모르타르 : 플라이 애시의 품질시험에서 보통 포틀랜드 시멘트를 사용하여 만든 기준으로 하는 모르타르

10 콘크리트용 강섬유의 인장강도 시험(KS F 2565)에 대한 설명으로 틀린 것은?

① 시료의 장착은 눈금 거리를 10mm로 하고, 시험 중 빠지지 않도록 고정하여야 한다.
② 평균 재하속도는 5MPa/s~10MPa/s의 속도로 한다.
③ 시료의 수는 10개 이상으로 한다.
④ 강섬유의 인장강도(f_t)를 구하는 식은 $f_t = \dfrac{파단하중(N)}{단면적(mm^2)}$이다.

해설 평균 재하속도는 10MPa/s~30MPa/s의 속도로 한다.

11 포졸란 반응의 특징이 아닌 것은?

① 작업성이 좋아진다.
② 블리딩이 감소한다.
③ 초기강도와 장기강도가 증가한다.
④ 발열량이 적어 단면이 큰 콘크리트에 적합하다.

해설 초기강도가 작으나 수밀성이 크다.

12 방청제에 관한 설명으로 옳지 않은 것은?

① 일반적으로 아질산소다($NaNO_3$)를 주성분으로 한다.
② 방청제의 품질은 KS F 2561에 규정되어 있다.
③ 경미한 균열이 있는 경우에는 사용하기 어렵다.
④ 철근 콘크리트나 프리스트레스트 콘크리트 속의 강재의 방청을 목적으로 하는 혼화제이다.

해설 방청제는 콘크리트의 내부를 치밀하게 하여 부식성 물질의 침투를 막아 주므로 경미한 균열이 있는 경우에도 사용 가능하다.

13 콘크리트용 화학 혼화제 중 공기연행감수제의 품질규정 항목과 관련이 없는 것은?

① 밀도
② 압축강도비
③ 블리딩양의 비
④ 응결시간의 차

해설 감수율, 길이 변화비, 동결융해에 대한 저항성이 있다.

[정답] 07. ② 08. ③ 09. ① 10. ② 11. ③ 12. ③ 13. ①

01회 CBT 모의고사

14 콘크리트 배합설계에서 잔골재율을 작게 할 경우에 대한 설명으로 옳지 않은 것은?

① 콘크리트가 거칠어진다.
② 단위시멘트량이 감소하여 경제적이다.
③ 재료분리가 일어나는 경향이 감소된다.
④ 소요 워커빌리티를 얻기 위한 단위수량이 감소된다.

해설
- 재료분리가 일어나는 경향이 증가된다.
- 잔골재율은 콘크리트 속의 골재 전체용적에 대한 잔골재 전체용적의 중량백분율이다.

15 시멘트의 응결에 대한 설명으로 옳지 않은 것은?

① C_3A 함유량이 많을수록 응결이 빨라진다.
② 위응결은 재비빔한 후 정상적으로 응결된다.
③ 석고의 첨가량이 많을수록 응결이 빨라진다.
④ 시멘트의 분말도가 클수록 응결이 빨라진다.

해설
- 석고의 첨가량이 많을수록 응결은 지연된다.
- 온도가 높을수록 응결은 빨라진다.
- 습도가 낮으면 응결은 빨라진다.
- 물-시멘트비가 많을수록 응결은 지연된다.
- 풍화된 시멘트는 일반적으로 응결이 지연된다.

16 콘크리트 압축강도의 시험횟수가 22회일 경우 배합강도를 결정하기 위해 적용하는 표준편차의 보정계수로 옳은 것은?

① 1.04   ② 1.06
③ 1.08   ④ 1.10

해설 20회의 경우 1.08, 25회의 경우 1.03이므로 직선보간하면 21회 1.07, 22회 1.06, 23회 1.05, 24회 1.04이다.

17 수경성 시멘트 모르타르 압축강도 시험용 시험체의 성형과 관련한 설명으로 틀린 것은?

① 두께 약 25mm 모르타르 층을 모든 입방체 칸 안에 넣는다.
② 플로 시험이 끝나는 즉시 모르타르를 플로 틀로부터 혼합 용기에 쏟는다.

③ 각 입방체 칸 안의 모르타르에 대하여 약 10초 동안에 네 바퀴로 32회 찧는다.
④ 모르타르 배치의 처음 반죽이 끝난 뒤로부터 5분 이내에 시험체의 성형을 시작한다.

해설 모르타르 배치의 처음 반죽이 끝난 뒤로부터 2분 15초 이내에 시험체의 성형을 시작한다.

18 잔골재의 유기불순물 시험에 대한 설명으로 틀린 것은?

① 시험 재료로서 수산화나트륨과 탄닌산이 필요하다.
② 모래에 존재하는 부식된 형태의 유기불순물의 존재 여부를 분별하기 위한 것이다.
③ 잔골재 중의 유기불순물은 콘크리트의 경화를 방해하고 강도, 내구성 등에 나쁜 영향을 미친다.
④ 모래 상층부의 시험 용액의 색이 표준색 용액의 색보다 짙은 경우 그 모래는 합격이다.

해설 모래 상층부의 시험 용액의 색이 표준색 용액의 색보다 옅은 경우 그 모래는 합격이다.

19 일반 콘크리트용으로 사용이 부적합한 잔골재는?

① 안정성이 8%인 잔골재
② 흡수율이 2.2%인 잔골재
③ 절대건조밀도가 2.6g/cm³인 잔골재
④ 0.08mm체 통과량이 8.0%인 잔골재

해설
• 안정성 : 10% 이하
• 흡수율 : 3% 이하
• 절대건조밀도 : 2.5g/cm³ 이상
• 0.08mm체 통과량 : 콘크리트 표면이 마모를 받는 경우 3% 이하 (기타의 경우 5% 이하)

20 콘크리트용 순환골재의 물리적 성질에 관한 설명으로 틀린 것은?

① 순환 굵은골재의 마모율은 40% 이하이다.
② 순환 굵은골재의 입자모양 판정 실적률은 45% 이상이다.
③ 잔골재 및 굵은골재의 흡수율은 각각 4.0% 이하, 3.0% 이하이다.
④ 잔골재 및 굵은골재의 절대건조밀도는 각각 2.3g/cm³ 이상, 2.5g/cm³ 이상이다.

해설 순환 굵은골재의 입자모양 판정 실적률은 55% 이상이다.

[정답] 14.③ 15.③ 16.② 17.④ 18.④ 19.④ 20.②

2과목 콘크리트 제조, 시험 및 품질관리

21 프록터 관입저항시험으로 콘크리트의 응결시간을 측정할 때 초결시간 및 종결시간은 관입저항값이 각각 몇 MPa일 때인가?

① 2.5 MPa, 25.0 MPa
② 2.5 MPa, 28.0 MPa
③ 3.5 MPa, 25.0 MPa
④ 3.5 MPa, 28.0 MPa

해설
- 침의 관입길이가 25mm가 될 때까지 소요된 힘을 침의 지지면으로 나누어 관입저항을 계산한다.
- 6회 이상 시험하며 관입저항 측정값이 적어도 28MPa 이상이 될 때까지 시험을 계속한다.

22 콘크리트의 블리딩 시험방법(KS F 2414)과 블리딩에 대한 설명으로 옳지 않은 것은?

① 잔골재의 조립률이 클수록 블리딩이 작아진다.
② 굵은골재의 최대치수가 40mm 이하인 콘크리트에 대하여 규정한다.
③ 시험중에 실온은 20±3℃로 한다.
④ 처음 60분 동안 10분마다, 콘크리트 표면에 스며나온 물을 빨아낸다.

해설
- 잔골재의 조립률이 클수록 블리딩이 커진다.
- 시멘트의 분말도가 클수록 블리딩이 작아진다.
- 블리딩은 2~4시간 정도에서 종료된다.

23 콘크리트의 제조공정에 있어서의 검사에 관한 설명으로 바르지 못한 것은?

① 시방배합은 공사 중 적절히 실시하는 것이 원칙이다.
② 잔골재의 조립률은 1일 1회 이상 실시한다.
③ 굵은골재의 조립률은 1일 1회 이상 실시한다.
④ 잔골재의 표면수율은 1일 1회 이상 실시한다.

해설 잔골재의 표면수율은 1일 2회 이상 실시한다.

24 콘크리트의 크리프에 대한 설명으로 잘못된 것은?

① 배합시 시멘트량이 많을수록 크리프는 크다.
② 보통시멘트를 사용한 콘크리트는 조강시멘트를 사용한 경우보다 크리프가 크다.
③ 물-결합재비가 작을수록 크리프는 크다.
④ 부재치수가 작을수록 크리프는 크다.

해설 물-결합재비가 클수록 크리프는 크다.

25 콘크리트의 압축강도 시험을 실시한 결과가 아래의 표와 같다. 불편분산에 의한 표준편차는 얼마인가?

28, 26, 30, 27 (MPa)

① 1.71 MPa ② 1.90 MPa
③ 2.14 MPa ④ 2.32 MPa

해설
- 평균값($\bar{x}$) = $\frac{28+26+30+27}{4}$ = 27.75
- 편차 제곱의 합(S)
  $(28-27.75)^2 + (26-27.75)^2 + (30-27.75)^2 + (27-27.75)^2 = 8.75$
- 불편분산(V)
  $V = \frac{S}{n-1} = \frac{8.75}{4-1} = 2.91$
- 표준편차(σ)
  $\sigma = \sqrt{V} = \sqrt{2.91} = 1.71$

26 일반 콘크리트 제조시 1회 계량분에 대한 허용오차로 옳지 않은 것은?

① 물 : 1%
② 시멘트 : 1%
③ 혼화재 : 3%
④ 골재 : 3%

해설
- 혼화재 : 2%
- 골재, 혼화제 : 3%

[정답] 21.④ 22.①
23.④ 24.③
25.① 26.③

01회 CBT 모의고사

27 아래 보기를 보고 품질관리의 순서가 옳은 것은?

> ㉠ 품질의 표준을 정한다.
> ㉡ 관리 한계로 하여 작업을 수행한다.
> ㉢ 데이터를 작성한다.
> ㉣ 품질의 특성을 정한다.
> ㉤ 공정에 이상이 발생하면 수정하여 관리 한계 내에 들어가게 한다.
> ㉥ 관리도에 의한 공정의 안정 여부를 검토한다.
> ㉦ 작업의 표준을 정한다.

① ㉠㉣㉦㉢㉥㉤㉡
② ㉣㉠㉦㉢㉥㉤㉡
③ ㉢㉠㉣㉦㉥㉤㉡
④ ㉦㉣㉠㉢㉥㉤㉡

해설 품질관리의 7가지 기본 도구에는 파레토 그림, 체크시트, 특성요인도, 히스토그램, 그래프, 산점도, 관리도가 있다.

28 재료의 역학적 성질 중 탄성계수를 E, 전단탄성계수를 G, 푸아송수를 m이라 할 때 각 성질의 상호관계식으로 옳은 것은?

① $G = \dfrac{m}{2E(m+1)}$
② $G = \dfrac{mE}{2(m+1)}$
③ $G = \dfrac{m}{2(m+1)}$
④ $G = \dfrac{E}{2(m+1)}$

해설 $G = \dfrac{E}{2(1+v)} = \dfrac{E}{2\left(1+\dfrac{1}{m}\right)} = \dfrac{mE}{2(m+1)}$

29 콘크리트의 슬럼프 시험방법에 대하여 적당하지 않은 것은?

① 슬럼프 콘은 상부 안지름 100mm, 하부 안지름 200mm, 높이 300mm의 강제 콘을 사용한다.
② 시료는 슬럼프 콘 용적의 1/3씩 3층으로 나누어 채운다.
③ 슬럼프 콘에 콘크리트를 채우기 시작하고 나서 슬럼프 콘의 들어올리기를 종료할 때까지의 시간은 1분 30초 이내로 한다.
④ 슬럼프 콘을 연직으로 들어 올리고 콘크리트의 중앙부에서 공시체 높이와의 차를 5mm 단위로 측정하여 이것을 슬럼프 값으로 한다.

해설 슬럼프 콘에 콘크리트를 채우기 시작하고 나서 슬럼프 콘의 들어올리기를 종료할 때까지의 시간은 3분 이내로 한다.

30 지름 150mm, 높이 300mm의 원주형 공시체를 사용하여 쪼갬인장 강도 시험을 한 결과 최대하중이 250kN이라면 이 콘크리트의 쪼갬 인장강도는?

① 2.12 MPa
② 2.53 MPa
③ 3.22 MPa
④ 3.54 MPa

해설 쪼갬 인장강도 $= \dfrac{2P}{\pi dl} = \dfrac{2 \times 250,000}{3.14 \times 150 \times 300} = 3.54\text{MPa}$

31 콘크리트의 압축강도에 대한 설명으로 틀린 것은?

① 150mm 입방체 공시체는 ∅150×300mm 원주형 공시체의 강도보다 크다.
② 양생온도가 4~40℃ 범위에 있을 때 온도가 높아짐에 따라 재령 28일 강도는 증가한다.
③ 원주형 공시체의 직경(D)과 높이(H)와의 비(H/D)의 값이 클수록 압축강도는 증가한다.
④ 콘크리트의 압축강도가 클수록 취도계수(압축강도와 인장강도의 비)는 증가한다.

해설
• 원주형 공시체의 직경(D)과 높이(H)와의 비(H/D)의 값이 작을수록 압축강도는 증가한다.
• 모양이 다르면 크기가 작은 공시체의 압축강도가 더 크다.
• 150mm 입방체 공시체는 ∅150×300mm 원주형 공시체 강도의 1.16배 정도된다.
• H/D가 동일하면 원주형 공시체가 각주형 공시체보다 압축강도가 크다.

32 일반 콘크리트에서 압축강도에 의한 콘크리트의 품질검사에 관한 설명으로 틀린 것은?

① 1회 시험값이(호칭강도 품질기준강도-3.5MPa) 이상이어야 한다.
② 1회/일 또는 120m³마다 1회, 배합이 변경될 때마다 압축강도 시험을 실시한다.
③ 3회 연속한 압축강도 시험값의 평균이 호칭강도 품질기준강도 이상이어야 한다.
④ 압축강도에 의한 콘크리트 품질관리는 일반적인 경우 장기재령에 있어서의 압축강도에 의해 실시한다.

해설 압축강도에 의한 콘크리트 품질관리는 일반적인 경우 조기재령에 있어서의 압축강도에 의해 실시한다.

정답 27.② 28.② 29.③ 30.④ 31.③ 32.④

33. 거푸집에 작용하는 콘크리트 측압에 대한 설명으로 틀린 것은?

① 타설 속도가 빠를수록 측압은 증가한다.
② 단위중량이 증가할수록 측압은 증가한다.
③ 타설되는 콘크리트의 온도가 증가할수록 측압은 감소한다.
④ 지연제를 사용하면 사용하지 않는 경우보다 측압은 감소한다.

해설 지연제를 사용하면 사용하지 않는 경우보다 측압은 증가한다.

34. 블리딩이 일어나는데 가장 영향이 큰 조건은?

① 단위수량이 큰 경우
② 슬럼프가 작은 경우
③ 잔골재가 많은 경우
④ 배합강도가 낮은 경우

해설 블리딩을 적게 하기 위해서는 단위수량을 적게 하고, 골재 입도가 적당해야 한다. 특히 0.15~0.3mm 정도의 세립부분의 영향이 크다.

35. 급속 동결 융해에 대한 콘크리트의 저항시험(KS F 2456)에서 규정하고 있는 시험방법의 종류로 옳은 것은?

① 수중 급속 동결 융해 시험방법, 기중 급속 동결 융해 시험방법
② 수중 급속 동결 융해 시험방법, 기중 급속 동결 후 수중 융해 시험방법
③ 기중 급속 동결 융해 시험방법, 수중 급속 동결 후 기중 융해 시험방법
④ 기중 급속 동결 융해 시험방법, 기중 급속 동결 후 수중 융해 시험방법

해설 수중 급속 동결 융해 시험방법, 기중 급속 동결 후 수중 융해 시험방법 2종류가 있다.

36. 경화된 콘크리트의 염화물 함유량 측정 방법(KS F 2717)으로 적합하지 않은 것은?

① 흡광광도법
② 질산은 적정법(전위차 적정법)
③ 페놀프탈레인 용액법
④ 이온크로마토그래피법

해설 페놀프탈레인 용액법은 콘크리트의 중성화(탄산화) 깊이 측정 방법이다.

37 현장에 납품된 콘크리트의 받아들이기 품질검사를 하려고 할 때, 받아들이기 품질 검사의 항목이 아닌 것은?

① 공기량
② 슬럼프
③ 압축강도
④ 염소이온량

해설
- 콘크리트의 받아들이기 품질관리는 콘크리트를 타설하기 전에 실시하여야 한다.
- 굳지 않는 콘크리트의 상태, 슬럼프, 공기량, 온도, 단위질량, 염소이온량, 배합, 펌퍼빌리티의 항목이 있다.

38 AE 콘크리트 중에 포함된 유효공기량의 범위로 가장 적당한 것은?

① 1~2%
② 3~6%
③ 7~10%
④ 10~12%

해설 공기량의 범위는 4.5±1.5%이다.

39 레디믹스트 콘크리트의 종류에 따른 굵은골재 최대치수를 나열한 것으로 틀린 것은?

① 고강도 콘크리트 : 20mm, 25mm
② 경량골재 콘크리트 : 20mm, 25mm
③ 보통 콘크리트 : 20mm, 25mm, 40mm
④ 포장 콘크리트 : 20mm, 25mm, 40mm

해설 경량골재 콘크리트 : 15mm, 20mm

40 압력법에 의한 굳지 않은 콘크리트의 공기량 시험방법(KS F 2421)에 대한 설명으로 틀린 것은?

① 시험의 원리는 보일의 법칙을 기초로 한 것이다.
② 이 시험 방법은 굵은골재 최대치수 40mm 이하의 보통 골재를 사용한 콘크리트에 대해서 적당하다.
③ 공기량 측정기의 용적은 물을 붓고 시험하는 경우 적어도 7L로 하고, 물을 붓지 않고 시험하는 경우는 5L 정도 이상으로 한다.
④ 용기 교정 시 용기 높이의 약 90%까지 물을 채운 후 연마 유리판을 상부에 얹고 남은 물을 더함과 동시에 연마 유리판을 플랜지에 따라 이동시키면서 물을 채운다.

[정답] 33.④ 34.①　35.② 36.③　37.③ 38.②　39.② 40.③

해설
- 공기량 측정기의 용적은 물을 붓고 시험하는 경우 적어도 5L로 하고, 물을 붓지 않고 시험하는 경우는 7L 정도 이상으로 한다.
- 콘크리트 공기량은 콘크리트의 겉보기 공기량에서 골재수정계수를 뺀 값으로 구한다.
- 콘크리트 공기량 시험은 골재의 굵은골재 최대치수 40mm 이하의 보통 골재를 사용한 콘크리트에 대하여 적용한다.

3과목 콘크리트의 시공

41 다음은 구조물별 시공이음의 위치에 대한 설명이다. 옳지 않은 것은?

① 보의 지간 중앙부에 작은 보가 지날 경우는 작은 보폭의 2배정도 떨어진 곳에 시공이음을 설치한다.
② 아치의 시공이음은 아치축에 직각방향이 되도록 설치한다.
③ 바닥틀의 시공이음은 슬래브 또는 보의 경간 단부에 둔다.
④ 바닥틀과 일체로 된 기둥 혹은 벽의 시공이음은 바닥틀과의 경계부근에 설치하는 것이 좋다.

해설 바닥틀의 시공이음은 슬래브 또는 보의 경간 중앙부 부근에 둔다.

42 숏크리트 작업 사항으로 틀린 것은?

① 리바운드량이 최대가 되도록 하여 리바운드된 재료가 다시 혼입되도록 한다.
② 뿜어 붙인 콘크리트가 소정의 두께가 될 때까지 반복해서 뿜어 붙인다.
③ 강재지보공을 설치한 곳에서는 숏크리트와 강재지보공이 일체가 되도록 한다.
④ 노즐은 항상 뿜어 붙일 면에 직각이 되도록 유지하고 적절한 뿜는 압력을 유지하여야 한다.

해설 리바운드량이 최소가 되도록 하여 리바운드된 재료가 다시 혼입되지 않도록 한다.

43 프리플레이스트 콘크리트의 압송 및 주입에 관한 설명으로 옳지 않은 것은?

① 수송관을 통과하는 모르타르의 평균유속은 0.5~2.0m/sec 정도가 되도록 한다.
② 시공중 모르타르 주입을 주기적으로 중단시켜 시공이음이 발생하도록 유도하여 온도변화 및 건조수축 등에 의한 균열 발생을 제어하여야 한다.
③ 수송관의 연장은 짧게 하여야 하며, 연장이 100m 이상일 경우에는 중계용 펌프를 사용한다.
④ 연직주입관 및 수평주입관의 수평간격은 2m 정도를 표준으로 한다.

해설 모르타르 주입을 중단하여 설계나 시공계획에 없는 시공이음을 두어서는 안된다.

44 수중 콘크리트의 타설에 대한 설명으로 틀린 것은?

① 수중 불분리성 콘크리트의 타설은 유속이 50mm/s 정도 이하의 정수 중에서 수중낙하높이 0.5m 이하여야 한다.
② 수중 불분리성 콘크리트의 펌프 시공시 압송압력은 보통 콘크리트의 2~3배, 타설속도는 1/2~1/3 정도이다.
③ 일반 수중 콘크리트의 트레미 시공시 트레미의 안지름은 수심 5m 이상의 경우 300~500mm 정도가 좋다.
④ 일반 수중 콘크리트의 타설에서 트레미 1개로 타설할 수 있는 면적은 과다해서는 안되며, 50m^2 정도가 좋다.

해설 트레미 1개로 타설할 수 있는 면적은 30m^2 정도이다.

45 서중 콘크리트에 대한 설명 중 옳지 않은 것은?

① 하루 평균기온이 25℃를 초과하는 것이 예상되는 경우에 서중 콘크리트로서 시공을 실시하여야 한다.
② 콘크리트의 운반계획을 수립하여 운반시간을 최소화한다.
③ 지연형 감수제를 사용하는 등의 일반적인 대책을 강구한 경우라도 콘크리트를 비빈 후 2시간 이내에 타설해야 한다.
④ 일반적으로 기온 10℃의 상승에 대하여 단위수량은 2~5% 증가하므로 소요의 압축강도를 확보하기 위해서는 단위수량에 비례하여 단위시멘트량의 증가를 검토하여야 한다.

해설 지연형 감수제를 사용한 경우라도 1.5시간 이내에 타설한다.

정답 41. ③ 42. ①
43. ② 44. ④
45. ③

46 숏크리트 코어 공시체($\phi 10 \times 10$cm)로부터 채취한 강섬유의 질량이 61.2g이었다. 강섬유 혼입률을 구하면? (단, 강섬유의 단위질량은 7.85g/cm³)

① 0.5%
② 1%
③ 3%
④ 5%

해설
- 강섬유의 체적
$$\gamma = \frac{W}{V} \quad \therefore V = \frac{W}{\gamma} = \frac{61.2}{7.85} = 7.8\text{cm}^3$$
- 채취된 공시체의 체적
$$V = A \cdot H = \frac{3.14 \times 10^2}{4} \times 10 = 785\text{cm}^3$$
- 강섬유 혼입률
$$\frac{7.8}{785} \times 100 = 0.99 \fallingdotseq 1\%$$

47 팽창 콘크리트의 팽창률 및 압축강도의 품질검사에 대한 설명으로 틀린 것은?

① 팽창률은 일반적으로 재령 7일에 대한 시험값을 기준으로 한다.
② 화학적 프리스트레스용 콘크리트의 팽창률은 200×10^{-6} 이상, 700×10^{-6} 이하이어야 한다.
③ 수축보상용 콘크리트의 팽창률은 150×10^{-6} 이상, 250×10^{-6} 이하이어야 한다.
④ 압축강도를 근거로 물-결합재비를 정한 경우 각각의 압축강도 시험값이 설계기준강도의 85% 이하일 확률이 3% 이하라야 한다.

해설 압축강도 근거로 물-결합재비를 정한 경우 3회 연속한 압축강도의 시험값에 평균이 설계기준 압축강도에 미달하는 확률이 1% 이하라야 하고 또 설계기준 압축강도보다 3.5MPa을 미달하는 확률이 1% 이하일 것

48 일반 콘크리트에서 균열의 제어를 목적으로 균열유발이음을 설치할 경우 이음의 간격 및 단면의 결손율에 대한 설명으로 옳은 것은?

① 균열유발 이음의 간격은 0.3~1m 이내로 하고 단면의 결손율은 30%를 약간 넘을 정도로 하는 것이 좋다.

② 균열유발 이음의 간격은 부재높이의 1배 이상에서 2배 이내 정도로 하고 단면의 결손율은 20%를 약간 넘을 정도로 하는 것이 좋다.

③ 균열유발 이음의 간격은 1~2m 이내로 하고 단면의 결손율은 20%를 약간 넘을 정도로 하는 것이 좋다.

④ 균열유발 이음의 간격은 부재높이의 2배 이상에서 3배 이내 정도로 하고 단면의 결손율은 30%를 약간 넘을 정도로 하는 것이 좋다.

해설
- 수밀 구조물에 균열유발 이음을 설치할 경우에는 미리 지수판을 설치한다.
- 이음부의 철근부식을 방지하기 위해 철근에 에폭시 도포를 한다.
- 수화열이나 외기온도 등에 의해 온도 변화, 건조수축, 외력 등 생기는 변형을 구속되면 균열이 발생하므로 미리 정해진 장소에 균열을 집중시킬 목적으로 소정의 간격으로 단면 결손부를 설치하여 균열을 강제적으로 생기게 하는 균열유발 이음을 설치한다.

49 댐 콘크리트에 관한 설명으로 옳은 것은?

① 롤러다짐 콘크리트에서 반죽질기의 표준은 VC시험으로 20±10초이다.
② 댐 콘크리트의 단기강도 증진을 위해 고발열형 시멘트를 사용하는 것이 적합하다.
③ 댐 콘크리트에는 중용열 포틀랜드 시멘트를 사용하지 않는 것이 좋다.
④ 댐 콘크리트 배합에서는 부배합을 원칙으로 한다.

해설 댐 콘크리트 배합에서는 빈배합으로 하며 수화열 등을 고려한 중용열 포틀랜드 시멘트를 사용한다.

50 매스 콘크리트로 다루어야 하는 구조물 부재치수의 일반적인 표준값으로 옳은 것은?

① 넓이가 넓은 평판구조에서는 두께 0.8m 이상, 하단이 구속된 벽체에서는 두께 0.5m 이상
② 넓이가 넓은 평판구조 및 하단이 구속된 벽체에서 두께 0.8m 이상
③ 넓이가 넓은 평판구조에서는 두께 0.5m 이상, 하단이 구속된 벽체에서는 두께 0.8m 이상
④ 넓이가 넓은 평판구조 및 하단이 구속된 벽체에서 두께 0.5m 이상

해설 매스 콘크리트는 부재 혹은 구조물의 치수가 커서 시멘트의 수화열에 의한 온도 상승을 고려하여 설계 시공해야 한다.

[정답] 46. ② 47. ④ 48. ② 49. ① 50. ①

51. 일반 콘크리트의 타설에 대한 설명으로 틀린 것은?

① 한 구획 내의 콘크리트는 타설이 완료될 때까지 연속해서 타설해야 한다.
② 콘크리트를 2층 이상으로 나누어 타설할 경우, 상층 콘크리트는 하층 콘크리트가 완전히 굳은 뒤에 타설하여야 한다.
③ 슈트, 펌프배관, 버킷, 호퍼 등의 배출구와 타설면의 높이는 1.5m 이하를 원칙으로 한다.
④ 벽 또는 기둥과 같이 높이가 높은 콘크리트를 연속해서 타설할 경우 콘크리트를 쳐올라가는 속도는 일반적으로 30분에 1~1.5m 정도로 하는 것이 좋다.

해설
- 콘크리트를 2층 이상으로 나누어 타설할 경우 상층의 콘크리트 타설은 원칙적으로 하층의 콘크리트가 굳기 시작하기 전에 타설하여야 한다.
- 콘크리트는 그 표면이 한 구획 내에서는 거의 수평이 되도록 타설하는 것을 원칙으로 한다.

52. 잔골재량이 770kg/m³, 굵은골재량이 950kg/m³인 시방배합을, 잔골재 중의 5mm체 잔류율이 3%, 굵은골재 중의 5mm체 통과율이 5%인 현장에서 현장배합으로 고칠 경우 입도보정에 의한 잔골재량은 약 얼마인가?

① 707kg/m³ ② 743kg/m³
③ 795kg/m³ ④ 826kg/m³

해설
$$X = \frac{100S - b(S+G)}{100-(a+b)} = \frac{100 \times 770 - 5(770+950)}{100-(3+5)} = 743\text{kg/m}^3$$

53. 레디믹스트 콘크리트의 종류 중 재료를 계량만 한 후 트럭 애지테이터로 혼합하면서 운반하는 방식으로 먼 거리 이동에 적합한 것은?

① 센트럴 믹스트 콘크리트 ② 쉬링크 믹스트 콘크리트
③ 트랜싯 믹스트 콘크리트 ④ 플랜트 믹스트 콘크리트

해설
- **센트럴 믹스트 콘크리트** : 플랜트에서 완전히 비벼진 콘크리트를 운반중에 교반하면서 공급하는 방식으로 일반적으로 많이 쓰인다.
- **쉬링크 믹스트 콘크리트** : 플랜트에서 어느 정도 콘크리트를 비빈 후 운반하면서 완전히 혼합하여 공급하는 방식

54 거푸집 및 동바리 구조계산에 관한 아래 내용 중 ㉠, ㉡에 들어갈 알맞은 것은?

> 거푸집 및 동바리 구조계산 시 고정하중과 활하중을 합한 연직하중은 슬래브 두께에 관계없이 최소 (㉠) 이상, 전동식 카트 사용시에는 최소 (㉡) 이상을 고려하여야 한다.

① ㉠ : $3.75kN/m^2$, ㉡ : $5.00kN/m^2$
② ㉠ : $3.75kN/m^2$, ㉡ : $6.25kN/m^2$
③ ㉠ : $5.00kN/m^2$, ㉡ : $6.25kN/m^2$
④ ㉠ : $5.00kN/m^2$, ㉡ : $7.25kN/m^2$

해설
- 고정하중은 철근 콘크리트와 거푸집의 중량을 고려하여 합한 하중이며 콘크리트의 단위중량은 철근의 중량을 포함하여 보통 콘크리트 $24kN/m^3$, 거푸집의 하중은 최소 $0.4kN/m^2$ 이상을 적용한다.
- 활하중은 구조물의 수평투영면적당 최소 $2.5kN/m^2$ 이상으로 적용한다.

55 책임기술자가 설계도면과 시방서에 따라 콘크리트의 품질 확보를 위하여 기록 및 보관하여야 하는 항목이 아닌 것은?

① 철근의 종류
② 콘크리트 비비기, 타설, 양생
③ 콘크리트 재료의 품질, 배합 및 강도
④ 거푸집과 동바리의 설치와 제거, 그리고 동바리의 재설치

해설 책임기술자는 설계도서에 기준하여 검사하고 판정 지시한다.

56 경량골재 콘크리트에 관한 설명 중 옳지 않은 것은?

① 경량골재 콘크리트의 기건 단위질량은 $1400 \sim 2100 kg/m^3$이다.
② 경량골재 콘크리트의 설계기준 압축강도는 15MPa 이상으로 한다.
③ 경량골재 콘크리트의 공기량은 일반 골재를 사용한 콘크리트보다 1% 작게 한다.
④ 경량골재의 잔골재 단위용적질량은 $1120kg/m^3$ 이하, 굵은골재 단위용적질량은 $880kg/m^3$ 이하인 것을 말한다.

해설 경량골재 콘크리트의 공기량은 일반 골재를 사용한 콘크리트보다 1% 크게 5.5%로 한다.

[정답] 51. ② 52. ② 53. ③ 54. ③ 55. ① 56. ③

57 고강도 콘크리트의 타설 시 주의사항으로 틀린 것은?

① 고강도 콘크리트는 유동성이 좋아 타설 시 거푸집 변형에 주의한다.
② 벽체와 슬래브를 일체로 타설하는 경우 재료분리 방지를 위해 연속해서 타설한다.
③ 다짐시간 및 진동기의 삽입간격은 사전에 다짐 성상을 확인하여 계획하여야 한다.
④ 콘크리트 타설 후 경화할 때까지 직사광선이나 바람에 의해 수분이 증발하지 않도록 한다.

해설
- 기둥과 벽에 타설한 콘크리트가 침하한 후 슬래브의 콘크리트를 타설한다.
- 콘크리트 타설 낙하고는 1m 이하로 하는 것이 좋다.
- 기둥부재에 타설하는 콘크리트 강도와 슬래브나 보에 타설하는 콘크리트의 강도가 1.4배 이상 차이가 생길 경우에는 기둥에 사용한 콘크리트가 수평 부재의 접합면에서 0.6m 정도 충분히 수평 부재 쪽으로 안전한 내민 길이를 확보하면서 콘크리트를 타설하여야 한다.

58 유동화 콘크리트 제조 시 유동화 시키는 방법이 아닌 것은?

① 공장첨가 현장유동화 방식
② 공장첨가 공장유동화 방식
③ 현장첨가 현장유동화 방식
④ 현장첨가 공장유동화 방식

해설 유동화하는 방식 중에서 가장 효과적인 방식은 현장첨가 현장유동화 방식이다.

59 굵은골재의 밀도 및 흡수율 시험방법(KS F 2503)에서 대기 중 시료의 절대 건조상태의 시료질량이 A, 대기 중 시료의 표면 건조 포화상태의 질량이 B, 침지된 시료의 수중 질량이 C일 때 다음 계산과정 중 틀린 것은?

① 흡수율= $\{(B-A)/A\} \times 100$
② 겉보기 밀도= $\{A/(A-C)\} \times \rho_w$
③ 표면 건조 포화상태의 밀도= $\{B/(A-C)\} \times \rho_w$
④ 절대 건조 상태의 밀도= $\{A/(B-C)\} \times \rho_w$

해설 표면 건조 포화상태의 밀도= $\{B/(B-C)\} \times \rho_w$

60 방사선 차폐용 콘크리트의 이음 및 이어치기에 관한 설명 중 옳지 않은 것은?

① 이어치기의 경우 미리 계획을 세워 책임기술자의 승인을 얻을 필요가 있다.
② 이어치기 형상은 방사선의 영향을 고려하여 가급적 평면으로 하는 것이 바람직하다.
③ 시공이음 및 이어치기는 차폐 측면에서 결함이 되기 때문에 가능한 실시하지 않도록 한다.
④ 이어치기 위치는 선원에서의 방사선이 인체 혹은 측정기구가 있는 장소 등으로 직진하지 않도록 계획한다.

해설 이어치기 형상은 방사선의 영향을 고려하여 가급적 요철면으로 하는 것이 바람직하다.

4과목 콘크리트 구조 및 유지관리

61 피복두께가 100mm 이하이고 건조 환경에 있는 철근콘크리트건물의 허용 균열 폭은 최대 얼마인가?

① 0.6mm ② 0.3mm
③ 0.2mm ④ 0.15mm

해설 0.4mm와 $0.006C_c$ 중 큰 값으로 $0.006 \times 100 = 0.6$mm

62 복철근 콘크리트 단면에 압축철근비 $\rho' = 0.015$가 배근된 경우 순간처짐이 30mm일 때 1년이 지난 후의 처짐량은? (단, 작용하중은 지속하중이며 시간경과계수 $\xi = 1.4$임.)

① 24mm ② 30mm
③ 42mm ④ 54mm

해설 $\lambda_\Delta = \dfrac{\xi}{1+50\rho'} = \dfrac{1.4}{1+50 \times 0.015} = 0.8$

• 장기 처짐량 : $0.8 \times 30 = 24$mm
• 총 처짐량 : $24 + 30 = 54$mm

답안 표기란			
60	① ② ③ ④
61	① ② ③ ④
62	① ② ③ ④

정답 57. ② 58. ④
      59. ③ 60. ②
      61. ① 62. ④

63 옹벽의 안정에 대한 설명으로 틀린 것은?

① 전도에 대한 저항휨모멘트는 횡토압에 의한 전도모멘트의 1.5배 이상이어야 한다.
② 활동에 대한 저항력은 옹벽에 작용하는 수평력의 1.5배 이상이어야 한다.
③ 전도 및 지반지지력에 대한 안정조건은 만족하지만, 활동에 대한 안정조건만을 만족하지 못할 경우에는 활동 방지벽 혹은 횡방향 앵커 등을 설치하여 활동저항력을 증대시킬 수 있다.
④ 지반에 유발되는 최대 지반반력이 지반의 허용지지력을 초과하지 않아야 한다.

해설 전도에 대한 저항 휨모멘트는 횡토압에 의한 전도모멘트의 2배 이상이어야 한다.

64 그림과 같은 단면을 가진 PSC보가 $L=15\text{m}$이고, 자중을 포함한 계수 하중 32.5kN/m가 작용할 때 경간 중앙단면의 상연응력은 약 얼마인가? (단, 프리스트레스 힘 P는 3200kN, 편심량 $e_p=0.2$m이다.)

① 9 MPa
② 13 MPa
③ 17 MPa
④ 23 MPa

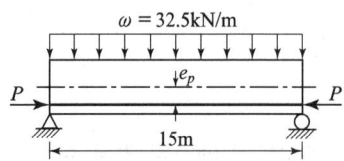
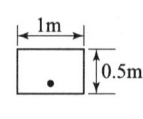

해설
- $M = \dfrac{wl^2}{8} = \dfrac{32.5 \times 15^2}{8} = 914.06 \text{kN} \cdot \text{m}$
- $I = \dfrac{bh^3}{12} = \dfrac{1 \times 0.5^3}{12} = 0.01042 \text{m}^4$
- $f = \dfrac{P}{A} + \dfrac{M}{I}y - \dfrac{P \cdot e}{I}y = \dfrac{3200}{1 \times 0.5} + \dfrac{914.06}{0.01042} \times \dfrac{0.5}{2} - \dfrac{3200 \times 0.2}{0.01042} \times \dfrac{0.5}{2}$

$= 12975 \text{kN/m}^2 = 12975000 \text{N}/(1000)^2 \text{mm}^2 ≒ 13 \text{N/mm}^2 = 13 \text{MPa}$

65 인장철근 D25(공칭지름 25.4mm)를 정착시키는 데 필요한 기본 정착길이(l_{db})는? (단, $f_{ck}=26$MPa, $f_y=400$MPa, $\lambda=1.0$)

① 982mm
② 1,196mm
③ 1,486mm
④ 1,875mm

📝해설
- 기본 정착길이

$$l_{db} = \frac{0.6 d_b f_y}{\lambda \sqrt{f_{ck}}} = \frac{0.6 \times 25.4 \times 400}{1.0 \times \sqrt{26}} = 1196 mm$$

- 인장철근의 정착길이는 300mm 이상이어야 한다.

66 화재에 의한 콘크리트 구조물의 열화현상에 대한 설명으로 틀린 것은?

① 콘크리트는 약 300℃에서 중성화되기 쉽다.
② 콘크리트는 탈수나 단면내의 열응력에 의해 균열이 생긴다.
③ 콘크리트의 가열로 인한 정탄성계수의 감소에 의해 바닥슬래브나 보의 처짐이 증가한다.
④ 급격한 가열시 피복 콘크리트의 폭렬이 발생하기 쉽다.

📝해설 콘크리트는 750℃ 전후의 가열온도에서 탄산칼슘($CaCO_3$)의 분해가 되어 탄산화가 되기 쉽다.

67 그림과 같은 정사각형 독립확대기초 저변에 작용하는 지압력이 $q = 160 kN/m^2$일 때 휨에 대한 위험단면의 모멘트는 얼마인가?

① 345.6 kN·m
② 375.4 kN·m
③ 395.7 kN·m
④ 425.3 kN·m

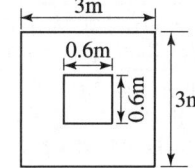

📝해설 M=(응력)×(단면적)×도심까지의 거리

$$= q \cdot \left\{ S \times \frac{(L-t)}{2} \right\} \times \left\{ \frac{(L-t)}{2} \times \frac{1}{2} \right\}$$

$$= 160 \times \left\{ 3 \times \frac{(3-0.6)}{2} \right\} \times \left\{ \frac{(3-0.6)}{2} \times \frac{1}{2} \right\}$$

$$= 345.6 kN \cdot m$$

68 콘크리트 구조물의 재하시험은 하중을 받는 구조부분의 재령이 최소한 며칠이 지난 다음에 재하시험을 시행하여야 하는가?

① 14일
② 28일
③ 56일
④ 84일

📝해설 최초의 재하시험은 재령 56일이 지난 후에 실시한다.

정답 63.① 64.② 65.② 66.① 67.① 68.③

69 구조물의 상태평가 ABCDE 5단계 등급에 대한 설명 중 틀린 것은?

① A등급 : 문제점이 없는 최상의 상태
② B등급 : 보조 부재에 경미한 결함이 발생하였으나 기능 발휘에는 지장이 없으며 내구성 증진을 위하여 일부 보수가 필요한 상태
③ D등급 : 주요 부재에 결함이 발생하여 긴급한 보수·보강이 필요하며 사용 제한 여부를 결정해야 하는 상태
④ E등급 : 주요 부재에 경미한 결함 또는 보조 부재에 광범위한 결함이 발생하였으나 전체적인 구조물의 안전에는 지장이 없으며 주요 부재에 내구성, 기능성 저하방지를 위한 보수가 필요하거나 보조 부재에 간단한 보강이 필요한 상태

해설 안전등급

안전등급	시설물의 상태
A(우수)	문제점이 없는 최상의 상태
B(양호)	보조 부재에 경미한 결함이 발생하였으나 기능 발휘에는 지장이 없으며, 내구성 증진을 위하여 일부 보수가 필요한 상태
C(보통)	주요 부재에 경미한 결함 또는 보조 부재에 광범위한 결함이 발생하였으나 전체적인 시설물의 안전에는 지장이 없으며, 주요 부재에 내구성, 기능성 저하방지를 위한 보수가 필요하거나 보조 부재에 간단한 보강이 필요한 상태
D(미흡)	주요 부재에 결함이 발생하여 긴급한 보수·보강이 필요하며, 사용 제한 여부를 결정해야 상태
E(불량)	주요 부재에 발생한 심각한 결함으로 인하여 시설물의 안전에 위험이 있어 즉각 사용을 금지하고 보강 또는 개축을 해야 하는 상태

70 철근의 부식상태 조사방법 중 자연전위법에 대한 설명으로 틀린 것은?

① 피복 콘크리트의 전기저항을 측정함으로써 그 부식성 및 철근의 부식속도에 관계하는 정보를 얻을 수 있으며, 일반적으로 4점 전극법을 사용한다.
② 콘크리트 표면이 건조한 경우에는 물을 뿌려 표면을 습윤상태로 만든 후 전위측정을 한다.
③ 자연전위(E)가 -350mV 이하이면 90% 이상의 확률로 부식이 있다.
④ 염화물의 침투와 중성화로 철근이 활성태로 되어 부식이 진행하면 그 전위는 마이너스($-$) 방향으로 변화한다.

해설 철근과 조합전극을 도선으로 전압계의 단자에 접속하고 콘크리트 표면에 조합 전극을 이동시켜 여러 점에서 철근의 전위를 측정한다.

71 단면이 500mm×500mm인 사각형이고, 종방향철근의 전체단면적(A_{st})이 4500mm²인 중심축하중을 받는 띠철근 단주의 설계축하중강도는? (단, f_{ck}=27MPa, f_y=400MPa이고, ϕ=0.65를 적용한다.)

① 2987 kN ② 3866 kN
③ 4163 kN ④ 4754 kN

해설
$P_d = \phi P_n$
$= 0.65 \times 0.8 \{0.85 f_{ck}(A_g - A_{st}) + f_y A_{st}\}$
$= 0.65 \times 0.8 \{0.85 \times 27(250000 - 4500) + 400 \times 4500\}$
$= 3,865,797 N = 3,866 kN$

72 기둥에서 축방향 철근량의 최소한계를 두는 이유로 잘못된 설명은?

① 휨강도보다는 압축단면을 보강하기 위해서
② 시공시 재료분리로 인한 부분적 결함을 보완하기 위해서
③ 콘크리트 크리프 및 건조수축의 영향을 감소시키기 위해서
④ 예상 외의 편심하중이 작용할 가능성에 대비하기 위해서

해설 기둥에서 축방향 철근의 철근비를 1% 이상으로 제한한 이유
- 크리프 및 건조수축의 영향을 줄이기 위해서이다.
- 콘크리트의 부분적인 결함을 보완하기 위해서이다.
- 예상 외의 편심하중에 대비하기 위해서이다.

73 초음파속도법에 대한 설명 중 가장 적절치 않은 것은?

① 측정법은 표면법, 대칭법, 사각법이 있다.
② 콘크리트의 균질성, 내구성 등의 판정에 이용된다.
③ 콘크리트의 종류, 측정대상물의 형상·크기 등에 대한 적용상의 제약이 비교적 적다.
④ 음속만으로 콘크리트 압축강도를 정확하게 알 수 있다.

해설 강도 추정은 미리 구한 음속과 압축강도와 상관관계 도표 및 식을 이용하여 구하는데 정밀도는 그다지 높지 않다.

74 콘크리트의 설계기준 압축강도가 35MPa이고 단위질량이 2100kg/m³일 때, 콘크리트의 탄성계수(E_c)는?

① 23228MPa ② 24231MPa
③ 25129MPa ④ 26550MPa

[정답] 69. ④ 70. ①
71. ② 72. ①
73. ④ 74. ③

해설 $E_c = 0.077 m_c^{1.5} \sqrt[3]{f_{cm}} = 0.077 \times 2100^{1.5} \sqrt[3]{(35+4)} = 25129 \text{MPa}$
여기서, $f_{cm} = f_{ck} + \Delta f$이며 Δf는 f_{ck}가 40MPa 이하이면 4MPa, 60MPa 이상이면 6MPa, 그 사이는 직선보간으로 구한다.

75 저압·저속식 주입공법에서 이용되지 않는 재료는?
① 에폭시 모르타르
② 플라스틱제 실린더
③ 주입용 에폭시 수지
④ 에폭시 실링제(Sealing)

해설 무기질재의 슬러리 등이 사용된다.

76 콘크리트의 알칼리 골재반응에 의한 열화가 발생되는 직접적인 원인이 아닌 것은?
① 수분
② Na_2O, K_2O
③ 반응성 골재
④ 수산화칼슘

해설 시멘트 중의 알칼리 성분(Na_2O, K_2O)이 골재 중의 실리카 성분과 화학반응에 의해서 생성된 물질이 수분을 흡수하여 과도하게 팽창하면 콘크리트에 균열, 박리, 휨파괴가 생기는 현상을 알칼리 골재반응이라 한다.

77 콘크리트 구조물의 보수 보강공법에 관한 설명 중 틀린 것은?
① 전기를 이용한 공법에는 탈염공법과 전착공법이 있다.
② 강판 접착공법은 내하력을 향상시키기 위한 보강공법이다.
③ 탄소 섬유는 강재보다 인장강도가 낮고, 무게도 강재보다 적다.
④ 콘크리트 중성화로 강재 부식이 나타나 재가설이 불가능한 경우는 재알칼리화 공법을 사용한다.

해설 탄소 섬유는 강재보다 인장강도가 높고, 무게는 강재보다 적다.

78 처짐과 균열에 관한 설명으로 옳지 않은 것은?
① 미관이 중요한 구조는 미관상의 허용균열폭을 설정하여 균열을 검토할 수 있다.
② 균열 제어를 위한 철근은 필요로 하는 부재 단면의 주변에 분산시켜 배치하여야 하고, 이 경우 철근의 지름과 간격을 가능한 한 크게 하여야 한다.

③ 처짐을 계산할 때 하중의 작용에 의한 순간처짐은 부재 강성에 대한 균열과 철근의 영향을 고려하여 탄성 처짐 공식을 사용하여 계산하여야 한다.
④ 과도한 처짐에 의해 손상되기 쉬운 비구조 요소를 지지 또는 부착하지 않은 평지붕구조 형태의 최대 허용 처짐은 활하중에 의한 순간처짐을 고려하여야 한다.

해설
- 균열 제어를 위한 철근은 필요로 하는 부재 단면의 주변에 분산시켜 배치하여야 하고, 이 경우 철근의 지름과 간격을 가능한 한 작게 하여야 한다.
- 부재는 하중에 의한 균열을 제어하기 위해 필요한 철근 외에도 필요에 따라 온도변화, 건조수축 등에 의한 균열을 제어하기 위한 추가적인 보강철근을 배치하여야 한다.

79 직사각형 단철근 보에 배근된 주철근의 설계기준 항복강도가 450MPa이고 이 철근에 0.0075의 변형률이 발생했을 때, 다음 설명 중 옳은 것은? (단, 철근의 탄성계수는 200000MPa이다.)

① 이 부재는 압축지배단면이다.
② 이 부재의 강도감소계수는 0.65이다.
③ 이 철근의 항복변형률은 0.00125이다.
④ 이 부재의 인장지배 변형률 한계는 0.00563이다.

해설
- 항복변형률 $\varepsilon_y = \dfrac{f_y}{E_s} = \dfrac{450}{200000} = 0.0025$
- $f_y > 400\text{MPa}$인 경우 $\varepsilon_t \geq 2.5\,\varepsilon_y = 2.5 \times 0.00225 = 0.00563$
- 인장지배단면으로 강도감소계수는 0.85이다.

80 경험과 기술을 갖춘 사람에 의한 세심한 외관조사 수준의 점검으로서 시설물의 기능적 상태를 판단하고 시설물이 현재의 사용요건을 계속 만족시키고 있는지 확인하기 위한 점검은?

① 긴급점검
② 정기점검
③ 정밀점검
④ 정밀안전진단

해설 정기점검
- 콘크리트 구조물의 설계, 시공, 유지관리에 관한 지식을 가지는 기술자가 수행하는 것을 원칙으로 한다.
- 육안이나 간단한 측정장비 등으로 점검하며 열화, 손상, 초기결함의 유무 및 그 정도를 파악한다.
- 반기별 1회 이상 정기적으로 수행한다.

정답 75.① 76.④ 77.③ 78.② 79.④ 80.②

1과목　콘크리트 공학

01 시멘트의 비표면적에 관한 설명 중 틀린 것은?

① 블레인 공기 투과장치를 사용하여 시험할 수 있다.
② 시멘트의 분말도를 나타내는 방법이다.
③ 시멘트 내의 공기량을 측정하는 시험이다.
④ 초기강도는 비표면적이 큰 콘크리트가 높다.

해설 시멘트의 분말도는 시멘트 1g이 가지는 비표면적으로 표시하며 시멘트의 입자가 미세할수록 분말도가 큰 것이다.

02 콘크리트용 골재의 품질시험에 대한 설명으로 옳은 것은?

① 체가름 시험은 콘크리트 배합 시 사용 수량의 조절을 위해 사용된다.
② 알칼리 잠재반응시험은 콘크리트 경화체의 팽창을 일으키는 실리카 성분을 파악하기 위해 실시한다.
③ 밀도시험은 골재의 입도 상태를 판정하는 데 이용한다.
④ 단위용적질량시험은 골재의 흡수율을 판정하는 데 이용된다.

해설 시멘트 속의 알칼리 성분이 골재 속의 실리카 성분과 반응하여 발생하는 화학반응을 알칼리 골재반응이라 한다.

03 시멘트 비중시험(KS L 5110)에 의해 플라이 애시 비중시험 결과 르 샤틀리에 비중병에 광유를 넣고 읽은 눈금이 0.4mL였고 플라이 애시 40g을 넣은 후 읽은 눈금이 18.2mL였다. 플라이 애시 비중은?

① 2.2
② 2.25
③ 3.05
④ 3.37

해설 플라이 애시 비중 $= \dfrac{40}{18.2-0.4} = 2.25$

04 일반 콘크리트에서 물-결합재비에 대한 설명으로 틀린 것은?

① 압축강도와 물-결합재비와의 관계는 시험에 의해 정하는 것을

원칙으로 한다. 이때 공시체는 재령 28일을 표준으로 한다.
② 제빙화학제가 사용되는 콘크리트의 물-결합재비는 45% 이하로 한다.
③ 콘크리트의 수밀성을 기준으로 물-결합재비를 정할 경우 그 값은 40% 이하로 한다.
④ 콘크리트의 탄산화 저항성을 고려하여 물-결합재비를 정할 경우 55% 이하로 한다.

해설
- 콘크리트의 수밀성을 기준으로 물-결합재비를 정할 경우 그 값은 50% 이하로 한다.
- 황산염 노출 정도가 보통인 경우 최대 물-결합재비는 50%로 한다.

05 실제 사용한 콘크리트의 15회 시험실적으로부터 구한 압축강도의 표준편차가 2.5 MPa이었다. 이 콘크리트의 내구성 기준 압축강도(f_{cd})가 24 MPa, 설계기준 압축강도(f_{ck})가 21 MPa일 때 배합강도를 구하면?

① 27.6 MPa ② 27.9 MPa
③ 28.47 MPa ④ 28.9 MPa

해설
- 15횟수의 표준편차 보정계수 : 1.16
- 표준편차 $s = 2.5 \times 1.16 = 2.9$MPa
- 품질기준강도(f_{cq})
  f_{ck}와 f_{cd} 중 큰 값인 24MPa이다.
- 배합강도($f_{cq} \leq 35$MPa)
  $f_{cr} = f_{cq} + 1.34s = 24 + 1.34 \times 2.9 = 27.9$MPa
  $f_{cr} = (f_{cq} - 3.5) + 2.33s = (24 - 3.5) + 2.33 \times 2.9 = 27.3$MPa
  ∴ 큰 값인 27.9MPa이다.

06 콘크리트 배합에서 굵은골재의 최대치수에 관한 규정으로 틀린 것은?

① 일반적인 구조물의 경우 굵은골재의 최대치수는 20mm 또는 25mm로 한다.
② 굵은골재의 최대치수는 거푸집 양 측면 사이의 최소거리의 1/5을 초과해서는 안 된다.
③ 굵은골재의 최대치수는 개별 철근, 다발철근, 긴장재 또는 덕트 사이 최소 순간격의 3/4을 초과해서는 안 된다.
④ 굵은골재의 최대치수는 슬래브 두께의 2/3을 초과해서는 안 된다.

해설 굵은골재의 최대치수는 슬래브 두께의 1/3을 초과해서는 안 된다.

07 다음 콘크리트의 시방배합을 현장배합으로 환산시 단위수량, 잔골재, 굵은골재량으로 적합한 것은? (단, 시방배합의 단위시멘트량이 300kg/m³, 단위수량이 155kg/m³, 단위 잔골재량이 695kg/m³, 단위 굵은골재량이 1285kg/m³이며 현장골재의 상태는 잔골재의 표면수 4.6%, 굵은골재의 표면수 0.8%, 잔골재 중 5mm체 잔유량 3.4%, 굵은골재 중 5mm체 통과량 4.3%이다.)

① 단위수량 : 114kg/m³, 단위 잔골재량 : 691kg/m³, 단위 굵은골재량 : 1330kg/m³
② 단위수량 : 119kg/m³, 단위 잔골재량 : 691kg/m³, 단위 굵은골재량 : 1330kg/m³
③ 단위수량 : 114kg/m³, 단위 잔골재량 : 721kg/m³, 단위 굵은골재량 : 1303kg/m³
④ 단위수량 : 119kg/m³, 단위 잔골재량 : 721kg/m³, 단위 굵은골재량 : 1303kg/m³

해설
- 단위 잔골재량

  입도 보정 = $\dfrac{100 \times 695 - 4.3(695+1285)}{100-(3.4+4.3)} = 660.74\text{kg}$

  표면수 보정 = $660.74\left(1+\dfrac{4.6}{100}\right) = 691\text{kg}$

- 단위 굵은골재량

  입도 보정 = $\dfrac{100 \times 1285 - 3.4(695+1285)}{100-(3.4+4.3)} = 1319.26\text{kg}$

  표면수 보정 = $1319.26\left(1+\dfrac{0.8}{100}\right) = 1330\text{kg}$

- 단위수량

  $155-(660.74 \times 0.046)-(1319.26 \times 0.008) = 114\text{kg}$

08 다음은 재령별 시멘트 조성광물의 발열량(cal/g)을 표시한 것이다. 이에 가장 적합한 것은?

재령일	2일	7일	28일	90일	180일	360일
발열량	172	190	204	190	220	202

① C_3A
② C_3S
③ C_2S
④ C_4AF

해설

재령일	2일	7일	28일	90일	180일	360일
C_3S	98	110	114	122	121	136
C_2S	19	18	44	55	53	60
C_4AF	29	43	48	47	73	30

09 콘크리트 시방배합 설계에서 단위골재의 절대용적이 678ℓ이고, 잔골재율이 40%, 굵은골재의 표건밀도가 0.0026g/mm³인 경우 단위 굵은골재량은?

① 705.12kg ② 806.8kg
③ 1057.68kg ④ 1762.8kg

해설 단위 굵은골재량
0.678×0.6×2.6×1000 = 1057.68kg
여기서, 단위골재의 절대용적 0.678m³, 굵은골재의 표건밀도 2.6g/cm³이다.

10 콘크리트 및 모르타르 혼화재로 사용되는 고로슬래그 미분말의 품질시험에서 활성도 지수를 측정하기 위해 적용되는 재령일이 아닌 것은?

① 재령 91일 ② 재령 28일
③ 재령 7일 ④ 재령 3일

해설
- 활성도 지수(%)는 재령 7일, 28일, 91일 기준을 적용한다.
- 활성도 지수란 기준 모르타르의 압축강도에 대한 시험 므로타르의 압축강도비를 백분율로 표시한 것이다.
- 고로슬래그 미분말의 품질 항목
  밀도, 비표면적, 활성도 지수, 플로값 비, 산화마그네슘, 삼산화황, 강열감량, 염화물 이온

11 콘크리트의 배합설계에 관하여 옳지 않은 것은?

① 작업에 적합한 워커빌리티를 갖는 범위 내에서 단위수량은 가능한 한 작게 하여야 한다.
② 물-결합재비는 소요의 강도, 내구성, 수밀성 및 균열저항성 등을 고려하여 정한다.
③ 콘크리트의 슬럼프는 운반, 타설, 다지기 등의 작업에 알맞은 범위 내에서 가능한 한 작게 하여야 한다.
④ 잔골재율은 소요의 작업성을 얻을 수 있는 범위 내에서 단위수량이 최대가 되도록 시험에 의하여 정한다.

[정답] 07. ① 08. ① 09. ③ 10. ④ 11. ④

해설
- 잔골재율은 소요의 작업성을 얻을 수 있는 범위 내에서 단위수량이 최소가 되도록 시험에 의하여 정한다.
- 잔골재율은 되도록 작게 한다.
- 공기량은 4.5±1.5% 범위가 적절하다.
- 재료분리의 발생을 방지하기 위하여 굵은골재와 잔골재가 혼합된 골재의 입도는 연속입도라야 한다.
- 공사중에 잔골재의 입도가 변하여 조립률이 ±0.20 이상 차이가 있을 경우에는 워커빌리티가 변화하므로 배합을 수정할 필요가 있다.

12 콘크리트의 수화반응에 대한 설명으로 옳지 않은 것은?

① 분말이 고운 것일수록 단기 재령에서의 수화열이 크다.
② 수화반응은 발열반응으로 시멘트는 수화반응의 진행과 함께 열을 발산한다.
③ 시멘트의 수화열은 수화시멘트와 미수화시멘트의 용해열 차이로 측정한다.
④ 수화열은 시멘트에 C_3A가 많이 포함될수록 낮고, C_2S가 많이 포함될수록 높다.

해설 수화열은 시멘트에 C_3A가 많이 포함될수록 높고, C_2S가 많이 포함될수록 낮다.

13 시멘트의 강도 시험 방법(KS L ISO 679)에 따른 모르타르의 배합을 올바르게 나타낸 것은? (단, ㉠은 시멘트와 표준사의 비, ㉡은 물-시멘트 비)

① ㉠=1 : 2, ㉡=50%
② ㉠=1 : 2, ㉡=60%
③ ㉠=1 : 3, ㉡=50%
④ ㉠=1 : 3, ㉡=60%

해설 시멘트의 강도 시험용 모르타르의 배합은 시멘트:표준사 = 1:3, 물/시멘트비는 0.5이다.

14 골재의 조립률 계산 시 필요한 체가 아닌 것은?

① 40mm
② 15mm
③ 1.2mm
④ 0.15mm

해설 75, 40, 20, 10, 5, 2.5, 1.2, 0.6, 0.3, 0.15mm 체가 해당된다.

15 플라이 애시의 품질을 규정하기 위한 시험 항목이 아닌 것은?

① 응결 시간
② 총 인산염
③ 플로값 비
④ 산화마그네슘(MgO)

해설 이산화규소, 수분, 강열감량, 밀도, 분말도, 활성도 지수 등이 있다.

16 연속 생산되는 콘크리트에서 콘크리트의 품질에 큰 변화를 일으키지 않도록 허용하는 잔골재 조립률의 최대 변화량으로 옳은 것은?

① ±0.10
② ±0.15
③ ±0.20
④ ±0.25

해설 공사 중에 잔골재의 조립률이 ±0.20 이상 차이가 있을 경우에는 콘크리트의 워커빌리티가 변하므로 배합을 수정할 필요가 있다.

17 콘크리트용 플라이 애시로 사용할 수 없는 것은?

① 수분이 0.5%인 경우
② 강열감량이 6%인 경우
③ 실리카 함유량이 48%인 경우
④ 실리카 함유량이 84%인 경우

해설
- 수분 : 1% 이하
- 강열감량 : 1종(3% 이하), 2종(5% 이하), 3종(8% 이하), 4종(5% 이하)
- 실리카 함유량 : 60% 정도가 가장 많다.

18 잔골재의 표면수 측정방법(KS F 2509)에 관한 설명으로 틀린 것은?

① 잔골재의 표면수 측정방법에는 질량법과 용적법이 있다.
② 시험할 때 시료의 양이 많을수록 정확한 결과가 얻어진다.
③ 잔골재의 표면수율은 일반적으로 절대건조상태의 골재에 대한 질량비(%)로 나타낸다.
④ 시료는 대표적인 것을 400g 이상 채취하여 가능한 한 함수율의 변화가 없도록 주의하여 2분하고 각각을 1회의 시험의 시료로 한다.

해설 잔골재의 표면수율은 일반적으로 표면건조포화상태의 골재에 대한 질량비(%)로 나타낸다.

정답 12. ④ 13. ③ 14. ② 15. ① 16. ③ 17. ② 18. ③

19. 경량골재 콘크리트에 관한 설명으로 틀린 것은?

① 경량 굵은골재의 부립률은 10%를 최대한도로 한다.
② 경량 굵은골재의 최대치수는 원칙적으로 25mm로 한다.
③ 경량골재의 씻기시험에 의해 손실되는 양은 10% 이하로 한다.
④ 천연 경량 잔골재 및 굵은골재 혼합물의 건조 최대 단위용적질량은 1040kg/m³ 이하로 한다.

해설 경량 굵은골재의 최대치수는 원칙적으로 20mm로 한다.

20. 포틀랜드 시멘트의 품질규격에 관한 설명으로 옳지 않은 것은?

① 종류에 관계없이 응결시간의 종결시간은 10시간 이하이다.
② 종류에 관계없이 강열감량은 5.0% 이하이다.
③ 1종 포틀랜드 시멘트의 안정도는 0.8% 이하이다.
④ 전 알칼리 함량은 종류에 관계없이 0.5%(Na_2O) 이하로 규정되어 있다.

해설 전 알칼리 함량은 종류에 관계없이 0.6%(Na_2O) 이하로 규정되어 있다.

2과목 콘크리트 제조, 시험 및 품질관리

21. 압력법에 의한 공기량 시험의 적용범위 및 방법에 대한 설명으로 적절하지 않은 것은?

① 최대골재의 크기 40mm 이하
② 인공경량골재를 사용한 콘크리트
③ 압력계의 바늘을 손으로 두드리고 나서 읽는다.
④ 콘크리트를 3층으로 나누어 각 층 25회씩 다짐봉으로 다진다.

해설 보통 골재를 사용한 콘크리트 또는 모르타르에 대해서는 적당하나 골재 수정계수를 정확히 구할 수 없는 다공질의 골재를 사용한 콘크리트 또는 모르타르에 대해서는 적당하지 않다.

22 QC(품질관리)에 사용하는 관리도에 대한 설명으로 틀린 것은?

① 관리한계는 일반적으로 그 통계량의 평균치 ± 3σ를 사용한다. (여기서, σ는 표준편차)
② 특성치가 관리한계선의 안쪽에 들어오면 어느 경우에도 공정이 안정한 것이다.
③ 1개의 시험결과를 사용한 x관리도보다 n개의 시험결과 평균치를 사용한 $\bar{x}$관리도가 관리한계의 폭이 넓다.
④ $\bar{x}-R$관리도는 공정의 해석에 매우 유용하다.

해설 특성치가 관계한계선의 안쪽에 들어오더라도 안정한 상태라고 할 수 없는 경우는 중심선 한쪽으로 편중하거나 특성치가 상승 또는 하강을 주기적으로 반복하는 상태이다.

23 수분의 증발이 원인이 되어 타설 후부터 콘크리트의 응결 종결시까지 발생하는 균열을 초기 건조균열이라고 한다. 이러한 균열이 발생되기 쉬운 경우에 대한 설명으로 틀린 것은?

① 콘크리트 노출면의 수분 증발속도가 블리딩 속도보다 빠른 경우
② 바람이 없고 기온이 낮으며, 건조가 심한 경우
③ 바닥판에서 거푸집으로부터의 누수가 심하고 블리딩이 전혀 없으며 초기에 콘크리트 표면에 수분이 부족한 경우
④ 시멘트의 응결·경화가 급격하게 일어나 콘크리트 내부에 물이 흡수된 경우

해설 초기 건조 균열은 콘크리트의 응결이 시작한 상태에서, 콘크리트 표면에서 급격한 건조가 발생했을 경우 표면이 수축하여 발생된 균열의 방향성은 불규칙하며, 균열의 폭도 작은 형태로 나타난다.

24 콘크리트의 크리프에 관한 설명 중 틀린 것은?

① 재하기간중의 대기의 습도가 높을수록 크리프가 크다.
② 시멘트량이 많을수록 크리프가 크다.
③ 재하시의 재령이 작을수록 크리프가 크다.
④ 보통시멘트는 조강시멘트에 비하여 크리프가 크다.

해설
• 재하기간 중 대기의 습도가 낮을수록 크리프가 크다.
• 중용열 시멘트나 혼합시멘트는 크리프가 크다.
• 재하기간 중 대기의 온도가 높을수록 크리프가 크다.

02회 CBT 모의고사

25 일반 콘크리트에 사용되는 재료의 계량에 대한 설명으로 틀린 것은?

① 사용재료는 시방배합을 현장배합으로 고친 다음 현장배합으로 계량하여야 한다.
② 골재가 건조되어 있을 때의 유효 흡수율 값을 골재를 적절한 시간 동안 흡수시켜서 구하여야 한다.
③ 혼화제를 녹이는 데 사용하는 물이나 혼화제를 묽게 하는 데 사용하는 물은 단위수량에서 제외한다.
④ 각 재료는 1배치씩 질량으로 계량하여야 한다. 다만, 물과 혼화제 용액은 용적으로 계량해도 좋다.

[해설] 혼화제를 녹이는 데 사용하는 물이나 혼화제를 묽게 하는 데 사용하는 물은 단위수량의 일부로 보아야 한다.

26 급속동결융해 시험에서 150사이클 및 180사이클에서 상대동탄성계수가 각각 65% 및 50%가 되었다면 동결융해에 대한 내구성 지수는 얼마인가? (단, 직선(선형)보간법을 활용한다.)

① 65　　② 50
③ 32　　④ 16

[해설]
- 특별한 제한이 없는 한 300사이클 또는 상대동탄성계수가 60%가 될 때까지 시험을 계속하도록 규정하고 있다.
- 상대동탄성계수가 65%일 때 내구성 지수
$$DF = \frac{PN}{M} = \frac{65 \times 150}{300} = 32.5$$
- 상대동탄성계수가 50%일 때 내구성 지수
$$DF = \frac{PN}{M} = \frac{50 \times 180}{300} = 30$$
- 상대동탄성계수가 57.5%일 때 내구성 지수
$$DF = \frac{PN}{M} = \frac{57.5 \times 175}{300} = 33.54$$
- 상대동탄성계수가 60%일 때 내구성 지수
$$DF = \frac{PN}{M} = \frac{60 \times 160}{300} = 32$$

27 관리도에 관한 설명으로 옳지 않은 것은?

① $\bar{x}-R$ 관리도 : 평균값과 범위의 관리도
② $\bar{x}-\sigma$ 관리도 : 평균값과 표준편차의 관리도
③ x 관리도 : 측정값 자체의 관리도
④ P 관리도 : 단위당 결점수 관리도

해설
- P 관리도 : 불량률 관리도
- U 관리도 : 단위당 결점수 관리도

28 NaCl을 질량으로 0.03% 포함된 해사를 950 kg/m³ 사용하여 콘크리트를 제조할 경우, 해사로 인한 콘크리트의 염화물이온(Cl^-) 함유량을 구하면?

① $0.285\ \text{kg/m}^3$
② $0.143\ \text{kg/m}^3$
③ $0.173\ \text{kg/m}^3$
④ $0.346\ \text{kg/m}^3$

해설
염화물이온량 $= 950 \times 0.03\% \times \dfrac{35.5}{58.5} = 0.173\ \text{kg/m}^3$

여기서, NaCl 분자량 : 58.5
　　　　Cl^- 분자량 : 35.5

29 지름 150mm, 높이 300mm의 원주형 공시체를 사용하여 쪼갬 인장강도 시험을 한 결과 최대하중이 250kN이라면 이 콘크리트의 쪼갬인장강도는?

① 2.12 MPa
② 2.53 MPa
③ 3.22 MPa
④ 3.54 MPa

해설
$f_{sp} = \dfrac{2P}{\pi dl} = \dfrac{2 \times 250000}{3.14 \times 150 \times 300} = 3.54\ \text{MPa}$

30 콘크리트의 압축강도, 슬럼프, 공기량 등의 특성을 관리하는 데 적합한 관리도는?

① 특성 요인도
② 파레토도
③ 히스토그램
④ $\bar{x}-R$

해설 계량값 관리도이며 정규분포인 $\bar{x}-R$ 관리도

정답 25. ③　26. ③　27. ④　28. ③　29. ④　30. ④

31 균열의 제어를 목적으로 설치하는 균열유발이음에 대한 설명 중 틀린 것은?

① 수밀 구조물에 균열유발이음을 설치할 경우에는 미리 지수판을 설치한다.
② 균열유발이음의 간격은 부재높이의 1배 이상에서 2배 이내 정도로 한다.
③ 균열유발이음에 대한 단면 결손율은 10% 이하로 하는 것이 적합하다.
④ 정해진 장소에 균열을 집중시킬 목적으로 균열유발이음을 설치한다.

해설
- 균열유발이음에 대한 단면 결손율은 20~30% 이상으로 하는 것이 좋다.
- 균열유발이음의 간격은 4~5m 정도를 기준으로 한다.

32 콘크리트 휨강도 시험용 공시체를 4점 재하장치로 시험하였더니, 최대하중 35kN에서 지간의 가운데 부분에서 파괴되었다. 이 콘크리트의 휨강도는 얼마인가? (단, 공시체의 크기는 150×150×530mm이며 지간은 450mm)

① 4.67 MPa
② 4.23 MPa
③ 4.01 MPa
④ 3.69 MPa

해설
휨강도 $= \dfrac{Pl}{bd^2} = \dfrac{35000 \times 450}{150 \times 150^2} = 4.67\text{MPa}$

33 레디믹스트 콘크리트의 품질 중 공기량에 대한 규정인 아래 표의 내용 중 틀린 것은?

[단위 : %]

콘크리트의 종류	공기량	공기량의 허용오차
보통 콘크리트	㉠ 4.5	±1.5
경량골재 콘크리트	㉡ 5.5	
포장 콘크리트	㉢ 4.0	
고강도 콘크리트	㉣ 3.5	

① ㉠
② ㉡
③ ㉢
④ ㉣

해설 포장 콘크리트의 경우 4.5%이다.

34 콘크리트의 압축강도 시험값에 영향을 미치는 시험조건의 설명으로 틀린 것은?
① 공시체의 치수가 클수록 압축강도는 작아진다.
② 재하속도가 빠를수록 압축강도는 커진다.
③ 공시체는 건조상태보다 습윤상태에서 압축강도가 작아진다.
④ 공시체의 지름에 대한 높이의 비(H/D)가 클수록 압축강도는 커진다.

해설
- 공시체의 지름에 대한 높이의 비(H/D)가 클수록 압축강도는 작아진다.
- 공시체의 가압면에 요철이 있는 경우 강도가 작게 측정된다.

35 골재의 함수상태에 관한 설명 중 틀린 것은?
① 절대건조상태란 대기 중에서 완전히 건조된 상태이다.
② 표면건조상태는 콘크리트의 배합설계 시 기준이 된다.
③ 표면건조상태란 내부에는 수분이 있으나 표면수는 없는 상태이다.
④ 유효흡수량이란 공기 중 건조상태로부터 표면건조포화상태로 되는 데 필요한 수량이다.

해설 절대건조상태란 건조로에서 105±5℃의 온도로 무게가 일정하게 될 때까지 건조시킨 것으로서 물기가 전혀 없는 상태이다.

36 시멘트의 일반적인 성질 중 수화열에 관한 설명으로 틀린 것은?
① 내외의 온도차로 인하여 균열 발생의 원인이 된다.
② 물과 완전히 반응하면 125cal/g 정도의 열을 발생한다.
③ 수화열 저감 대책으로 분말도가 높은 시멘트를 사용하여야 한다.
④ 콘크리트의 내부온도를 상승시키므로 한중 콘크리트 공사에 유효하다.

해설 수화열 저감 대책으로 분말도가 낮은 시멘트를 사용하여야 한다.

정답 31. ③ 32. ① 33. ③ 34. ④ 35. ① 36. ③

37 레디믹스트 콘크리트의 받아들이기 검사에 있어서 시험 규정에 대한 설명으로 틀린 것은?

① 콘크리트의 강도 시험 횟수는 원칙적으로 200m³당 1회 비율로 한다.
② 강도시험 1회의 시험 결과는 구입자가 지정한 호칭강도의 85% 이상이어야 한다.
③ 공기량의 허용오차는 특별한 지정이 없는 한 ±1.5%로 한다.
④ 염화물 함유량은 염소 이온(Cl^-)량으로서 $0.3kg/m^3$ 이하로 한다. 다만, 구입자의 승인을 얻은 경우에 $0.6kg/m^3$ 이하로 할 수 있다.

해설 레디믹스트 콘크리트(KS F 4009)의 콘크리트 강도 시험 횟수는 450m³를 1로드로 하여 150m³당 1회의 비율로 한다.

38 제조 공정의 품질관리 및 검사 시, 시험결과를 바탕으로 시방배합으로부터 현장배합으로 수정하는 항목이 아닌 것은?

① 골재의 표면수율
② 굵은골재의 실적률
③ 굵은골재의 조립률
④ 5mm 체에 남는 잔골재량

해설 시방배합을 현장배합으로 고칠 경우에는 잔골재의 표면수로 인한 부풀음, 현장에서의 골재 계량방법과 KS F 2505(골재의 단위용적질량 및 실적률 시험방법)에 규정한 방법과 상이로 인한 용적의 차를 고려해야 한다.

39 굳지 않은 콘크리트의 워커빌리티를 나타내는 하나의 지표이며, 콘크리트의 묽은 정도를 나타내는 콘크리트의 특성으로 보통 슬럼프값으로 표시되는 것은?

① 성형성
② 수밀성
③ 마감성
④ 반죽질기

해설 콘크리트의 반죽질기(워커빌리티) 측정을 위해 보통 슬럼프 시험을 한다.

40 황산염은 수산화칼슘과 반응하여 석고를 생성하고 콘크리트의 체적증대를 유발한다. 이 석고는 다시 시멘트 중의 무엇과 반응하여 현저한 체적팽창을 일으키는가?

① C_2S
② C_3S
③ C_3A
④ C_4AF

해설
- 황산염에 의한 팽창을 억제하기 위해 최대 C_3A량을 규정하고 있다.
- C_3A(알루민산 3석회)량 규정

시멘트 종류	한도
2종(중용열 포틀랜드 시멘트)	8% 이하
4종(저열 포틀랜드 시멘트)	6% 이하
5종(내황산염 포틀랜드 시멘트)	4% 이하

3과목 콘크리트의 시공

41 수밀콘크리트의 시공에 대한 방법으로 옳지 않은 것은?

① 적절한 간격으로 시공이음을 만들었다.
② 일반적인 경우보다 잔골재율을 작게 하였다.
③ 타설구획 내에서 연속으로 타설하였다.
④ 연직시공이음에는 지수판을 설치하였다.

해설
- 일반적인 경우보다 잔골재율을 크게 한다.
- 단위수량 및 물-결합재비를 가급적 작게 하고 단위굵은골재량은 가급적 많게 함으로써 수밀성을 증가시킨다.

42 한중 콘크리트는 소요 압축강도가 얻어질 때까지 콘크리트의 온도를 5℃ 이상으로 유지하는 등 초기양생을 실시하여야 한다. 계속해서 또는 자주 물로 포화되는 부분에 설치된 부재의 단면 두께가 보통의 경우일 때 양생을 종료할 수 있는 소요 압축강도의 표준으로 옳은 것은?

① 15 MPa
② 12 MPa
③ 10 MPa
④ 5 MPa

해설 심한 기상작용을 받는 콘크리트의 양생 종료 시의 소요 압축강도의 표준(MPa)

구조물의 노출 및 단면	얇은 경우	보통의 경우	두꺼운 경우
(1) 계속해서 또는 자주 물로 포화되는 부분	15	12	10
(2) 보통의 노출상태에 있고 (1)에 속하지 않는 부분	5	5	5

[정답] 37.① 38.③ 39.④ 40.③ 41.② 42.②

43 시멘트의 응결을 촉진하는 혼화제로서 주로 숏크리트공법, 그라우트에 의한 누수방지공법 등에 사용되는 혼화제는?

① 발포제　　　　　② 지연제
③ 공기연행제　　　④ 급결제

해설
- 시멘트의 응결시간을 매우 빨리 하기 위하여 급결제를 사용한다.
- 발포제는 PC용 그라우트에 사용하면 모르타르나 시멘트풀을 팽창시켜 굵은골재의 간극이나 PC 강재의 주위에 충분히 잘 채워지도록 함으로써 부착을 좋게 한다.

44 일반 콘크리트의 표면마무리에 대한 설명으로 옳지 않은 것은?

① 시공이음이 미리 정해져 있지 않을 경우에는 직선상의 이음이 얻어지도록 시공하여야 한다.
② 미리 정해진 구획의 콘크리트 타설은 연속해서 일괄작업으로 끝마쳐야 한다.
③ 콘크리트 면의 마무리 두께가 7mm 이상 또는 바탕의 영향을 많이 받지 않는 마무리의 경우 평탄성은 1m당 10mm 이하를 유지하여야 한다.
④ 제물치장 마무리 또는 마무리 두께가 얇은 경우에는 1m당 7mm 이하의 평탄성을 유지하여야 한다.

해설
- 제물치장 마무리 또는 마무리 두께가 얇은 경우에는 3m당 7mm 이하의 평탄성을 유지하여야 한다.
- 콘크리트 면의 마무리 두께가 7mm 이하 또는 양호한 평탄함이 필요한 경우 평탄성은 3m당 10mm 이하를 유지하여야 한다.
- 노출 콘크리트에서 균일한 노출면을 얻기 위해서는 동일 공장제품의 시멘트, 동일한 종류 및 입도를 갖는 골재, 동일한 배합의 콘크리트, 동일한 콘크리트 타설 방법을 사용하여야 한다.

45 롤러다짐 콘크리트 반죽질기를 초로 나타내는 진동대식 반죽질기 시험값은?

① 슬럼프값　　　　② VC값
③ 다짐계수값　　　④ RI값

해설
댐 콘크리트 중 롤러 다짐 콘크리트 반죽질기의 표준값은 20±10초이다.

46 서중 콘크리트에 대한 설명 중 틀린 것은?

① 일반적으로는 기온 10℃의 상승에 대하여 단위수량은 2~5% 증가하므로 소요의 압축강도를 확보하기 위해서는 단위수량에 비례하여 단위 시멘트량의 증가를 검토하여야 한다.
② 소요의 강도 및 워커빌리티를 얻을 수 있는 범위 내에서 단위 수량 및 단위 시멘트량을 최대로 확보하여야 한다.
③ 콘크리트를 타설할 때의 콘크리트 온도는 35° 이하이어야 한다.
④ 콘크리트는 비빈 후 즉시 타설하여야 하며, 지연형 감수제를 사용하는 등의 일반적인 대책을 강구한 경우라도 1.5시간 이내에 타설하여야 한다.

해설
- 소요의 강도 및 워커빌리티를 얻을 수 있는 범위 내에서 단위수량 및 단위 시멘트량을 적게 한다.
- 타설 후 적어도 24시간은 노출면이 건조하는 일이 없도록 습윤상태로 유지한다. 또 양생은 적어도 5일 이상 실시한다.
- 하루 평균기온이 25℃를 초과하는 것이 예상되는 경우 서중 콘크리트로 시공하여야 한다.

47 숏크리트의 뿜어붙이기 성능 평가 항목으로서 적당하지 않은 것은?

① 반발률
② 분진농도
③ 숏크리트의 초기강도
④ 숏크리트의 인장강도

해설
- 일반 숏크리트 장기 설계기준 압축강도는 재령 28일로 설정하며 21MPa 이상이다.
- 숏크리트의 휨강도, 휨인성의 성능 목표는 재령 28일 값을 기준으로 한다.

48 수밀 콘크리트에 대한 설명으로 옳은 것은?

① 콘크리트의 소요 슬럼프는 되도록 적게 하여 100mm를 넘지 않도록 한다.
② 공기연행제, 공기연행 감수제 등을 사용하는 경우라도 공기량은 6% 이하가 되게 한다.
③ 물-결합재비는 50% 이하를 표준으로 한다.
④ 단위 굵은골재량은 되도록 작게 한다.

해설
- 콘크리트의 소요 슬럼프는 되도록 적게 하여 180mm를 넘지 않도록 하며 콘크리트 타설이 용이할 때에는 120mm 이하로 한다.
- 공기연행제, 공기연행 감수제 또는 고성능 공기연행 감수제를 사용하는 경우라도 공기량은 4% 이하가 되게 한다.
- 단위 굵은골재량은 되도록 크게 한다.

[정답] 43.④ 44.④ 45.② 46.② 47.④ 48.③

49 유동화 콘크리트에 대한 설명으로 틀린 것은?

① 유동화 콘크리트의 배합에서 슬럼프 증가량은 100mm 이하를 원칙으로 하며, 50~80mm를 표준으로 한다.
② 유동화 콘크리트의 재유동화는 원칙적으로 할 수 없다.
③ 유동화제는 물에 희석하여 사용하고, 미리 정한 소정의 양을 3회 이상 나누어 첨가하여야 한다.
④ 품질관리에서 베이스 콘크리트 및 유동화 콘크리트의 슬럼프 및 공기량 시험은 50m³마다 1회씩 실시하는 것을 표준으로 한다.

> **해설**
> • 유동화제는 원액으로 사용하고 미리 정한 소정의 양을 한꺼번에 첨가하며 계량은 질량 또는 용적으로 계량하고 그 계량오차는 1회에 3% 이내로 한다.
> • 유동화 후에 재료분리, 공기량의 변동 등이 발생할 수 있다.

50 콘크리트의 이음부 시공에 대한 설명으로 틀린 것은?

① 바닥틀의 시공이음은 슬래브 또는 보의 경간 중앙부 부근에 두어야 한다.
② 바닥틀과 일체로 된 기둥 또는 벽의 시공이음은 바닥틀과의 경계 부근에 설치하는 것이 좋다.
③ 아치의 시공이음은 아치축에 직각이 되도록 설치하여야 한다.
④ 신축이음은 양쪽의 구조물 혹은 부재가 구속되어 있는 구조이어야 한다.

> **해설** 신축이음은 양쪽의 구조물 혹은 부재가 구속되지 않는 구조라야 한다.

51 고강도 콘크리트의 특성에 대한 설명으로 틀린 것은?

① 보통강도를 갖는 콘크리트에 비해 재령에 따른 강도발현이 빠르게 나타나면서 늦게까지 강도증진이 이루어진다.
② 고강도 콘크리트는 부배합이므로 시멘트 대체 재료인 플라이애시, 고로 슬래그 분말 등을 같이 사용하는 경우가 많다.
③ 고강도 콘크리트의 설계기준 압축강도는 일반적으로 40 MPa 이상으로 하며, 고강도 경량골재 콘크리트는 27 MPa 이상으로 한다.

④ 고강도 콘크리트는 설계기준 압축강도가 높은 반면에 내구성은 낮으므로 해양 콘크리트 구조물에는 부적절하다.

해설 고강도 콘크리트는 설계기준 압축강도와 내구성이 커 해양 콘크리트 구조물에는 적절하다.

52 수중콘크리트에 대한 설명으로 틀린 것은?

① 일반 수중콘크리트의 물-결합재비는 55% 이하, 단위시멘트량은 350kg/m^3 이상으로 한다.
② 일반 수중콘크리트는 수중 시공시의 강도가 표준공시체 강도의 0.6~0.8배가 되도록 배합강도를 설정한다.
③ 지하연속벽에 사용하는 수중콘크리트의 경우, 지하연속벽을 가설만으로 이용할 경우에는 단위시멘트량은 300kg/m^3 이상으로 하는 것이 좋다.
④ 수중콘크리트 타설시 완전히 물막이를 할 수 없는 경우에는 유속은 1초간 50mm 이하로 하여야 한다.

해설 일반 수중콘크리트의 물-결합재비는 50% 이하, 단위 시멘트량은 370kg/m^3 이상으로 한다.

53 콘크리트 타설시 내부진동기의 사용방법에 대한 설명으로 틀린 것은?

① 진동다지기를 할 때에는 내부진동기를 하층의 콘크리트 속으로 0.1m 정도 찔러 넣는다.
② 내부진동기는 연직으로 찔러 넣으며, 삽입간격은 일반적으로 0.5m 이하로 하는 것이 좋다.
③ 1개소당 진동시간 30~40초로 한다.
④ 내부진동기는 콘크리트로부터 천천히 빼내어 구멍이 남지 않도록 한다.

해설
• 1개소당 진동시간은 5~15초로 한다.
• 1개소당 진동시간은 다짐할 때 시멘트 페이스트가 표면 상부로 약간 부상하기까지 한다.
• 내부진동기는 콘크리트를 횡방향으로 이동시킬 목적으로 사용하지 않아야 한다.

[정답] 49. ③ 50. ④ 51. ④ 52. ① 53. ③

54. 프리캐스트 콘크리트의 강도를 나타내는 방법에 대한 설명으로 옳은 것은?

① 일반적인 프리캐스트 콘크리트는 재령 28일에서의 압축강도 시험값
② 특수한 촉진양생을 하는 프리캐스트 콘크리트에서는 7일 이전의 적절한 재령에서의 압축강도 시험값
③ 촉진양생을 하지 않은 프리캐스트 콘크리트나 비교적 부재 두께가 큰 프리캐스트 콘크리트에서는 재령 28일에서의 압축강도 시험값
④ 재령에 관계없이 소정의 재령 이내에 출하할 경우 재령 7일의 압축강도 시험값

해설
- 일반적인 프리캐스트 콘크리트는 재령 14일에서의 압축강도 시험값
- 오토클레이브 양생 등의 특수한 촉진 양생을 하는 프리캐스트 콘크리트는 14일 이전의 적절한 재령에서 압축강도 시험값
- 프리캐스트 콘크리트의 탈형, 긴장력 도입, 출하할 때의 콘크리트 압축강도는 단계별 소요강도를 만족시켜야 한다.

55. 매스 콘크리트의 수축이음에 대한 설명으로 틀린 것은?

① 벽체 구조물의 경우 길이방향에 일정 간격으로 단면감소 부분을 만든다.
② 수축이음의 단면 감소율은 35% 이상으로 하여야 한다.
③ 수축이음의 간격은 1~2m를 기준으로 한다.
④ 수축이음의 위치는 구조물의 내력에 영향을 미치지 않는 곳에 설치한다.

해설 수축이음의 간격은 구조물의 치수, 철근량, 타설온도, 타설 방법 등에 의해 큰 영향을 받으므로 이들을 고려하여 정한다.

56. 콘크리트의 배합과 압송성과의 관계에 대한 다음의 설명 중 틀린 것은?

① 잔골재, 굵은골재의 입도 분포가 불연속인 경우 또는 잔골재 중의 미립분이 부족한 경우에 관이 막히는 경우가 있다.
② 압송을 용이하게 하기 위해 콘크리트의 단위수량을 가능한 한 크게 하고, 잔골재율을 작게 한다.

③ 단위 시멘트량이 적어지면 압송성도 저하한다.
④ 콘크리트 펌프의 압송부하는 콘크리트의 슬럼프가 커지면 작아진다.

해설 압송을 용이하게 하기 위해 콘크리트의 단위수량을 가능한 한 크게 하고, 잔골재율을 크게 한다.

57 방사선 차폐용 콘크리트에 대한 설명으로 틀린 것은?

① 주로 생물체의 방호를 위하여 X선, γ선 및 중성자선을 차폐할 목적으로 사용되는 콘크리트를 방사선 차폐용 콘크리트라 한다.
② 콘크리트의 슬럼프는 작업에 알맞은 범위 내에서 가능한 한 적은 값이어야 하며, 일반적인 경우 150mm 이하로 하여야 한다.
③ 물-결합재비는 50% 이하를 원칙으로 한다.
④ 화학혼화제는 사용하지 않는 것을 원칙으로 한다.

해설
- 워커빌리티 개선을 위하여 품질이 입증된 혼화제를 사용할 수 있다.
- 물-결합재비는 단위 시멘트량이 과다가 되지 않는 범위 내에서 가능한 적게 하는 것이 원칙이다.
- 차폐용 콘크리트로서 필요한 성능인 밀도, 압축강도, 설계허용온도, 결합수량, 붕소량 등을 확보하여야 한다.
- 시공 시 설계에 정해져 있지 않은 이음은 설치할 수 없다.

58 콘크리트의 압축강도 시험을 통하여 거푸집을 해체하고자 한다. 설계기준강도가 24MPa이고, 보의 밑면인 경우 거푸집을 해체할 때 콘크리트 압축강도는 얼마 이상이어야 하는가?

① 5MPa 이상
② 8MPa 이상
③ 12MPa 이상
④ 16MPa 이상

해설 슬래브 및 보의 밑면, 아치 내면은 설계기준 압축강도의 2/3배 이상 또한 최소 14MPa 이상이므로 $24 \times \dfrac{2}{3} = 16$MPa 이상이다.

59 팽창 콘크리트에 대한 설명으로 틀린 것은?

① 팽창 콘크리트의 강도는 일반적으로 재령 28일의 압축강도를 기준으로 한다.
② 포대 팽창재는 지상 0.3m 이상의 마루 위에 쌓아 운반이나 검사에 편리하도록 배치하여 저장하여야 한다.
③ 포대 팽창재는 12포대 이하로 쌓아야 한다.
④ 콘크리트의 팽창률은 일반적으로 재령 28일에 대한 시험치를 기준으로 한다.

[정답] 54. ③ 55. ③ 56. ② 57. ④ 58. ④ 59. ④

해설 콘크리트의 팽창률은 일반적으로 재령 7일에 대한 시험치를 기준으로 한다.

60 레디믹스트 콘크리트의 받아들이기 검사로서 현장 콘크리트 품질기술자가 실시하여야 할 사항으로 틀린 것은?

① 기타 받아들이기 검사는 KS F 4009에 따라야 한다.
② 타설 중에는 생산자와 연락을 취하지 않고 품질기술자의 책임 하에 콘크리트 타설이 중단되는 일이 없도록 한다.
③ 콘크리트 타설에 앞서 납품 일시, 콘크리트의 종류, 수량, 배출 장소 및 트럭 에지테이터의 반입속도 등을 생산자와 충분히 협의한다.
④ 콘크리트 비빔 시작부터 타설 종료까지의 시간의 한도는 외기기온이 25℃ 미만의 경우 120분, 25℃ 이상의 경우에는 90분으로 한다.

해설 콘크리트 타설 중에도 생산자와 긴밀하게 연락을 취하여 콘크리트 타설이 중단되는 일이 없도록 한다.

4과목 콘크리트 구조 및 유지관리

61 표준갈고리를 갖는 인장이형철근 D19(d_b=19.1mm)이 그림과 같이 배치되어 있을 때 정착길이(l_{dh})를 구하면? (단, f_{ck} = 21MPa, f_y = 400MPa, 피복두께로 인한 보정계수 0.7, β=1.5, λ=1.0, 기타의 보정계수는 무시한다.)

① 247mm
② 420mm
③ 330mm
④ 412mm

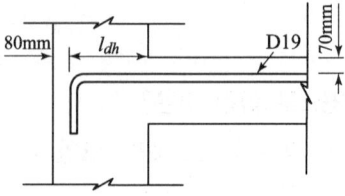

해설
- 기본 정착길이
$$l_{hb} = \frac{0.24\beta d_b f_y}{\lambda \sqrt{f_{ck}}} = \frac{0.24 \times 1.5 \times 19.1 \times 400}{1.0 \times \sqrt{21}} = 600.1\text{mm}$$
- 정착길이
$$l_{dh} = l_{hb} \times 보정계수 = 600.1 \times 0.7 = 420\text{mm}$$

62 그림과 같은 단면의 단순보에서 균열모멘트(M_{cr})는? (단, f_{cr} = 24MPa, f_y = 400MPa)

① 25.4kN·m
② 31.6kN·m
③ 40.6kN·m
④ 45.4kN·m

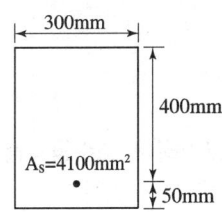

해설
- $f_r = 0.63\lambda\sqrt{f_{ck}} = 0.63 \times 1.0 \times \sqrt{24} = 3.09\text{MPa}$
- $I_g = \dfrac{bh^3}{12} = \dfrac{0.3 \times 0.45^3}{12} = 0.0023\text{m}^4$
- $y_t = \dfrac{h}{2} = \dfrac{0.45}{2} = 0.225\text{m}$
- $\therefore M_{cr} = \dfrac{f_r \cdot I_g}{y_t} = \dfrac{3.09 \times 0.0023}{0.225} = 0.03159\text{MN}\cdot\text{m} = 31.6\text{kN}\cdot\text{m}$

63 보수공법 중 에폭시수지 등을 수동식으로 주입하는 수동식 주입법의 특징으로 잘못된 것은?

① 다량의 수지를 단시간에 주입할 수 있다.
② 폭 0.5mm 이하의 균열에는 주입이 곤란하다.
③ 주입용 수지의 점도에 제약을 받는다.
④ 주입시 압력펌프를 필요로 한다.

해설
- 주입되는 수지는 다양한 점도를 사용할 수 있다.
- 주입되는 에폭시 수지 외에도 무기질제의 슬러리로 사용할 수 있어 습윤부의 사용이 가능하다.
- 틈이 매우 작은 부위에도 주입이 가능하다.
- 주입압이나 속도를 조절할 수 있다.
- 주입기 조작이 간단하지 않으며 시공관리가 곤란하다.

64 철근콘크리트보에서 스터럽과 굽힘철근을 배근하는 주된 목적은?

① 압축측의 좌굴을 방지하기 위하여
② 콘크리트의 휨에 의한 인장강도가 부족하기 때문에
③ 보에 작용하는 사인장응력에 의한 균열을 막기 위하여
④ 균열 후 그 균열에 대한 증대를 방지하기 위하여

해설
- 응력을 분포시켜 균열 폭을 최소화하기 위함이다.
- 주철근 간격을 유지시킨다.

65 콘크리트를 각종 섬유로 보강하여 보수공사를 진행할 경우 섬유가 갖추어야 할 조건으로 거리가 먼 것은?

① 섬유의 압축 및 인장강도가 충분해야 한다.
② 섬유와 시멘트 결합재와의 부착이 우수해야 한다.
③ 시공이 어렵지 않고 가격이 저렴해야 한다.
④ 내구성, 내열성, 내후성 등이 우수해야 한다.

해설 섬유의 인장강도가 충분해야 한다.

66 일반적으로 슈미트 해머를 사용해서 일정한 충격 에너지를 사용하고 충격을 가하여 움푹 패거나 또는 되밀어치는 크기를 측정하는 비파괴 시험방법은?

① 표면경도법 ② 관입저항법
③ 인발시험 ④ 머추리티 미터

해설 구조물에 손상을 주지 않고 콘크리트의 반발경도를 측정하여 강도를 추정하는 시험이 슈미트 해머에 의한 콘크리트 강도의 비파괴 시험이다.

67 구조물 안전성 평가를 위해 재하시험을 실시할 경우에 해당하는 설명으로 틀린 것은?

① 일반적으로 하중을 받는 콘크리트 구조부분의 재령이 최소한 56일이 지난 다음에 시행하여야 한다.
② 정적재하시험과 동적재하시험으로 크게 구분할 수 있다.
③ 재하시험을 실시하는 구조물에 대해서는 해석적인 평가를 하지 않아도 된다.
④ 건물의 부재 안전성을 재하시험에 의거 직접 평가할 경우에는 보, 슬래브 등과 같은 휨부재의 안전성 검토에만 적용을 할 수 있다.

해설 재하시험을 실시하는 구조물에 대해서는 해석적인 평가를 하여야 한다.

68 휨 모멘트를 받는 부재의 강도설계에서 f_{ck}=60MPa, f_y=400MPa인 경우 등가 직사각형 응력블록의 깊이를 구할 때 필요한 계수 β_1은 얼마인가?

① 0.85　　　　　　　② 0.8
③ 0.76　　　　　　　④ 0.626

해설
- $f_{ck} \leq 40\,\text{MPa}$인 경우 $\beta_1 = 0.8$
- $f_{ck} = 50\,\text{MPa}$인 경우 $\beta_1 = 0.8$
- $f_{ck} = 60\,\text{MPa}$인 경우 $\beta_1 = 0.76$

69 T형보에서 유효폭을 결정할 때 고려할 사항이 아닌 것은?

① 보의 경간의 1/4
② 양쪽 슬래브의 중심간 거리
③ (양쪽으로 각각 내민 플랜지 두께의 8배씩)+복부 폭
④ (인접보와의 내측거리의 1/2)+복부 폭

해설 반 T형보에서 유효폭을 결정할 때 고려할 사항
- (한쪽으로 내민 플랜지 두께의 6배)+복부 폭
- (보의 경간의 1/12)+복부 폭
- (인접보와의 내측거리의 1/2)+복부 폭
위의 값 중에 가장 작은 값을 유효폭으로 결정한다.

70 콘크리트가 화재에 의해 열화되는 특징으로 틀린 것은?

① 급격하게 가열되면 피복 콘크리트의 폭렬이 발생하기 쉽다.
② 콘크리트는 약 300℃에서 중성화가 되게 된다.
③ 탈수나 단면내의 열응력에 의해 균열이 발생한다.
④ 가열에 의해 정탄성계수의 감소에 의해 바닥 슬래브나 보의 처짐이 증가한다.

해설 콘크리트는 750℃ 정도에서 중성화 되기 쉽다.

71 단면이 500mm×500mm인 사각형이고, 종방향철근의 전체단면적(A_{st})이 4500mm²인 중심축하중을 받는 띠철근 단주의 설계축하중강도는? (단, f_{ck}=27MPa, f_y=400MPa이고, ϕ=0.65를 적용한다.)

① 2987 kN　　　　② 3866 kN
③ 4163 kN　　　　④ 4754 kN

해설
$$P_d = \phi P_n$$
$$= 0.65 \times 0.8 \{0.85 f_{ck}(A_g - A_{st}) + f_y A_{st}\}$$
$$= 0.65 \times 0.8 \{0.85 \times 27(250000 - 4500) + 400 \times 4500\}$$
$$= 3,865,797\,\text{N} = 3,866\,\text{kN}$$

정답 65. ①　66. ①　67. ③　68. ③　69. ④　70. ②　71. ②

72. 탄산화 방지 대책으로 적절한 것이 아닌 것은?

① 물-시멘트비(W/C)를 적게
② 밀실한 콘크리트로 타설
③ 철근의 피복두께 확보
④ 콘크리트에 수축줄눈 고려

해설
- 콘크리트를 충분히 다짐하여 타설하고 결함을 발생시키지 않는다.
- 충분한 초기 양생을 실시하며 표면 마감재 또는 도장처리 등을 한다.

73. 콘크리트 구조물의 중성화를 방지하기 위한 신축시의 조치로서 잘못된 것은?

① 충분한 습윤양생을 실시한다.
② 다공질의 골재를 사용한다.
③ 콘크리트를 충분히 다짐하여 타설하고 결함을 발생시키지 않는다.
④ 투기성, 투수성이 작은 마감재를 사용한다.

해설 중성화 속도는 골재의 밀도가 작을수록 빨라지는 경향이 있으므로 밀도가 큰 양질의 골재를 사용한다.

74. 보의 설계에서 과소철근으로 하는 이유로 타당하는 것은?

① 파괴되지 않게 하기 위하여
② 취성파괴를 방지하기 위하여
③ 균형파괴를 유도하기 위하여
④ 연성파괴를 방지하기 위하여

해설 과소철근보는 연성파괴가 된다.

75. 직사각형보($b_w = 300$mm, $d = 550$mm)에서 콘크리트가 부담할 수 있는 공칭 전단강도는? (단, $f_{ck} = 24$MPa, $\lambda = 1.0$)

① 639.2kN   ② 741.5kN
③ 968.3kN   ④ 134.7kN

해설 $V_c = \dfrac{1}{6}\lambda\sqrt{f_{ck}}\,b_w\,d = \dfrac{1}{6}\times 1.0 \times \sqrt{24} \times 300 \times 550 = 134{,}721\text{N} = 134.7\text{kN}$

76 유기질계, 무기질계 보수재료 선정 시 특히 중요하게 고려할 항목과 거리가 먼 것은?

① 전도성
② 투명성
③ 탄성계수
④ 열팽창계수

해설
- 기존 콘크리트와 동일한 탄성계수의 단면 복구재를 선정하여야 한다.
- 기존 콘크리트와 가능한 한 열팽창계수가 비슷한 재료를 선정하여야 한다.
- 노출 철근을 보수하는 경우는 전도성을 갖는 재료로 수복하는 것이 바람직하다.
- 기존 콘크리트 구조물과 확실하게 일체화시키기 위해서는 경화 시나 경화 후에 수축을 일으키지 않는 재료가 필요하다.

77 동해의 예측에 기초한 평가 중 스켈링 깊이의 진행예측의 상태별 설명이 틀린 것은?

① 잠복기 : 동해깊이율이 작고, 강성이 거의 변화가 없으며, 철근의 부식이 없는 단계
② 진전기 : 동해깊이율이 크게 되고, 미관 등에 의한 주변환경으로의 영향이 일어나고, 철근부식이 발생하는 단계
③ 가속기 : 동해깊이율이 1.0까지 도달하며, 변형과 철근의 부식이 심해지는 단계
④ 열화기 : 동해깊이율이 1.0 이하가 되며, 급속한 변형이 크게 되는 동시에 부재로의 내하력에 영향을 미치는 단계

해설
- 동해깊이율이 1.0 이상으로 급속한 변형이 크게 되는 동시에 부재로의 내하력에 영향을 미치는 단계
- 동해깊이율은 피복두께에 대한 동해길이의 비이다.
- 동해깊이율 1.0은 동해깊이가 철근 표면에 도달한 것을 나타낸다.

78 콘크리트 옹벽 본체설계에 대한 설명으로 틀린 것은?

① 캔틸레버식 옹벽의 벽체는 자중과 토압의 수평분력을 고려해서 설계해야 한다.
② 뒷부벽은 T형 캔틸레버 보로 설계하여야 하며, 앞부벽은 직사각형 보로 설계하여야 한다.
③ 캔틸레버식 옹벽의 뒷판은 뒷판 상부에 재하되는 모든 하중을 지지하도록 설계하여야 한다.
④ 반중력식 옹벽은 지형 및 기타 물리적 제약에 의해 중력식 옹벽의 경우보다 벽체 두께를 얇게 해야 하는 경우에 적용해야 한다.

해설 캔틸레버식 옹벽의 전면벽은 저판에 지지된 캔틸레버로 계산할 수 있다.

[정답] 72. ④ 73. ②
74. ② 75. ④
76. ② 77. ④
78. ①

79 염해에 대한 콘크리트 구조물의 내구성 평가를 위한 염소이온 농도를 구하는 아래 식에 포함된 X, Y, Z에 대한 설명으로 옳지 않은 것은? (단, $C(x, t)$: 깊이 x, 시간 t에서 염화물이온 농도의 설계값, erf : 오차함수)

$$C(x,t) = X\left\{1 - erf\left(\frac{x}{2\sqrt{Zt}}\right)\right\} + Y$$

① 해중(海中)이 비말대(splash belt)보다 X가 더 크다.
② 콘크리트의 물-결합재비(W/B)가 작게 되면 Z가 작게 된다.
③ 콘크리트 제조시에 제염처리가 되지 않은 바다모래를 사용하면 Y가 크게 된다.
④ 보통 포틀랜드 시멘트보다 고로 슬래그 시멘트를 사용한 경우가 Z가 작게 된다.

해설
- 해중(海中)이 비말대(splash belt)보다 X가 더 작다.
- 간만대와 비말대(물보라) 지역은 각각 조수간만 작용과 파도에 의해 지속적인 해수의 건습작용이 반복되므로 염화물 침투는 물론 공기의 공급도 충분해 염해에 의한 손상이 가장 크고, 동결융해의 영향도 가장 큰 부위이다.

80 프리스트레스트 콘크리트의 철근부식 방지를 위한 최대 수용성 염소 이온(Cl^-)량은? (단, 시멘트 질량에 대한 %)

① 0.3%   ② 0.6%
③ 0.03%   ④ 0.06%

해설

부재의 종류	콘크리트속의 최대 수용성 염화물 이온량 (시멘트 질량에 대한 비율(%))
프리스트레스트 콘크리트	0.06
염화물에 노출된 철근콘크리트	0.15
건조한 상태이거나 습기로부터 차단된 철근콘크리트	1.0
그 밖의 철근콘크리트 구조	0.3

정답 79. ① 80. ④

1과목 콘크리트 공학

01 콘크리트용 잔골재에는 점토를 비롯한 유해물질이 함유될 수 있다. 유해물질로 인한 콘크리트 품질의 저하를 방지하기 위하여 잔골재의 유해물 함유량을 규제하는데 다음 중 항목별 유해물 허용한도(질량백분율)가 틀린 것은?

① 점토 덩어리 -2.0
② 0.08mm체 통과량(콘크리트의 표면이 마모작용을 받는 경우) -3.0
③ 석탄, 갈탄 등으로 밀도 $2.0g/cm^3$의 액체에 뜨는 것(콘크리트의 외관이 중요한 경우) -0.5
④ 염화물이온량 -0.02

해설 점토 덩어리 함유율 : 1.0%

02 시멘트 모르타르의 압축강도 시험과 관계 없는 것은?

① 시험한 전 시험체 중에서 평균값보다 10% 이상의 강도 차이가 나는 것은 압축강도 계산에 넣지 않는다.
② 흐름판을 1.27cm 낙하높이로 15초 동안 25회 낙하한다.
③ 성형된 시험체는 24~48시간 동안 습기함이나 양생실에 넣고 보관 후 탈형하여 양생수조에서 양생한다.
④ 표준 모르타르의 건조 재료 배합은, 시멘트와 표준사를 1 : 3 무게비로 섞는다.

해설 시험체는 20~24시간 동안 양생시킨다.

03 잔골재량이 $770kg/m^3$, 굵은골재량이 $950kg/m^3$인 시방배합을, 잔골재 중의 5mm체 잔류율이 3%, 굵은골재 중의 5mm체 통과율이 5%인 현장에서 현장배합으로 고칠 경우 입도보정에 의한 잔골재량은 약 얼마인가?

① $707kg/m^3$
② $743kg/m^3$
③ $795kg/m^3$
④ $826kg/m^3$

[정답] 01. ① 02. ③ 03. ②

해설
$$X = \frac{100S - b(S+G)}{100-(a+b)} = \frac{100 \times 770 - 5(770+950)}{100-(3+5)} = 743 \text{kg/m}^3$$

04 콘크리트 배합설계 시 잔골재율 선정에 관한 내용 중 옳지 않은 것은?

① 잔골재율은 사용하는 잔골재의 입도, 콘크리트의 공기량, 단위 시멘트량, 혼화재료의 종류 등에 따라 다르므로 시험에 의해 정한다.
② 잔골재율은 소요의 워커빌리티를 얻을 수 있는 범위 내에서 단위수량이 최소가 되도록 시험에 의해 정한다.
③ 고성능 공기연행 감수제를 사용한 콘크리트의 경우 물-결합재비 및 슬럼프가 같으면, 일반적인 공기연행 감수제를 사용한 콘크리트와 비교하여 잔골재율을 3~4% 정도 작게 하는 것이 좋다.
④ 콘크리트 펌프시공의 경우에는 콘크리트 펌프의 성능, 배관, 압송거리 등에 따라 적절한 잔골재율을 시험에 의해 결정한다.

해설 고성능 공기연행 감수제를 사용한 콘크리트의 경우 물-결합재비 및 슬럼프가 같으면 일반적인 공기연행 감수제를 사용한 콘크리트와 비교하여 잔골재율을 1~2% 정도 크게 하는 것이 좋다.

05 아래 표와 같은 조건의 시방배합에서 잔골재와 굵은골재의 단위량은 약 얼마인가?

- 단위수량 = 175kg
- S/a = 41.0%
- W/C = 50%
- 시멘트 밀도 = 3.15g/cm³
- 잔골재 표건밀도 = 2.6g/cm³
- 굵은골재 표건밀도 = 2.65g/cm³
- 공기량 = 1.5%

① 잔골재 : 735kg, 굵은골재 : 989kg
② 잔골재 : 745kg, 굵은골재 : 1093kg
③ 잔골재 : 756kg, 굵은골재 : 1193kg
④ 잔골재 : 770kg, 굵은골재 : 1293kg

해설
- 단위 시멘트량
  $$\frac{W}{C}=0.5 \quad \therefore C=\frac{175}{0.5}=350\text{kg}$$
- 단위 골재량의 절대부피
  $$V_{S+G}=1-\left(\frac{175}{1000}+\frac{350}{3.15\times1000}+\frac{1.5}{100}\right)=0.699\text{m}^3$$
- 단위 잔골재량의 절대부피
  $$V_S=0.699\times0.41=0.2866\text{m}^3$$
- 단위 굵은골재량의 절대부피
  $$V_G=0.699-0.2866=0.4124\text{m}^3$$
- 단위 잔골재량
  $$S=2.6\times0.2866\times1000=745\text{kg}$$
- 단위 굵은골재량
  $$G=2.65\times0.4124\times1000=1093\text{kg}$$

06 콘크리트 배합수에 함유된 불순물의 영향으로 옳지 않은 것은?

① 염화나트륨과 염화칼슘은 농도가 증가하면 건조수축을 증가시킨다.
② 후민산나트륨은 응결을 지연시키며, 콘크리트의 강도를 저하시킨다.
③ 탄산나트륨은 응결촉진작용을 나타내며, 농도가 높으면 이상응결을 발생시킨다.
④ 황산칼륨은 응결을 현저히 촉진시키며, 장기강도를 저하시킨다.

해설 황산칼륨은 응결시 영향이 적다. 아울러 강도에도 영향이 적다.

07 굵은골재가 습윤상태에서 515g, 표면건조상태에서 500g, 절건상태에서 485g이었을 때 이 골재의 흡수율(%)은?

① 2.5% ② 3.1%
③ 4.7% ④ 6.2%

- 흡수율 $=\dfrac{500-485}{485}\times100=3.1\%$
- 표면수율 $=\dfrac{515-500}{500}\times100=3\%$
- 함수율 $=\dfrac{515-485}{485}\times100=6.2\%$

정답 04.③ 05.② 06.④ 07.②

08 콘크리트 배합에 관한 다음의 설명 중 적당하지 않은 것은?

① 공기연행제, 공기연행감수제 또는 고성능 공기연행감수제를 사용한 콘크리트의 공기량은 굵은골재 최대치수와 내동해성을 고려하여 정한다.
② 굵은골재의 최대치수는 거푸집 양 측면 사이의 최소 거리의 1/5, 슬래브 두께의 1/3을 초과해서는 안 된다.
③ 단위수량은 작업이 가능한 범위 내에서 될 수 있는 대로 적게 되도록 시험을 통해 정한다.
④ 잔골재율은 소요의 워커빌리티가 얻어지는 범위 내에서 가능한 한 크게 한다.

해설 잔골재율은 소요의 워커빌리티가 얻어지는 범위 내에서 가능한 한 작게 하므로 필요한 단위수량이 적게 되어 단위 시멘트량이 적어져 경제적이 된다.

09 콘크리트의 배합설계에서 콘크리트의 내동해성을 기준으로 하여 물-결합재비를 정한 경우 아래 표와 같은 조건에서의 최소 설계기준 압축강도는?

- 골재 : 보통 골재를 사용한 콘크리트
- 노출상태 : 제빙화학제, 염, 소금물, 바닷물에 노출되거나 이런 종류들이 살포된 콘크리트의 철근 부식 방지

① 24 MPa   ② 27 MPa
③ 30 MPa   ④ 35 MPa

해설 특수 노출상태에 대한 요구사항

노출상태	보통 골재 콘크리트 최대 물-결합재비	보통 골재 콘크리트와 경량골재 콘크리트의 최소 설계기준 압축강도 f_{ck} (MPa)
물에 노출되었을 때 낮은 투수성이 요구되는 콘크리트	0.50	27
습한 상태에서 동결융해 또는 제빙화학제에 노출된 콘크리트	0.45	30
제빙화학제, 염, 소금물, 바닷물에 노출되거나 이런 종류들이 살포된 콘크리트의 철근 부식 방지	0.40	35

10 시멘트 클링커 광물들에 대한 상대비교 설명으로 올바른 것은?

① 알라이트(C_3S)는 육각판상에 가까운 구조로서 수화반응 속도가 빠르다.
② 벨라이트(C_2S)는 시멘트 클링커의 대부분을 차지하며 수화반응 속도가 느리다.
③ 알루미네이트는 C_3A가 주성분으로 장기강도가 크다.
④ 페라이트(C_4AF)는 고온에서 클링커 중에 생성된 액상으로부터 냉각되어 생성되는 것으로 수화에 의한 발열량이 가장 크다.

해설
- 벨라이트(C_2S)는 시멘트 클링커의 미소한 양을 차지하며 수화 반응 속도가 느리다.
- 알루미네이트는 C_3A가 주성분으로 조기강도가 크다.
- 페라이트(C_4AF)는 수화작용이 늦고 수화열도 적어 도로용, 댐용 시멘트에 사용된다.

11 콘크리트용 강섬유의 품질에 대한 설명으로 옳지 않은 것은? (단, KS F 2564에 규정된 값)

① 강섬유 각각의 인장강도는 650MPa 이상이 되어야 한다.
② 강섬유의 평균 인장강도는 600MPa 이상이 되어야 한다.
③ 강섬유는 표면에 유해한 녹이 있어서는 안 된다.
④ 인장강도 시험은 강섬유 5t 마다 10개 이상의 시료를 무작위로 추출하여 시행하여야 한다.

해설 강섬유의 평균 인장강도는 700MPa 이상이 되어야 한다.

12 시멘트 응결시간시험 방법으로 옳은 것은?

① 오토클레이브 방법
② 비비시험
③ 블레인시험
④ 길모어 침에 의한 시험

해설 시멘트의 응결시험 방법에는 길모어 침, 비카 침 시험이 있다.

정답 08.④ 09.④ 10.① 11.② 12.④

13 콘크리트의 물성을 개선하기 위하여 사용되는 공기연행제에 대한 설명 중 틀린 것은?

① 미세한 공기포를 다량으로 연행함으로써 콘크리트의 내동해성을 증가시킨다.
② 미세한 공기포를 다량으로 연행함으로써 콘크리트의 워커빌리티를 개선시킨다.
③ 공기연행제에 의해 생성된 연행공기의 영향으로 단위수량을 줄이는 효과가 있다.
④ 공기연행제에 의해 생성된 연행공기의 영향으로 물-결합재비가 같은 일반적인 콘크리트보다 강도를 향상시키는 효과가 있다.

해설 공기연행제에 의해 생성된 연행 공기량이 1% 증가함에 따라 슬러프가 2.5cm 증가하고 압축강도는 4~6% 감소한다.

14 KS F 4009에는 레디믹스트 콘크리트의 혼합에 사용되는 물에 대해 규정하고 있다. 다음 중 레디믹스트 콘크리트에 사용할 수 없는 혼합수는?

① 염소 이온(Cl^-)량이 300mg/L의 지하수
② 혼합수로서 품질시험을 실시하지 않은 상수돗물
③ 용해성 증발 잔류물의 양이 1g/L의 하천수
④ 모르타르의 재령 7일 및 28일 압축강도비가 90%인 회수수

해설 염소 이온(Cl^-)량이 250mg/L의 지하수

15 콘크리트용 화학 혼화제(KS F 2560)시험 방법에 대한 내용으로 틀린 것은?

① 기준 콘크리트의 공기량은 2.0% 이하로 한다.
② 감수제를 사용한 콘크리트의 공기량은 4~6% 범위로 한다.
③ 단위 시멘트량은 슬럼프가 80mm인 콘크리트에서 $300kg/m^3$로 한다.
④ 콘크리트를 제조할 때 화학 혼화제는 미리 혼합수에 혼입하여 믹서에 투입한다.

해설
- 감수제를 사용한 콘크리트의 공기량은 기준 콘크리트의 공기량에 1%를 더 한 것을 넘어서는 안 된다.
- 기준 콘크리트의 잔골재율은 40~50% 범위에서 양호한 작업성이 얻어지는 값으로 한다.

16 콘크리트 재료의 종류와 특성에 관한 설명으로 틀린 것은?

① 보통 포틀랜드 시멘트는 특수한 경우를 제외하고 일반적으로 사용한다.
② 중용열 포틀랜드 시멘트는 발열량 및 체적변화가 적다.
③ 고로 슬래그 시멘트는 해수작용을 받는 구조물, 터널, 하수도 등에 유리하다.
④ 플라이 애시 시멘트는 화학 물질에 대한 저항성은 크지만 수밀성은 떨어진다.

해설 플라이 애시 시멘트의 특징
- 수밀성이 좋아 수리 구조물에 적합하다.
- 해수에 대한 내화학성이 크다.
- 장기강도가 크며 수화열이 적고 건조수축이 작다.
- 콘크리트 워커빌리티를 증대시키고 단위수량을 감소시킨다.

17 일반 콘크리트의 배합설계 시 물-결합재비에 대한 설명으로 옳은 것은?

① 제빙화학제가 사용되는 콘크리트의 물-결합재비는 50% 이하로 한다.
② 콘크리트의 탄산화 저항성을 고려하여 물-결합재비를 정할 경우 60% 이하로 한다.
③ 콘크리트의 수밀성을 기준으로 물-결합재비를 정할 경우 그 값은 55% 이하로 한다.
④ 콘크리트의 압축강도를 기준으로 물-결합재비를 정하는 경우 재령 28일 압축강도와 물-결합재비의 관계를 시험에 의하여 정하는 것을 원칙으로 한다.

해설
- 제빙화학제가 사용되는 콘크리트의 물-결합재비는 45% 이하로 한다.
- 콘크리트의 탄산화 저항성을 고려하여 물-결합재비를 정할 경우 55% 이하로 한다.
- 콘크리트의 수밀성을 기준으로 물-결합재비를 정할 경우 그 값은 50% 이하로 한다.
- 황산염 노출 정도가 보통인 경우 최대 물-결합재비는 50%로 한다.

정답 13. ④ 14. ① 15. ② 16. ④ 17. ④

18 콘크리트용 잔골재의 표준입도에 대한 설명으로 틀린 것은?

① 연속된 두 개의 체 사이를 통과하는 양의 백분율은 45%를 넘지 않아야 한다.
② 잔골재의 입도가 표준범위를 벗어난 경우는 두 종류 이상의 잔골재를 혼합하여 입도를 조정해서 사용하여야 한다.
③ 잔골재의 조립률이 콘크리트 배합을 정할 때 가정한 잔골재의 조립률에 비해 ±0.20 이상 변화되었을 때는 배합을 변경하여야 한다.
④ 0.3mm 체와 0.15mm 체를 통과한 골재량이 부족할 경우 양질의 광물질 분말로 보충한 콘크리트라 할지라도 0.3mm 체와 0.15mm 체 통과 질량 백분율의 최소량은 감소시킬 수 없다.

해설
- 0.3mm 체와 0.15mm 체를 통과한 골재량이 부족할 경우 양질의 광물질 분말로 보충한 콘크리트는 0.3mm 체와 0.15mm 체 통과 질량 백분율의 최소량을 각각 5% 및 0%로 감소시킬 수 있다.
- 빈배합 콘크리트의 경우나 굵은골재의 최대치수가 작은 굵은골재를 쓰는 경우에는 비교적 세립이 많은 잔골재를 사용하면 워커빌리티가 좋은 콘크리트를 얻을 수 있다.

19 굵은 골재의 밀도 및 흡수율 시험(KS F 2503)에서 각 무더기로 나누어서 시험한 굵은 골재의 밀도가 아래의 표와 같을 때 이 굵은 골재의 평균 밀도는?

무더기의 크기 (mm)	원시료에 대한 질량 백분율 (%)	시료의 질량 (g)	밀도 (g/cm³)
5~13	44	2213.0	2.72
13~40	35	5462.5	2.56
40~65	21	12593.0	2.54

① 2.60g/cm^3
② 2.62g/cm^3
③ 2.64g/cm^3
④ 2.66g/cm^3

해설 평균 밀도 $= \dfrac{2.72 \times 44 + 2.56 \times 35 + 2.54 \times 21}{100} = 2.62 \text{g/cm}^3$

20 혼화재료에 관한 설명으로 옳은 것은?

① 감수제와 AE제를 병용하면 기포가 발생하지 않는다.
② AE제는 계면활성제의 일종으로서 일반적인 사용량은 시멘트 질량의 5% 정도이다.
③ 여름철에는 겨울철보다 동일 공기량을 얻기 위한 AE제의 사용량이 증가하는 경향이 있다.
④ 양질의 AE제나 감수제는 규정 사용량의 5~10배를 사용하여도 콘크리트의 물성에 큰 영향을 미치지 않는다.

해설
- 감수제와 AE제를 병용하면 기포가 발생한다.
- AE제는 계면활성제의 일종으로서 일반적인 사용량은 시멘트 질량의 1% 정도이다.
- 양질의 AE제나 감수제는 규정 사용량의 5~10배를 사용하면 콘크리트의 물성에 큰 영향을 미치게 된다.

2과목 콘크리트 제조, 시험 및 품질관리

21 콘크리트 압축강도시험을 할 때 공시체에 충격을 주지 않도록 똑같은 속도로 하중을 가하여야 한다. 이때 하중을 가하는 속도는 압축응력도의 증가율이 매초 얼마정도 되도록 하여야 하는가?

① 0.05±0.03MPa ② 1.2±0.1MPa
③ 0.1±0.02MPa ④ 0.6±0.4MPa

해설 압축강도 시험시 매초 0.6±0.4MPa 속도로 일정하게 하중을 가한다.

22 콘크리트 재료의 비비기에 대한 설명으로 틀린 것은?

① 재료는 반죽된 콘크리트가 균질하게 될 때까지 충분히 비벼야 한다.
② 연속믹서를 사용할 경우, 비비기 시작 후 최초에 배출되는 콘크리트는 사용해서는 안 된다.
③ 일반적으로 물은 다른 재료의 투입이 끝난 후 조금 지난 뒤에 물의 주입을 시작하는 것이 좋다.
④ 비비기를 시작하기 전에 미리 믹서 내부를 모르타르로 부착시켜야 한다.

해설 일반적으로 물은 다른 재료보다 먼저 넣기 시작하여 넣는 속도를 일정하게 하고 다른 재료의 투입이 끝난 후 조금 지난 뒤에 물을 넣는다.

정답 18. ④ 19. ②
20. ③ 21. ④
22. ③

23 콘크리트의 품질변동을 정량적으로 나타내는 데 있어서, 10개 공시체의 압축강도를 측정한 결과의 평균강도가 25MPa이고, 표준편차가 2.5MPa인 경우의 변동계수는 얼마인가?

① 10% ② 15%
③ 20% ④ 25%

해설 변동계수 $= \dfrac{\text{표준편차}}{\text{평균강도}} \times 100 = \dfrac{2.5}{25} \times 100 = 10\%$

24 하중을 원주형 공시체(지름 100mm, 높이 200mm)가 파괴될 때까지 가압하고, 시험중에 공시체가 받은 최대 하중이 200kN이었다면 콘크리트의 압축강도는 얼마인가?

① 25.5 MPa ② 26.5 MPa
③ 30.1 MPa ④ 34.5 MPa

해설 압축강도

$\dfrac{P}{A} = \dfrac{200,000}{\dfrac{3.14 \times 100^2}{4}} \fallingdotseq 25.5\text{MPa}$

25 관입 저항침에 의한 콘크리트의 응결시간 시험방법에 관한 설명으로 틀린 것은?

① 콘크리트에서 4.75mm체를 사용하여 습윤 체가름 방법으로 모르타르 시료를 채취한다.
② 침의 관입길이가 20mm가 될 때까지 소요된 힘을 침의 지지면으로 나누어 관입저항을 계산한다.
③ 6회 이상 시험하며, 관입저항 측정값이 적어도 28 MPa 이상이 될 때까지 시험을 계속한다.
④ 초결시간은 모르타르의 관입저항이 3.5 MPa이 될 때까지의 소요시간이다.

해설 침의 관입길이가 25mm가 될 때까지 소요된 힘을 침의 지지면으로 나누어 관입저항을 계산한다.

26 콘크리트의 받아들이기 품질관리에서 염화물 이온량은 원칙적으로 얼마 이하로 규제하는가?

① $0.15 kg/m^3$
② $0.20 kg/m^3$
③ $0.30 kg/m^3$
④ $0.60 kg/m^3$

해설 원칙적으로 $0.3 kg/m^3$ 제한하고 사용자 승인시 $0.6 kg/m^3$ 이하로 할 수 있다.

27 AE 콘크리트의 공기량에 대한 일반적인 설명으로 틀린 것은?

① 공기량을 1% 정도 증가시키면 잔골재율을 3~5% 작게 할 수 있다.
② 단위 잔골재량이 많을수록 공기량은 증가한다.
③ 콘크리트의 온도가 낮을수록 공기량은 증가한다.
④ 공기량 1%를 증가시키면 동일 슬럼프의 콘크리트를 만드는데 필요한 단위수량을 약 3% 작게 할 수 있다.

해설
- 공기량을 1% 정도 증가시키면 잔골재율을 0.5~1% 작게 할 수 있다.
- 플라이 애시를 사용한 콘크리트는 플라이 애시를 사용하지 않은 콘크리트에 비해 동일 공기량을 얻기 위해서는 많은 양의 공기연행제가 필요하다.
- 골재의 입형이 좋지 않거나 0.15mm 이하의 미립분이 증가하는 경우 연행공기량은 감소한다.

28 지름 150mm, 높이 300mm의 원주형 공시체를 사용하여 쪼갬인장 강도 시험을 한 결과 최대하중이 250kN이라면 이 콘크리트의 쪼갬 인장강도는?

① 2.12 MPa
② 2.53 MPa
③ 3.22 MPa
④ 3.54 MPa

해설 쪼갬 인장강도 $= \dfrac{2P}{\pi dl} = \dfrac{2 \times 250{,}000}{3.14 \times 150 \times 300} = 3.54 MPa$

29 레디믹스트 콘크리트의 품질 중 공기량에 대한 규정인 아래 표의 내용 중 틀린 것은?

① ㉠
② ㉡
③ ㉢
④ ㉣

[단위 : %]

콘크리트의 종류	공기량	공기량의 허용오차
보통 콘크리트	㉠ 4.5	±1.5
경량골재 콘크리트	㉡ 5.5	
포장 콘크리트	㉢ 4.0	
고강도 콘크리트	㉣ 3.5	

해설 포장 콘크리트의 경우 4.5%이다.

정답 23.① 24.① 25.② 26.③ 27.① 28.④ 29.③

30 4점 재하법에 의한 콘크리트의 휨 강도시험(KS F 2408)에 대한 설명으로 틀린 것은?

① 지간은 공시체 높이의 3배로 한다.
② 공시체에 하중을 가할 때는 공시체에 충격을 가하지 않도록 일정한 속도로 하중을 가하여야 한다.
③ 공시체가 인장쪽 표면 지간 방향 중심선의 4점 사이에서 파괴된 경우는 그 시험 결과를 무효로 한다.
④ 재하장치의 설치면과 공시체면과의 사이에 틈새가 생기는 경우는 접촉부의 공시체 표면을 평평하게 갈아서 잘 접촉할 수 있도록 한다.

해설 공시체가 인장쪽 표면 지간 방향 중심선의 4점 바깥쪽에서 파괴된 경우는 그 시험 결과를 무효로 한다.

31 콘크리트용 재료를 계량하고자 한다. 고로슬래그 미분말 50kg을 목표로 계량한 결과 50.6kg이 계량되었다면, 계량오차에 대한 올바른 판정은? (단, 콘크리트표준시방서의 규정을 따른다.)

① 계량오차가 1.2%로 혼화제의 허용오차 2% 내에 들어 합격
② 계량오차가 1.2%로 혼화제의 허용오차 3% 내에 들어 합격
③ 계량오차가 1.2%로 고로슬래그 미분말의 허용오차 1%를 벗어나 불합격
④ 계량오차가 1.2%로 고로슬래그 미분말의 허용오차 3% 내에 들어 합격

해설
• 계량오차 $= \dfrac{50.6 - 50}{50} \times 100 = 1.2\%$
• 고로 슬래그 미분말의 계량오차의 최대치는 1%이다.

32 콘크리트의 동결융해 시험에서 300사이클에서 상대동탄성계수가 76%라면, 이 공시체의 내구성 지수는?

① 76%   ② 81%
③ 85%   ④ 92%

해설 $DF = \dfrac{PN}{M} = \dfrac{76 \times 300}{300} = 76\%$

33 다음 콘크리트 재료 중 재료의 계량 허용오차가 가장 큰 것은?
① 물
② 골재
③ 시멘트
④ 혼화재

해설
- 물, 시멘트 : ±1%
- 혼화재 : ±2%
- 골재, 혼화제 : ±3%

34 순환 굵은 골재의 품질에 대한 설명으로 틀린 것은?
① 마모율은 40% 이하이어야 한다.
② 흡수율은 5.0% 이하이어야 한다.
③ 점토덩어리 함유량은 0.2% 이하이어야 한다.
④ 절대건조밀도는 $0.0025g/mm^3$ 이상이어야 한다.

해설
- 흡수율은 3.0% 이하이어야 한다.
- 입자 모양 판정 실적률은 55% 이상이어야 한다.

35 일반 콘크리트 제조설비 및 제조공정에 있어서 검사 시기 및 횟수에 대한 내용으로 틀린 것은?
① 잔골재의 조립률은 1회/일 이상 검사하여야 한다.
② 잔골재의 표면수율은 1회/일 이상 검사하여야 한다.
③ 믹서의 성능은 믹서의 종류에 상관없이 공사시작 전 및 공사 중 1회/6개월 이상 검사하여야 한다.
④ 계량설비의 계량 정밀도는 임의 연속된 10배치에 대하여 각 계량 기기별, 재료별로 공사시작 전 및 공사 중에 1회/6개월 이상 검사해야 한다.

해설
- 잔골재의 표면수율은 2회/일 이상 검사하여야 한다.
- 굵은 골재의 표면수율은 1회/일 이상 검사하여야 한다.
- 재료의 저장설비는 공사시작 전, 공사 중 검사하여야 한다.

36 거푸집판에 접하지 않은 콘크리트 면의 마무리에 대한 설명으로 틀린 것은?
① 다지기 후 마무리에는 나무흙손이나 적절한 마무리 기계를 사용하는 것이 좋다.
② 콘크리트 윗면으로 스며 올라온 물이 없어지기 전에 마무리하는 것이 좋다.
③ 치밀한 표면이 필요할 때는 가급적 늦은 시기에 쇠손으로 마무리하여야 한다.
④ 마무리 작업 후 발생하는 소성침하균열은 다짐 또는 재마무리로 제거하여야 한다.

[정답] 30. ③ 31. ③ 32. ① 33. ② 34. ② 35. ② 36. ②

해설 콘크리트 윗면으로 스며 올라온 물이 없어진 후나 물을 처리한 후에 마무리하는 것이 좋다.

37 콘크리트 블리딩의 시공상 대책으로 틀린 것은?
① 타설 속도가 빠르면 블리딩이 많게 되므로 1회 타설 높이를 작게 한다.
② 진동 다짐이 과도하면 블리딩이 많게 되므로 다짐이 과도하게 되지 않도록 주의한다.
③ 거푸집의 치수가 작으면 블리딩이 크게 되므로 된비빔 콘크리트를 사용한다.
④ 물이 세지 않는 거푸집은 블리딩이 많이 발생하므로 메탈폼 거푸집, 새로운 합판형 거푸집 등을 사용할 경우에는 블리딩이 적은 콘크리트를 사용한다.

해설 거푸집의 치수가 작으면 블리딩이 적게 되므로 묽은 비빔 콘크리트를 사용한다.

38 콘크리트의 슬럼프 시험 순서를 올바르게 나열 한 것은?

> ㉠ 수밀 평판 위에 슬럼프 콘 놓기
> ㉡ 슬럼프 콘에 시료를 거의 같은 양의 3층으로 채우기
> ㉢ 측정자로 슬럼프 높이 측정
> ㉣ 각 층을 25회씩 다지기
> ㉤ 슬럼프 콘을 연직방향으로 들어올리기

① ㉠ → ㉡ → ㉢ → ㉣ → ㉤
② ㉠ → ㉡ → ㉣ → ㉢ → ㉤
③ ㉡ → ㉠ → ㉣ → ㉢ → ㉤
④ ㉠ → ㉡ → ㉣ → ㉤ → ㉢

해설
• 시험의 전 작업시간은 3분 이내로 한다.
• 슬럼프 값은 5mm 정밀도로 측정한다.

39 콘크리트의 강도에 비교적 큰 영향을 미치지 않는 요인은?
① 타설량
② 단위수량
③ 물-결합재비
④ 단위 시멘트량

해설 물의 양, 시멘트의 양, 물-결합재비 등이 콘크리트의 강도에 큰 영향을 준다.

40 길이 300mm, 지름 20mm인 강봉을 길이 방향으로 인장하였다. 인장력이 400kN 작용할 때 강봉의 크기는 길이 309mm, 지름 19.8mm이었다면, 이 강봉의 포아송수는?

① 0.2
② 0.3
③ 3
④ 5

해설
- 포아송비 $\nu = \dfrac{\beta}{\varepsilon} = \dfrac{\frac{\Delta d}{d}}{\frac{\Delta l}{l}} = \dfrac{\Delta d \cdot l}{d \cdot \Delta l} = \dfrac{0.2 \times 300}{20 \times 9} = 0.33$
- 포아송수 $m = \dfrac{1}{\nu} = \dfrac{1}{0.33} = 3$

3과목 콘크리트의 시공

41 매스콘크리트의 균열유발줄눈에 대한 설명 중 틀린 것은?

① 균열유발줄눈에 따른 단면감소율은 5~10%가 적당하다.
② 균열유발줄눈의 간격은 4~5m를 기준으로 한다.
③ 균열유발줄눈의 간격은 대략 콘크리트 1회치기 높이의 1~2배 정도가 바람직하다.
④ 균열유발줄눈을 설치할 경우 비교적 쉽게 매스콘크리트의 균열 제어를 할 수 있으나, 구조상의 취약부가 될 우려가 있으므로 구조형식 및 위치 등을 잘 선정하여야 한다.

해설 매스콘크리트의 균열유발줄눈의 단면 감소율은 20~30% 이상으로 한다. 구조물의 길이방향에 일정간격으로 단면 감소부분을 만들어 그 부분에 균열이 집중하도록 한다.

42 콘크리트 타설에 관한 다음의 기술 내용 중 잘못된 것은?

① 한 구획 내의 콘크리트는 타설이 완료될 때까지 연속해서 타설해야 한다.
② 콘크리트 타설의 한층 높이는 2m 이하를 원칙으로 한다.
③ 거푸집의 높이가 높을 경우 슈트, 펌프 배관 등의 배출구와 타설 면까지의 높이는 1.5m 이하를 원칙으로 한다.
④ 외기온도가 25℃가 이하일 경우 허용 이어치기 시간간격은 2.5시간을 표준으로 한다.

해설 콘크리트 타설의 1층 높이는 다짐능력을 고려하여 결정한다.

정답 37. ③ 38. ④ 39. ① 40. ③ 41. ① 42. ②

43 한중 콘크리트에 대한 설명 중 옳지 않은 것은?

① 한중 콘크리트에는 공기연행제(AE제), 공기연행감수제(AE감수제)를 사용하지 않는 것이 좋다.
② 하루의 평균기온이 4℃ 이하가 예상되는 조건일 때는 한중 콘크리트로 시공하여야 한다.
③ 재료를 가열할 경우, 물 또는 골재를 가열하는 것으로 하며, 시멘트는 어떠한 경우라도 직접 가열할 수 없다.
④ 물-결합재비는 원칙적으로 60% 이하로 하여야 한다.

해설 한중 콘크리트에는 공기연행제(AE제), 공기연행감수제(AE감수제)를 사용하는 것이 좋다.

44 콘크리트의 표면 마무리에 대한 설명 중 옳지 않은 것은?

① 노출 콘크리트에서 균일한 노출면을 얻기 위해서는 동일 공장제품의 시멘트, 동일한 종류 및 입도를 갖는 골재, 동일한 배합의 콘크리트, 동일한 콘크리트 타설 방법을 사용하여야 한다.
② 미리 정해진 구획의 콘크리트 타설은 연속해서 일괄작업으로 마쳐야 한다.
③ 제물치장 마무리 또는 마무리 두께가 얇은 경우, 콘크리트 마무리의 평탄성 표준값은 3m당 15mm 이하이다.
④ 시공이음이 미리 정해져 있지 않을 경우에는 직선상의 이음이 얻어지도록 시공하여야 한다.

해설 제물치장 마무리 또는 마무리 두께가 얇은 경우, 콘크리트 마무리의 평탄성 표준값은 3m당 7mm 이하이다.

45 다음 중 촉진 양생의 종류가 아닌 것은?

① 증기 양생
② 습윤 양생
③ 오토클레이브 양생
④ 온수 양생

해설
- 습윤 양생
  콘크리트 타설 후 경화가 될 때까지 양생기간 동안 직사광선이나 바람에 의해 수분이 증발하지 않도록 살수, 습포 등으로 습윤상태로 보호한다.
- 촉진 양생
  증기 양생, 오토클레이브 양생, 온수 양생, 전기 양생, 적외선 양생, 고주파 양생 등

46 팽창 콘크리트에 대한 설명으로 틀린 것은?
① 콘크리트의 팽창률은 일반적으로 재령 7일에 대한 시험값을 기준으로 한다.
② 한중 콘크리트의 경우 타설할 때의 콘크리트 온도는 10℃ 이상 20℃ 미만으로 하여야 한다.
③ 콘크리트를 비비고 나서 타설을 끝낼 때까지의 시간은 기온·습도 등의 기상 조건과 시공에 관한 등급에 따라 1~2시간 이내로 하여야 한다.
④ 팽창재는 다른 재료와 별도로 용적으로 계량하며, 그 오차는 1회 계량분량의 3% 이내로 하여야 한다.

해설
- 팽창재는 다른 재료와 별도로 질량으로 계량하며, 그 오차는 1회 계량분량의 1% 이내로 하여야 한다.
- 서중 콘크리트의 경우 비비기 직후 콘크리트 온도는 30℃ 이하, 타설할 때는 35℃ 이하로 하여야 한다.
- 콘크리트 타설 후에는 적당한 양생을 실시하며 콘크리트 온도는 2℃ 이상을 5일간 이상 유지시켜야 한다.

47 고강도 콘크리트의 배합에 관한 설명으로 틀린 것은?
① 물-결합재비의 값은 가능한 45% 이하로 한다.
② 기상의 변화가 심하거나 동결융해가 예상된다면 공기연행제를 사용하여야 한다.
③ 단위 수량은 소요의 워커빌리티를 얻을 수 있는 범위 내에서 가능한 작게 하여야 한다.
④ 단위 시멘트량은 소요의 강도를 얻을 수 있는 범위 내에서 시험을 통해 가능한 많게 한다.

해설
- 단위 시멘트량은 소요의 강도를 얻을 수 있는 범위 내에서 시험을 통해 가능한 적게 한다.
- 일반적으로 공기연행제를 사용하지 않는 것을 원칙으로 한다.
- 잔골재율을 가능한 작게 한다.

정답 43.① 44.③ 45.② 46.④ 47.④

48 댐 콘크리트와 관련된 용어의 설명으로 틀린 것은?

① 선행 냉각 : 콘크리트의 타설온도를 낮추기 위하여 타설 전에 콘크리트용 재료의 일부 또는 전부를 냉각시키는 방법
② RI 시험 : 방사선 투과를 통해 콘크리트의 밀도를 계산하는 시험방법으로 진동롤러로 다짐한 후 콘크리트의 다짐정도를 판단하기 위한 시험법
③ 수축이음 : 계속해서 콘크리트를 칠 때, 예기하지 않은 상황으로 인하여 먼저 친 콘크리트와 나중에 친 콘크리트 사이에 완전히 일체가 되지 않은 이음
④ 그린커트 : 이미 타설된 콘크리트 위에 새로운 콘크리트를 타설하는 경우, 구콘크리트 표면에 블리딩에 의해 발생한 레이턴스를 제거하기 위해 타설 이음면에 고압살수청소, 진공흡입청소 등을 실시하는 것

> **해설** 수축이음 : 콘크리트의 수축으로 인한 균열을 방지하기 위하여 설치하는 이음

49 해양 콘크리트의 물-결합재비의 결정에 대한 설명으로 틀린 것은? (단, 내구성에 의해 정해지는 물-결합재비로서 일반 현장 시공의 경우)

① 해중 환경인 경우 최대 물-결합재비는 50%이다.
② 해상 대기 중인 경우 최대 물-결합재비는 45%이다.
③ 물보라 지역, 간만대 지역인 경우 최대 물-결합재비는 40%이다.
④ 해풍의 작용을 심하게 받는 육상구조물인 경우 최대 물-결합재비는 40%이다.

> **해설**
> • 해풍의 작용을 심하게 받는 육상구조물인 경우 최대 물-결합재비는 45%이다.
> • 해양 콘크리트는 일반 콘크리트보다 적은 값의 물-결합재비를 사용하는 것이 바람직하다.

50 숏크리트의 시공에 대한 설명으로 틀린 것은?

① 숏크리트는 타설되는 장소의 대기 온도가 30℃ 이상이 되면 건식 및 습식 숏크리트 모두 뿜어붙이기를 할 수 없다.

② 숏크리트는 대기 온도가 10℃ 이상일 때 뿜어붙이기를 실시하며, 그 이하의 온도일 때는 적절한 온도 대책을 세운 후 실시한다.
③ 건식 숏크리트는 배치 후 45분 이내에 뿜어붙이기를 실시하여야 하며, 습식 숏크리트는 배치 후 60분 이내에 뿜어붙이기를 실시하여야 한다.
④ 숏크리트는 뿜어붙인 콘크리트가 흘러내리지 않는 범위의 적당한 두께를 뿜어붙이고, 소정의 두께가 될 때까지 반복해서 뿜어붙여야 한다.

해설
- 숏크리트는 타설되는 장소의 대기 온도가 32℃ 이상이 되면 건식 및 습식 숏크리트 모두 뿜어붙이기를 할 수 없다.
- 노즐은 항상 뿜어 붙일 면에 직각이 되도록 유지하고 적절한 뿜는 압력을 유지하여야 한다.
- 숏크리트 재료의 온도가 10℃보다 낮거나 32℃보다 높을 경우 적절한 온도 대책을 세워 재료의 온도가 10℃~32℃ 범위에 있도록 한 후 뿜어붙이기를 실시하여야 한다.

51 콘크리트의 증기양생에서 양생 사이클의 단계별 내용으로 틀린 것은?
① 1단계 : 3시간 정도의 전양생 기간
② 2단계 : 시간당 10℃ 이하의 온도상승 기간
③ 3단계 : 최고온도 65℃ 이후 등온양생 기간
④ 4단계 : 외기와의 온도차가 없을 때까지의 온도저하 기간

해설
- 2단계 : 시간당 20℃ 이하의 온도상승 기간
- 물-결합재비가 낮은 콘크리트는 빈배합의 것보다 증기양생에 대한 효과가 크다.

52 수중 콘크리트에 대한 설명으로 틀린 것은?
① 굵은 골재의 최대치수는 수중 불분리성 콘크리트의 경우 40mm 이하를 표준으로 한다.
② 일반 수중 콘크리트는 수중에서 시공할 때의 강도가 표준공시체 강도의 0.6~0.8배가 되도록 배합강도를 설정하여야 한다.
③ 비비는 시간은 시험에 의해 콘크리트 소요의 품질을 확인하여 정하여야 하며, 강제식 믹서의 경우 비비기 시간은 90~180초를 표준으로 한다.
④ 수중 불분리성 콘크리트는 혼화제의 증점효과와 소정의 유동성을 확보하기 위하여 일반 수중 콘크리트보다도 단위수량이 크게 요구되므로 감수제, 공기연행감수제 또는 고성능 감수제를 사용하여야 한다.

정답 48. ③ 49. ④ 50. ① 51. ② 52. ①

해설
- 굵은 골재의 최대치수는 수중 불분리성 콘크리트의 경우 20 또는 25mm 이하를 표준으로 한다.
- 수중 불분리성 콘크리트의 공기량은 4% 이하로 하여야 한다.
- 수중 불분리성 콘크리트는 일반 콘크리트에 비하여 믹서에 걸리는 부하가 크기 때문에 소요 품질의 콘크리트를 얻기 위하여 1회 비비기 양은 믹서의 공칭용량의 90% 이하로 하여야 한다.

53 전단력이 큰 위치에 부득이 시공이음을 설치할 경우에 대한 설명으로 틀린 것은?

① 시공이음부에 홈을 둔다.
② 시공이음에 장부(요철)를 둔다.
③ 원형철근으로 보강하는 경우에는 갈고리를 붙여야 한다.
④ 철근으로 보강하는 경우 철근 정착길이는 철근지름의 10배 정도로 한다.

해설
- 철근으로 보강하는 경우 철근 정착길이는 철근지름의 20배 이상으로 한다.
- 시공이음은 부재의 압축력이 작용하는 방향과 직각이 되도록 하는 것이 원칙이다.
- 바닥틀과 일체로 된 기둥이나 벽의 시공이음은 바닥틀과 경계 부근에 설치하는 것이 좋다.
- 아치의 시공이음은 아치축에 직각방향이 되도록 설치하여야 한다.

54 숏크리트 작업 시 갱내 환기를 정지한 환경에서 뿜어붙이기 작업개시 5분 후로부터 2회 측정하고, 뿜어붙이기 작업 개소로부터 5m 지점의 분진 농도의 표준값은?

① 2mg/m^3 이하
② 3mg/m^3 이하
③ 4mg/m^3 이하
④ 5mg/m^3 이하

해설 분진 농도의 표준값

환기 및 측정조건	분진농도(mg/m^3)
• 환기조건 : 갱내 환기를 정지한 환경 • 측정방법 : 뿜어붙이기 작업 개시 5분 후로부터 원칙으로 2회 측정 • 측정위치 : 뿜어붙이기 작업 개소로부터 5m 지점	5 이하

55 굳지 않은 콘크리트의 측압에 관한 일반적인 설명으로 틀린 것은?

① 부재의 수평단면이 작을수록 측압은 작다.
② 콘크리트의 타설 높이가 높을수록 측압은 작다.
③ 콘크리트의 타설 속도가 빠를수록 측압은 크다.
④ 타설되는 콘크리트의 온도가 낮을수록 측압은 크다.

해설
- 콘크리트의 타설 높이가 높을수록 측압은 크다.
- 거푸집 설계에서는 굳지 않은 콘크리트의 측압을 고려하여야 한다.

56 방사선 차폐용 콘크리트의 차폐성능에 대한 설명으로 틀린 것은?

① 감마선의 차폐성능은 차폐체의 밀도와 두께에 비례한다.
② 두께가 일정하다면 밀도가 클수록 차폐성능은 향상된다.
③ 생체방호를 위해서 설계할 때에는 X선과 γ선에 대하여 고려한다.
④ 방사선 차폐용 콘크리트 타설 시 이어치기 형상은 평면이 아닌 요철면으로 하는 것이 차폐성능에 유리하다.

해설
- 생체방호를 위해서 설계할 때에는 감마선과 중성자선에 대하여 고려한다.
- 차폐용 콘크리트의 주요한 성능항목에는 밀도, 압축강도, 설계허용온도, 결합수량, 붕소량 등이 있다.
- 방사선 차폐용 콘크리트는 주로 생물체의 방호를 위하여 X선, γ선 및 중성자선을 차폐할 목적으로 사용되는 콘크리트이다.

57 매스 콘크리트를 시공할 때에 콘크리트의 반응온도 상승을 적게 하는 동시에 균등한 온도분포를 하는 방법으로 틀린 것은?

① 콘크리트의 혼합수에 얼음을 넣거나, 골재를 냉각시킨다.
② 매스 콘크리트는 1회에 타설할 구획과 타설 높이를 결정한다.
③ 매스 콘크리트의 양생방법은 콘크리트를 타설하고 있는 주변기온을 급냉시킨다.
④ 매스 콘크리트의 타설 작업을 장시간 계속할 필요가 있는 경우는 응결지연제를 사용하는 것도 좋다.

해설 매스 콘크리트의 양생 시에는 콘크리트 부재의 내부와 표면의 온도차가 커지지 않도록 하여 콘크리트 표면의 급격한 냉각에 의한 수축균열 발생을 방지하여야 한다.

[정답] 53. ④ 54. ④ 55. ② 56. ③ 57. ③

58 보통 포틀랜드 시멘트로 제조한 콘크리트의 타설 온도가 20°C일 때, 재령 28일에서의 단열온도 상승량은? (단, $a=0.11$, $b=13$, $g=3.8\times10^{-3}$, $h=-0.036$, $C=230\text{kg/m}^3$이며, $Q(t)=Q_\infty(1-e^{-rt})$, $Q_\infty(C)=aC+b$, $r(C)=gC+h$를 이용)

① 28.3°C
② 38.3°C
③ 45.4°C
④ 56.7°C

해설
- $Q_\infty(C)=aC+b=0.11\times230+13=38.3$°C
- $r(C)=gC+h=3.8\times10^{-3}\times230+(-0.036)=0.838$
∴ $Q(t)=Q_\infty(1-e^{-rt})=38.3(1-e^{-0.838\times28})=38.3$°C

여기서, e : 자연대수 값 2.718281
r : 온도 상승속도로서 시험에 의해 정해지는 계수
t : 재령(일)
$Q(t)$: 재령 t일에서 단열온도 상승량(°C)

59 굳지 않은 콘크리트의 시료 채취 방법(KS F 2401)에 대한 설명으로 틀린 것은?

① 분취 시료를 그대로 사용하는 경우라도 시료의 양은 20L 이상으로 하여야 한다.
② 믹서, 호퍼, 콘크리트 운반 기구, 타설 장소 등에서 굳지 않은 콘크리트의 시료를 채취하는데 대하여 적용한다.
③ 호퍼 또는 버킷에서 분취 시료를 채취하는 경우는 토출되는 중간 부분의 콘크리트 흐름 중 3개소 이상에서 채취한다.
④ 트럭 애지테이터에서 분취 시료를 채취하는 경우는 트럭 애지테이터에서 배출되는 콘크리트에서 규칙적인 간격으로 3회 이상 채취한다.

해설 시료의 양은 20L 이상으로 하고, 시험에 필요한 양보다 5L 이상 많아야 한다. 다만, 분취 시료를 그대로 사용하는 경우에는 20L보다 적어도 좋다.

60 다음과 같은 조건의 프리플레이스트 콘크리트의 최대 측압을 구하면?

- 굵은 골재의 측압계수 : 1
- 굵은 골재의 단위용적질량 : 8.8t/m³
- 굵은 골재층 상면으로부터의 깊이 : 10m
- 모르타르의 상면으로부터의 깊이 : 10m
- 모르타르의 단위용적질량 : 22t/m³
- 굵은 골재의 공극률 : 45%
- 응결의 영향은 없는 것으로 한다.

① 0.145MPa
② 0.162MPa
③ 0.187MPa
④ 0.238MPa

해설 최대 측압

$$P_{\max} = \left(K_a W_a h_a + \frac{2W_m R t V}{100}\right) \times 10^{-3}$$
$$= \left(1 \times 8.8 \times 10 + \frac{22 \times 10 \times 45}{100}\right) \times 10^{-3} = 0.187 \text{MPa}$$

여기서, K_a : 굵은 골재의 측압계수
W_a : 굵은 골재의 단위용적질량(t/m³)
h_a : 굵은 골재중 상면으로부터의 깊이(m)
W_m : 모르타르의 단위용적질량(t/m³)
R : 모르타르의 상승속도(m/h)
t : 모르타르의 초결시간(h)
V : 굵은 골재의 공극률(%)
※ 응결의 영향이 없을 경우 $2Rt$를 모르타르의 상면으로부터의 깊이(m)로 한다.

4과목 콘크리트 구조 및 유지관리

61 일반적으로 정사각형 확대기초에서 펀칭 전단에 대한 위험한 단면은? (단, d : 유효깊이)

① 기둥의 전면에서 기둥 두께만큼 양쪽으로 떨어진 면
② 기둥의 전면
③ 기둥의 전면에서 $\frac{d}{2}$만큼 떨어진 면
④ 기둥의 전면에서 만큼 떨어진 면

해설 펀칭 전단이 일어난다고 볼 경우에는 집중하중을 받는 슬래브의 경우와 같으며 위험단면은 기둥 전면에서 $\frac{d}{2}$만큼 떨어진 곳으로 본다.

정답 58. ② 59. ① 60. ③ 61. ③

62 인장철근이 일렬로 배치되어 있으며, $f_{ck}=23\text{MPa}$, $f_y=320\text{MPa}$인 단철근 직사각형 보의 설계 모멘트강도(ϕM_n)는 얼마인가? (단, 인장지배단면으로 $b_w=250\text{mm}$, $d=500\text{mm}$, $A_s=2,000\text{mm}^2$이다.)

① 156.3 kN·m   ② 236.4 kN·m
③ 356.3 kN·m   ④ 396.4 kN·m

해설
- $a = \dfrac{A_s f_y}{0.85 f_{ck} b} = \dfrac{2000 \times 320}{0.85 \times 23 \times 250} = 131 \text{mm}$
- $\phi M_n = \phi A_s f_y \left(d - \dfrac{a}{2}\right) = 0.85 \times 2000 \times 320 \times \left(500 - \dfrac{131}{2}\right)$
  $= 236,368,000 \text{N·mm} = 236.4 \text{kN·m}$

63 콘크리트 구조물의 재하시험은 하중을 받는 구조부분의 재령이 최소한 며칠이 지난 다음에 재하시험을 시행하여야 하는가?

① 14일   ② 28일
③ 56일   ④ 84일

해설 최초의 재하시험은 재령 56일이 지난 후에 실시한다.

64 옹벽의 설계에 대한 설명 중 옳지 않은 것은?

① 캔틸레버식 옹벽은 보통 높이가 3~6m인 경우에 경제적이다.
② 뒷부벽식 옹벽은 뒷부벽을 T형보의 복부로 보고 전면벽과 저판을 연속 슬래브로 보고 설계한다.
③ 토압은 공인된 공식으로 산정되어 별도의 필요한 계수는 측정할 필요가 없다.
④ 옹벽은 전도, 활동, 침하에 대해 안정해야 한다.

해설 토압은 공인된 공식으로 산정하며, 필요한 계수는 측정하여 정한다.

65 콘크리트 구조물의 탄산화에 대한 설명으로 옳은 것은?

① 콘크리트 중의 수산화칼슘(pH 12~13)이 공기중의 탄산가스와 반응하여 탄산칼슘으로 변화한 부분의 pH가 8.5~10 정도로 낮아지는 현상을 말한다.
② 콘크리트 중의 수산화칼슘(pH 12~13)이 공기중의 탄산가스와

반응하여 탄산칼슘으로 변화한 부분의 pH가 6.5~8 정도로 낮아지는 현상을 말한다.
③ 콘크리트 중의 수산화칼슘(pH 8.5~10)이 공기중의 탄산가스와 반응하여 탄산칼슘으로 변화한 부분의 pH가 12~13 정도로 높아지는 현상을 말한다.
④ 콘크리트 중의 수산화칼슘(pH 6.5~8)이 공기중의 탄산가스와 반응하여 탄산칼슘으로 변화한 부분의 pH가 12~13 정도로 높아지는 현상을 말한다.

해설 콘크리트 중의 수산화칼슘은 pH 12~13의 강알칼리성으로 공기중 이산화탄소와 반응하여 탄산칼슘으로 변한 부분의 pH가 8.5~10 정도로 되는 현상을 탄산화라 한다.

66 콘크리트에 발생하는 소성수축균열을 방지하는 방법으로 적절하지 못한 것은?

① 통풍이 잘 되도록 조치한다.
② 표면을 덮개로 보호한다.
③ 표면에 급격한 온도변화가 생기지 않도록 한다.
④ 직사광선을 받지 않도록 한다.

해설 수분의 증발을 방지하고 콘크리트 표면에 급격한 온도 변화가 일어나지 않도록 해야 한다.

67 단철근 직사각형보에서 f_{ck}=30MPa, f_y=300MPa일 때 균형철근비를 구한 값은?

① 0.025 ② 0.034
③ 0.047 ④ 0.052

해설
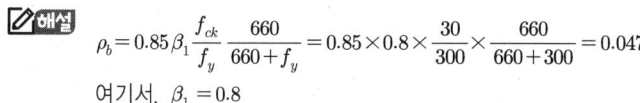
$$\rho_b = 0.85\beta_1 \frac{f_{ck}}{f_y} \frac{660}{660+f_y} = 0.85 \times 0.8 \times \frac{30}{300} \times \frac{660}{660+300} = 0.047$$
여기서, $\beta_1 = 0.8$

68 바닥 슬래브 보강용으로 적합하지 않은 공법은 어느 것인가?

① 보의 증설
② 강판접착
③ 강판 라이닝 보강
④ 탄소 섬유시트 접착

해설 강판 라이닝 보강공법은 보수공법에 속한다.

[정답] 62.② 63.③ 64.③ 65.① 66.① 67.③ 68.③

03회 CBT 모의고사

69 알칼리 골재반응이 원인으로 추정되는 부재의 향후 팽창량을 예측하기 위하여 필요한 시험은?

① SEM시험
② 코어의 잔존팽창량시험
③ 압축강도시험
④ 배합비 추정시험

해설
- SEM시험 : 철 및 비철금속 성분을 조사하는 주사전자 현미경
- 압축강도시험 : 콘크리트의 강도를 알기 위해 실시하는 실험
- 배합비 추정시험 : 재료 배합상태에 따라 강도를 추정하는 시험

70 단경간이 2m, 장경간이 4m인 슬래브에 집중하중 180kN이 슬래브의 중앙에 작용한다. 이 경우 단경간과 장경간이 부담하는 하중은 각각 얼마인가?

① 단경간 부담하중=160kN, 장경간 부담하중=20kN
② 단경간 부담하중=20kN, 장경간 부담하중=160kN
③ 단경간 부담하중=169kN, 장경간 부담하중=11kN
④ 단경간 부담하중=11kN, 장경간 부담하중=169kN

해설
- 단경간 부담하중

$$P_S = \frac{L^3}{L^3+S^3} \cdot P = \frac{4^3}{4^3+2^3} \times 180 = 160\,\text{kN}$$

- 장경간 부담하중

$$P_L = \frac{S^3}{L^3+S^3} \cdot P = \frac{2^3}{4^3+2^3} \times 180 = 20\,\text{kN}$$

71 열화 원인에 따른 보수방법의 선정으로 적절하지 않은 것은?

① 중성화 : 단면복구공, 표면보호공
② 염해 : 단면복구공, 표면보호공
③ 알칼리 골재반응 : 단면복구공
④ 동해 : 균열주입공

해설
- 알칼리 골재반응 : 균열주입공, 표면보호공
- 동해 : 단면복구공, 균열주입공, 표면보호공

72 콘크리트의 설계기준압축강도(f_{ck})가 40MPa, 철근의 항복강도(f_y)가 400MPa, 폭이 300mm, 유효깊이가 500mm인 단철근 직사각형 보의 최소 철근량은?

① 525mm²
② 546mm²
③ 571mm²
④ 593mm²

해설 최소 철근량

① $\dfrac{1.4}{f_y}bd = \dfrac{1.4}{400} \times 300 \times 500 = 525\text{mm}^2$

② $\dfrac{0.25\sqrt{f_{ck}}}{f_y}bd = \dfrac{0.25 \times \sqrt{40}}{400} \times 300 \times 500 = 593\text{mm}^2$

최소 철근량은 두 값 중 큰 값을 사용하므로 593mm²이다.

73 구조물의 보강공법 중 강판보강공법의 특징에 대한 설명으로 틀린 것은?

① 강판을 사용하므로 모든 방향의 인장력에 대응할 수 있다.
② 접착제의 내구성, 내피로성의 확인이 쉬우며, 기존에 타설된 콘크리트의 열화가 진행중인 상황에도 보수 없이 시공할 수 있다.
③ 현장 타설 콘크리트, 프리캐스트 부재 모두에 적용할 수 있으므로 응용범위가 넓다.
④ 시공이 간단하고, 강판의 제작, 조립도 쉬워서 현장작업에는 복잡하지 않다.

해설
• 강판보강공법은 현행의 응력상태의 개선에는 기여하지 못하기 때문에 보강 전에 발생되고 있는 응력이 이미 허용응력을 크게 초과할 경우에는 그 적용에 대하여 검토할 필요가 있다.
• 강판보강공법은 활하중 또는 증가고정하중 등 보강 후에 작용하는 하중에만 유효하게 작용한다.

74 옹벽의 구조해석에 대한 설명으로 잘못된 것은?

① 부벽식 옹벽 저판은 정밀한 해석이 사용되지 않는 한, 부벽 간의 거리를 경간으로 가정한 고정보 또는 연속보로 설계할 수 있다.
② 저판의 뒷굽판은 정확한 방법이 사용되지 않는 한, 뒷굽판 상부에 재하되는 모든 하중을 지지하도록 설계하여야 한다.
③ 캔틸레버식 옹벽의 추가철근은 저판에 지지된 캔틸레버로 설계할 수 있다.
④ 뒷부벽식 옹벽의 뒷부벽은 직사각형보로 설계하여야 한다.

[정답] 69.② 70.① 71.③ 72.④ 73.② 74.④

해설
- 뒷부벽식 옹벽의 뒷부벽은 T형보로 보고 설계한다.
- 앞부벽식 옹벽은 부벽을 직사각형 보로 보고 설계한다.
- 뒷부벽식 옹벽 및 앞부벽식 옹벽의 전면벽은 3변 지지된 2방향 슬래브로 설계하여야 한다.

75 각 날짜에 친 각 등급의 콘크리트 강도 시험용 시료 채취에 대한 규정으로 틀린 것은?

① 하루에 1회 이상
② 120m³당 1회 이상
③ 배합이 변경될 때 마다 1회 이상
④ 슬래브나 벽체의 표면적 300m²마다 1회 이상

해설 슬래브나 벽체의 표면적 500m²마다 1회 이상

76 염화물이 외부로부터 침투하는 환경에 있는 철근 콘크리트 구조물의 수용성 염화물 허용함유량은? (단, 시멘트 첨가량은 300kg/m³이다.)

① 0.18 kg/m³
② 0.30 kg/m³
③ 0.45 kg/m³
④ 0.90 kg/m³

해설
- 굳은 콘크리트의 최대 수용성 염소이온량

부재의 종류	콘크리트 속의 최대 수용성 염소이온량 [시멘트 질량에 대한 비율(%)]
프리스트레스트 콘크리트	0.06
염화물에 노출된 철근 콘크리트	0.15
건조한 상태이거나 습기로부터 차단된 철근 콘크리트	1.00
기타 철근 콘크리트	0.30

- 염화물에 노출된 철근 콘크리트 구조물이므로 0.0015×300 = 0.45 kg/m³이다.

77 시험실에서 양생한 공시체의 강도에 관한 규정으로 틀린 것은?

① 3번의 연속강도 시험의 결과 그 평균값이 호칭강도 품질기준강도 이상일 때 콘크리트의 강도는 만족할 만한 것으로 간주할 수 있다.

② f_{cn}가 35MPa 초과인 경우에는 개별적인 강도 시험값이 호칭강도 품질기준강도의 80% 이상일 때 콘크리트의 강도는 만족할 만한 것으로 간주할 수 있다.

③ f_{cn}가 35MPa 이하인 경우에는 개별적인 강도 시험값이 (호칭강도 품질기준강도-3.5MPa) 이상일 때 콘크리트의 강도는 만족할 만한 것으로 간주할 수 있다.

④ 콘크리트 강도가 현저히 부족하다고 판단될 때에는 문제된 부분에서 코어를 채취하고 채취된 코어의 시험을 KS F 2422에 따라 수행하여야 한다.

> **해설** f_{cn}가 35MPa 초과인 경우에는 개별적인 강도 시험값이 호칭강도 품질기준강도의 90% 이상일 때 콘크리트의 강도는 만족할 만한 것으로 간주할 수 있다.

78 D16 이하인 스터럽과 띠철근의 90° 표준갈고리의 연장 길이에 대한 기준으로 옳은 것은? (단, d_b는 철근의 공칭지름을 의미한다.)

① 구부린 끝에서 $6d_b$ 이상 더 연장해야 한다.
② 구부린 끝에서 $8d_b$ 이상 더 연장해야 한다.
③ 구부린 끝에서 $10d_b$ 이상 더 연장해야 한다.
④ 구부린 끝에서 $12d_b$ 이상 더 연장해야 한다.

> **해설** D19~D25인 스터럽과 띠철근의 90° 표준갈고리의 연장 길이는 구부린 끝에서 $12d_b$ 이상 더 연장해야 한다.

79 탄산화 시험만을 목적으로 코어를 채취하는 경우 코어의 지름 및 길이로서 가장 적절한 것은?

① 코어 지름은 굵은골재 최대치수의 1배 이상으로 하고, 코어 길이는 지름의 2배 이상으로 한다.
② 코어 지름은 굵은골재 최대치수의 2배 이상으로 하고, 코어 길이는 지름의 3배 이상으로 한다.
③ 코어 지름은 굵은골재 최대치수의 3배 이상으로 하고, 코어 길이는 철근의 피복두께 정도로 한다.
④ 코어 지름은 굵은골재 최대치수의 4배 이상으로 하고, 코어 길이는 철근의 피복두께의 2배 이상으로 한다.

> **해설** 콘크리트 탄산화 여부를 판단하므로 코어 지름은 굵은골재 최대치수의 3배 이상으로 하고, 코어 길이는 철근의 피복두께 정도로 한다.

정답 75. ④ 76. ③ 77. ② 78. ① 79. ③

80 $b=400$mm, $d=540$mm, $h=600$mm인 직사각형 보에 인장철근이 1열 배근된 철근 콘크리트 단면의 휨부재 상한한계 공칭휨강도(M_n)는? (단, $f_{ck}=28$MPa, $f_y=500$MPa)

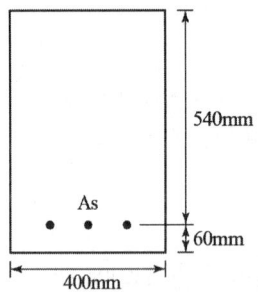

① 660kN·m
② 749kN·m
③ 827kN·m
④ 929kN·m

해설

- $\beta_1 = 0.8$
- $\rho_b = 0.85\,\beta_1\dfrac{f_{ck}}{f_y}\dfrac{660}{660+f_y} = 0.85\times 0.8\times\dfrac{28}{500}\times\dfrac{660}{660+500} = 0.022$
- $f_y = 500$MPa일 때
  $\rho_{\max} = 0.699\rho_b = 0.699\times 0.022 = 0.0153$
- $A_s = \rho_{\max}\,b\,d = 0.0153\times 400\times 540 = 3305\text{mm}^2$
- $a = \dfrac{A_s\,f_y}{0.85 f_{ck}\,b} = \dfrac{3305\times 500}{0.85\times 28\times 400} = 174$mm

  $\therefore M_n = A_s f_y\left(d-\dfrac{a}{2}\right) = 3305\times 500\times\left(540-\dfrac{174}{2}\right)$
  $= 748{,}582{,}500$N·mm $= 749$kN·m

정답 80. ②

week 5
CBT 모의고사

콘크리트기사

I 콘크리트 재료 및 배합
II 콘크리트 제조, 시험 및 품질관리
III 콘크리트의 시공
IV 콘크리트 구조 및 유지관리

알려드립니다
한국산업인력공단의 저작권법 저축에 대한 언급(2013년 2회 시험)이 있어 과거에 출제된 동일한 문제나 그 유형의 문제로 재구성하였습니다.

1과목 콘크리트 재료 및 배합

01 단위시멘트량이 320kg/m³, 물-시멘트비가 45%, 잔골재율이 38%인 배합조건에서 콘크리트의 굵은골재량과 잔골재량을 구하면? (단, 공기량 4.5%, 시멘트 비중, 잔골재, 굵은골재의 밀도는 각각 3.15, 2.56g/cm³, 2.60g/cm³이고, 소수점 이하 4째자리에서 반올림하여 구할 것)

	잔골재량	굵은골재량
①	670.512kg/m³,	1027.424kg/m³
②	689.715kg/m³,	1142.908kg/m³
③	705.425kg/m³,	1178.112kg/m³
④	714.223kg/m³,	1194.532kg/m³

해설
- $\dfrac{W}{C} = 0.45$ ∴ $W = 320 \times 0.45 = 144\text{kg}$
- 단위 골재부피(V_{S+G}) $= 1 - \left(\dfrac{320}{3.15 \times 1000} + \dfrac{144}{1 \times 1000} + \dfrac{4.5}{100}\right) = 0.709\text{m}^3$
- 단위 잔골재량(S) $= 0.709 \times 0.38 \times 2.56 \times 1000 = 689.715\text{kg/m}^3$
- 단위 굵은골재량(G) $= 0.709 \times 0.62 \times 2.6 \times 1000 = 1142.908\text{kg/m}^3$

02 아래의 르 샤틀리에(Le-Chatelie) 시험 결과에 따른 시멘트 비중은 얼마인가?

초기눈금(cc)	시료량(g)	시료+광유 눈금(cc)
0.3	64	20.3

① 3.10 ② 3.15
③ 3.20 ④ 3.25

해설 시멘트 비중 $= \dfrac{64}{20.3 - 0.3} = 3.2$

03 시멘트 관련 KS 규격에 관하여 옳지 않은 것은?
① 저열 포틀랜드 시멘트에서는 수화열을 억제하기 위하여 최저 C_2S량을 규정하고 있다.
② 내황산염 포틀랜드 시멘트에서는 황산염에 의한 팽창을 억제하

기 위하여 최대 C₃A량을 규정하고 있다.
③ 고로 슬래그 시멘트에서는 잠재수경성을 확보하기 위하여 염기도의 최소값을 규정하고 있다.
④ 고로 슬래그 시멘트에서는 알칼리 골재반응을 억제하기 위하여 최대 알칼리량을 규정하고 있다.

해설 고로 슬래그 시멘트에서는 알칼리 골재반응을 억제하기 위하여 최소 알칼리량을 규정하고 있다.

04 굵은골재의 체가름 시험결과에서 굵은 최대치수(G_{max})와 조립률(FM)을 바르게 표시한 것은?

체의크기(mm)	30	25	20	15	10	5	2.5
각체잔량누계(%)	2	10	35	53	78	98	100

① 25mm, 7.11
② 25mm, 7.76
③ 20mm, 7.11
④ 20mm, 7.76

해설
- **굵은골재 최대치수란** 질량으로 90% 이상 통과시키는 체 중에서 최소치수의 체눈을 공칭치수로 나타내므로 통과율 90%에 해당하는 25mm이다.
- **조립률** $FM = \dfrac{35+78+98+100+400}{100} = 7.11$

05 콘크리트 배합설계에서 굵은골재의 최대치수에 대한 설명으로 틀린 것은?
① 거푸집 양 측면 사이의 최소 거리의 1/5을 초과하지 않아야 한다.
② 슬래브 두께의 1/3을 초과하지 않아야 한다.
③ 개별 철근, 다발철근, 긴장재 또는 덕트 사이 최소 순간격의 1/2을 초과하지 않아야 한다.
④ 일반적인 단면을 가지는 철근콘크리트의 굵은골재 최대치수는 20mm 또는 25mm를 표준으로 한다.

해설
- 개별철근, 다발철근, 긴장재 또는 덕트 사이 최소 순간격의 3/4을 초과하지 않아야 한다.
- 구조물의 단면이 큰 경우 굵은골재의 최대치수는 40mm을 표준으로 한다.

06 시멘트 제조 과정에서 시멘트의 응결을 지연시키는 역할을 하기 위하여 첨가하는 재료는?
① 석고
② 슬래그
③ 지연제
④ 실리카(SiO_2)

해설 시멘트의 응결 지연제인 석고를 2~3% 정도 첨가한다.

[정답] 01. ② 02. ③ 03. ④ 04. ③ 05. ③ 06. ①

07. 분말도(fineness)가 큰 시멘트를 사용할 경우에 대한 설명으로 틀린 것은?

① 수화가 빨리 진행된다.
② 워커블한 콘크리트가 얻어진다.
③ 건조수축이 적다.
④ 풍화하기 쉽다.

해설
- 건조수축이 커져서 균열이 발생하기 쉽다.
- 색이 밝게 되며 비중도 가벼워진다.

08. 콘크리트용 화학 혼화제의 품질시험 항목으로 옳지 않은 것은?

① 블리딩량의 비(%)
② 길이 변화비(%)
③ 동결 융해에 대한 저항성(상대 동탄성 계수 %)
④ 휨강도의 비(%)

해설 감수율, 블리딩량의 비, 길이 변화비, 동결 융해에 대한 저항성(상대 동탄성 계수), 경시 변화량(슬럼프, 공기량)

09. 실리카 퓸의 품질시험에서 사용되는 시험 모르타르는 보통 포틀랜드 시멘트와 실리카 퓸을 질량비로 얼마로 해야 하는가?

① 9:1
② 1:9
③ 3:1
④ 1:3

해설 실리카 퓸의 품질시험에서 사용되는 시험 모르타르는 보통 포틀랜드 시멘트와 실리카 퓸을 질량비 9:1로 하여 제작한다.

10. 어떤 배합설계에서 결합재로 시멘트와 고로슬래그가 사용되었다. 결합재 전체 질량이 550kg/m³이라고 할 때, 제빙화학제에 대한 내구성 확보를 위해 필요한 고로슬래그의 최대 혼입량은 얼마인가?

① $68.7\,kg/m^3$
② $137.5\,kg/m^3$
③ $192.5\,kg/m^3$
④ $275\,kg/m^3$

해설
- 고로슬래그 미분말을 사용할 경우 : 50%
  즉, 550 kg/m³ × 0.5 = 275kg/m³
- 플라이 애시를 사용할 경우 : 25%
- 실리카 퓸을 사용할 경우 : 10%
- 플라이 애시와 실리카 퓸을 합하여 사용할 경우 : 35%

11 현장에서 콘크리트 압축강도를 22회 측정한 결과 표준편차는 5MPa이었다. 설계기준 압축강도(f_{ck})가 35MPa이며 내구성 기준 압축강도(f_{cd})가 30MPa일 때 배합강도(f_{cr})는? (단, 시험횟수 20회, 25회일 경우 표준편차의 보정계수는 각각 1.08, 1.03이다.)

① 38.5MPa ② 42.1MPa
③ 43.9MPa ④ 45.2MPa

해설
- f_{ck}와 f_{cd} 중 큰 값인 35MPa가 품질기준강도(f_{cq})이다.
- 배합강도
  $f_{cq} \leq 35$MPa이므로
  ① $f_{cr} = f_{cq} + 1.34S = 35 + 1.34 \times (5 \times 1.06) = 42.1$MPa
  ② $f_{cr} = (f_{cq} - 3.5) + 2.33S = (35 - 3.5) + 2.33 \times (5 \times 1.06) = 43.9$MPa
  ∴ 두 식에서 큰 값인 43.9MPa이다.
- 표준편차의 보정계수
  시험횟수가 20회 경우 1.08, 25회 경우 1.03이므로
  $\frac{1.08 - 1.03}{5} = 0.01$씩 직선 보간한다. 즉, 20회 1.08, 21회 1.07, 22회 1.06, 23회 1.05 24회 1.04, 25회 1.03이 된다.

12 고로 슬래그 미분말을 사용한 콘크리트에 대한 설명이다. 옳지 않은 것은?

① 고로 슬래그 미분말을 사용한 콘크리트는 중성화 속도를 저하시키는 효과가 있다.
② 고로 슬래그 미분말을 사용한 콘크리트는 철근 보호성능이 향상된다.
③ 고로 슬래그 미분말을 사용한 콘크리트는 수밀성이 크게 향상된다.
④ 고로 슬래그 미분말을 사용한 콘크리트의 초기강도는 포틀랜드 시멘트 콘크리트보다 작다.

해설 고로 슬래그 미분말을 사용한 콘크리트는 알칼리 골재 반응 억제에 대한 효과가 있다.

정답 07. ③ 08. ④ 09. ① 10. ④ 11. ③ 12. ①

13 황산나트륨 포화용액을 사용한 골재의 안정성 시험에서 반복 시험을 실시할 경우 황산나트륨 포화용액의 골재에 대한 잔류 유무를 조사하여야 하는데 이때 사용하는 용액에 대한 설명으로 옳은 것은?

① 탄닌산 용액을 사용하며, 용액의 농도는 2~3%로 한다.
② 수산화나트륨을 사용하며, 용액의 농도는 3%로 한다.
③ 염화바륨을 사용하며, 용액의 농도는 5~10%로 한다.
④ 페놀프탈레인 용액을 사용하며, 용액의 농도는 5~10%로 한다.

해설 정해진 횟수로 시험한 시료를 깨끗한 물로 씻는데 씻은 물에 염화바륨 용액을 넣어 흰색으로 탁해지지 않게 될 때까지 씻는다.

14 콘크리트의 배합설계에서 잔골재율 보정에 대한 설명으로 옳은 것은?

① 자갈을 사용할 경우 잔골재율은 2~3만큼 크게 한다.
② 공기량이 1%만큼 클 때마다 잔골재율은 0.5~1.0만큼 크게 한다.
③ 물-결합재비가 0.05만큼 작을 때마다 잔골재율은 1만큼 작게 한다.
④ 잔골재의 조립률이 0.1만큼 작을 때마다 잔골재율은 0.5만큼 크게 한다.

해설
• 자갈을 사용할 경우 잔골재율은 3~5만큼 작게 한다.
• 공기량이 1%만큼 클 때마다 잔골재율은 0.5~1.0만큼 작게 한다.
• 잔골재의 조립률이 0.1만큼 작을 때마다 잔골재율은 0.5만큼 작게 한다.

15 절대 건조 상태에서 350g, 표면 건조 포화상태에서 364g, 습윤 상태에서 380g인 잔골재 시료의 흡수율은?

① 2% ② 3%
③ 4% ④ 5%

해설
• 흡수율 = $\dfrac{364-350}{350} \times 100 = 4\%$
• 표면수율 = $\dfrac{380-364}{364} \times 100 = 4.4\%$

16 좋은 품질의 플라이 애시를 적절하게 사용한 콘크리트에서 기대할 수 있는 효과가 아닌 것은?

① 알칼리골재반응을 억제시킬 수 있다.
② 포졸란 반응으로 수화반응 속도를 향상시킨다.
③ 워커빌리티를 개선하여 단위수량을 감소시킬 수 있다.
④ 수밀성이나 화학적 침식에 대한 내구성을 개선시킬 수 있다.

해설 플라이 애시를 사용한 콘크리트는 초기강도는 작으나 포졸란 반응에 의해 장기강도 발현성이 좋다.

17 콘크리트의 배합강도에 대한 설명으로 틀린 것은?

① 콘크리트의 배합강도는 품질기준강도보다 크게 정하여야 한다.
② 압축강도의 시험횟수가 24회일 경우 표준편차의 보정계수는 1.04이다.
③ 압축강도의 시험횟수가 29회 이하이고 15회 이상인 경우 그것으로 계산한 표준편차에 보정계수를 곱한 값을 표준편차로 사용할 수 있다.
④ 콘크리트 압축강도의 표준편차는 실제 사용한 콘크리트의 25회 이상의 시험실적으로부터 결정하는 것을 원칙으로 한다.

해설 콘크리트 압축강도의 표준편차는 실제 사용한 콘크리트의 30회 이상의 시험실적으로부터 결정하는 것을 원칙으로 한다.

18 혼화재료와 그 성능이 잘못 연결된 것은?

① 감수제 – 단위수량 감소
② AE제 – 워커빌리티 개선
③ 방청제 – 콘크리트 부식방지
④ 발포제 – 부재의 경량화 및 단열성 향상

해설 방청제는 철근 콘크리트나 프리스트레스트 콘크리트 속의 강재의 방청을 목적으로 하는 혼화제이다.

정답 13. ③ 14. ③
15. ③ 16. ②
17. ④ 18. ③

19 콘크리트 배합설계에서 물-결합재비에 대한 설명으로 틀린 것은?

① 물-결합재비는 소요의 강도, 내구성, 수밀성 및 균열저항성 등을 고려하여 정하여야 한다.
② 콘크리트의 압축강도를 기준으로 물-결합재비를 정하는 경우, 공시체는 재령 28일을 표준으로 한다.
③ 콘크리트의 압축강도를 기준으로 물-결합재비를 정하는 경우, 압축강도와 물-결합재비와의 관계는 시험에 의하여 정하는 것을 원칙으로 한다.
④ 콘크리트의 압축강도를 기준으로 물-결합재비를 정하는 경우, 배합에 사용할 물-결합재비는 기준 재령의 결합재-물비와 압축강도와의 관계식에서 배합강도에 해당하는 결합재-물비 값으로 한다.

해설 콘크리트의 압축강도를 기준으로 물-결합재비를 정하는 경우, 배합에 사용할 물-결합재비는 기준 재령의 결합재-물비와 압축강도와의 관계식에서 배합강도에 해당하는 결합재-물비 값의 역수로 한다.

20 각종 시멘트의 용도에 관한 설명으로 옳지 않은 것은?

① 고로 슬래그 시멘트는 노출 콘크리트로 적합하다.
② 보통 포틀랜드 시멘트는 일반적인 용도로 사용된다.
③ 저열 포틀랜드 시멘트는 매스 콘크리트로 적합하다.
④ 조강 포틀랜드 시멘트는 긴급 공사용 콘크리트로 유리하다.

해설 고로 슬래그 시멘트를 사용한 콘크리트는 초기양생이 충분치 않으면 보통 포틀랜드 시멘트를 사용한 콘크리트에 비해 건조수축이 심해질 수 있다.

2과목 콘크리트 제조, 시험 및 품질관리

21 콘크리트의 받아들이기 품질관리에서 염화물 이온량은 원칙적으로 얼마 이하로 규제하는가?

① $0.15 kg/m^3$ ② $0.20 kg/m^3$
③ $0.30 kg/m^3$ ④ $0.60 kg/m^3$

해설 원칙적으로 $0.3 kg/m^3$ 제한하고 사용자 승인시 $0.6 kg/m^3$ 이하로 할 수 있다.

22 콘크리트는 일반적으로 강알칼리성을 띠고 있으나, 콘크리트중의 수산화칼슘이 공기중의 탄산가스와 접촉하여 콘크리트의 알칼리성을 상실하는 현상을 무엇이라 하는가?

① 알칼리·탄산염 반응
② 중성화
③ 염해
④ 알칼리·실리카 반응

해설 콘크리트가 중성화가 되면 철근이 부식하기 쉽다.

23 굳지 않은 콘크리트의 워커빌리티 및 반죽질기에 영향을 미치는 요인에 대한 설명 중 옳지 않은 것은?

① 골재 – 둥근 모양의 골재는 모가 난 골재보다 워커빌리티를 좋게 한다.
② 시멘트 – 일반적으로 단위 시멘트량이 많을수록 콘크리트는 워커블해진다.
③ 온도 – 일반적으로 온도가 높을수록 슬럼프는 작아진다.
④ 혼화제 – AE제, 감수제 등의 혼화재료는 콘크리트의 워커빌리티에 영향을 주지 않는다.

해설 AE제, 감수제 등의 혼화재료는 콘크리트의 워커빌리티를 좋게 한다.

24 콘크리트의 배합설계결과 단위시멘트량이 350kg/m³인 경우 1배치가 3m³인 믹서에서 시멘트의 1회 계량값이 1065kg일 때, 계량오차에 대한 판정결과로 옳은 것은?

① 허용 계량오차의 한계인 ±1% 이내이므로 합격
② 허용 계량오차의 한계인 ±1%를 초과하므로 불합격
③ 허용 계량오차의 한계인 ±2% 이내이므로 합격
④ 허용 계량오차의 한계인 ±2%를 초과하므로 불합격

해설 $350 \times 3 \times 1.01 = 1060.5$kg을 초과하여 불합격이다.

답안 표기란				
22	①	②	③	④
23	①	②	③	④
24	①	②	③	④

[정답] 19.④ 20.① 21.③ 22.② 23.④ 24.②

25 KS F 4009에 규정되어 있는 레디믹스트 콘크리트에 대한 설명으로 잘못된 것은?

① 골재 저장 설비는 콘크리트 최대 출하량의 1주일분 이상에 상당하는 골재량을 저장할 수 있는 크기로 한다.
② 재료 계량 시 골재에 대한 계량오차의 범위는 ±3% 이내로 한다.
③ 트럭 애지테이터나 트럭 믹서를 사용할 경우, 콘크리트는 혼합하기 시작하고 나서 1.5시간 이내에 공사지점에 배출할 수 있도록 운반한다.
④ 트럭 애지테이터내 콘크리트의 균일성은 콘크리트의 1/4과 3/4부분에서 각각 시료를 채취하여 슬럼프 시험을 하였을 경우 양쪽의 슬럼프 차가 30mm 이내가 되어야 한다.

해설 골재 저장 설비는 콘크리트 최대 출하량의 1일분 이상에 상당하는 골재량을 저장할 수 있는 크기로 한다.

26 아래의 표에서 설명하고 있는 콘크리트 압축강도 추정방법은?

> 노르웨이나 스웨덴에서 표준화되어 있는 시험방법으로서 원주 시험체에 휨하중을 가하여 콘크리트의 압축강도를 추정하는 방법이다. 이 방법의 원리는 휨강도가 압축강도와 양호한 상관관계가 있다고 가정한 것이다.

① Pull-off법 ② 관입저항법
③ Break-off법 ④ Tc-To법

해설 Break-off법
콘크리트 표면에 콘크리트 드릴로 원통형의 홈을 파서 휨에 의해 콘크리트 코어를 절단하는 방법으로 휨강도를 직접 구할 수 있고 휨검사 후에 코어의 압축강도를 구할 수 있다.

27 콘크리트 휨강도 시험에서 공시체에 하중을 가하는 속도는 가장자리 응력도의 증가율이 매초 얼마 정도가 되도록 하여야 하는가?

① 4±0.6 MPa ② 6±0.4 MPa
③ 0.6±0.4 MPa ④ 0.06±0.04 MPa

해설
• 압축강도 시험시 매초 0.6±0.4MPa 속도로 하중을 가한다.
• 인장강도 및 휨강도 시험시 매초 0.06±0.04MPa 속도로 하중을 가한다.

답안 표기란
25 ① ② ③ ④
26 ① ② ③ ④
27 ① ② ③ ④

28 콘크리트의 블리딩 시험방법(KS F 2414)과 블리딩에 대한 설명으로 옳지 않은 것은?

① 잔골재의 조립률이 클수록 블리딩이 작아진다.
② 굵은골재의 최대치수가 40mm 이하인 콘크리트에 대하여 규정한다.
③ 시험중에 실온은 20±3℃로 한다.
④ 처음 60분 동안 10분마다, 콘크리트 표면에 스며나온 물을 빨아낸다.

해설
- 잔골재의 조립률이 클수록 블리딩이 커진다.
- 시멘트의 분말도가 클수록 블리딩이 작아진다.
- 블리딩은 2~4시간 정도에서 종료된다.

29 콘크리트의 충격강도는 말뚝이 항타, 충격하중을 받는 기계 기초, 프리캐스트 부재 취급 중의 충돌과 같은 경우에 중요하다. 이 충격강도에 대한 설명으로 틀린 것은?

① 굵은골재의 최대치수가 작은 것이 충격강도를 증대시킨다.
② 탄성계수와 프와송비가 높은 골재가 충격강도에 유리하다.
③ 콘크리트의 충격강도는 압축강도보다는 인장강도와 더 밀접한 관계가 있다.
④ 동일한 압축강도의 콘크리트일지라도 부순골재처럼 골재 표면이 거칠수록 충격강도는 높다.

해설
- 탄성계수와 프와송비가 작은 골재가 충격강도에 유리하다.
- 부순돌보다 강자갈로 만든 콘크리트의 충격강도가 낮다.
- 너무 가는 잔골재를 사용하면 오히려 충격강도를 다소 저하시키며 반면에 잔골재량이 증가하는 쪽이 충격강도에 유리하다.

30 플로우 시험과 동일하게 플로우 테이블을 사용하나 콘크리트의 형상이 변화하는 데 필요한 일량을 측정함으로써 워커빌리티를 평가하는 시험은?

① 슬럼프 시험
② 볼관입 시험
③ 리몰딩 시험
④ 다짐계수시험

해설 리몰딩 시험
콘크리트의 플로우 시험 테이블 위에 내외 이중의 원관 용기를 고정해 놓고 그 속에 콘크리트를 넣어 슬럼프 시험을 행한 콘크리트 상면에 추를 재하시키고 플로우 테이블을 상하로 움직여 내외 원관 내의 콘크리트 표면이 같은 높이가 될 때까지 움직인 횟수로 콘크리트의 컨시스턴시를 표시한다.

정답 25. ① 26. ③ 27. ④ 28. ① 29. ② 30. ③

31. 품질의 목표를 정해 달성하기 위한 활동은?
① 현장관리
② 품질관리
③ 자재관리
④ 인력관리

해설 균질하면서도 소요의 품질을 갖는 콘크리트를 만들기 위해 모든 공정을 표준화하여 품질관리를 실시한다.

32. 일반 콘크리트에 사용할 수 있는 부순 굵은골재의 물리적 성질에 대한 규정값을 표기한 것 중 틀린 것은?
① 절대 건조 밀도 — 2.50g/cm³
② 흡수율 — 3.0% 이하
③ 마모율 — 30% 이하
④ 안정성 — 12% 이하

해설 마모율 — 40% 이하

33. 콘크리트의 길이 변화 시험방법(KS F 2424)에서 규정하고 있는 시험방법의 종류가 아닌 것은?
① 버어니어 캘리퍼스 방법
② 콤퍼레이터 방법
③ 콘택트 게이지 방법
④ 다이얼 게이지 방법

해설
- 공시체 측면 길이 변화 측정
  ① 현미경을 부착한 콤퍼레이터를 이용하는 방법
  ② 콘택트 스트레인 게이지를 이용하는 방법
- 공시체 중심축의 길이 변화 측정
  다이얼 게이지를 부착한 측정기를 이용하는 방법

34. 보통 골재를 사용한 콘크리트(단위질량=2300kg/m³)의 설계기준강도(f_{ck})가 30MPa일 때 이 콘크리트의 할선탄성계수는?
① 16524 MPa
② 20136 MPa
③ 27536 MPa
④ 32315 MPa

해설 $E_c = 8500\sqrt[3]{f_{cm}} = 8500\sqrt[3]{34} = 27536\text{MPa}$
여기서, $f_{cm} = f_{ck} + \Delta f = 30 + 4 = 34\text{MPa}$

35 다음 중 재하시험에 의한 구조물의 성능시험을 실시하여야 하는 경우와 거리가 먼 것은?

① 콘크리트 표면에 미세한 균열이 발생한 경우
② 공사 중에 콘크리트가 동해를 받았을 우려가 있을 경우
③ 공사 중 현장에서 취한 콘크리트의 압축강도시험 결과로부터 판단하여 강도에 문제가 있다고 판단되는 경우
④ 구조물의 안전에 어떠한 근거 있는 의심이 생긴 경우

해설 시험은 정적 또는 재하속도를 느리게 재하하고 또 과대한 하중을 재하하여 구조물에 약점이 생기는 일이 없도록 그 크기를 신중하게 정하는 것이 필요하다.

36 품질관리 7가지 관리기법 중 아래의 표에서 설명하는 것은?

> 어느 특성에 영향을 주는 요인을 열거하여 정리하고 상호 관련성을 도표화한 것으로 일명 생선뼈 그림이라고도 한다.

① 특성요인도   ② 관리도
③ 체크 시트   ④ 산포도

해설 화살표로 연결하면서 원인을 상세히 분석하여 하나의 그림으로 나타내는 수법이 특성요인도이다. 이는 마치 모양이 생선뼈와 흡사하다고 해서 일명 생선뼈 그림이라고도 한다.

37 콘크리트 공시체의 압축강도에 대한 설명으로 틀린 것은?

① 하중 재하속도가 빠를수록 강도가 크게 나타난다.
② 물-시멘트비가 일정한 콘크리트에서 공기량이 증가하면 강도가 감소한다.
③ 원주형 공시체의 높이 H와 지름 D의 비인 H/D가 커질수록 압축강도는 크게 된다.
④ 일반적으로 양생온도가 4~40℃의 범위에 있어서는 온도가 높을수록 재령 28일의 강도는 커진다.

해설 원주형 공시체의 높이 H와 지름 D의 비인 H/D가 작을수록 압축강도는 크게 된다.

38 레디믹스트 콘크리트(KS F 4009)에서 규정하고 있는 각 재료의 계량 시 허용오차 범위의 크기 비교가 올바른 것은?

① 물=혼화제 < 골재   ② 물 < 시멘트 < 혼화제
③ 시멘트 < 골재=혼화재   ④ 시멘트 < 혼화재 < 혼화제

해설
- 시멘트 : -1%, +2%
- 혼화제, 골재 : ±3%
- 혼화재 : ±2%
- 물 : -2%, +1%

[정답] 31.② 32.③ 33.① 34.③ 35.① 36.① 37.③ 38.④

39 콘크리트 속에 많은 미소가 기포를 일정하게 분포시키기 위해 사용하는 혼화제는?

① AE제
② 감수제
③ 급결제
④ 유동화제

해설 AE제 효과
- 콘크리트의 블리딩을 감소시킨다.
- 동결융해의 반복에 대한 저항성이 크게 개선된다.

40 콘크리트 타설 전날에 현장에 비가 와서 잔골재율을 결정하려고 할 때 가장 적절하게 조치한 것은?

① 잔골재율은 공기량과 무방하므로 공기량은 시험을 하지 않아도 된다.
② 현장에서 소요의 강도를 얻기 위하여 굵은골재 양을 최소가 되도록 한다.
③ 잔골재율은 혼화재료와 무방하므로 혼화재료는 시험을 하지 않고 사용한다.
④ 현장에서 소요의 워커빌리티(Workability)를 얻는 범위 내에서 단위수량이 최소가 되도록 한다.

해설 잔골재율은 사용하는 잔골재의 입도, 콘크리트의 공기량, 단위 시멘트량, 혼화 재료의 종류 등에 따라 다르므로 시험에 의해 정하여야 한다.

3과목 콘크리트의 시공

41 매스콘크리트에 대한 설명 중 틀린 것은?

① 매스콘크리트로 다루어야 하는 구조물의 부재치수는 일반적인 표준으로서 넓이가 넓은 평판구조에서는 두께 0.8m 이상으로 한다.
② 매스콘크리트의 온도상승 저감을 위해서는 단위시멘트량을 줄이는 것보다 단위수량을 줄이는 편이 바람직하다.
③ 온도균열 방지 및 제어방법으로 프리쿨링 및 파이프 쿨링 방법 등이 이용되고 있다.

④ 균열유발 줄눈의 간격은 대략 콘크리트 1회 치기 높이의 1~2배 정도, 또는 4~5m 정도를 기준으로 하는 것이 좋다.

해설
- 매스 콘크리트의 온도 상승을 적게 하기 위해 단위시멘트량을 적게 한다.
- 외부구속에 의한 온도균열은 온도가 하강하는 재령 1~2주 후에 생기고 또한 관통되는 균열로 되는 경우가 많다.

42 서중콘크리트의 시공은 일평균기온이 몇 ℃를 초과하는 것이 예상되는 경우에 실시하는가?
① 15℃
② 20℃
③ 25℃
④ 30℃

해설 서중 콘크리트 시공은 일평균 기온이 25℃ 이상이다.

43 양질의 콘크리트 구조물을 만들기 위한 콘크리트 치기 작업에 대한 설명으로 잘못된 것은?
① 콘크리트의 수분을 거푸집이 흡수할 수 있으므로 흡수의 염려가 있는 부분은 미리 습하게 해 두어야 한다.
② 균질한 콘크리트를 얻기 위해서 한 구획 내에서 표면이 거의 수평이 되도록 콘크리트를 타설한다.
③ 콘크리트를 2층 이상으로 나누어 칠 경우, 원칙적으로 하층의 콘크리트가 굳기 시작한 후 상층의 콘크리트를 쳐야 한다.
④ 콘크리트 치기 도중 표면에 떠올라 고인 블리딩수가 있을 경우에는 이 물을 제거한 후가 아니면 그 위에 콘크리트를 쳐서는 안 된다.

해설 콘크리트를 2층 이상으로 나누어 칠 경우 원칙적으로 하층의 콘크리트가 굳기 시작전에 상층의 콘크리트를 쳐야 한다.

44 신축이음에 대한 설명으로 부적절한 것은?
① 신축이음은 양쪽의 구조물 혹은 부재가 구속되지 않는 구조이어야 한다.
② 신축이음에는 필요에 따라 줄눈재, 지수판 등을 배치하여야 한다.
③ 신축이음의 단차를 피할 필요가 있는 경우에는 장부나 홈을 두든가 전단 연결재를 사용하는 것이 좋다.
④ 수밀이 필요한 구조물에서는 신축성이 없는 지수판을 사용해야 한다.

해설 수밀이 필요한 구조물에서는 적당한 신축성을 가지는 지수판을 사용한다.

[정답] 39.① 40.④ 41.② 42.③ 43.③ 44.④

45 해양 콘크리트에 대한 설명으로 틀린 것은?

① 육상 구조물 중에 해풍의 영향을 많이 받는 구조물도 해양 콘크리트로 취급하여야 한다.
② PS 강재와 같은 고장력강에 작용응력이 인장강도의 60%를 넘을 경우 응력 부식 및 강재의 부식피로를 검토하여야 한다.
③ 만조위로부터 위로 0.6m, 간조위로부터 아래로 0.6m 사이의 감조부분에는 시공이음이 생기지 않도록 시공계획을 세워야 한다.
④ 시멘트는 보통포틀랜드 시멘트를 사용하는 것을 원칙으로 한다.

해설 해양 콘크리트에서는 고로 시멘트, 중용열 포틀랜드 시멘트, 플라이 애시 시멘트를 사용하는 것이 좋다.

46 한중 콘크리트에 대한 설명으로 틀린 것은?

① 한중 콘크리트의 배합시 물-결합재비는 원칙적으로 60% 이하로 하여야 한다.
② 초기양생에서 소요 압축강도가 얻어질 때까지 콘크리트의 온도를 5℃ 이상으로 유지하여야 하며, 또한 소요 압축강도에 도달한 후 2일간은 구조물의 어느 부분이라도 0℃ 이상이 되도록 유지하여야 한다.
③ 적산온도방식을 적용할 경우 5℃에서 28일간 양생한 콘크리트는 10℃에서 14일간 양생한 콘크리트와 강도가 거의 동일하다.
④ 보통의 노출상태에 있는 콘크리트의 초기양생은 콘크리트 강도가 5MPa 될 때까지 실시한다.

해설 적산온도 방식을 적용할 경우 5℃에서 28일간 양생한 콘크리트는 10℃에서 14일간 양생한 콘크리트와 강도가 다르다.

47 방사선 차폐용 콘크리트에 대한 설명으로 틀린 것은?

① 주로 생물체의 방호를 위하여 X선, γ선 및 중성자선을 차폐할 목적으로 사용되는 콘크리트를 방사선 차폐용 콘크리트라 한다.
② 콘크리트의 슬럼프는 작업에 알맞은 범위 내에서 가능한 한 적은 값이어야 하며, 일반적인 경우 150mm 이하로 하여야 한다.

③ 물-결합재비는 50% 이하를 원칙으로 한다.
④ 화학혼화제는 사용하지 않는 것을 원칙으로 한다.

해설
- 워커빌리티 개선을 위하여 품질이 입증된 혼화제를 사용할 수 있다.
- 물-결합재비는 단위 시멘트량이 과다가 되지 않는 범위 내에서 가능한 적게 하는 것이 원칙이다.

48 뿜어 붙이기 작업을 실시하는 구조조건, 시공조건, 보강재 및 환경조건 등이 과거의 시공 사례와 거의 동일한 실적이 충분히 있으며, 리바운드율과 분진농도의 관계가 분명하게 되어 있는 경우에는 숏크리트의 뿜어 붙이기 성능은 분진 농도와 숏크리트의 초기강도로 설정하게 된다. 이때 재령 24시간에서의 숏크리트의 초기강도 표준값의 범위는?

① 1.5~2.0MPa
② 2.0~3.0MPa
③ 5.0~10.0MPa
④ 12.0~15.0MPa

해설
- 재령 3시간에서 1.0~3.0 MPa
- 재령 24시간에서 5.0~10.0 MPa

49 현장 콘크리트 타설 시에 일반적으로 가장 많이 사용하는 다지기 방법은?

① 내부진동기
② 가압다지기
③ 압출성형
④ 원심력다지기

해설
내부진동기가 가장 널리 사용되며 특히 슬럼프가 작은 된반죽 콘크리트에 대해 충전성이 좋고 콜드 조인트를 방지하는 효과가 우수하다.

50 다음 중 롤러다짐용 콘크리트의 반죽질기를 평가할 때 적용하는 값은?

① 슬럼프값
② 흐름값
③ VC값
④ 다짐계수값

해설
- 굳지않은 콘크리트의 반죽질기를 평가하는 데는 일반적으로 슬럼프 시험을 실시한다.
- 롤러다짐용 콘크리트의 반죽질기를 평가할 때는 진동대식 반죽질기 시험방법에 의해 얻어지는 시험값을 초로 나타내는 VC(Vibrating Consistency) 값을 적용한다.

정답 45. ④ 46. ③ 47. ④ 48. ③ 49. ① 50. ③

01회 CBT 모의고사

51 프리플레이스트 콘크리트에 사용되는 굵은골재에 대한 설명으로 잘못된 것은?

① 일반적인 프리플레이스트 콘크리트용 굵은골재의 최소치수는 15mm 이상으로 하여야 한다.
② 일반적으로 굵은골재의 최대치수는 최소치수의 2~4배 정도로 한다.
③ 대규모 플리플레이스트 콘크리트를 대상으로 할 경우, 굵은골재의 최소치수가 클수록 주입 모르타르의 주입성이 현저하게 개선되므로 굵은골재의 최소치수는 40mm 이상이어야 한다.
④ 굵은골재의 최대치수와 최소치수와의 차이를 적게 하면 굵은골재의 실적률이 커지고 주입 모르타르의 소요량이 적어진다.

해설
- 굵은골재의 최대치수와 최소치수와의 차이를 적게 하면 굵은골재의 실적률이 적어지고 주입 모르타르의 소요량이 많아지므로 적절한 입도분포를 선정할 필요가 있다.
- 잔골재의 조립률은 1.4~2.2 범위가 좋다.
- 굵은골재의 최대치수는 부재단면 최소치수의 1/4 이하, 철근 콘크리트의 경우 철근의 순간격의 2/3 이하로 해야 한다.

52 고온·고압의 증기솥 속에서 상압보다 높은 압력으로 고온의 수증기를 사용하여 실시하는 양생방법은?

① 오토클레이브 양생
② 증기양생
③ 촉진양생
④ 고주파양생

해설 오토클레이브 양생은 7~12기압의 고온·고압의 증기솥에 의해 양생한다.

53 설계기준강도가 24MPa인 콘크리트의 슬래브 및 보의 밑면, 아치 내면 거푸집을 해체 가능한 압축강도 시험결과 최소값은?

① 5 MPa
② 14 MPa
③ 16 MPa
④ 24 MPa

해설
- 설계기준 강도 $\times \dfrac{2}{3} = 24 \times \dfrac{2}{3} = 16\text{MPa}$
- 확대기초, 보 옆, 기둥, 벽 등의 측벽은 콘크리트 압축강도가 5MPa 이상일 때 거푸집 해체가 가능하다.

54 고강도 콘크리트의 구성 재료에 대한 설명으로 옳지 않은 것은?

① 잔골재는 크기가 일정한 알갱이로 혼합되어 있는 것을 사용한다.
② 굵은 골재의 최대 치수는 철근 최소 수평순간격의 3/4 이내의 것을 사용하도록 한다.
③ 고성능 감수제는 고강도 콘크리트를 제조하는데 적절한 것인가를 시험배합을 거쳐 확인한 후 사용하여야 한다.
④ 고강도 콘크리트에 사용하는 굵은 골재는 콘크리트 강도 및 워커빌리티 등에 미치는 영향이 크므로 선정에 세심한 주의를 하여야 한다.

해설 잔골재는 대소의 입자가 알맞게 혼입되어 있는 것을 사용한다.

55 섬유보강 콘크리트의 현장 품질관리에 대한 내용으로 옳지 않은 것은?

① 강섬유 혼입률에 대한 품질 검사 중 강섬유 혼입률의 판정기준은 허용오차 ±0.5%이다.
② 강섬유 혼입률에 대한 품질 검사 중 강섬유 혼입률(숏크리트)의 판정기준은 허용오차 ±0.5%이다.
③ 휨강도 및 인성에 대한 품질 검사 중 압축인성의 판정기준은 설계할 때에 고려된 압축인성 값에 미달할 확률이 10% 이하이다.
④ 휨강도 및 인성에 대한 품질 검사 중 휨강도 및 휨인성계수의 판정기준은 설계할 때에 고려된 휨인성지수 값에 미달할 확률이 5% 이하이다.

해설 휨강도 및 인성에 대한 품질 검사 중 압축인성의 판정기준은 설계할 때에 고려된 압축인성 값에 미달할 확률이 5% 이하이다.

56 일반 콘크리트의 시공 시 이음에 대한 일반사항으로 옳지 않은 것은?

① 수밀을 요하는 콘크리트에 있어서는 소요의 수밀성이 얻어지도록 적절한 간격으로 시공이음부를 두어야 한다.
② 시공이음은 될 수 있는 대로 전단력이 작은 위치에 설치하고, 부재의 압축력이 작용하는 방향과 평행이 되도록 하는 것이 원칙이다.
③ 외부의 염분에 의한 피해를 받을 우려가 있는 해양 및 항만 콘크리트 구조물 등에 있어서는 시공이음부를 되도록 두지 않는다.
④ 부득이 전단이 큰 위치에 시공이음을 설치할 경우에는 시공이음에 장부 또는 홈을 두거나 적절한 강재를 배치하여 보강하여야 한다.

해설 시공이음은 될 수 있는 대로 전단력이 작은 위치에 설치하고, 부재의 압축력이 작용하는 방향과 직각이 되도록 하는 것이 원칙이다.

[정답] 51. ④ 52. ①
53. ③ 54. ①
55. ③ 56. ②

57. 경량골재 콘크리트에 사용되는 경량골재에 대한 사항으로 옳지 않은 것은?

① 경량골재의 입도는 KS F 2527의 표준 입도를 만족해야 한다.
② 단위용적질량은 제시된 값에서 20% 이상 차이가 나지 않도록 하여야 한다.
③ 인공·천연 경량 잔골재의 경우 $1120kg/m^3$ 이하의 최대 단위 용적질량을 가져야 한다.
④ 경량골재는 함수율이 일정하도록 저장하여야 하며, 저장 장소는 빗물이 들어가지 않고 물이 잘 빠지며 햇빛이 들지 않도록 한다.

해설 단위용적질량은 제시된 값에서 10% 이상 차이가 나지 않도록 하여야 한다.

58. 팽창 콘크리트에 관한 내용으로 옳지 않은 것은?

① 팽창재는 다른 재료와 별도로 질량으로 계량하며, 그 오차는 1회 계량분량의 1% 이내로 하여야 한다.
② 팽창 콘크리트를 한중 콘크리트로 시공할 경우 타설할 때의 콘크리트 온도는 5℃ 이상 10℃ 미만으로 하여야 한다.
③ 팽창 콘크리트를 서중 콘크리트로 시공할 경우 비비기 직후의 콘크리트 온도는 30℃ 이하, 타설할 때는 35℃ 이하로 하여야 한다.
④ 팽창 콘크리트의 비비기 시간은 강제식 믹서를 사용하는 경우는 1분 이상으로 하고, 가경식 믹서를 사용하는 경우는 1분 30초 이상으로 하여야 한다.

해설 팽창 콘크리트를 한중 콘크리트로 시공할 경우 타설할 때의 콘크리트 온도는 10℃ 이상 20℃ 미만으로 하여야 한다.

59. 유동화 콘크리트의 슬럼프 증가량 표준값은?

① 10~50mm
② 50~80mm
③ 90~130mm
④ 140~170mm

해설 유동화 콘크리트의 슬럼프 증가량은 100mm 이하를 원칙으로 하며, 50~80mm를 표준으로 한다.

60 콘크리트 시방배합설계에서 단위수량 166kg/m³, 물-시멘트비가 39.4%이고, 시멘트비중 3.15, 공기량 1.0%로 하는 경우 골재의 절대용적은?

① 0.690m³ ② 0.620m³
③ 0.580m³ ④ 0.310m³

해설
- $W/C = 39.4\%$ $C = \dfrac{166}{0.394} = 421.3\text{kg}$
- $V = 1 - \left(\dfrac{421.3}{3.15 \times 1000} + \dfrac{166}{1 \times 1000} + \dfrac{1}{100}\right) = 0.690\text{m}^3$

4과목 콘크리트 구조 및 유지관리

61 1방향 철근 콘크리트 슬래브의 최소 수축온도 철근량은? (f_{ck} = 21MPa, f_y = 300MPa, b = 1,000mm, d = 250mm)

① 250mm² ② 500mm²
③ 750mm² ④ 1,000mm²

해설 $f_y = 400\text{MPa}$ 이하인 이형철근을 사용한 슬래브 철근비는 0.002이므로
∴ $A_s = \rho b d = 0.002 \times 1000 \times 250 = 500\text{mm}^2$

62 D25(공칭지름 25.4mm) 철근을 90° 표준갈고리로 제작할 때 90° 구부린 끝에서 연장되는 길이는 최소 얼마인가?

① 355mm ② 330mm
③ 305mm ④ 280mm

해설 90° 갈고리의 연장길이
- D16 이하 : $6d_b$ 이상
- 그 외 : $12d_b$ 이상
∴ $12 \times 25.4 ≒ 305\text{mm}$

63 콘크리트를 진단할 때 물리적 성질을 알아보기 위해 시행하는 시험이 아닌 것은?

① 코아추출시험 ② 알칼리 골재반응시험
③ 반발경도시험 ④ 투수성시험

해설 화학적 성질로서는 콘크리트의 부식(산, 알칼리 골재반응 등) 및 철근의 부식(중성화, 염화물 등)을 알 수 있다.

[정답] 57. ② 58. ② 59. ② 60. ① 61. ② 62. ③ 63. ②

64 다음 식 중 콘크리트 구조물의 중성화깊이를 예측할 때 일반적으로 적용되고 있는 식은? (단, X를 중성화깊이, A를 중성화 속도계수, t를 경과년수라 한다.)

① $X = A\sqrt{t}$
② $X = At^3$
③ $X = \sqrt{\dfrac{t^3}{A}}$
④ $X = At^2$

해설
- 중성화 깊이(mm) $X = A\sqrt{t}$
- 중성화 속도는 실내가 실외보다 빠르다.

65 알칼리 골재반응이 원인으로 추정되는 부재의 향후 팽창량을 예측하기 위하여 필요한 시험은?

① SEM시험
② 코어의 잔존팽창량시험
③ 압축강도시험
④ 배합비 추정시험

해설
- **SEM시험** : 철 및 비철금속 성분을 조사하는 주사전자 현미경
- **압축강도시험** : 콘크리트의 강도를 알기 위해 실시하는 실험
- **배합비 추정시험** : 재료 배합상태에 따라 강도를 추정하는 시험

66 경간 10m의 보를 T형 보로서 설계하려고 한다. 슬래브 중심간의 거리를 2m, 슬래브의 두께를 120mm, 복부의 폭을 250mm로 할 때 플랜지의 유효폭은?

① 4000mm
② 3750mm
③ 2170mm
④ 2000mm

해설
- $16t + b_w$
  $16 \times 120 + 250 = 2170$mm
- 양쪽 슬래브의 중심간 거리 : 2000mm
- 보의 경간의 $\dfrac{1}{4}$

  $\dfrac{10000}{4} = 2500$mm

  ∴ 가장 작은 값인 2000mm를 유효폭으로 한다.

67 사용하중하에서 콘크리트에 휨인장응력의 작용을 허용하는 프리스트레싱 방법은?

① 외적 프리스트레싱 ② 내적 프리스트레싱
③ 파셜 프리스트레싱 ④ 풀 프리스트레싱

해설
- **내적 프리스트레싱**: 내부 긴장재, 내부 케이블 사용
- **외적 프리스트레싱**: 외부 긴장재, 외부 케이블 사용
- **풀 프리스트레싱**: 콘크리트의 전단면에서 인장응력이 발생하지 않도록 프리스트레스를 가하는 방법

68 콘크리트에 함유된 염화물 이온량 측정용 지시약으로 적절하지 않은 것은?

① 질산은 ② 크롬산 칼륨
③ 티오시안산 제2수은 ④ 페놀프탈레인

해설 페놀프탈레인 용액은 중성화 판별시 이용된다.

69 콘크리트에 그림과 같은 균열이 발생한 경우 균열원인으로서 가장 관계가 깊은 것은?

① 시멘트 이상응결
② 소성수축균열
③ 콘크리트 충전불량
④ 블리딩

해설
- 정상응결은 시발 1시간 이상, 종결 10시간 이내이고 그 범위를 벗어나는 것을 이상응결이라 한다.
- 시멘트를 물로 비빈 직후 급속응고를 일으키는 경우가 있는데 이런 현상을 이상응결이라 한다.
- 이상응결로 인해 조기 균열 발생, 이상 분리, 이상 레이턴스 등이 생기기 쉽다.

70 콘크리트를 각종 섬유로 보강하여 보수공사를 진행할 경우 섬유가 갖추어야 할 조건으로 거리가 먼 것은?

① 섬유의 압축 및 인장강도가 충분해야 한다.
② 섬유와 시멘트 결합재와의 부착이 우수해야 한다.
③ 시공이 어렵지 않고 가격이 저렴해야 한다.
④ 내구성, 내열성, 내후성 등이 우수해야 한다.

해설 섬유의 인장강도가 충분해야 한다.

[정답] 64.① 65.② 66.④ 67.③ 68.④ 69.① 70.①

71. 2방향 슬래브의 펀칭 전단에 대한 위험 단면은 다음 중 어느 곳인가? (단, d : 유효깊이)

① 슬래브 경간의 $\frac{1}{8}$인 곳
② 받침부에서 d만큼 떨어진 곳
③ 받침부
④ 받침부에서 $\frac{d}{2}$만큼 떨어진 곳

해설 1방향 슬래브에서 최대 전단응력이 일어나는 곳은 받침부에서 유효깊이 d만큼 떨어진 단면이다.

72. 철근 콘크리트가 성립되는 이유로 옳지 않은 것은?

① 철근과 콘크리트의 부착강도가 커서 콘크리트 속의 철근은 이동하지 않는다.
② 콘크리트 속의 철근은 부식하지 않는다.
③ 철근과 콘크리트 두 재료의 탄성계수가 같다.
④ 철근과 콘크리트의 열팽창계수가 거의 같아 내화성이 우수하다.

해설 일반적으로 철근의 탄성계수가 콘크리트의 탄성계수보다 크다.

73. 해석적 방법에 의해 구조물의 내하력 평가를 실시할 경우에 대한 설명으로 틀린 것은?

① 구조부재의 치수는 위험단면에서 확인하여야 한다.
② 철근, 용접철망 또는 긴장재의 위치 및 크기는 계측에 의해 위험단면에서 결정하여야 한다.
③ 콘크리트의 강도 검토가 필요한 경우, 코어시험편을 채취하여 시험하거나 공시체에 대한 압축강도 시험 결과로 결정하여야 한다.
④ 철근 강도와 긴장재 강도의 검토가 필요한 경우, 가장 안전한 구조물의 부분에서 채취한 재료의 시료를 사용하여 압축시험으로 결정하여야 한다.

해설 가장 불안전한 구조물의 부분에서 채취한 재료의 시료를 사용하여 압축시험으로 결정하여야 한다.

74 콘크리트 구조물의 보수에 대한 설명으로 옳지 않은 것은?

① 보수재료 선정시 기존 콘크리트 탄성계수보다 2~3배 정도 높은 재료를 사용한다.
② 보수는 열화와 결함으로 인해 손상된 콘크리트 구조물의 내구성, 방수성 등 내력 이외의 기능을 원상복구하는 것이다.
③ 보수는 사용상 지장이 없는 상태까지 회복시키는 것을 말하며 철근부식으로 발생한 부재의 변형과 내하력의 저하를 개선하여 초기 상태로 회복시키는 것이다.
④ 보수로 인해 열화원인을 제거하지만 제거할 수 없는 경우에는 열화방지를 해야 한다.

해설
- 보수하는 목적은 열화와 손상 및 하자에 의한 단면이나 표면상태를 회복시키는 것이다.
- 보수의 요구수준은 시설물의 현재 상태수준 이상으로 하여야 한다.
- 보수재료 선정시 기존 콘크리트와 유사한 탄성계수를 갖는 재료를 사용하여야 한다.
- 탄성계수가 현저하게 다른 보수재료를 동시에 사용하게 되면 수축 및 열팽창으로 접착파괴를 일으킬 가능성이 있다.

75 콘크리트 구조물의 점검(진단)방법 중 음향방출(Acoustic Emission)법에 대한 설명으로 틀린 것은?

① 재료의 동적인 변화를 파악하는 것이 가능하다.
② 구조물의 사용을 중단하지 않고도 검사가 가능하다.
③ Kaiser 효과로 인해 검사횟수에 제한적이다.
④ 기존 구조물에 하중을 가하지 않은 상태에서도 검사가 용이하다.

해설
- 재하에 따른 콘크리트의 균열발생음을 계측한다.
- 이미 존재하고 있는 성장이 멈춰진 결함은 검출할 수 없다.
- 측정부위는 콘크리트의 표층부위뿐만 아니라 내부도 측정이 가능하다.
- 콘크리트에 대한 과거의 재하이력을 추정할 수 있다.

76 프리스트레스트(Prestressed) 콘크리트에 관한 일반적인 내용으로 틀린 것은?

① 고강도 콘크리트 및 고장력강을 유효하게 이용할 수 있다.
② 철근 콘크리트에 비해 일반적인 과대하중을 받은 후의 잔류 변형이 적다.
③ 철근 콘크리트에 비해 보 단면을 적게 할 수 있고 장경간 제조에 적당하다.
④ 도입된 프리스트레스는 콘크리트의 크리프(Creep) 및 건조수축에 의해 증가한다.

해설
- 도입된 프리스트레스는 콘크리트의 크리프(Creep) 및 건조수축에 의해 감소한다.
- 건조수축과 크리프를 최소가 되도록 배합하고 양생하여야 하며 일반적으로 물-결합재비가 45% 이하로 하여야 한다.

[정답] 71.④ 72.③ 73.④ 74.① 75.④ 76.④

77 콘크리트 기초판의 설계 일반 내용으로 틀린 것은?

① 기초판은 계수하중과 그에 의해 발생되는 반력에 견디도록 설계하여야 한다.
② 기초판 윗면부터 하부철근까지 깊이는 직접기초의 경우는 150mm 이상, 말뚝기초의 경우는 300mm 이상으로 하여야 한다.
③ 기초판의 밑면적은 기초판에 의해 지반에 전달되는 힘과 휨모멘트, 그리고 지반의 허용지지력을 사용하여야 하며, 이때 힘과 휨모멘트는 하중계수를 곱한 계수하중을 적용하여야 한다.
④ 기초판에서 휨모멘트, 전단력 그리고 철근정착에 대한 위험단면의 위치를 정할 경우, 원형 또는 정다각형인 콘크리트 기둥이나 주각은 같은 면적의 정사각형 부재로 취급할 수 있다.

해설 기초판의 밑면적은 기초판에 의해 지반에 전달되는 힘과 휨모멘트, 그리고 지반의 허용지지력을 사용하여야 하며, 이때 힘과 휨모멘트는 하중계수를 곱하지 않은 사용하중을 적용하여야 한다.

78 유지관리 시설물 중 1종 시설물에 해당하지 않는 것은?

① 연장 300m의 철도 터널
② 상부 구조형식이 사장교인 교량
③ 수원지 시설을 포함한 광역상수도
④ 총저수용량 3천만톤의 용수전용댐

해설 제1종 시설물
- 고속철도 교량, 연장 500미터 이상의 도로 및 철도 교량
- 고속철도 및 도시철도 터널, 연장 1000미터 이상의 도로 및 철도 터널
- 갑문시설 및 연장 1000미터 이상의 방파제
- 다목적댐, 발전용댐, 홍수전용댐 및 총저수용량 1천만톤 이상의 용수전용댐
- 21층 이상 또는 연면적 5만제곱미터 이상의 건축물
- 하구둑, 포용저수량 8천만톤 이상의 방조제
- 광역상수도, 공업용수도, 1일 공급능력 3만톤 이상의 지방상수도

79 콘크리트 설계기준강도가 24MPa, 철근의 항복강도가 300MPa로 설계된 지간 4m인 단순지지 보가 있다. 처짐을 계산하지 않는 경우의 최소 두께는?

① 167mm ② 200mm
③ 215mm ④ 250mm

해설
- f_y가 400MPa인 최소두께(h)
  $$\frac{l}{16} = \frac{4000}{16} = 250\text{mm}$$
- f_y가 400MPa 이외인 경우 최소두께(h)
  $$\frac{l}{16} \times \left(0.43 + \frac{f_y}{700}\right) = \frac{4000}{16} \times \left(0.43 + \frac{300}{700}\right) = 215\text{mm}$$

80 장주의 탄성좌굴하중(Elastic buckling Load) P_{cr}은 아래의 표와 같다. 기둥의 각 지지조건에 따른 n의 값으로 틀린 것은? (단, E : 탄성계수, I : 단면 2차 모멘트, l : 기둥의 높이)

$$\frac{n\pi^2 EI}{l^2}$$

① 양단힌지 : $n=1$
② 양단고정 : $n=4$
③ 일단고정 타단자유 : $n=1/4$
④ 일단고정 타단힌지 : $n=1/2$

해설 일단고정 타단힌지 : $n=2$

1과목　콘크리트 재료 및 배합

01 콘크리트 배합설계에서 잔골재율(S/a) 및 단위수량 보정시 잔골재율의 보정에 관련이 없는 조건은?

① 잔골재 조립률
② 굵은골재 조립률
③ 물-결합재비
④ 공기량

해설 잔골재율 보정 조건에는 잔골재 조립률, 물-결합재비, 공기량이 포함된다.

02 아래의 표에서 설명하는 혼화재료의 명칭은?

> 그 자체는 수경성이 없으나 콘크리트 중에 물에 용해되어 있는 수산화칼슘과 상온에서 천천히 화합하여 물에 녹지 않는 화합물을 만들 수 있는 실리카질 물질을 함유하고 있는 미분말 상태의 재료

① 감수제
② 급결제
③ 포졸란
④ 공기연행제

해설 포졸란의 특징
- 워커빌리티가 좋아지고 블리딩이 감소한다.
- 초기강도는 작으나 장기강도, 수밀성 및 화학저항성이 크다.
- 발열량이 적어지므로 단면이 큰 콘크리트에 적합하다.

03 르샤틀리에 비중병을 이용한 시멘트 비중시험에 대한 설명으로 틀린 것은?

① 비중병에 먼저 깨끗이 정제된 3차 증류수를 채우고 초기 눈금 값을 읽는다.
② 일정한 양의 시멘트를 0.05g까지 달아 비중병에 조금씩 넣는다.
③ 시멘트를 넣은 후 비중병의 눈금 값을 읽어 증가된 체적을 구한다.
④ 동일 시험자가 동일 재료에 대하여 2회 측정한 결과가 ±0.03 이내이어야 한다.

해설 비중병에 눈금 0~1ml 사이에 광유를 넣고 초기 눈금 값을 읽는다.

04 다음 배합수에 포함될 수 있는 불순물 중 응결지연 작용을 나타내는 것은?

① 황산칼슘 ② 질산염
③ 염화암모늄 ④ 탄산나트륨

해설
- 혼합수에 미량의 황산염(황산칼슘, 황산나트륨, 황산마그네슘)이 함유하면 콘크리트의 체적변화를 일으키며 강재 부식의 우려가 있다.
- 인산염, 질산염이 혼합수에 함유하면 응결 경화에 나쁜 영향을 준다.
- 암모늄계 및 알루미늄계 질산염도 염화물과 같이 철근의 부식을 유발하므로 물에 함유해서는 안 된다.

05 다음 중 골재의 시험항목에 사용되는 용액으로 잘못 연결된 것은?

① 유기 불순물 – 수산화나트륨 ② 안정성 – 황산나트륨
③ 염화물함유량 – 크롬산칼륨 ④ 알칼리 골재반응 – 탄닌산

해설 알칼리 골재반응 – 수산화나트륨

06 다음은 골재 15000g에 대하여 체가름 시험을 수행한 결과이다. 이 골재의 조립률은?

① 3.12
② 4.12
③ 6.26
④ 7.26

골재의 체가름 시험	
체의 호칭치수(mm)	남는 양(g)
75	0
40	450
20	7200
10	3600
5	3300
2.5	450
1.2	0

해설

체의 호칭치수(mm)	남는 양(g)	남는 율(%)	남는 율 누계(%)
75	0	0	0
40	450	3	3
20	7200	48	51
10	3600	24	75
5	3300	22	97
2.5	450	3	100
1.2	0	0	100
0.6	0	0	100
0.3	0	0	100
0.15	0	0	100
계	15000		

$$FM = \frac{3+51+75+97+100+100+100+100}{100} = 7.26$$

정답 01. ② 02. ③ 03. ① 04. ② 05. ④ 06. ④

07
다음 표는 골재의 함수상태에 따른 질량을 측정한 결과를 나타낸 것이다. 잔골재의 흡수율과 표면수율은 얼마인가?

함수상태 질량	잔골재
절대건조상태 질량(g)	470
공기중 건조상태 질량(g)	480
표면건조 포화상태 질량(g)	500
습윤상태 질량(g)	520

	잔골재 흡수율(%)	잔골재 표면수율(%)
①	5.38	3.85
②	5.38	4.00
③	6.38	3.85
④	6.38	4.00

해설
- 흡수율 = $\dfrac{500-470}{470} \times 100 = 6.38\%$
- 표면수율 = $\dfrac{520-500}{500} \times 100 = 4\%$
- 전 함수율 = $\dfrac{520-470}{470} \times 100 = 10.64\%$
- 유효 흡수율 = $\dfrac{500-480}{480} \times 100 = 4.16\%$

08
실리카 퓸을 혼합한 콘크리트 성질에 대한 설명으로 틀린 것은?

① 실리카 퓸을 혼합한 콘크리트의 목표 슬럼프를 유지하기 위해 소요되는 단위수량은 혼합량이 증가함에 따라 거의 선형적으로 증가한다.
② 실리카 퓸은 비표면적이 작고 미연소 탄소를 함유하지 않기 때문에 목표 공기량을 유지하기 위해 혼합률이 증가함에 따라 공기연행제의 사용량을 증가시킬 필요가 없다.
③ 물-결합재비를 낮추기 위하여 고성능 감수제의 사용은 필수적이다.
④ 실리카 퓸을 혼합하면 블리딩과 재료분리를 감소시킬 수 있다.

해설
실리카 퓸은 비표면적(분말도)이 매우 크고 미연소 탄소를 함유하고 있기 때문에 실리카 퓸의 혼합률이 증가함에 따라 소요 공기량을 유지하기 위해 공기연행제의 사용량을 증가해야 한다.

09 콘크리트의 배합강도를 결정하기 위해서는 압축강도 시험 실적이 필요하다. 시험횟수가 규정횟수 이하인 경우 표준편차의 보정계수를 사용하는데, 다음 중 그 값이 틀린 것은?

① 시험횟수 30회 이상 : 1.00 ② 시험횟수 25회 : 1.04
③ 시험횟수 20회 : 1.08 ④ 시험횟수 15회 : 1.16

해설 시험횟수 25회 : 1.03

10 콘크리트용 재료에 대해 주어진 상황에 따라 실시한 재료시험으로 틀린 것은?

① 석고를 10% 첨가하여 제조한 시멘트를 사용하면 시멘트 경화체의 이상팽창을 일으킬 수 있으므로 길모어 침에 의한 응결시험을 실시하였다.
② 시멘트의 저장기간이 오래되어 대기 중 수분 및 이산화탄소를 흡수하였을 가능성이 있으므로 비중시험을 실시하였다.
③ 안정성이 나쁜 골재를 사용하면 콘크리트의 동결융해 작용에 대한 내구성이 저하하므로 황산나트륨 용액에 의한 안정성 시험을 실시하였다.
④ 바다모래를 사용하면 콘크리트 중의 철근 부식을 일으킬 수 있으므로 골재중의 염화물 함유량 시험을 실시하였다.

해설
- 시멘트가 경화 도중에 체적 팽창을 일으켜 균열이 생기거나 뒤틀림 등의 변형을 일으키지 않는 성질을 안정성이라 한다.
- 안정도는 시멘트의 오토클레이브 팽창도 시험방법에 의한다.
- 시멘트의 불안정한 성질의 원인은 시멘트 클리커 중의 유리석회, MgO(마그네시아), 무수황산(SO_3) 등이 어느 정도 이상 함유되어 있는 경우에 이것들이 굳어가는 도중에 체적이 증가하기 때문이다.

11 금속 재료의 인장시험을 위한 시험편의 준비에 대한 설명으로 틀린 것은?

① 표점은 시험편에 도료를 칠한 위에 줄을 그어 표시하는 것을 원칙으로 한다.
② 시험편 부분의 재질에 변화를 생기게 하는 것과 같은 변형 또는 가열을 해서는 안 된다.
③ 시험편의 교정은 가급적 피하는 것이 좋고, 교정을 필요로 하는 경우에는 가급적 재질에 영향을 미치지 않는 방법을 사용하도록 한다.
④ 전단, 펀칭 등에 의한 가공을 한 시험편에서 시험 결과에 그 가공의 영향이 인정되는 경우에는 가공의 영향을 받은 영역을 절삭·제거하여 평행부를 다듬질한다.

[정답] 07. ④ 08. ② 09. ② 10. ① 11. ①

[해설] 표점은 시험편의 축에 나란하게 금긋기 바늘로 금을 긋는다.

12 시멘트 클링커 화합물에 대한 설명 중 옳지 않은 것은?

① C_3S의 수화열보다 C_2S의 수화열이 적게 발열된다.
② 조기 강도 발현에 가장 큰 영향을 주는 화합물은 C_3S이다.
③ 콘크리트 구조물의 건조수축을 줄이기 위하여 C_2S와 C_3A가 많은 시멘트를 사용해야 한다.
④ 구조물의 화학저항성을 향상시키기 위하여 C_2S와 C_4AF가 많은 시멘트를 사용해야 한다.

[해설] 콘크리트 구조물의 건조수축을 줄이기 위하여 C_3S와 C_3A를 가능한 한 감소시키고 그 대신 장기강도를 발현하는 C_2S를 충분히 많게 한 중용열 포틀랜드 시멘트를 사용한다.

13 설계기준 압축강도(f_{ck})가 42 MPa이고, 내구성 기준 압축강도(f_{cd})가 35MPa이다. 30회 이상의 시험실적으로부터 구한 압축강도의 표준편차가 5 MPa일 때 콘크리트의 배합강도는?

① 47 MPa
② 48.7 MPa
③ 49.5 MPa
④ 50.2 MPa

[해설]
- f_{ck}와 f_{cd} 중 큰 값인 42MPa가 품질기준강도(f_{cq})이다.
- $f_{cr} = f_{cq} + 1.34s = 42 + 1.34 \times 5 = 48.7\text{MPa}$
- $f_{cr} = 0.9f_{cq} + 2.33s = 0.9 \times 42 + 2.33 \times 5 = 49.5\text{MPa}$
∴ 큰 값인 49.5MPa이다.

14 콘크리트 시방배합 설계에서 단위골재의 절대용적이 678ℓ이고, 잔골재율이 40%, 굵은골재의 표건밀도가 0.0026g/mm³인 경우 단위 굵은골재량은?

① 705.12kg
② 806.8kg
③ 1057.68kg
④ 1762.8kg

[해설] 단위 굵은골재량 : $0.678 \times 0.6 \times 2.6 \times 1000 = 1057.68\text{kg}$
여기서, 단위골재의 절대용적 0.678m^3, 굵은골재의 표건밀도 2.6g/cm^3이다.

15 굵은 골재의 단위용적질량 시험에서 용기의 부피가 10L, 용기 중 시료의 절대 건조질량이 20kg이었다. 이 골재의 흡수율이 1.2%이고 표면건조 포화상태의 밀도가 2.65g/cm³라면 실적률은 얼마인가?

① 45.2%   ② 54.7%
③ 65.3%   ④ 76.4%

해설 $G = \dfrac{T}{d_s}(100+Q) = \dfrac{20/10}{2.65}(100+1.2) = 76.4\%$

16 시멘트의 응결에 대한 설명으로 틀린 것은?

① 분말도가 크면 응결은 빨라진다.
② 온도가 높을수록 응결은 빨라진다.
③ 물-시멘트비가 클수록 응결은 늦어진다.
④ 풍화된 시멘트는 일반적으로 응결이 빨라진다.

해설
· 풍화된 시멘트는 일반적으로 응결이 늦어진다.
· 시멘트의 응결 시간은 비카트 장치에 의하여 측정한다.
· C_2S가 많을수록 응결은 늦어진다.

17 콘크리트용 화학혼화제(공기 연행제, 감수제, 공기연행 감수제, 고성능 공기연행 감수제)의 성능을 확인하기 위한 콘크리트 시험에 관한 설명으로 옳지 않은 것은?

① 화학혼화제는 혼합수를 넣은 다음 이어서 믹서에 투입한다.
② 공기 연행제 및 공기연행 감수제의 동결융해 저항성 시험에는 슬럼프 80mm의 콘크리트를 적용한다.
③ 고성능 공기연행 감수제의 동결융해 저항성 시험 및 경시변화량 시험에는 슬럼프 180mm의 콘크리트를 적용한다.
④ 압축강도 시험은 재령 3일, 7일 및 28일의 각 재령별로 3개씩 공시체를 만들어 시험하며 그 평균값을 콘크리트 압축강도로 한다.

해설 화학혼화제는 미리 혼합수에 혼입하여 믹서에 투입한다.

18 알루미나 시멘트에 대한 설명으로 옳지 않은 것은?

① 철근 부식에 대한 저항성이 크다.
② 내화성능이 우수하여 내화물용 콘크리트에 적합하다.
③ 보통 포틀랜드 시멘트에 비해 초기강도 발현이 매우 빠르다.
④ 높은 수화열로 낮은 외기온도에서도 강도발현이 좋아서 신속 보수공사나 한중 콘크리트 시공에 적합하다.

[정답] 12. ③ 13. ③ 14. ③ 15. ④ 16. ④ 17. ① 18. ①

해설 알루미나 시멘트
- 철근 부식에 대한 저항성이 작다.
- 산, 염류, 해수 등의 화학적 침식에 대한 저항성이 크다.

19 배합설계 방법에 대한 설명으로 옳은 것은?
① 알칼리 골재 반응을 억제하기 위해서는 알칼리 함량이 0.6% 이하인 시멘트를 사용한다.
② 레디믹스트 콘크리트에서 단위수량의 상한치는 생산자와 협의 없이 지정된다.
③ 잔골재의 입도는 워커빌리티와 크게 관련이 없으므로 배합을 수정할 필요가 없다.
④ AE 콘크리트로서의 유효공기량은 일반적으로 2% 이하에서도 동결융해 저항성이 충분히 개선된다.

해설
- 레디믹스트 콘크리트에서 단위수량의 상한치는 생산자와 협의하여 지정된다.
- 잔골재의 입도는 워커빌리티와 크게 관련이 있으므로 배합을 수정할 필요가 있다.
- 콘크리트 속의 적당한 공기량의 범위는 4~7% 정도가 가장 이상적이다.

20 콘크리트 공시체 15개의 압축강도 측정값이 아래와 같을 때, 표준편차는?

(단위 : MPa)

23.5	33	35	28	26
27	32	28.5	29	26.5
23	33	29	26.5	35

① 3.25
② 3.84
③ 4.24
④ 4.52

해설 표준편차
- 콘크리트 압축강도 측정치 합계 $\sum x = 435$ MPa
- 콘크리트 압축강도 평균값 $\bar{x} = \dfrac{435}{15} = 29$ MPa
- 편차 제곱합
$S = (23.5-29)^2 + (33-29)^2 + (35-29)^2 + (28-29)^2 + (26-29)^2$
$\quad + (27-29)^2 + (32-29)^2 + (28.5-29)^2 + (29-29)^2 + (26.5-29)^2$
$\quad + (23-29)^2 + (33-29)^2 + (29-29)^2 + (26.5-29)^2 + (35-29)^2$
$= 206$ MPa
- 표준편차 $\sigma = \sqrt{\dfrac{S}{n-1}} = \sqrt{\dfrac{206}{15-1}} = 3.84$ MPa

2과목 콘크리트 제조, 시험 및 품질관리

21 휨강도 시험을 4점 재하장치로 한 결과 지간 사이에서 파괴하중이 40kN이었다. 휨강도는 얼마인가? (단, 공시체의 크기 : 150×150×530mm, 지간 : 450mm)

① 4.0 MPa
② 5.33 MPa
③ 6.33 MPa
④ 8.0 MPa

해설 휨강도 $= \dfrac{Pl}{bd^2} = \dfrac{40,000 \times 450}{150 \times 150^2} = 5.33\text{MPa}$

22 콘크리트 압축강도 시험에서 하중을 재하하는 속도는 압축응력도 증가율이 매초 얼마 이내로 하는가?

① 0.6±0.4 MPa
② 0.06±0.04 MPa
③ 6±4 MPa
④ 1.2±0.4 MPa

해설
- 압축강도 시험의 경우 : 0.6±0.4 MPa
- 인장강도 시험 및 휨강도 시험의 경우 : 0.06±0.04 MPa

23 압력법에 의한 굳지 않은 콘크리트의 공기량 시험에 관한 내용으로 틀린 것은?

① 시료는 용기에 3층으로 나눠 채우고 각 층마다 다짐봉으로 25회 다진다.
② 굵은골재의 최대치수가 40mm 이하의 보통 골재를 사용한 콘크리트에 적당하다.
③ 다짐 후 용기의 옆면을 10~15회 나무 망치로 두드린다.
④ 압력계의 바늘을 손으로 두드리지 않고 읽는다.

해설 압력계의 바늘을 손으로 두드린 후 읽는다.

24 급속동결융해 시험에서 150사이클 및 180사이클에서 상대동탄성계수가 각각 65% 및 50%가 되었다면 동결융해에 대한 내구성 지수는 얼마인가? (단, 직선(선형)보간법을 활용한다.)

① 65
② 50
③ 32
④ 16

정답 19.① 20.② 21.② 22.① 23.④ 24.③

해설
- 특별한 제한이 없는 한 300사이클 또는 상대동탄성계수가 60%가 될 때까지 시험을 계속하도록 규정하고 있다.
- 상대동탄성계수가 65%일 때 내구성 지수
  $$DF = \frac{PN}{M} = \frac{65 \times 150}{300} = 32.5$$
- 상대동탄성계수가 50%일 때 내구성 지수
  $$DF = \frac{PN}{M} = \frac{50 \times 180}{300} = 30$$
- 상대동탄성계수가 57.5%일 때 내구성 지수
  $$DF = \frac{PN}{M} = \frac{57.5 \times 175}{300} = 33.54$$
- 상대동탄성계수가 60%일 때 내구성 지수
  $$DF = \frac{PN}{M} = \frac{60 \times 160}{300} = 32$$

25 다음 중 소성수축균열이 발생할 수 있는 경우는?
① 철근 및 기타 매설물에 의하여 침하가 국부적으로 방해를 받는 경우
② 바람이나 높은 기온으로 인하여 블리딩 발생량보다 표면수의 증발이 빠른 경우
③ 굳지 않은 콘크리트 상태에서 하중을 가한 경우
④ 외부의 구속조건이 큰 경우

해설 콘크리트 친 후 건조한 외기에 노출시 표면건조로 수축현상이 생기며 이 수축현상이 건조되지 않는 내부 콘크리트에 의한 변형구속 때문에 인장응력이 생기는데 이 인장응력이 콘크리트의 초기 인장강도를 초과하여 여러 방향의 미세한 균열인 소성수축균열이 발생한다.

26 콘크리트의 받아들이기 품질검사 항목별 시기 및 횟수로 틀린 것은?
① 펌퍼빌리티는 펌프 압송시 실시한다.
② 염소이온량은 바다 잔골재를 사용할 경우 1회/일 실시한다.
③ 공기량 시험은 압축강도 시험용 공시체 채취시 및 타설 중에 품질변화가 인정될 때 실시한다.
④ 슬럼프 시험은 압축강도 시험용 공시체 채취시 및 타설 중에 품질변화가 인정될 때 실시한다.

해설 염소이온량은 바다 잔골재를 사용할 경우 2회/일 실시한다.

27 $\phi 100 \times 200$mm 콘크리트 공시체에 축 하중 $P=200$kN을 가했을 때 세로 방향의 수축량을 구한 값으로 옳은 것은? (단, 콘크리트 탄성계수는 $E_c=13,730$N/mm²라 한다.)

① 0.07mm ② 0.15mm
③ 0.37mm ④ 0.55mm

해설
$$E = \frac{f}{\varepsilon}$$
$$\varepsilon = \frac{f}{E} = \frac{P/A}{E}$$
$$\frac{\Delta l}{l} = \frac{P}{A \cdot E}$$
$$\therefore \Delta l = \frac{P \cdot l}{A \cdot E} = \frac{200000 \times 200}{\frac{3.14 \times 100^2}{4} \times 13730} = 0.37\text{mm}$$

28 어느 레미콘 공장의 콘크리트 압축강도 시험결과 표준편차가 1.5MPa이었고, 압축강도의 평균값이 39.6MPa이었다면 이 콘크리트의 변동계수는 얼마인가?

① 2.8% ② 3.8%
③ 4.5% ④ 5.5%

해설 변동계수 = $\frac{\text{표준편차}}{\text{평균치}} = \frac{1.5}{39.6} \times 100 = 3.8\%$

29 다음 중 계량값 관리도에 포함되지 않는 것은?

① $\bar{x}-R$ 관리도   ② $\bar{x}-\sigma$ 관리도
③ x 관리도   ④ p 관리도

해설 p 관리도(불량률 관리도)는 이항분포 이론을 적용하며 계수값 관리도이다.

30 콘크리트의 비비기에 대한 설명 중 옳지 않은 것은?
① 비비기는 미리 정해둔 비비기 시간의 3배 이상 계속 해서는 안 된다.
② 연속믹서를 사용하면 비비기 시작 후 최초에 배출되는 콘크리트를 사용할 수 있다.
③ 비비기 시간은 시험에 의해 정하는 것을 원칙으로 한다.
④ 재료를 믹서에 투입하는 순서는 믹서의 형식, 비비기 시간 등에 따라 다르기 때문에 시험의 결과 또는 실적을 참고로 정한다.

[정답] 25.② 26.② 27.③ 28.② 29.④ 30.②

해설
- 연속믹서를 사용하면 비비기 시작 후 최초에 배출되는 콘크리트는 사용해서는 안 된다.
- 믹서 안의 콘크리트를 전부 꺼낸 후가 아니면 믹서 안에 다음 재료를 넣어서는 안 된다.
- 비비기를 시작하기 전에 미리 믹서 내부를 모르타르로 부착시켜야 한다.
- 재료를 믹서에 투입할 때 일반적으로 물은 다른 재료보다 먼저 넣기 시작하여 넣는 속도를 일정하게 하고 다른 재료의 투입이 끝난 후 조금 지난 뒤에 물을 넣는다.

31 레디믹스트 콘크리트의 제조설비에 대한 설명으로 틀린 것은?

① 골재 저장 설비는 콘크리트 최대 출하량의 1일분 이상에 상당하는 골재량을 저장할 수 있는 크기로 한다.
② 계량기는 서로 배합이 다른 콘크리트의 각 재료를 연속적으로 계량할 수 있어야 한다.
③ 믹서는 이동식 믹서로 하여야 하며, 각 재료를 충분히 혼합시켜 균일한 상태로 배출할 수 있어야 한다.
④ 콘크리트 운반차는 트럭믹서나 트럭 애지테이터를 사용한다.

해설
- 믹서는 공장에 설치된 고정믹서에 의해 혼합한다.
- 인공 경량골재 저장설비에는 골재에 살수하는 설비를 갖추어야 한다.
- 골재의 저장 설비는 종류, 품종별로 서로 혼합되지 않도록 한다.

32 콘크리트를 제조하고자 할 때 재료계량의 허용오차가 가장 큰 재료는?

① 혼화재 ② 물
③ 혼화제 ④ 시멘트

해설
- 물, 시멘트 : ±1%
- 혼화재 : ±2%
- 혼화제 : ±3%

33 굳지 않은 콘크리트의 시료채취방법(KS F 2401)에서 시료의 양에 대한 설명으로 옳은 것은? (단, 분취 시료를 그대로 시료로 하는 경우는 제외한다.)

① 시료의 양은 20L 이상으로 하고, 시험에 필요한 양보다 5L 이상 많아야 한다.
② 시료의 양은 10L 이상으로 하고, 시험에 필요한 양보다 5L 이상 많아야 한다.

답안 표기란

31	①	②	③	④
32	①	②	③	④
33	①	②	③	④

③ 시료의 양은 20L 이상으로 하고, 시험에 필요한 양보다 많아야 한다.
④ 시료의 양은 10L 이상으로 하고, 시험에 필요한 양보다 많아야 한다.

📝 **해설** 시료의 양은 20L 이상으로 하고, 시험에 필요한 양보다 5L 이상 많아야 한다. 다만, 분취 시료를 그대로 사용하는 경우에는 20L 보다 적어도 좋다.

34 레디믹스트 콘크리트의 품질규정에 대한 설명으로 틀린 것은?

① 슬럼프 25mm인 콘크리트에서 슬럼프의 허용오차는 ±10mm이다.
② 슬럼프 플로 600mm인 콘크리트에서 슬럼프 플로의 허용오차는 ±75mm이다.
③ 보통 콘크리트의 공기량은 4.5%이며, 공기량의 허용오차는 ±1.5%이다.
④ 경량 콘크리트의 공기량은 5.5%이며, 공기량의 허용오차는 ±1.5%이다.

📝 **해설**
- 슬럼프 플로 500mm인 콘크리트에서 슬럼프 플로의 허용오차는 ±75mm이다.
- 슬럼프 플로 600mm인 콘크리트에서 슬럼프 플로의 허용오차는 ±100mm이다.

35 콘크리트 탄산화 깊이측정 시험에서 가장 많이 사용되는 용액은?

① 염산 용액
② 페놀프탈레인 용액
③ 황산 용액
④ 마그네슘 용액

📝 **해설** 1% 페놀프탈레인 용액을 분무하여 무색이면 중성화된 것으로 보며 적색으로 변하면 비중성화(알칼리)로 구분하게 된다.

36 콘크리트의 내구성에 대한 설명으로 틀린 것은?

① 콘크리트의 물-결합재비는 원칙적으로 65% 이하이어야 한다.
② 콘크리트는 원칙적으로 공기연행 콘크리트로 하여야 한다.
③ 콘크리트의 침하균열, 건조수축 균열로 인해 발생하는 균열은 허용 균열폭 이내로 관리하여야 한다.
④ 콘크리트 속의 수산화칼슘과 대기 중의 탄산가스가 반응하는 탄산화는 콘크리트 내구성을 저해한다.

📝 **해설** **수밀 콘크리트**
- 물-결합재비는 50% 이하를 표준으로 한다.
- 콘크리트의 워커빌리티를 개선하기 위해 공기연행제, 공기연행감수제, 또는 고성능 공기연행감수제를 사용하는 경우라도 공기량은 4% 이하가 되게 한다.

정답 31. ③ 32. ③ 33. ① 34. ② 35. ② 36. ①

37 레디믹스트 콘크리트 품질에 대한 지정으로 각 슬럼프 값에 따른 허용오차 기준이 틀린 것은?

① 슬럼프 25mm : 허용오차 ±10mm
② 슬럼프 50mm : 허용오차 ±15mm
③ 슬럼프 65mm : 허용오차 ±20mm
④ 슬럼프 80mm : 허용오차 ±25mm

해설 슬럼프의 허용차(mm)

슬럼프	슬럼프 허용차
25	±10
50 및 65	±15
80 이상	±25

38 콘크리트 제조 공정의 품질관리 및 검사 내용 중 1일에 2회 이상 시험·검사를 해야 하는 항목은?

① 잔골재의 조립률
② 잔골재의 표면수율
③ 굵은 골재의 조립률
④ 굵은 골재의 표면수율

해설 잔골재의 표면수율 및 바다 잔골재를 사용할 경우 염소이온량의 검사 횟수는 2회/일 실시한다.

39 콘크리트의 시공 성능에 대한 설명으로 옳지 않은 것은?

① 워커빌리티 증진을 위하여, 일반적으로 콘크리트 온도를 상승시킨다.
② 일반적으로 펌퍼빌리티는 수평관 1m당 관내의 압력손실로 정할 수 있다.
③ 굳지 않은 콘크리트의 펌퍼빌리티는 펌프 압송 작업에 적합한 것이어야 한다.
④ 굳지 않은 콘크리트의 워커빌리티는 운반, 타설, 다지기, 마무리 등의 작업에 적합한 것이어야 한다.

해설 일반적으로 콘크리트 온도가 높을 경우 워커빌리티에 지장을 준다.

40 타설 직전의 콘크리트의 수소이온 농도(pH값)를 측정하였을 때 예상되는 pH값의 범위로 가장 가까운 것은?

① 3~4　　　② 5~8
③ 9~11　　　④ 12~13

해설
- 수화반응에서 생성되는 수산화칼슘(pH)은 12~13 범위이다.
- 콘크리트가 대기와 접촉하여 탄산칼슘으로 변화한 부분의 pH가 8.5~10 정도로 낮아지는 현상을 탄산화(중성화)라 한다.

3과목 콘크리트의 시공

41 거푸집 및 동바리 구조계산에 대한 설명 중 틀린 것은?

① 고정하중은 철근 콘크리트와 거푸집의 중량을 고려하여 합한 하중이다.
② 콘크리트의 단위중량은 철근의 중량을 포함하여 보통 콘크리트의 경우 $24\ kN/m^3$을 적용한다.
③ 거푸집 하중은 최소 $4\ kN/m^2$ 이상을 적용한다.
④ 거푸집 설계에서는 굳지 않은 콘크리트의 측압을 고려하여야 한다.

해설
- 거푸집의 하중은 최소 $0.4\ kN/m^2$ 이상을 적용한다.
- 특수 거푸집의 경우에는 그 실제의 질량을 적용한다.
- 고정하중과 활하중을 합한 연직하중은 슬래브 두께에 관계없이 최소 $5.0\ kN/m^2$ 이상, 전동식 카트 사용시에는 최소 $6.25\ kN/m^2$ 이상을 고려한다.

42 경량골재 콘크리트에 대한 설명으로 옳지 않은 것은?

① 콘크리트의 수밀성을 기준하여 물-시멘트비를 정할 경우는 45% 이하로 표준한다.
② 공기량은 보통 골재를 사용한 콘크리트보다 1% 크게 해야 한다.
③ AE 콘크리트로 하는 것을 원칙으로 한다.
④ 슬럼프 값은 180mm 이하, 단위시멘트량의 최소값은 300kg, 물-결합재비의 최대값은 60%로 한다.

해설
- 콘크리트의 수밀성을 기준하여 물-시멘트비를 정할 경우는 50% 이하로 표준한다.
- 일반적으로 슬럼프는 50~180mm를 표준한다.
- 강제식 믹서를 사용하여 1분 이상으로 비비기하는 것을 표준한다.

정답 37.③　38.②　39.①　40.④　41.③　42.①

43 고강도 프리플레이스트 콘크리트에 대해 다음 표의 ( ) 안에 들어갈 적절한 수치는?

> 고강도 프리플레이스트 콘크리트라 함은 고성능 감수제에 의하여 주입 모르타르의 물-결합재비를 (A) 이하로 낮추어 재령 91일에 압축강도 (B) 이상이 얻어지는 프리플레이스트 콘크리트를 말한다.

① A : 45%, B : 45 MPa
② A : 45%, B : 40 MPa
③ A : 40%, B : 40 MPa
④ A : 40%, B : 45 MPa

해설 프리플레이스트 콘크리트란 특정한 입도를 가진 굵은골재를 거푸집에 채워놓고 그 공극 속에 특수한 모르타르를 적당한 압력으로 주입하여 만든 콘크리트이다.

44 트레미를 이용한 일반 수중 콘크리트 타설에 대한 설명으로 틀린 것은?

① 트레미의 안지름은 수심 3m 이내에서 250mm 정도가 좋다.
② 트레미의 안지름은 굵은골재 최대치수의 8배 이상이 되도록 하여야 한다.
③ 트레미 1개로 타설할 수 있는 면적이 지나치게 크지 않도록 하여야 하며, $30m^2$ 이하로 하여야 한다.
④ 트레미는 콘크리트를 타설하는 동안에 다짐을 좋게 하기 위하여 수시로 수평이동시켜야 한다.

해설
• 트레미는 콘크리트를 타설하는 동안 수평이동시킬 수 없다.
• 콘크리트를 타설하는 동안 트레미의 하단을 타설된 콘크리트 면보다 0.3~0.4m 아래로 유지하면서 가볍게 상하로 움직여야 한다.

45 한중 콘크리트 시공시 비빈 직후 콘크리트의 온도 및 주위 기온이 아래의 조건과 같을 때, 타설이 완료된 후 콘크리트의 온도를 계산하면?

> • 비빈 직후의 콘크리트 온도 : 25℃, 주위 온도 : 4℃
> • 비빈 후부터 타설 완료시까지의 시간 : 1시간 30분

① 19.8℃
② 20.3℃
③ 21.6℃
④ 22.5℃

해설 $T_2 = T_1 - 0.15(T_1 - T_0)t = 25 - 0.15(25 - 4) \times 1.5 = 20.3°$

46 포장 콘크리트의 배합기준에서 설계기준 휨강도(f_{28})는 몇 MPa 이상이어야 하는가?

① 2.5 MPa
② 4 MPa
③ 4.5 MPa
④ 6 MPa

해설 포장용 콘크리트의 배합기준

항 목	기 준
설계기준 휨강도(f_{28})	4.5 MPa 이상
단위수량	150 kg/m³
굵은골재의 최대치수	40mm 이하
슬럼프	40mm 이하
공기연행 콘크리트의 공기량 범위	4~6%

47 콘크리트가 경화될 때까지 습윤상태의 보호기간은 보통포틀랜드 시멘트와 조강포틀랜드 시멘트를 사용한 경우 각각 몇 일 이상을 표준으로 하는가? (단, 일평균기온은 15℃ 이상일 경우)

① 보통포틀랜드 시멘트 : 3일 이상, 조강포틀랜드 시멘트 : 5일 이상
② 보통포틀랜드 시멘트 : 5일 이상, 조강포틀랜드 시멘트 : 7일 이상
③ 보통포틀랜드 시멘트 : 5일 이상, 조강포틀랜드 시멘트 : 3일 이상
④ 보통포틀랜드 시멘트 : 7일 이상, 조강포틀랜드 시멘트 : 5일 이상

해설 일평균기온이 10℃ 이상인 경우에는 보통 포틀랜드 시멘트 : 7일, 조강 포틀랜드 시멘트 : 4일 이상 양생한다.

48 숏크리트 시공의 일반적인 설명으로 틀린 것은?

① 건식 숏크리트는 배치 후 45분 이내에 뿜어붙이기를 실시하여야 한다.
② 습식 숏크리트는 배치 후 60분 이내에 뿜어붙이기를 실시하여야 한다.
③ 숏크리트는 타설되는 장소의 대기온도가 32℃ 이상이 되면 건식 및 습식 숏크리트 모두 뿜어붙이기를 할 수 없다.
④ 숏크리트는 대기 온도가 4℃ 이상일 때 뿜어붙이기를 실시한다.

해설 숏크리트는 대기 온도가 10℃ 이상일 때 뿜어붙이기를 실시한다.

[정답] 43.③ 44.④ 45.② 46.③ 47.③ 48.④

49 서중 콘크리트 제조 및 시공에 대한 설명으로 잘못된 것은?

① 일반적으로 기온 10℃의 상승에 대하여 단위수량은 2~5% 증가한다.
② 콘크리트를 타설할 때의 콘크리트 온도는 25℃를 넘지 않도록 하여야 한다.
③ KS F 2560의 지연형 감수제를 사용하는 등의 일반적인 대책을 강구한 경우에도 1.5시간 이내에 타설하여야 한다.
④ 콘크리트 타설 후 콘크리트의 경화가 진행되어 있지 않은 시점에서 갑작스러운 건조에 의해 균열이 발생하였을 경우 즉시 재진동 다짐이나 다짐을 실시하여 이것을 없애야 한다.

- 콘크리트를 타설할 때의 콘크리트 온도는 35℃ 이하여야 한다.
- 타설 후 적어도 24시간은 노출면이 건조하는 일이 없도록 습윤상태로 유지하며 양생은 적어도 5일 이상 실시한다.

50 이미 경화한 매시브한 콘크리트 위에 슬래브를 타설할 때 부재평균 최고온도와 외기온도와의 균형시의 온도차가 12.8℃ 발생하였을 때 아래의 표를 이용하여 온도균열 발생확률을 구하면? (단, 간이법 적용)

① 약 5%
② 약 15%
③ 약 30%
④ 약 50%

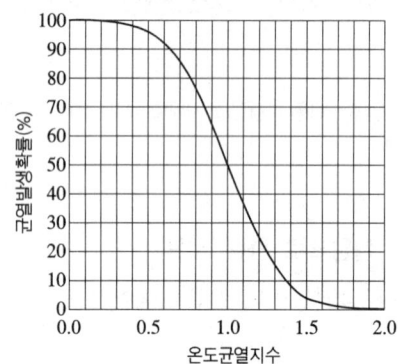

- 암반이나 매시브한 콘크리트 위에 타설된 평판구조 등과 같이 외부 구속응력이 큰 경우 온도균열지수 = $\dfrac{10}{R \cdot \Delta T_o}$

  여기서, ΔT_o : 부재 평균 최고온도와 외기온도와의 균형시의 온도차(℃)
  R : 외부 구속의 정도를 표시하는 계수로서
  ㉠ 비교적 연한 암반 위에 콘크리트를 타설할 때 : 0.5
  ㉡ 중간 정도의 단단한 암반 위에 콘크리트를 타설할 때 : 0.65
  ㉢ 경암 위에 콘크리트를 타설할 때 : 0.8 ㉣ 이미 경화된 콘크리트 위에 타설할 때 : 0.6

- 온도균열지수 $= \dfrac{10}{R \cdot \Delta T_o} = \dfrac{10}{0.6 \times 12.8} = 1.3$

  그림에서 온도균열지수가 1.3일 때 해당하는 균열 발생 확률은 약 15%이다.

51 수중불분리성 콘크리트에 사용하는 굵은골재의 최대치수에 대한 설명으로 틀린 것은?

① 20 또는 25mm 이하를 표준으로 한다.
② 부재 최소치수의 1/5를 초과해서는 안 된다.
③ 철근의 최소 순간격의 2/3을 초과해서는 안 된다.
④ 현장 타설말뚝 및 지하연속벽에 사용하는 콘크리트의 경우는 25mm 이하를 표준으로 한다.

해설 철근의 최소 순간격의 1/2를 초과해서는 안 된다.

52 고온·고압의 증기솥 속에서 상압보다 높은 압력으로 고온의 수증기를 사용하여 실시하는 양생방법은?

① 오토클레이브 양생   ② 증기양생
③ 촉진양생   ④ 고주파양생

해설 오토클레이브 양생은 7~12기압의 고온·고압의 증기솥에 의해 양생한다.

53 표면 마무리에 대한 설명으로 틀린 것은?

① 시공이음이 미리 정해져 있지 않을 경우 직선상의 이음이 얻어지도록 시공해야 한다.
② 다지기를 끝내고 거의 소정의 높이와 형상으로 된 콘크리트 윗면은 스며 올라온 물이 없어지기 전까지 마무리를 해야 한다.
③ 마무리 작업 후 콘크리트가 굳기 시작할 때까지의 사이에 일어나는 균열은 다짐 또는 재마무리에 의해서 제거하여야 한다.
④ 매끄럽고 치밀한 표면이 필요할 때는 작업이 가능한 범위에서 될 수 있는 대로 늦은 시기에 콘크리트 윗면을 마무리하여야 한다.

해설
- 다지기를 끝내고 거의 소정의 높이와 형상으로 된 콘크리트 윗면은 스며 올라온 물이 없어진 후에 마무리를 해야 한다.
- 마모를 받는 면의 경우에는 물-결합재비를 작게 한다.

54 숏크리트 코어 공시체($\phi 100 \times 100$mm)로부터 채취한 강섬유의 질량이 61.2g일 때, 강섬유 혼입률은? (단, 강섬유의 밀도는 7.85g/cm³)

① 0.5%   ② 1%
③ 3%   ④ 5%

정답
49. ② 50. ②
51. ③ 52. ①
53. ② 54. ②

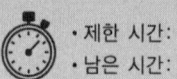

해설
- 채취한 강섬유의 밀도
$$\gamma = \frac{W}{V} = \frac{61.2}{\frac{3.14 \times 10^2}{4} \times 10} = 0.077\,\text{g/cm}^3$$
- 강섬유 혼입률
$$\frac{0.077}{7.85} \times 100 = 1\%$$

55 방사선 차폐용 콘크리트에서 확보하여야 하는 필요 성능이 아닌 것은?

① 밀도 ② 수화열
③ 결합수량 ④ 압축강도

해설
- 수화열은 방사선 차폐용 콘크리트에서 확보하여야 하는 필요 성능에 해당되지 않는다.
- 차폐용 콘크리트로서 중성자의 차폐를 필요로 하지 않는 경우에는 결합수량과 붕소량 등은 명시하지 않아도 되는 성능 항목이다.

56 콘크리트의 시공 및 시공 성능과 관련된 일반사항에 대한 설명으로 틀린 것은?

① 콘크리트 구조물의 시공은 시공계획을 따라야 한다.
② 현장에서는 콘크리트 구조물의 시공에 관하여 충분한 지식이 있는 기술자를 배치하여야 한다.
③ 굳지 않은 콘크리트의 워커빌리티는 운반, 타설, 다지기, 마무리 등의 작업에 적합한 것이어야 한다.
④ 일반적인 경우, 워커빌리티는 굵은 골재의 최대치수와 슬럼프를 사용하여 설정하면 안된다.

해설 일반적인 경우, 워커빌리티는 굵은 골재의 최대치수와 슬럼프를 사용하여 설정한다.

57 팽창 콘크리트의 제조, 운반 및 타설과 관련된 설명으로 옳은 것은?

① 내·외부 온도차에 의한 온도균열의 우려가 있으므로 팽창 콘크리트에 급격하게 살수할 수 없다.
② 팽창재는 다른 재료와 별도로 질량으로 계량하며, 그 오차는 1회 계량분량의 10% 이내로 하여야 한다.

답안 표기란				
55	①	②	③	④
56	①	②	③	④
57	①	②	③	④

③ 포대 팽창재를 사용하는 경우에는 포대수로 계산해도 된다. 그러나 1포대 미만의 것을 사용하는 경우에는 반드시 부피 단위로 계량하여야 한다.
④ 콘크리트를 비비고 나서 타설을 끝낼 때까지의 시간은 기온·습도 등의 기상조건과 시공에 관한 등급에 따라 2~3시간 이내로 하여야 한다.

해설
- 팽창재는 다른 재료와 별도로 질량으로 계량하며, 그 오차는 1회 계량분량의 1% 이내로 하여야 한다.
- 포대 팽창재를 사용하는 경우에는 포대수로 계산해도 된다. 그러나 1포대 미만의 것을 사용하는 경우에는 반드시 질량 단위로 계량하여야 한다.
- 콘크리트를 비비고 나서 타설을 끝낼 때까지의 시간은 기온·습도 등의 기상조건과 시공에 관한 등급에 따라 1~2시간 이내로 하여야 한다.

58 시공이음에 대한 일반적인 설명으로 틀린 것은?

① 시공이음은 될 수 있는 대로 전단력이 작은 위치에 설치한다.
② 시공이음은 부재의 압축력이 작용하는 방향과 직각이 되도록 한다.
③ 부득이 전단이 큰 위치에 시공이음을 설치할 경우에는 시공이음에 장부 또는 홈을 두거나 적절한 강재를 배치하여 보강하여야 한다.
④ 외부의 염분에 의한 피해 우려가 있는 해양 콘크리트 구조물은 콘크리트 팽창 및 수축을 최소화 할 수 있도록 시공이음부를 가급적 많이 두는 것이 좋다.

해설 외부의 염분에 의한 피해 우려가 있는 해양 콘크리트 구조물은 콘크리트 팽창 및 수축을 최소화 할 수 있도록 시공이음부를 가급적 적게 두는 것이 좋다.

59 고유동 콘크리트의 품질기준에 대한 아래 표의 설명에서 ( ) 안에 들어갈 숫자로서 옳은 것은?

> 굳지 않은 콘크리트의 유동성은 KS F 2594에 따라 슬럼프 플로 시험에 의하여 정하고, 그 범위는 ( )mm 이상으로 한다.

① 400　　　　② 500
③ 600　　　　④ 700

해설
- 굳지 않은 콘크리트의 유동성은 슬럼프 플로 600mm 이상으로 한다.
- 굳지 않은 콘크리트의 재료분리 저항성은 슬럼프 플로 500mm 도달시간 3~20초 범위를 만족하여야 한다.

답안 표기란
58 ① ② ③ ④
59 ① ② ③ ④

정답
55. ② 56. ④
57. ① 58. ④
59. ③

60. 아래 표는 프리캐스트 콘크리트 양생방법 중 증기양생 작업 순서를 일반적으로 설명한 것이다. 이 중 틀린 것은?

> ⓐ 거푸집과 함께 증기양생실에 넣어 양생 온도를 균등하게 올린다.
> ⓑ 비빈 후 2~3시간 이상 경과된 후에 증기양생을 실시한다.
> ⓒ 온도상승 속도는 1시간당 30℃ 이상으로 하고, 최고온도는 120℃로 한다.
> ⓓ 양생실의 온도는 서서히 내려 외기의 온도와 큰 차가 없도록 하고 나서 제품을 꺼낸다.

① ⓐ
② ⓑ
③ ⓒ
④ ⓓ

해설 온도상승 속도는 1시간당 20℃ 이상으로 하고, 최고온도는 65℃로 한다.

4과목 콘크리트 구조 및 유지관리

61. 철근콘크리트 부재의 철근이음에 관한 설명 중 틀린 것은?

① 철근의 단부 지압이음은 폐쇄띠철근, 폐쇄스터럽 또는 나선철근을 배치한 압축부재에서만 사용하여야 한다.
② 용접이음과 기계적 이음은 철근의 항복강도의 125% 이상을 발휘할 수 있어야 한다.
③ 압축이형철근의 이음에서 f_{ck}가 21MPa 미만일 경우에는 겹침이음길이를 1/3 증가시켜야 한다.
④ 인장이형철근의 겹침이음길이는 A급, B급 이음이 있으며, 두 경우 모두 이음길이는 최소 250mm 이상이어야 한다.

해설
- 인장 이형철근의 겹침이음길이는 300mm 이상이어야 한다.
- D35를 초과하는 철근은 겹침이음을 하지 않고 용접에 의한 맞댐이음을 한다.

62. 교량의 동적 재하시험에서 동적 측정시스템에 의한 자료의 분석에 있어서 중요한 검토사항이 아닌 것은?

① 부재의 응력
② 동적 증폭률
③ 고유 진동수
④ 진동의 크기

해설 동적 재하시험 측정 결과를 이용하여 교량의 충격계수, 동적변형률, 가속도, 진동주기, 여진동, 고유 진동수 등을 분석한다.

63 계수 전단력 V_u =75kN을 전단보강철근 없이 지지하고자 할 경우 필요한 단면의 유효깊이 최소값은 얼마인가? (단, b_w = 350mm, f_{ck} = 24MPa, f_y = 350MPa, 보통중량콘크리트 사용)

① 700mm
② 650mm
③ 525mm
④ 350mm

해설 • 전단철근이 필요하지 않는 경우

$$V_u \leq \frac{1}{2}\phi V_c = \frac{1}{2}\phi \frac{1}{6}\lambda \sqrt{f_{ck}} b_w d$$

$$75000 = \frac{1}{2} \times 0.75 \times \frac{1}{6} \times 1.0 \times \sqrt{24} \times 350 \times d$$

∴ d = 700mm

64 철근 콘크리트 구조물 단면에 압축철근의 배근에 대한 설명 중 틀린 것은?

① 취성을 증가시킨다.
② 지속하중에 대한 처짐을 적게 한다.
③ 압축파괴에서 인장파괴로 전환시킨다.
④ 스터럽 철근의 고정 등이 용이하다.

해설 연성을 증가시킨다.

65 다음 각 열화 과정과 잠복기에 대한 설명이 틀린 것은?

① 중성화 – 중성화의 진행상태가 철근위치까지 도달하지 않은 상태
② 염해 – 강재의 부식 개시로부터 부식 균열발생까지의 기간
③ 동해 – 열화가 나타나지 않은 상태
④ 화학적 부식 – 콘크리트의 변상이 나타날 때까지의 기간

해설 • 염해의 잠복기(잠재기)는 강재의 피복 위치에 있어서 염소 이온 농도가 부식 발생 한계 농도에 도달할 때까지의 기간이다.
• 염해의 진전기는 강재의 부식 개시로부터 부식 균열 발생까지의 기간이다.
• 염해의 촉진기는 부식 균열 발생으로부터 부식 속도가 증가하는 기간이다.
• 염해의 한계기는 부식량의 증가에 따른 내하력의 저하가 현저한 기간이다.

정답 60. ③ 61. ④ 62. ① 63. ① 64. ① 65. ②

66 콘크리트 구조물의 성능을 저하시키는 화학적 부식에 대한 설명 중 옳지 않은 것은?

① 일반적으로 산은 다소 정도의 차이는 있으나 시멘트 수화물 및 수산화칼슘을 분해하여 침식한다. 침식의 정도는 유기산이 무기산보다 심하다.
② 콘크리트는 그 자체가 강알칼리이며, 알칼리에 대한 저항력은 상당히 크다. 그러나 매우 높은 농도의 NaOH에는 침식된다.
③ 염류에 의한 화학적 부식의 대표적인 것은 황산염에 의한 화학적 부식이다. 황산염에 의한 시멘트 콘크리트의 열화기구는 일반적인 황산염, 황산마그네슘 및 해수에 의한 작용으로 분류할 수 있다.
④ 콘크리트가 외부로부터의 화학작용을 받아 그 결과 시멘트 경화체를 구성하는 수화생성물이 변질 또는 분해하여 결합 능력을 잃는 열화현상을 총칭하여 화학적 부식이라 한다.

해설 콘크리트의 침식작용은 농도가 일정한 경우에는 무기산은 유기산보다 심하다.

67 알칼리 골재반응은 콘크리트 내부에 국부적인 팽창압력을 발생시켜 구조물에 균열을 발생시킬 수 있다. 이러한 알칼리 골재반응의 대부분을 차지하는 반응은 다음 중 어느 것인가?

① 알칼리-탄산염 반응(alkali-carbonate rock reaction)
② 알칼리-실리카 반응(alkali-silica reaction)
③ 알칼리-실리케이트 반응(alkali-silicate reaction)
④ 알칼리-황산염 반응

해설
• 알칼리-실리케이트 반응
  암석 중의 층상구조가 알칼리와 수분의 존재하에 팽창하여 발생한다.
• 알칼리 탄산염 반응
  겔의 형성을 볼 수 없다.

68 직접설계법에 의한 슬래브 설계에서 전체 정적 계수 휨모멘트 M_o =320kN · m로 계산되었을 때, 내부 경간의 부계수 휨모멘트는 얼마인가?

① 208 kN · m
② 195 kN · m
③ 182 kN · m
④ 169 kN · m

해설
- $(-)\ 0.65M_o = 0.65 \times 320 = 208\text{kN} \cdot \text{m}$
- 정계수 휨모멘트 $= 0.35M_o$

69 탄산화 속도에 영향을 미치는 요인에 대한 일반적인 설명으로 틀린 것은?

① 밀도가 작은 골재를 사용한 콘크리트는 중성화가 빨라진다.
② 조강 포틀랜드 시멘트를 사용한 콘크리트는 보통 포틀랜드 시멘트를 사용한 콘크리트에 비해 중성화가 느리다.
③ 경량골재 콘크리트는 보통 중량골재 콘크리트보다 중성화가 빠르다.
④ 옥내는 옥외의 경우보다 중성화가 늦다.

해설
- 옥내는 옥외의 경우보다 중성화가 빠르다.
- 중성화 속도는 물-결합재비가 클수록 빨라진다.
- 온도가 높은 쪽이 온도가 낮은 쪽보다 중성화 진행이 빠르다.
- 수중의 콘크리트보다 습윤의 영향을 받는 콘크리트가 중성화 진행이 빠르다.

70 단면 증설 공법에 의한 구조물 보강 후 평가 방법으로 가장 적합한 것은?

① 누수진단
② 기포조사
③ 재하시험
④ 육안조사

해설 재하시험을 통해 구조물의 시공 평가를 할 수 있다.

71 보강에 사용되는 유리섬유에 대한 설명으로 틀린 것은?

① 탄소섬유와 비교하면 밀도가 크다.
② 높은 온도에 견디며 불에 타지 않는다.
③ 흡수성이 없고 전기 절연성이 크다.
④ 유리섬유의 인장강도는 강섬유 인장강도의 1/2정도이다.

해설
- 강섬유 인장강도 : 400~2,000MPa
- 유리섬유 인장강도 : 2,550~3,570MPa

정답 66.① 67.② 68.① 69.④ 70.③ 71.④

72 옹벽의 안정에 대한 설명으로 틀린 것은?

① 전도에 대한 저항휨모멘트는 횡토압에 의한 전도모멘트의 1.5배 이상이어야 한다.
② 활동에 대한 저항력은 옹벽에 작용하는 수평력의 1.5배 이상이어야 한다.
③ 전도 및 지반지지력에 대한 안정조건은 만족하지만, 활동에 대한 안정조건만을 만족하지 못할 경우에는 활동 방지벽 혹은 횡방향 앵커 등을 설치하여 활동저항력을 증대시킬 수 있다.
④ 지반에 유발되는 최대 지반반력이 지반의 허용지지력을 초과하지 않아야 한다.

해설 전도에 대한 저항 휨모멘트는 횡토압에 의한 전도모멘트의 2배 이상이어야 한다.

73 알칼리-실리카 반응의 가능성을 예상하기 위해 콘크리트 중 알칼리량을 측정하는 시험방법에 속하지 않는 것은?

① 암석학적 시험법
② 화학법
③ 모르타르바 방법
④ 초음파법

해설 초음파법은 콘크리트 강도를 추정할 수 있다.

74 포스트텐션 공법에 의한 프리스트레스트 콘크리트 부재의 제작 과정으로 옳은 것은?

┌─────────────────────────────────────┐
│ ㉠ 거푸집의 조립과 쉬스의 배치   ㉡ 프리스트레스 도입 │
│ ㉢ 콘크리트 치기   ㉣ 그라우팅   │
└─────────────────────────────────────┘

① ㉠ → ㉡ → ㉢ → ㉣
② ㉠ → ㉢ → ㉡ → ㉣
③ ㉠ → ㉣ → ㉡ → ㉢
④ ㉠ → ㉡ → ㉣ → ㉢

해설 거푸집의 조립과 쉬스의 배치, 콘크리트 치기, 프리스트레스 도입, 그라우팅 순서로 콘크리트 부재를 제작한다.

75 철근 콘크리트 부재의 강도설계법 개념에 대한 설명으로 옳지 않은 것은?

① 콘크리트의 응력은 중립축으로부터 떨어진 거리에 비례한다.

② 철근의 응력이 설계기준 항복강도 f_y 이하일 때 철근의 응력은 그 변형률에 E_s를 곱한 값으로 한다.
③ 콘크리트 압축응력의 분포와 콘크리트 변형률 사이의 관계는 직사각형, 사다리꼴, 포물선 또는 기타 어떤 형상으로도 가정할 수 있다.
④ 콘크리트의 인장강도는 KDS 14 20 60의 규정에 해당하는 경우를 제외하고는 철근 콘크리트 부재 단면의 압축강도와 휨강도 계산에서 무시할 수 있다.

해설
- 철근 및 콘크리트의 변형률은 중립축으로부터의 거리에 비례한다.
- 압축측 연단에서의 콘크리트의 최대 변형률은 $f_{ck} \leq 40\,\text{MPa}$일 경우 0.0033으로 가정한다.

76 강도설계법에서 강도감소계수에 대한 설명으로 틀린 것은?

① 포스트텐션 정착구역에 사용하는 강도감소계수는 0.85이다.
② 나선철근 부재는 띠철근 기둥보다 더 큰 강도감소계수를 적용한다.
③ 압축지배단면의 강도감소계수는 인장지배단면의 강도감소계수보다 더 큰 값을 적용한다.
④ 스트럿–타이 모델에서 절점부에 적용하는 강도감소계수는 전단에 사용된 값과 동일한 값을 사용한다.

해설 압축지배단면의 강도감소계수(0.65)는 인장지배단면의 강도감소계수(0.85)보다 더 작은 값을 적용한다.

77 콘크리트 자체의 변형으로 인해 생기는 수축균열의 원인에 속하지 않는 것은?

① 건조수축
② 수화열 발생
③ 염화물 침투
④ 외부의 기온 변화

해설
- 수축균열은 온도에 의한 체적변화, 급격한 건조, 수화열의 변동으로 인해 발생한다.
- 구속된 건조수축에서 발생되는 인장응력이 인장강도 보다 큰 경우에 균열이 발생한다.

78 강교에서 피로균열의 진전을 일시적으로 방지하고 선단부의 국부적인 응력집중을 해소하기 위한 보수공법은?

① pull-out 공법
② stop-hole 공법
③ 에폭시 주입 공법
④ 탄소섬유 시트 공법

[정답] 72.① 73.④ 74.② 75.① 76.③ 77.③ 78.②

해설 Stop-Hole 공법
피로균열 선단에 구멍(stop-hole)을 설치하여 선단부의 국부적인 응력집중 해소하여 균열의 진행을 일시적으로 방지한다.

79 상재하중 $q=45\text{kN/m}$이 작용하고 있는 높이 4.0m인 역T형 옹벽에 작용하는 수평력의 합은? (단, 흙의 단위중량 $\gamma=18\text{kN/m}^3$, 흙의 주동토압계수 $C_a=0.3$이며, 옹벽 길이 1m에 대하여 계산한다.)

① 43.2kN/m ② 54.0kN/m
③ 88.2kN/m ④ 97.2kN/m

해설 $P_a = qHC_a + \dfrac{1}{2}\gamma H^2 C_a = 45 \times 4 \times 0.3 + \dfrac{1}{2} \times 18 \times 4^2 \times 0.3 = 97.2\text{kN/m}$

80 콘크리트의 설계기준 압축강도 $f_{ck}=24\text{MPa}$인 콘크리트로 된 기둥이 20MPa의 응력을 장기하중으로 받을 때, 기둥은 크리프로 인하여 그 길이가 얼마나 줄어들겠는가? (단, 콘크리트는 보통 중량골재를 사용했으며, 기둥 길이는 8m, 크리프 계수는 2이고, 철근의 영향은 무시한다.)

① 11.3mm ② 11.8mm
③ 12.3mm ④ 12.8mm

해설
- 콘크리트 탄성계수
  $E_c = 8500\sqrt[3]{f_{cm}} = 8500\sqrt[3]{(24+4)} = 25811\text{MPa}$
  여기서, $f_{cm} = f_{ck} + \Delta f$ Δf는 f_{ck}가 40MPa 이하이므로 4MPa이다.
- 탄성 변형률
  $\varepsilon_e = \dfrac{f_c}{E_c} = \dfrac{20}{25811} = 0.00077$
- 크리프 변형률
  $\varepsilon_c = \phi\,\varepsilon_e = 2 \times 0.00077 = 0.00154$
- 변형량
  $\Delta l = \varepsilon_c\, l = 0.00154 \times 8000 = 12.3\text{mm}$

정답 79.④ 80.③

1과목 콘크리트 재료 및 배합

01 골재의 절대용적이 780L인 콘크리트에 잔골재율이 39%이고, 잔골재의 표건밀도가 2.62g/cm³이면, 단위 잔골재량은 얼마인가?

① 204 kg/m³
② 304 kg/m³
③ 597 kg/m³
④ 797 kg/m³

해설 단위 잔골재량 $= 0.78 \times 2.62 \times 0.39 \times 1000 = 797 kg/m^3$

02 잔골재의 콘크리트 사용에 있어 현장배합으로 환산하는 데 필요한 시험 방법은 무엇인가?

① 잔골재 표면수 측정시험
② 잔골재 밀도시험
③ 골재의 단위용적질량시험
④ 모래의 유기불순물 시험

해설 시방배합을 현장배합으로 수정할 경우에는 골재의 표면수 시험 및 입도 시험을 한다.

03 AE제의 사용 목적 및 효과에 대한 설명으로 틀린 것은?

① AE제를 사용하면 일반적으로 콘크리트의 동결융해 저항성이 개선된다.
② AE제로 연행된 공기에 의한 볼베어링 효과로 작업성이 개선된다.
③ 공기량이 증가할수록 강도가 저하하기 때문에 공기량은 약 3~6% 정도의 범위가 되도록 하는 것이 좋다.
④ 혼화재로서 플라이 애시를 함께 사용하면 공기 연행 효과를 높일 수 있다.

해설 플라이 애시는 함유 탄소분의 일부가 AE제를 흡착하는 성질을 가지고 있어 소요의 공기량을 얻기 위해서는 AE제 양이 상당히 많이 요구되는 경우가 있으므로 주의해야 한다.

정답 01. ④ 02. ① 03. ④

04 일반 콘크리트의 배합에 관한 설명으로 틀린 것은?

① 콘크리트의 수밀성을 기준으로 물-결합재비를 정할 경우, 그 값은 50%이하로 하여야 한다.
② 무근 콘크리트에서 일반적인 경우 슬럼프 값의 표준은 50~150mm이다.
③ 일반적인 구조물에서 굵은골재의 최대치수는 20mm 또는 25mm를 표준으로 한다.
④ 제빙화학제가 사용되는 콘크리트의 물-결합재비는 55% 이하로 하여야 한다.

해설
- 제빙화학제가 사용되는 콘크리트의 물-결합재비는 45% 이하로 한다.
- 콘크리트의 탄산화 저항성을 고려하여야 하는 경우 물-결합재비는 55% 이하로 한다.

05 다음 표는 잔골재의 밀도 시험 결과 중의 일부이다. 이 잔골재의 표면건조 포화상태의 밀도는? (단, 시험온도에서의 물의 밀도는 1g/cm^3이다.)

잔골재의 밀도 시험		
측정 번호	1	2
빈 플라스크의 질량(g)	213.0	213.0
(플라스크+물)의 질량(g)	711.4	712.2
표건 시료의 질량(g)	500.5	500.0
(플라스크+물+시료)의 질량(g)	1020.2	1020.8

① 2.61 g/cm^3
② 2.63 g/cm^3
③ 2.65 g/cm^3
④ 2.67 g/cm^3

해설
- 1회 표건밀도
$$\frac{m}{B+m-C} \times \rho_w = \frac{500.5}{711.4+500.5-1020.2} \times 1 = 2.611 \text{g/cm}^3$$
- 2회 표건밀도
$$\frac{m}{B+m-C} \times \rho_w = \frac{500}{712.2+500-1020.8} \times 1 = 2.612 \text{g/cm}^3$$
∴ 평균 표건밀도 $= \frac{2.611+2.612}{2} = 2.61 \text{g/cm}^3$

06 시멘트를 구성하는 주요 광물 중 초기강도에 가장 영향을 많이 주는 광물은?

① $3CaO \cdot SiO_2(C_3S)$
② $2CaO \cdot SiO_2(C_2S)$
③ $4CaO \cdot Al_2O_3 \cdot Fe_2O_3(C_4AF)$
④ $3CaO \cdot Al_2O_3(C_3A)$

해설 규산삼석회(C_3S)는 강도가 빨리 나타나고 중용열 포틀랜드 시멘트에서는 이 양을 50% 이하로 제한하고 있다.

07 콘크리트 표준시방서에 의한 다음 조건에서의 배합강도(MPa)로 가장 적합한 것은? (단, f_{cq} = 27MPa, 30회 이상 압축강도 시험에 의한 표준편차 S = 2.7MPa이다.)

① 28.0   ② 29.0
③ 30.0   ④ 31.0

해설
- $f_{cr} = f_{cq} + 1.34S = 27 + 1.34 \times 2.7 = 30.6$ MPa
- $f_{cr} = (f_{cq} - 3.5) + 2.33S = (27 - 3.5) + 2.33 \times 2.7 = 29.8$ MPa
∴ 두 값 중 큰 값으로 약 31MPa이다.

08 포틀랜드 시멘트의 물리적 특성에 대한 설명으로 옳지 않은 것은?

① 보통 포틀랜드 시멘트의 분말도는 $2800cm^2/g$ 이상이어야 한다.
② 분말도가 적을수록 수화작용이 빠르고 조기강도 발현이 커진다.
③ 풍화된 시멘트를 사용하면 응결 및 경화속도가 늦어진다.
④ MgO, SO_3 성분이 과도한 경우 팽창이 발생하기 쉽다.

해설
- 분말도가 클수록 수화작용이 빠르고 조기강도 발현이 커진다.
- 풍화된 시멘트는 비중이 감소하며 강열감량이 증가한다.
- 분말도가 큰 시멘트는 풍화되기 쉽다.
- 저열 포틀랜드 시멘트에서는 수화열을 억제하기 위하여 최저 C_2S량을 규정하고 있다.

09 콘크리트용 혼화재료로 사용되는 고로슬래그 미분말의 활성도 지수에 대한 다음 설명 중 적당하지 않은 것은?

① 기준 모르타르의 압축강도에 대한 시험 모르타르의 압축강도비를 백분율로 표시한 것을 활성도 지수라 한다.
② 활성도 지수는 재령 7일, 28일 및 91일에 측정한다.
③ 시험 모르타르 제작 시 시멘트와 고로슬래그 미분말의 혼합비는 1:1이다.
④ 고로슬래그 미분말 3종에 대한 재령 28일의 활성도 지수는 50% 이상이다.

[정답] 04.④ 05.① 06.① 07.④ 08.② 09.④

해설 고로슬래그 미분말 3종에 대한 재령 28일의 활성도 지수는 75% 이상이며 1종은 105% 이상, 2종은 95% 이상이다.

10 콘크리트용 화학 혼화제에 대한 일반적 성질의 설명으로 틀린 것은?

① 부배합인 경우가 빈배합인 경우보다 AE제에 의한 워커빌리티 개선효과가 크게 나타난다.
② 감수제는 콘크리트 제조시 단위수량을 감소시키는 효과를 나타내어 압축강도를 증가시킨다.
③ AE제에 의한 연행 공기량은 4~7% 정도가 표준이다.
④ 응결촉진제로서 염화칼슘 또는 염화칼슘을 포함한 감수제가 사용된다.

해설
- 빈배합인 경우가 부배합인 경우보다 AE제에 의한 워커빌리티 개선효과가 크게 나타난다.
- 공기연행제(AE제)는 미세한 기포를 다수 연행하여 콘크리트의 워커빌리티를 개선하는 효과가 있다.
- 공기연행 감수제(AE 감수제)는 시멘트 분산작용 이외에 공기연행 작용을 함께 가지고 있어 콘크리트의 동결융해 저항성을 높여주는 효과가 있다.

11 콘크리트용 혼화재료로서 플라이 애시의 품질을 시험하기 위한 시료의 채취 및 조제에 대한 내용으로 잘못된 것은?

① 시료의 수량 및 채취방법은 인도·인수 당사자 사이의 협정에 따른다.
② 시험용 시료는 시험하기 전에 시험실 안에 넣어 실온과 같아지도록 한다.
③ 채취한 시료는 850μm 표준망체로 이물질을 제거한다.
④ 조제된 시료는 시험 시까지 시험실과 비슷한 습도가 되도록 시험실의 대기 중에서 보관한다.

해설 제조된 시료는 시험실 대기 중에 보관해서는 안 된다.

12 콘크리트에 사용하는 혼합수로서 상수돗물 이외의 물에 대한 품질 항목 중 용해성 증발잔류물의 양은 몇 g/L 이하이어야 하는가?

① 1g/L
② 2g/L
③ 3g/L
④ 4g/L

해설
- 용해성 증발 잔류물의 양 : 1g/L 이하
- 현탁 물질의 양 : 2g/L 이하

13 다음 중 온도균열지수에 대한 설명으로 옳지 않은 것은?
① 온도균열지수는 그 값이 클수록 균열이 발생하기 어렵고 값이 작을수록 균열이 발생하기 쉽다.
② 온도균열지수는 재령 t에서의 콘크리트 인장강도와 수화열에 의한 온도응력의 비로서 구한다.
③ 철근이 배치된 일반적인 구조물에서 균열 발생을 방지하여야 할 경우 표준적인 온도균열지수는 1.5 이상이어야 한다.
④ 철근이 배치된 일반적인 구조물에서 유해한 균열 발생을 제한 할 경우 표준적인 온도균열지수는 1.7~2.2로 하여야 한다.

해설
- 유해한 균열 발생을 제한할 경우 온도균열지수 : 0.7~1.2
- 균열 발생을 제한 할 경우 온도균열지수 : 1.2~1.5

14 제빙화학제에 노출된 콘크리트에서 플라이 애시, 고로 슬래그 미분말 또는 실리카 퓸을 시멘트 재료의 일부로 치환하여 사용하는 경우, 이들 혼화재의 사용량에 대한 설명으로 틀린 것은? (단, 혼화재의 사용량은 시멘트와 혼화재 전체에 대한 혼화재의 질량 백분율로 나타낸다.)
① 혼화재로서 실리카 퓸을 사용하는 경우 그 사용량은 10%를 초과하지 않도록 하여야 한다.
② 혼화재로서 플라이 애시 또는 기타 포졸란을 사용하는 경우 그 사용량은 25%를 초과하지 않도록 하여야 한다.
③ 혼화재로서 고로 슬래그 미분말을 사용하는 경우 그 사용량은 30%를 초과하지 않도록 하여야 한다.
④ 혼화재로서 플라이 애시 또는 기타 포졸란과 실리카 퓸을 합하여 사용하는 경우 그 사용량은 35%를 초과하지 않도록 하여야 한다.

해설 혼화재로서 고로 슬래그 미분말을 사용하는 경우 그 사용량은 50%를 초과하지 않도록 하여야 한다.

15 콘크리트용 굵은 골재로 적합하지 않은 것은?
① 마모율이 38%인 골재
② 안정성이 10%인 골재
③ 흡수율이 3.4%인 골재
④ 절대건조밀도가 2700kg/m³인 골재

[정답] 10. ① 11. ④ 12. ① 13. ④ 14. ③ 15. ③

03회 CBT 모의고사

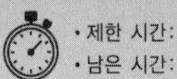

> [해설]
> - 흡수율 : 3% 이하
> - 마모율 : 40% 이하
> - 안정성 : 12% 이하
> - 절대건조밀도 : 2500kg/m³ 이상

16 염화물 침투에 따른 철근 부식으로 발생하는 균열을 억제하기 위한 방법으로 틀린 것은?

① 밀실한 콘크리트를 사용한다.
② 저알칼리 시멘트를 사용한다.
③ 에폭시 수지 도포 철근을 사용한다.
④ 염화물의 침투가 예상되는 구조물에는 피복두께를 크게 한다.

> [해설] 알칼리 골재반응의 억제를 위해 저알칼리 시멘트를 사용한다.

17 KS L 5201에 규정된 포틀랜드 시멘트의 종류가 아닌 것은?

① 조적용 줄눈 시멘트
② 보통 포틀랜드 시멘트
③ 조강 포틀랜드 시멘트
④ 내황산염 포틀랜드 시멘트

> [해설] 포틀랜드 시멘트 종류(KS L 5201)
> 보통 포틀랜드 시멘트, 중용열 포틀랜드 시멘트, 조강 포틀랜드 시멘트, 저열 포틀랜드 시멘트, 내황산염 포틀랜드 시멘트

18 해양 콘크리트 중 물보라 지역에 위치하고 굵은 골재 최대치수가 25mm인 경우 내구성으로 정해지는 최소 단위 결합재량은?

① 280kg/m³ ② 300kg/m³
③ 330kg/m³ ④ 350kg/m³

> [해설]
> - 20mm인 경우 : 340kg/m³
> - 40mm인 경우 : 300kg/m³

19 알칼리 골재반응에 관한 설명으로 옳지 않은 것은?

① 플라이 애시나 고로 슬래그 미분말을 혼화재로 사용하면 억제 효과가 있다.

② 이 반응이 진행되면 콘크리트가 팽창하여 표면에 거북등과 같은 균열이 발생한다.
③ 시멘트에 함유되어 있는 알칼리 금속 중 나트륨(Na_2O)이나 칼륨(K_2O) 등이 주된 반응이온이다.
④ 알칼리와 반응하는 광물의 종류에 따라 알칼리 실리카반응, 알칼리 탄산염반응, 알칼리 실란트 반응으로 대별된다.

해설 알칼리와 반응하는 광물의 종류에 따라 알칼리 실리카반응, 알칼리 탄산염반응, 알칼리 실리케이트 반응으로 대별된다.

20 시멘트의 강도시험(KS L ISO 679)에 대한 설명으로 틀린 것은?
① 압축강도를 먼저 측정한 후 파단된 시험체를 사용하여 휨 강도 시험을 실시한다.
② 40mm×40mm×160mm인 각주형 공시체를 사용하여 압축강도 및 휨 강도를 측정한다.
③ 휨 강도시험은 시험체가 파괴에 이를 때까지 50N/s±10N/s의 속도로 시험체에 하중을 가한다.
④ 압축강도 시험의 결과를 구할 때 6개의 측정값 중에서 1개의 결과가 6개의 평균값보다 ±10% 이상 벗어나는 경우에는 이 결과를 버리고 나머지 5개의 평균으로 계산한다.

해설
• 휨 강도를 측정한 후 깨어진 시편으로 압축강도 시험을 한다.
• 휨 강도(N/mm²) $R_f = \dfrac{1.5 F_f\, l}{b^3}$

여기서, F_f : 파괴시에 각주의 중앙에 가한 하중(N)
l : 지지물 사이의 거리(mm)
b : 각 기둥의 직각을 이루는 절개면의 변(mm)

• 압축강도 시험기는 2400N/s±200N/s의 재하가 가능한 것으로 한다.

2과목 콘크리트 제조, 시험 및 품질관리

21 콘크리트의 품질관리에서 관리특성으로 이용되지 않는 것은?
① 콘크리트의 슬럼프시험
② 콘크리트의 강도시험
③ 골재의 입도시험
④ 침입도시험

해설 침입도는 아스팔트 시험 종류이다.

정답 16. ② 17. ① 18. ③ 19. ④ 20. ① 21. ④

22. 아래 표는 콘크리트 시료의 산-가용성 염소이온 함유량 시험결과를 정리한 것이다. 콘크리트 중에 함유된 염소이온량을 구하면?

질산은 용액의 농도	바탕 적정에 사용된 질산은 용액의 부피	적정시험에 사용된 질산은 용액의 부피	콘크리트 시료의 질량	콘크리트의 단위용적 질량
0.05N	1.4mL	10.2mL	10.5g	2263kg/m³

① 0.15 kg/m³   ② 1.08 kg/m³
③ 2.18 kg/m³   ④ 3.37 kg/m³

해설
- 콘크리트의 질량에 대한 염화물량(%)

$$Cl^-(\%) = \frac{3.545[(V_1 - V_2)N]}{W} = \frac{3.545[(10.2 - 1.4) \times 0.05]}{10.5} = 0.149\%$$

- 콘크리트 중에 함유된 염소 이온량(kg/m³)

염화물량 $\times \dfrac{U}{100} = 0.149 \times \dfrac{2263}{100} = 3.37 \text{kg/m}^3$

보충
- 시멘트 질량에 대한 염화물량(%)

염화물량 $\times \dfrac{100}{P}$ 여기서, P : 모르타르나 콘크리트 중의 시멘트 질량비(%)

23. 다음 표는 레디믹스트 콘크리트 운반차에 대한 규정이다. ( ) 안에 적합한 것은?

> 콘크리트 운반차는 트럭믹서나 트럭애지테이터를 사용한다. 운반차는 혼합한 콘크리트를 충분히 균일하게 유지하여 재료 분리를 일으키지 않고 쉽고도 완전하게 배출할 수 있는 것이어야 하며 콘크리트의 1/4과 3/4의 부분에서 각각 시료를 채취하여 슬럼프 시험을 하였을 경우 양쪽의 슬럼프 차가 ( ) 이내가 되어야 한다.

① 20mm   ② 25mm
③ 30mm   ④ 35mm

해설 트럭믹서나 트럭에지테이터를 사용할 경우 콘크리트는 비비기를 시작하여 1.5시간 이내에 공사지점에서 배출할 수 있도록 운반하여야 한다.

24 KS F 2730에 규정되어 있는 콘크리트 압축강도 추정을 위한 반발경도 시험에서 반발경도에 영향을 미치는 요인에 대한 설명으로 옳은 것은?

① 0℃ 이하의 온도에서 콘크리트는 정상보다 높은 반발경도를 나타낸다. 이러한 경우는 콘크리트 내부가 완전히 융해된 후에 시험해야 한다.
② 탄산화의 효과는 콘크리트의 반발경도를 감소시킨다. 따라서 재령 보정계수를 사용하여 탄산화로 인한 반발경도의 변화를 보상할 수 있다.
③ 콘크리트는 함수율이 증가함에 따라 강도가 증가하므로 표면에 충분한 수분을 가한 상태에서 시험을 실시해야 한다.
④ 서로 다른 종류의 테스트 해머를 이용할 경우 시험값은 ±1~5 정도의 차이를 나타내므로 여러 종류의 테스트 해머를 사용하여 평균값으로서 압축강도를 추정한다.

해설
- 탄산화의 효과는 콘크리트의 반발경도를 증가시킨다. 따라서 재령 보정계수에 의해 탄산화로 인한 반발경도의 변화를 보상할 수 있으나 탄산화가 특별히 과대한 경우는 탄산화된 부분을 연마 제거하고 굵은골재를 피해 시험한다.
- 콘크리트는 함수율이 증가함에 따라 강도가 저하되고 반발경도도 저하되므로 표면이 젖어 있지 않은 상태에서 시험을 해야 한다. 단, 테스트 해머 제조사가 제시하는 보정 절차를 따를 수 있다.
- 서로 다른 종류의 테스트 해머를 이용할 경우 시험값은 ±1~±3 정도의 차이를 나타내므로 동일한 테스트 해머를 사용하여야 한다.
- 타격 방향에 따라서는 수평타격 시험값이 가장 안정된 값을 나타내기 때문에 수평타격을 원칙으로 하며 수평타격 이외의 경우에는 장치의 특성에 맞는 보정이 필요하다.
- 반발경도 시험시에는 큰 진동과 시험 대상 콘크리트의 움직임이 없어야 한다.
- 테스트 해머는 1년에 한 번 이상 점검해야 한다.

25 알칼리-골재반응에 대한 설명으로 틀린 것은?

① 알칼리-실리카반응을 일으키기 쉬운 광물은 오팔, 트리디마이트, 옥수 등이다.
② 반응성 골재를 사용할 경우 전 알칼리량 0.6% 이하인 저알칼리형 시멘트를 사용한다.
③ 플라이 애시, 고로 슬래그 미분말 등은 실리카질이 많기 때문에 알칼리 골재반응을 촉진한다.
④ 골재의 알칼리 잠재반응 시험은 모르타르 봉 방법으로 평가한다.

해설 플라이 애시, 고로 슬래그 미분말, 실리카 퓸 등의 포졸란을 사용하면 알칼리 골재반응은 억제된다.

[정답] 22. ④ 23. ③ 24. ① 25. ③

03회 CBT 모의고사

26. 콘크리트의 압축강도 시험용 공시체 제작에 대한 설명으로 틀린 것은?
① 공시체는 지름의 2배의 높이를 가진 원기둥형으로 하며, 그 지름은 굵은골재의 최대치수의 3배 이상, 100mm 이상으로 한다.
② 콘크리트를 몰드에 채울 때 2층 이상으로 거의 동일한 두께로 나눠서 채우며, 각 층의 두께는 160mm를 초과해서는 안 된다.
③ 다짐봉을 사용하여 콘크리트를 다져 넣을 때 각 층은 적어도 $700mm^2$에 1회의 비율로 다지도록 하고 다짐봉이 바로 아래층에 20mm 정도 들어가도록 다진다.
④ 캐핑용 재료를 사용하여 공시체의 캐핑을 할 때 캐핑층의 두께는 공시체 지름의 2%를 넘어서는 안 된다.

해설 다짐봉을 사용하여 콘크리트를 다져 넣을 때 각 층은 적어도 $1,000mm^2$에 1회의 비율로 다지도록 하고 바로 아래층까지 다짐봉이 닿도록 한다.

27. 콘크리트의 블리딩에 관한 설명으로 틀린 것은?
① 일종의 재료분리 현상이다.
② 잔골재의 조립률이 클수록 블리딩이 작아진다.
③ 단위수량이 큰 배합일수록 블리딩이 많아진다.
④ 공기연행제를 사용하면 단위수량을 감소시켜서 블리딩을 줄일 수 있다.

해설
• 잔골재의 조립률이 클수록 블리딩이 커진다.
• 조립률이 크면 골재는 거칠며 굵은모래로 구성되어 있다.
• 시멘트의 분말도가 클수록 블리딩은 작아진다.
• 시멘트 응결시간이 길수록 블리딩은 증가한다.
• 골재의 최대치수가 클수록 블리딩이 적게 된다.

28. 콘크리트의 비비기에 대한 설명으로 틀린 것은?
① 시험을 실시하지 않은 경우 강제식 믹서의 비비기 시간은 1분 이상을 표준으로 한다.
② 시험을 실시하지 않은 경우 가경식 믹서의 비비기 시간은 1분 30초 이상을 표준으로 한다.
③ 비비기는 미리 정해둔 비비기 시간의 2배 이상 계속하지 않아야 한다.

④ 연속믹서를 사용할 경우, 비비기 시작 후 최초에 배출되는 콘크리트는 사용하지 않아야 한다.

- 비비기는 미리 정해둔 비비기 시간의 3배 이상 계속하지 않아야 한다.
- 콘크리트를 너무 오래 비비면 굵은골재가 파쇄되는 등의 이유로 오히려 콘크리트에 나쁜 영향을 주게 된다.
- 강제혼합식 믹서 중 바닥의 배출구를 완전히 폐쇄시킬 수 없는 경우에는 물을 다른 재료보다 조금 늦게 넣는 것이 좋다.

29 150×150×530mm의 공시체를 4점 재하장치에 의해 휨강도 시험을 한 결과 최대하중 27kN에서 지간의 가운데 부분에서 파괴가 일어났다. 이때 휨강도는 얼마인가? (단, 지간은 450mm이다.)

① 4.4MPa
② 4.0MPa
③ 3.6MPa
④ 3.1MPa

휨강도 $= \dfrac{Pl}{bd^2} = \dfrac{27000 \times 450}{150 \times 150^2} = 3.6 \text{N/mm}^2 = 3.6 \text{MPa}$

30 콘크리트의 길이 변화 시험(KS F 2424)에 대한 설명으로 옳지 않은 것은?

① 공시체의 측면 길이 변화를 측정하는 방법으로 다이얼 게이지 방법이 사용된다.
② 콤퍼레이터 방법의 시험에는 표선용 젖빛유리, 각선기, 측정기 등의 기구가 사용된다.
③ 콘크리트 히험편의 길이 변화 측정 방법에는 콤퍼레이터 방법, 콘택트 게이지 방법 또는 다이얼 게이지 방법이 있다.
④ 시험편의 치수는 콘크리트의 경우 너비는 높이와 같게 하되, 굵은 골재의 최대치수의 3배 이상이며, 길이는 너비 또는 높이의 3.5배 이상으로 한다.

- 공시체의 측면 길이 변화를 측정하는 방법으로 콤퍼레이터 방법, 콘택트 게이지 방법이 사용된다.
- 공시체 중심축의 길이 변화를 측정하는 방법으로 다이얼 게이지 방법이 사용된다.

31 보통 콘크리트와 비교할 때 AE 콘크리트의 특성이 아닌 것은?

① 워커빌리티(workability)의 증가
② 동결 융해에 대한 저항성 증가
③ 단위수량 감소
④ 잔골재율 증가

정답 26. ③ 27. ②
     28. ③ 29. ③
     30. ① 31. ④

해설
- 콘크리트의 블리딩이 감소되며 수밀성이 증대된다.
- 입형이나 입도가 불량한 골재를 사용할 경우에 공기 연행의 효과가 크다.
- 일반적으로 빈배합의 콘크리트일수록 공기연행에 의한 워커빌리티의 개선 효과가 크다.
- 단위 시멘트량 및 컨시스턴시가 일정한 경우 공기량 1%의 증가에 대하여 물-결합재 비는 2~4% 정도 감소한다.

32 콘크리트 균열에 대한 검토 사항 중 옳지 않은 것은?

① 미관이 중요한 구조라 해도 미관상의 허용 균열폭이 없기 때문에 균열 검토를 하지 않는다.
② 콘크리트에 발생되는 균열이 구조물의 기능, 내구성 및 미관 등의 사용 목적에 손상을 주는가에 대하여 적절한 방법으로 검토해야 한다.
③ 균열 제어를 위한 철근은 필요로 하는 부재 단면의 주변에 분산시켜 배치하여야 하고, 이 경우 철근의 지름과 간격을 가능한 한 작게 하여야 한다.
④ 내구성에 대한 균열의 검토는 콘크리트 표면의 균열 폭을 환경조건, 피복두께, 공용기간으로부터 정해지는 강재부식에 대한 균열 폭 이하로 제어하는 것을 원칙으로 한다.

해설
- 미관이 중요한 구조는 미관상의 허용 균열 폭을 설정하여 균열을 검토할 수 있다.
- 특별히 수밀성이 요구되는 구조는 적절한 방법으로 균열에 대한 검토를 하여야 한다.

33 KCS 14 20 10에 따른 콘크리트용 재료의 계량에 대한 설명으로 옳은 것은?

① 혼화제의 1회 계량 허용오차는 ±3%이다.
② 시멘트의 1회 계량 허용오차는 -2%, +1%이다.
③ 골재의 1회 계량 허용오차는 ±2%이다.
④ 물의 1회 계량 허용오차는 ±2%이다.

해설
- 시멘트의 1회 계량 허용오차는 -1%, +2%이다.
- 골재의 1회 계량 허용오차는 ±3%이다.
- 물의 1회 계량 허용오차는 -2%, +1%이다.
- 혼화재의 1회 계량 허용오차는 ±2%이다.

34 콘크리트의 타설 시 생기는 재료분리 현상을 증가시키는 요인에 대한 설명으로 틀린 것은?

① 단위수량이 지나치게 많을 때
② 단위 시멘트량이 많을 때
③ 굵은 골재의 최대치수가 지나치게 클 때
④ 콘크리트의 슬럼프 값이 클 때

해설 입자가 거친 잔골재를 사용하거나 단위 골재량이 너무 많은 경우도 재료분리 현상을 증가시키는 요인이 된다.

35 콘크리트의 품질관리에 사용되는 관리도에 대한 설명으로 틀린 것은?

① $\bar{x}-R$ 관리도는 공정해석에 효과적이다.
② $\bar{x}$ 관리도는 품질의 평균치를 보기 위한 것이다.
③ R 관리도는 품질 폭의 변화를 보기 위한 것이다.
④ 계수값 관리도 중 일반적으로 사용되는 것은 x 관리도이다.

해설
- 계량값 관리도 중 일반적으로 사용되는 것은 x 관리도이다.
- $\bar{x}-R$ **관리도** : 평균값과 범위의 관리도
- $\bar{x}$ **관리도** : 측정값 자체의 관리도

36 굵은 골재의 단위용적 질량이 1.45kg/L, 절건밀도가 2.60kg/L일 때, 이 골재의 공극률은?

① 34.2% ② 44.2%
③ 54.2% ④ 64.2%

 공극률 $= (1 - \dfrac{w}{\rho}) \times 100 = (1 - \dfrac{1.45}{2.6}) \times 100 = 44.2\%$

37 콘크리트를 타설하기 위해 잔골재와 굵은 골재를 보관하던 중 전날 저녁에 비가 와서 부주위로 인하여 골재들이 비에 젖었다면 가장 적절한 조치 방법은?

① 잔골재와 굵은 골재를 말려서 제조한다.
② 잔골재와 굵은 골재의 현장 함수비 시험을 하여 시방배합을 현장배합으로 수정 설계하여 사용한다.
③ 잔골재와 굵은 골재가 비에 젖었기 때문에 사용하지 못하고 버린다.
④ 잔골재와 굵은 골재가 비에 젖었다고 해도 시방배합으로 제조하여 타설한다.

[정답] 32. ① 33. ① 34. ② 35. ④ 36. ② 37. ②

> **해설** 잔골재 및 굵은 골재의 표면수를 측정하여 시방배합을 현장배합으로 단위수량을 보정한다.

38 콘크리트용 재료의 계량에 대한 설명으로 틀린 것은?

① 계량은 시방배합에 의해 실시하는 것으로 한다.
② 연속믹서를 사용할 경우, 각 재료는 용적으로 계량한다.
③ 실용상으로 15~30분간의 흡수율을 골재 유효흡수율로 볼 수 있다.
④ 각 재료는 1배치씩 질량으로 계량하여야 하나, 물은 용적으로 계량한다.

> **해설**
> • 계량은 현장배합에 의해 실시하는 것으로 한다.
> • 1배치량은 콘크리트의 종류, 비비기 설비의 성능, 운반방법, 공사의 종류, 콘크리트의 타설량 등을 고려하여 정하여야 한다.

39 콘크리트의 블리딩 시험 방법(KS F 2414)에 대한 설명으로 틀린 것은?

① 시험 중에는 실온 (20±3)℃로 한다.
② 콘크리트를 채워 넣고 콘크리트의 표면이 용기의 가장자리에서 (30±3)mm 높아지도록 고른다.
③ 최초로 기록한 시각에서부터 60분 동안 10분마다, 콘크리트 표면에서 스며 나온 물을 빨아낸다.
④ 물을 쉽게 빨아내기 위하여 2분 전에 두께 약 50mm의 블록을 용기의 한쪽 밑에 주의깊게 괴어 용기를 기울이고, 물을 빨아낸 후 수평위치로 되돌린다.

> **해설** 콘크리트를 채워 넣고 콘크리트의 표면이 용기의 가장자리에서 (30±3)mm 낮아지도록 고른다.

40 안지름 25cm, 높이 28.5cm인 블리딩 용기로 콘크리트의 단위수량이 175kg/m³인 배합에 대하여 블리딩 시험을 한 결과, 최종까지 누계한 블리딩에 의한 물의 질량이 736g일 때 블리딩률은 약 얼마인가? (단, 콘크리트의 단위용적 질량은 2350kg/m³, 시료의 질량은 330kg이다.)

① 3.0% ② 3.5%
③ 4.0% ④ 4.5%

해설
- 시료 중의 물의 질량
$$W_s = \frac{W}{C} \times S = \frac{175}{2350} \times 330 = 24.57\,\text{kg}$$
- 블리딩률
$$B_r = \frac{B}{W_s} \times 100 = \frac{0.736}{24.57} \times 100 = 3.0\%$$

3과목 콘크리트의 시공

41 수중 콘크리트의 타설 공정에 대한 다음의 서술 중 옳지 않은 것은?

① 콘크리트는 밑열림상자나 밑열림포대를 사용하는 것을 원칙으로 한다.
② 콘크리트는 정수중에 타설하는 것을 원칙으로 한다.
③ 콘크리트는 수중에 낙하시켜서는 안 된다.
④ 콘크리트가 경화될 때까지 물의 유동을 방지해야 한다.

해설 수중 콘크리트는 트레미 및 콘크리트 펌프를 사용하는 것을 원칙으로 한다.

42 서중콘크리트의 양생방법으로 옳은 것은?

① 콘크리트 타설 후 콘크리트 표면이 건조하지 않도록 한다.
② 보온양생을 실시하여 국부적인 냉각을 방지한다.
③ 거푸집을 떼어낸 후의 양생기간 동안은 노출면을 습윤상태로 유지시키지 않아도 된다.
④ 콘크리트의 표면온도를 급격히 저하시킨다.

해설
- 타설 후 적어도 24시간은 노출면이 건조하는 일이 없도록 습윤상태로 유지한다.
- 양생은 적어도 5일 이상 실시한다.
- 거푸집을 떼어낸 후에도 양생기간 동안은 노출면을 습윤상태로 유지한다.

43 팽창콘크리트의 팽창률은 일반적으로 재령 몇 일의 시험치를 기준으로 하는가?

① 3일　② 7일
③ 28일　④ 90일

해설
- 콘크리트 팽창률은 콘크리트 팽창률 시험에 의하여 재령 7일에 대한 시험치를 기준으로 한다.
- 팽창 콘크리트 강도는 일반적으로 재령 28일 압축강도를 기준으로 한다.

[정답] 38.① 39.② 40.① 41.① 42.① 43.②

44 콘크리트 타설시 내부진동기의 사용방법에 대한 설명으로 틀린 것은?

① 진동다지기를 할 때에는 내부진동기를 하층의 콘크리트 속으로 0.1m 정도 찔러 넣는다.
② 내부진동기는 연직으로 찔러 넣으며, 삽입간격은 일반적으로 0.5m 이하로 하는 것이 좋다.
③ 1개소당 진동시간 30~40초로 한다.
④ 내부진동기는 콘크리트로부터 천천히 빼내어 구멍이 남지 않도록 한다.

해설
- 1개소당 진동시간은 5~15초로 한다.
- 1개소당 진동시간은 다짐할 때 시멘트 페이스트가 표면 상부로 약간 부상하기까지 한다.
- 내부진동기는 콘크리트를 횡방향으로 이동시킬 목적으로 사용하지 않아야 한다.

45 매스 콘크리트에 대한 설명 중 옳지 않은 것은?

① 온도균열방지 및 제어 방법으로 프리쿨링 및 파이프쿨링 방법 등이 이용되고 있다.
② 콘크리트의 온도상승을 감소시키기 위해 소요의 품질을 만족시키는 범위 내에서 단위 시멘트량이 적어지도록 배합을 선정하여야 한다.
③ 수축이음을 설치할 경우 계획된 위치에서 균열 발생을 확실히 유도하기 위해서 수축이음의 단면 감소율을 10% 이상으로 하여야 한다.
④ 매스 콘크리트로 다루어야 하는 구조물의 부재치수는 일반적인 표준으로서 넓이가 넓은 평판구조에서는 두께 0.8m 이상으로 한다.

해설 수축이음을 설치할 경우 계획된 위치에서 균열 발생을 확실히 유도하기 위해서 수축이음의 단면 감소율을 20~30% 이상으로 하여야 한다.

46 일반 콘크리트의 표면마무리에 대한 설명으로 옳지 않은 것은?

① 시공이음이 미리 정해져 있지 않을 경우에는 직선상의 이음이 얻어지도록 시공하여야 한다.
② 미리 정해진 구획의 콘크리트 타설은 연속해서 일괄작업으로

끝마쳐야 한다.
③ 콘크리트 면의 마무리 두께가 7mm 이상 또는 바탕의 영향을 많이 받지 않는 마무리의 경우 평탄성은 1m당 10mm 이하를 유지하여야 한다.
④ 제물치장 마무리 또는 마무리 두께가 얇은 경우에는 1m당 7mm 이하의 평탄성을 유지하여야 한다.

해설
- 제물치장 마무리 또는 마무리 두께가 얇은 경우에는 3m당 7mm 이하의 평탄성을 유지하여야 한다.
- 콘크리트 면의 마무리 두께가 7mm 이하 또는 양호한 평탄함이 필요한 경우 평탄성은 3m당 10mm 이하를 유지하여야 한다.
- 노출 콘크리트에서 균일한 노출면을 얻기 위해서는 동일 공장제품의 시멘트, 동일한 종류 및 입도를 갖는 골재, 동일한 배합의 콘크리트, 동일한 콘크리트 타설 방법을 사용하여야 한다.

47 다음 중 동바리의 시공에 대한 설명으로 옳지 않은 것은?
① 거푸집이 곡면일 경우에는 버팀대의 부착 등 당해 거푸집의 변형을 방지하기 위해 조치를 하여야 한다.
② 강관 동바리는 3개 이상을 이어서 사용하여야 한다.
③ 동바리는 필요에 따라 적당한 솟음을 두어야 한다.
④ 동바리 하부의 받침판 또는 받침목은 2단 이상 삽입하지 않도록 한다.

해설 특수한 경우를 제외하고 강관 동바리는 3개 이상을 이어서 사용하지 않아야 한다.

48 컴프레서 혹은 펌프를 이용해 노즐 위치까지 호스를 통해 콘크리트를 운반하여 압축공기에 의해 시공면에 뿜어 만든 콘크리트를 무엇이라 하는가?
① 숏크리트
② 프리플레이스트 콘크리트
③ 프리스트레스트 콘크리트
④ 유동화 콘크리트

해설
- 숏크리트는 타설되는 장소의 대기 온도가 32℃ 이상이 되면 건식 및 습식 숏크리트 모두 뿜어붙이기를 할 수 없다.
- 건식은 배치 후 45분, 습식은 배치 후 60분 이내에 뿜어붙이기를 실시해야 한다.

49 콘크리트를 타설할 때 다짐작업 없이 자중만으로 철근 등을 통과하여 거푸집의 구석구석까지 균질하게 채워지는 정도를 나타내는 굳지 않은 콘크리트의 성질을 무엇이라고 하는가?
① 유동성
② 고유동성
③ 슬럼프 플로
④ 자기 충전성

[정답] 44.③ 45.③ 46.④ 47.② 48.① 49.④

📝 **해설** 자기 충전성
- 1등급은 최소 철근 순간격 35~60mm 정도의 복잡한 단면형상, 단면치수가 적은 부재 또는 부위에서 자기 충전성을 가지는 성능이다.
- 2등급은 최소 철근 순간격 60~200mm 정도의 철근 콘크리트 또는 부재에서 자기 충전성을 가지는 성능이다. 일반적인 철근 콘크리트 구조물 또는 부재는 자기 충전성 등급을 2등급으로 정하는 것을 표준으로 한다.
- 3등급은 최소 철근 순간격 200mm 정도 이상으로 단면치수가 크고 철근량이 적은 부재 또는 부위, 무근 콘크리트 구조물에서 자기 충전성을 가지는 성능이다.

50 일반 콘크리트의 시공에 대한 주의사항으로 옳지 않은 것은?
① 넓은 장소에서는 콘크리트 공급원으로부터 가까운 쪽에서 시작해서 먼 쪽으로 타설한다.
② 타설까지의 시간이 길어질 경우에는 양질의 지연제, 유동화제 등의 사용을 사전에 검토해야 한다.
③ 비비기로부터 타설이 끝날 때까지의 시간은 외기온도가 25℃ 이상일 때는 1.5시간을 넘어서는 안 된다.
④ 콘크리트를 2층 이상으로 나누어 타설할 경우, 상층의 콘크리트 타설은 원칙적으로 하층의 콘크리트가 굳기 시작하기 전에 해야 한다.

📝 **해설** 넓은 장소에서는 콘크리트 공급원으로부터 먼 쪽에서 시작해서 가까운 쪽으로 타설한다.

51 방사선 차폐용 콘크리트의 배합에 대한 설명으로 틀린 것은?
① 워커빌리티 개선을 위하여 품질이 입증된 혼화제를 사용할 수 있다.
② 콘크리트 슬럼프는 작업에 알맞은 범위 내에서 가능한 한 작은 값이어야 한다.
③ 방사선 차폐용 콘크리트의 물-결합재비는 일반적으로 55% 이하를 원칙으로 한다.
④ 콘크리트의 배합은 방사선 차폐용 콘크리트로서의 필요한 성능이 얻어지도록 시험비비기에 의해 정하여야 한다.

📝 **해설**
- 방사선 차폐용 콘크리트의 물-결합재비는 일반적으로 50% 이하를 원칙으로 한다.
- 물-결합재비는 단위 시멘트량이 과다가 되지 않는 범위 내에서 가능한 적게 하는 것이 원칙이다.

52 프리캐스트(공장제품) 콘크리트의 증기양생 방법에 대한 설명으로 틀린 것은?

① 거푸집과 함께 증기양생실에 넣어 양생 온도를 균등하게 올린다.
② 비빈 후 2~3시간 이상 경과된 이후에 증기양생을 실시한다.
③ 온도 상승 속도는 1시간당 15℃ 이하로 하고, 최고온도는 50℃로 한다.
④ 양생실의 온도를 서서히 낮춰 외기 온도와 큰 차가 없도록 한 후 제품을 꺼낸다.

📝해설 온도 상승속도는 1시간당 20℃ 이하로 하고, 최고온도는 65℃로 한다.

53 콘크리트의 타설에 대한 설명으로 틀린 것은?

① 한 구획내의 콘크리트는 타설이 완료될 때까지 연속해서 타설하여야 한다.
② 슈트, 펌프배관, 버킷, 호퍼 등의 배출구와 타설 면까지의 높이는 1.5m 이하를 원칙으로 한다.
③ 콘크리트 타설 도중 표면에 떠올라 고인 블리딩수가 있을 경우에는 콘크리트 표면에 홈을 만들어 블리딩수를 제거한다.
④ 2층 이상으로 나누어 콘크리트를 타설하는 경우에는 하층의 콘크리트가 굳기 시작하기 전에 상층의 콘크리트를 타설하여야 한다.

📝해설
- 콘크리트 표면에 고인 물은 홈을 만들어 흐르게 해서는 안 된다.
- 콘크리트는 그 표면이 한 구획 내에서는 거의 수평이 되도록 타설하는 것을 원칙으로 한다.
- 콘크리트 타설의 1층 높이는 다짐능력을 고려하여 결정하여야 한다.
- 타설한 콘크리트는 거푸집 안에서 횡방향으로 이동하여서는 안 된다.

54 콘크리트의 압축강도(f_{ck})와 결합재—물비(B/W)와 비례식에서 물—결합재비(W/B)에 따른 압축강도를 측정한 결과가 아래 표와 같을 때, 물—결합재비가 40%인 콘크리트의 압축강도는? (단, $f_{ck} = a + b \times (B/W)$를 이용한다.)

물—결합재비(W/B)	압축강도(f_{ck})
60%	21MPa
50%	24MPa

① 27.0MPa
② 28.5MPa
③ 29.0MPa
④ 29.5MPa

[정답] 50. ① 51. ③ 52. ③ 53. ③ 54. ②

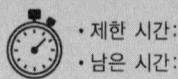

해설
- W/B가 60%, 50%일 때 연립으로 a, b값을 구하면

  즉, $W/B = \dfrac{b}{21-a}$, $W/B = \dfrac{b}{24-a}$ $a=6$, $b=9$이다.

- W/B가 40%일 경우

  $W/B = \dfrac{b}{x-a}$

  $(x-a)0.4 = b$

  $(x-6)0.4 = 9$

  $\therefore x = 28.5\text{MPa}$

55 수밀 콘크리트의 수밀성을 확보하기 위한 시공방안으로 적당하지 않은 것은?

① 혼화재료로서 팽창재는 콘크리트의 누수 원인이 되어 수밀성을 저해한다.
② 소요의 품질을 갖는 수밀 콘크리트를 얻기 위해서는 적당한 간격으로 시공 이음을 두어야 한다.
③ 수밀 콘크리트는 양질의 AE제와 고성능 감수제 또는 포졸란 등을 사용하는 것을 원칙으로 한다.
④ 연직 시공이음에는 지수판 등 물의 통과 흐름을 차단할 수 있는 방수처리재 등의 사용을 원칙으로 한다.

해설
- 일반적인 팽창재는 균열방지 목적으로 사용된다.
- 수밀 콘크리트의 물-결합재비는 50% 이하를 표준으로 한다.
- 콘크리트의 소요 슬럼프는 되도록 적게 하여 180mm를 넘지 않도록 하며 콘크리트 타설이 용이할 때에는 120mm 이하로 한다.
- 단위 굵은골재량은 되도록 크게 한다.

56 한중 콘크리트의 물-결합재비를 적산온도 방식에 의하여 정한 경우, 사용한 콘크리트의 품질검사를 위한 압축강도 시험의 재료은? (단, 배합을 정하기 위하여 사용한 적산온도의 값(M): 420°D·D)

① 7일 ② 14일
③ 21일 ④ 28일

해설 압축강도 재령일수

$Z = \dfrac{M}{30} = \dfrac{420}{30} = 14$일

57 방사선 차폐용 콘크리트 제조에 사용하는 시멘트로 틀린 것은?

① 알루미나 시멘트
② 플라이 애시 시멘트
③ 중용열 포틀랜드 시멘트
④ 내황산염 포틀랜드 시멘트

해설 방사선 차폐용 콘크리트는 부재 단면이 일반적으로 크기 때문에 수화열이 높은 알루미나 시멘트는 부적합하다.

58 특정한 입도를 가진 굵은 골재를 거푸집에 미리 채워 넣고, 그 간극에 특수한 모르타르를 적당한 압력으로 주입하여 제조한 콘크리트에 대한 설명으로 틀린 것은?

① 잔골재의 조립률은 1.4~2.2 범위로 한다.
② 굵은 골재의 최소 치수는 15mm 이상이다.
③ 주입 모르타르의 유하시간은 40~60초를 표준으로 한다.
④ 블리딩률은 시험 시작 후 3시간에서의 값이 3% 이하가 되게 한다.

해설
- 주입 모르타르의 유하시간은 16~20초를 표준으로 한다.
- 굵은골재의 최소 치수는 15 mm 이상, 굵은골재의 최대 치수는 부재단면 최소 치수의 1/4 이하, 철근콘크리트의 경우 철근 순간격의 2/3 이하로 하여야 한다.
- 프리플레이스트 콘크리트의 강도는 원칙적으로 재령 28일 또는 재령 91일의 압축강도를 기준으로 한다.

59 고강도 콘크리트 제조 시 사용되는 혼화제에 관한 설명으로 옳지 않은 것은?

① 고성능 감수제는 시험배합을 거쳐 확인한 후 사용하여야 한다.
② 고성능 감수제의 사용은 고강도나 유동성 증가를 위해 필수 불가결하다.
③ 고성능 감수제는 콘크리트 비빔이 끝난 후 타설 직전에 첨가하여 다시 비벼 사용하는 것이 좋다.
④ 물에 희석하여 사용하는 감수제의 경우 희석 시 사용하는 물은 배합수 계산에서 제외시켜야 한다.

해설 물에 희석하여 사용하는 감수제의 경우 희석 시 사용하는 물은 배합수 계산에 포함시켜야 한다.

정답 55. ① 56. ② 57. ① 58. ③ 59. ④

60 고강도 콘크리트에 사용되는 굵은 골재의 최대 치수 기준에 대한 설명으로 옳은 것은?

① 슬래브 두께의 2/3를 초과하지 않아야 한다.
② 부재 최소치수의 1/2을 초과하지 않아야 한다.
③ 일반적인 경우 40mm 이상의 것을 사용하여야 한다.
④ 철근 최소 수평 순간격의 3/4 이내의 것을 사용하도록 한다.

해설 굵은 골재 최대치수는 가능한 25mm 이하로 하며, 철근 최소 수평순간격의 3/4, 그리고 부재 최소치수의 1/5 이내의 것을 사용하도록 한다.

4과목 콘크리트 구조 및 유지관리

61 경간 10m의 보를 T형 보로서 설계하려고 한다. 슬래브 중심간의 거리를 2m, 슬래브의 두께를 120mm, 복부의 폭을 250mm로 할 때 플랜지의 유효폭은?

① 4000mm
② 3750mm
③ 2170mm
④ 2000mm

해설
- $16t + b_w$
  $16 \times 120 + 250 = 2170mm$
- 양쪽 슬래브의 중심간 거리 : 2000mm
- 보의 경간의 $\dfrac{1}{4}$
  $\dfrac{10000}{4} = 2500mm$
  ∴ 가장 작은 값인 2000mm를 유효폭으로 한다.

62 내하력에 관해 의심스러운 경우 실시하는 구조물의 안전성 평가에 관한 설명으로 틀린 것은?

① 해석적 방법에 의해 내하력 평가를 실시하는 경우 구조 부재의 치수는 위험단면에서 확인하여야 한다.
② 해석적 방법에 의해 내하력 평가를 실시하는 경우 철근, 용접 철망 또는 긴장재의 위치 및 크기는 계측에 의해 위험단면에서 결정하여야 한다.
③ 재하시험에 의한 구조물의 안전도 및 내하력 평가를 실시하는

경우 재하할 시험하중은 해당 구조부분에 작용하고 있는 설계하중의 70%, 즉 0.7(1.2D+1.6L) 이상이어야 한다.
④ 재하시험에 의한 구조물의 안전도 및 내하력 평가를 실시하는 경우 시험하중은 4회 이상 균등하게 나누어 증가시켜야 한다.

해설 재하할 시험하중은 해당 구조부분에 작용하고 있는 고정하중을 포함하여 설계하중의 85%, 즉 0.85(1.2D+1.6L) 이상이어야 한다.

63 강판 접착공법의 특징에 대한 설명으로 틀린 것은?

① 모든 방향의 인장력에 대응할 수 있다.
② 강판의 분포, 배치를 똑같이 할 수 있으므로 균열특성이 좋다.
③ 현장 타설콘크리트, 프리캐스트 부재 모두에 적용할 수 있어 응용범위가 넓다.
④ 방청 및 방화의 특성이 뛰어나다.

해설 접착에 이용되는 에폭시 수지는 내수성, 내약품성, 가소성, 내마모성이 우수하나 방화의 특성은 떨어진다.

64 아래 표는 콘크리트의 어떤 균열을 방지하려는 설명인가?

• 콘크리트 표면에 안개 노즐을 사용하여 수분의 증발을 방지한다.
• 외기에 노출되지 않도록 표면을 플라스틱 덮개로 보호한다.

① 소성수축 균열　　　　② 건조수축 균열
③ 철근 부식으로 인한 균열　④ 침하 균열

해설 소성수축 균열을 방지하기 위해 표면에 직사광선을 받지 않도록 하며 급격한 온도변화가 생기지 않게 한다.

65 콘크리트가 화재를 받아 피해를 받았을 때, 열화 특징으로서 옳은 것은?

① 500~580℃의 가열온도에서 탄산칼슘이 분해되어 산화칼슘이 된다.
② 750℃ 이상의 가열온도에서 수산화칼슘이 분해되고 탈수되어 산화칼슘이 된다.
③ 300~500℃ 정도의 가열온도에서 열화한 콘크리트는 냉각 후 수분을 주어 양생해도 강도는 회복되지 않는다.
④ 안산암질 골재와 경량골재는 석영질이나 석회암질 골재에 비해 고온까지 안정한 성상을 유지한다.

[정답] 60. ④　61. ④　62. ③　63. ④　64. ①　65. ④

해설
- 500℃ 전후의 가열온도에서 Ca(OH)$_2$가 분해하여 CaO가 된다.
- 750℃ 전후의 가열온도에서 CaCO$_3$의 분해가 시작된다.
- 인공경량골재 콘크리트가 고온을 받았을 때 압축강도의 감소는 보통 콘크리트보다 작다.
- 화강암, 사암계의 암석보다 석회암계 암석이 고온에서 더 안정적이다.

66 다음의 콘크리트 시험 중에 현장시험에 해당되지 않는 것은?
① 코아채취
② 반발경도시험
③ 초음파시험
④ 시멘트 함유량시험

해설 현장에서 코아채취, 반발경도시험, 초음파시험 등을 통해 콘크리트 강도를 추정할 수 있다.

67 프리스트레스하지 않는 부재의 현장치기 콘크리트의 최소 피복두께에 대한 설명 중 틀린 것은?
① 수중에서 치는 콘크리트 : 100mm
② 흙에 접하여 콘크리트를 친 후 영구히 흙에 묻혀 있는 콘크리트 : 75mm
③ 옥외의 공기나 흙에 직접 접하지 않는 콘크리트로서 f_{ck}가 40MPa 미만의 보 : 40mm
④ 흙에 접하거나 옥외의 공기에 직접 노출되는 콘크리트로서 D16 이하의 철근 : 50mm

해설 흙에 접하거나 옥외의 공기에 직접 노출되는 콘크리트로서 D16 이하의 철근 : 40mm

68 발생된 손상이 안전성에 심각한 영향을 주지 않는다고 판단하면 보수 조치를 시행하는데, 다음의 조치 중 보수에 해당하는 것은?
① 보강섬유 접착공법
② 강판접착 공법
③ 주입공법
④ 외부케이블 공법

해설
- **보수공법** : 표면처리공법, 주입공법, 충전공법, 전기방식공법, 콘크리트 구체 손상부 보수공법, 표층 취약부 보수공법
- **보강공법** : 콘크리트 단면증설공법, 강판접착공법, 보강섬유접착공법, 외부케이블 공법

69 철근 부식으로 인한 콘크리트의 균열을 방지하기 위한 방법으로 적당하지 않은 것은?

① 철근을 방청처리한다.
② 콘크리트 표면을 코팅처리한다.
③ 콘크리트 중성화가 일어나지 않도록 조치한다.
④ 경량골재를 사용한다.

해설 철근 부식에 의한 균열을 막는 방법
- 흡수성이 낮은 콘크리트 사용
- 콘크리트 표면을 추가로 덧씌우는 방법
- 철근을 코팅하여 사용
- 부식을 막는 혼화제를 사용

70 연속보 또는 1방향 슬래브의 철근 콘크리트 구조해석시 근사해법 조건으로 틀린 것은?

① 등분포 하중이 작용하는 경우
② 활하중이 고정하중의 3배를 초과하지 않는 경우
③ 인접 2경간 차이가 짧은 경간의 30% 이하인 경우
④ 부재의 단면 크기가 일정한 경우

해설
- 인접 2경간 차이가 짧은 경간의 20% 이하인 경우
- 2경간 이상인 경우

71 경간 25m인 PS 콘크리트 보에 계수하중 40kN/m이 작용하고, $P=2,500$kN의 프리스트레스가 주어질 때 등분포 상향력 u를 하중평형(balanced load) 개념에 의해 계산하여 이 보에 작용하는 순수하향 분포하중을 구하면?

① 26.5 kN/m
② 27.3 kN/m
③ 28.8 kN/m
④ 29.6 kN/m

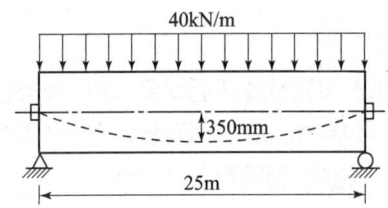

해설
- $\dfrac{ul^2}{8} = P \cdot s$

  $\dfrac{u \times 25^2}{8} = 2500 \times 0.35$

  ∴ $u = 11.2$kN

- 순하향 하중 $= 40 - 11.2 = 28.8$kN/m

[정답] 66. ④ 67. ④ 68. ③ 69. ④ 70. ③ 71. ③

72 단부에 표준갈고리가 있는 도막되지 않은 인장 이형철근 D25(공칭 지름 25.4mm)를 정착시키는데 필요한 기본정착길이(l_{hb})는? (단, 보통중량 콘크리트이고, $f_{ck}=24$MPa, $f_y=400$MPa이며, 보정계수는 고려하지 않는다.)

① 498mm ② 519mm
③ 584mm ④ 647mm

해설
$$l_{hb} = \frac{0.24\beta d_b f_y}{\lambda \sqrt{f_{ck}}} = \frac{0.24 \times 1.0 \times 25.4 \times 400}{1.0\sqrt{24}} = 498\,\text{mm}$$
여기서, 도막되지 않는 철근이므로 $\beta=1.0$, 보통중량 콘크리트이므로 $\lambda=1.0$이다.

73 굳지 않은 콘크리트 중의 전 염소이온량을 원칙적으로 규정하는 값(㉠)과 책임기술자의 승인을 얻어 허용할 수 있는 콘크리트 중의 전 염소이온량의 허용 상한값(㉡)으로 옳은 것은?

① ㉠ : 0.2kg/m³, ㉡ 0.4kg/m³
② ㉠ : 0.2kg/m³, ㉡ 0.6kg/m³
③ ㉠ : 0.3kg/m³, ㉡ 0.4kg/m³
④ ㉠ : 0.3kg/m³, ㉡ 0.6kg/m³

해설 허용 상한 값을 0.6kg/m³으로 증가시키는 경우 물–결합재비, 슬럼프 혹은 단위수량을 될 수 있는 한 적게하고 콘크리트를 밀실하게 치고, 피복두께를 크게 고려한다.

74 나선철근 기둥에서 나선철근 바깥선을 지름으로 하여 측정된 나선철근 기둥의 심부 지름이 250mm, $f_{ck}=28$MPa, $f_y=400$MPa일 때 기둥의 총 단면적으로 적절한 것은?

① 60000mm² ② 100000mm²
③ 200000mm² ④ 300000mm²

해설
- $A_{ch} = \dfrac{\pi \times 250^2}{4} = 49087\,\text{mm}^2$
- 나선 철근비 $\rho_s = 0.45\left(\dfrac{A_g}{A_{ch}} - 1\right)\dfrac{f_{ck}}{f_y}$ 관련식에서

기둥의 총 단면적 A_g가 100000mm²일 경우 나선 철근비가 0.03260이므로 나선 철근비 $0.01 \leq \rho_s \leq 0.08$ 범위 한계에 적합하다.

답안 표기란
72 ① ② ③ ④
73 ① ② ③ ④
74 ① ② ③ ④

75 그림 (a)와 같은 띠철근 기둥단면의 평형재하상태에 대해 해석한 결과 (b)와 같이 콘크리트의 압축력 C_c=900kN, 압축철근의 압축력 C_s=200kN, 인장철근의 인장력 T_s=300kN을 얻었다. 이 기둥의 공칭 편심하중 P의 크기는?

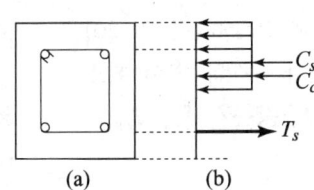

① 1000kN ② 800kN
③ 750kN   ④ 700kN

해설 $P_n = C_c + C_s - T = 900 + 200 - 300 = 800$kN

보충 • 띠철근 기둥의 경우
$P_u = \phi P_n = 0.65 \times 0.8(0.85 f_{ck} A_c + A_{st} f_y)$
여기서, $P_n = C_c + C_s = 0.85 f_{ck}(A_g - A_{st}) + A_{st} f_y$

76 철근콘크리트의 염해를 방지하는 방법에 대한 설명으로 옳지 않은 것은?

① 물-결합재비를 55% 이상으로 한다.
② 수분, 산소, 및 Cl^- 등의 부식성 물질을 제거한다.
③ 부식성 물질의 피복콘크리트 속으로의 침입, 확산을 방지한다.
④ 외부로부터의 전류에 의하여 강재의 전위를 변화시켜 방식 영역에 포함시킨다.

해설 물-결합재비를 50% 이하로 한다.

77 콘크리트의 단위질량이 2350kg/m³이며 설계기준 압축강도가 30MPa인 콘크리트의 할선탄성계수는?

① 27525MPa ② 28417MPa
③ 28638MPa ④ 29595MPa

해설 $E_c = 0.077\, m_c^{1.5} \sqrt[3]{f_{cm}} = 0.077 \times 2350^{1.5} \sqrt[3]{30+4} = 28417$MPa
여기서, $f_{cm} = f_{ck} + \Delta f$
Δf는 f_{ck}가 40MPa 이하이므로 4MPa이다.

정답 72. ① 73. ④ 74. ② 75. ② 76. ① 77. ②

78 단면의 폭이 300mm, 유효높이가 600mm, 수직 스트럽 간격이 200mm로 설치되어 있는 단철근 직사각형 보가 규정에 의한 최소 전단철근을 설치하여야 할 경우 최소 전단철근량은? (단, f_{ck} = 21MPa, f_y = 300MPa)

① 58mm² ② 70mm²
③ 86mm² ④ 116mm²

해설 $A_{v\,min} = 0.35 \dfrac{b_w\,s}{f_{yt}} = 0.35 \dfrac{300 \times 200}{300} = 70\,\text{mm}^2$

79 콘크리트의 설계기준 압축강도가 40MPa 이하인 경우, 휨모멘트를 받는 부재의 콘크리트 압축연단의 극한변형률은 얼마로 가정하는가?

① 0.0011 ② 0.0022
③ 0.0033 ④ 0.0044

해설 $f_{ck} \leq 40\,\text{MPa}$인 경우 압축측 연단의 최대변형률은 0.0033으로 가정한다.

80 유지관리 시설물 중 1종 시설물에 해당하지 않는 것은?

① 상부구조형식이 사장교인 교량
② 수원지 시설을 포함한 광역상수도
③ 총저수용량 3천만톤의 용수전용댐
④ 철도 구조물로서 연장 100m의 터널

해설 1종 시설물
- 광역상수도, 공업용수도, 1일 공급능력 3만톤 이상의 지방상수도
- 다목적댐, 발전용댐, 홍수전용댐 및 총저수용량 1000만톤 이상의 용수전용댐
- 갑문시설, 연장 1000m 이상인 방파제
- 연장 500m 이상의 교량, 고속철도 교량, 도시철도의 교량 및 고가교
- 고속철도 터널, 도시철도 터널, 철도 구조물로서 연장 1000m 이상의 터널
- 상부구조형식이 현수교, 사장교, 아치교 및 트러스교인 교량 등등

정답 78. ② 79. ③ 80. ④

콘크리트기사 필기 핵심 모의고사 1200제

정가 ‖ 22,000원

지은이 ‖ 고 행 만
펴낸이 ‖ 차 승 녀
펴낸곳 ‖ 도서출판 건기원

2022년 2월 9일 제1판 제1인쇄
2022년 2월 10일 제1판 제1발행

주소 ‖ 경기도 파주시 연다산길 244(연다산동 186-16)
전화 ‖ (02)2662-1874~5
팩스 ‖ (02)2665-8281
등록 ‖ 제11-162호, 1998. 11. 24

- 건기원은 여러분을 책의 주인공으로 만들어 드리며 출판 윤리 강령을 준수합니다.
- 본 수험서를 복제·변형하여 판매·배포·전송하는 일체의 행위를 금하며, 이를 위반할 경우 저작권법 등에 따라 처벌받을 수 있습니다.

ISBN 979-11-5767-644-6 13530